电力系统继电保护原理及应用

杨正理　黄其新　王士政　编著

机械工业出版社

本书首先介绍了电力系统继电保护常规保护及微机保护的基本概念，构成常规保护的电气设备基本知识，它是后续学习所必需的基础；接着重点阐述了输电线路相间短路的电流电压保护、方向电流保护、接地保护、距离保护的基本构成原理、原理接线图及整定原则，使读者对输电线路的各种保护有全面的了解；然后介绍了部分电力系统元件的继电保护，如电力变压器、发电机、母线、电动机和电容器的继电保护原理以及输电线路自动重合闸的工作原理，以便提高读者对继电保护的应用与设计技能。

本书最大特色是内容从简单到复杂，层次分明。在重点阐述电力系统继电保护的基本原理与运行特性分析的基本方法的同时，还对继电保护装置的构成原理以及继电保护技术的最新发展作了必要的介绍。书中内容尽可能地与继电保护相关规定接口，并结合适当的举例以加强其实践性。

本书可作为普通高等学校"电气工程及其自动化"、"电力系统继电保护"、"发电厂及电力系统"专业方向本科教学的教材，也可供从事继电保护工作的科技人员参考。

图书在版编目（CIP）数据

电力系统继电保护原理及应用/杨正理，黄其新，王士政编著．—北京：机械工业出版社，2010.6（2025.7 重印）
ISBN 978-7-111-31049-5

Ⅰ.①电… Ⅱ.①杨…②黄…③王… Ⅲ.①电力系统-继电保护 Ⅳ.①TM77

中国版本图书馆 CIP 数据核字（2010）第 115680 号

机械工业出版社（北京市百万庄大街 22 号　邮政编码 100037）
责任编辑：林春泉　责任校对：张晓蓉
封面设计：鞠　杨　责任印制：常天培
河北虎彩印刷有限公司印刷
2025 年 7 月第 1 版第 12 次印刷
184mm×260mm・17 印张・417 千字
标准书号：ISBN 978-7-111-31049-5
定价：55.00 元

电话服务　　　　　　　　　　网络服务
客服电话：010-88361066　　　机　工　官　网：www.cmpbook.com
　　　　　010-88379833　　　机　工　官　博：weibo.com/cmp1952
　　　　　010-68326294　　　金　书　网：www.golden-book.com
封底无防伪标均为盗版　　　机工教育服务网：www.cmpedu.com

前　言

电力系统及电力系统继电保护发展迅速，新的继电保护原理和继电保护装置不断涌现，但关于继电保护最基本的知识仍然是读者从事该行业所需要掌握的。所以本书将常规保护到微机保护不同类型保护装置中最基本的原理、最基本的概念、最基本的计算、最基本的设计方法，以及最基本的分析方法介绍给读者。并进行了某些保护装置的整定方法举例、计算举例，编制了习题与思考题以加强教材的实践性。

本书共分为 11 章：第一章绪论；第二章继电保护基础知识，重点介绍了继电保护的基本概念、构成原理和基本要求，保护用电力互感器和输入变换器，构成常规保护装置常用的电磁式继电器等，它们是后续章节所必需的基础；第三章介绍了输电线路的电流电压保护的工作原理、接线原理图及整定计算，包括反时限电流保护的一些基本概念；第四章介绍了输电线路的方向电流保护的工作原理、接线原理图及整定计算，是电流保护在实际电网中的应用基础；第五章介绍了输电线路的接地保护在不同接地电网中的应用方法；第六章介绍了距离保护的原理、构成、延时特性、整定计算，并分析了阻抗测量元件的动作特性、动作方程及影响距离保护正确动作的各种因素；第七章介绍了变压器的保护配置、纵差保护及相间、接地后备保护；第八章同步发电机的保护所涉及的内容很多，重点介绍了纵差保护、定子绕组的匝间短路保护、单相接地短路保护、相间短路后备保护等；第九章母线保护、第十章电动机和电容组保护也是实际工作中常会接触到的，故在本书中也做了基本的介绍；第十一章主要介绍了自动重合闸的作用、基本要求、基本类型、配置原则等概念及三相一次自动重合闸、自动重合闸与继电保护间的配合等，并简要介绍了单相重合闸和综合重合闸的基本概念。

继电保护是一门实践性很强的技术，继电保护问题的解决既需要科学的理论，也需要处理工程问题的技巧。本书通过对继电保护的一些基本原理及保护装置的整定原理和方法的介绍，使读者领会继电保护的基本理论，掌握从事继电保护事业的基本方法。

本书由电力系统行业著名专家王士政老师亲自指导，并对全书进行了审订。第一章至第六章由三江学院杨正理老师编写，其余各章均由黄其新老师编写。

由于时间仓促及编写水平有限，书中可能存在不少缺点甚至错误，敬请各位同行批评和指正。在此向所有支持和帮助完成本书的各位同仁表示衷心的感谢，也要感谢书中所引用的参考资料的各位作者。

编者

目 录

前言
第一章　绪论 ... 1
第一节　电力系统继电保护的概念与作用 ... 1
第二节　对继电保护装置的基本要求 ... 2
第三节　继电保护的基本原理、构成及分类 ... 5
第四节　继电保护技术的发展概况 ... 7
复习思考题 ... 8
第二章　继电保护的基本知识 ... 9
第一节　互感器 ... 9
第二节　变换器 ... 16
第三节　对称分量滤过器 ... 19
第四节　常用继电器的构成和动作原理 ... 24
复习思考题 ... 39
第三章　输电线路相间短路的电流、电压保护 ... 40
第一节　无时限电流速断保护 ... 40
第二节　带时限电流速断保护 ... 45
第三节　定时限过电流保护 ... 48
第四节　三段式电流保护装置 ... 51
第五节　反时限过电流保护 ... 58
第六节　电流、电压联锁速断保护 ... 59
第七节　电流、电压保护的评价与应用 ... 62
复习思考题 ... 63
第四章　输电线路相间短路的方向电流保护 ... 65
第一节　方向电流保护的工作原理 ... 65
第二节　功率方向继电器 ... 68
第三节　功率方向继电器的接线方式 ... 73
第四节　非故障相电流的影响和按相起动 ... 77
第五节　方向电流保护的整定计算 ... 79
复习思考题 ... 81
第五章　输电线路的接地保护 ... 82
第一节　电网中性点的接地方式及保护特点 ... 82
第二节　大接地电流系统发生接地短路时零序分量的特点 ... 83
第三节　大接地电流系统的零序电流保护 ... 85
第四节　大接地电流系统的零序方向电流保护 ... 90
第五节　中性点不接地电网的单相接地保护 ... 94
第六节　中性点经消弧线圈接地电网的单相接地保护 ... 99
复习思考题 ... 101
第六章　输电线路的距离保护 ... 103
第一节　距离保护的基本原理 ... 103
第二节　阻抗继电器 ... 106
第三节　阻抗继电器的接线形式 ... 114
第四节　影响距离保护正确动作的因素 ... 118
第五节　距离保护的整定计算 ... 131
第六节　距离保护的评价和应用 ... 137
复习思考题 ... 137
第七章　电力变压器的保护 ... 139
第一节　电力变压器的故障、异常工作状态及保护方式 ... 139
第二节　变压器的纵联差动保护 ... 140
第三节　变压器的瓦斯保护 ... 155
第四节　变压器的电流速断保护 ... 157
第五节　变压器相间短路的后备保护和过负荷保护 ... 157
第六节　变压器的零序保护 ... 163
第七节　变压器的过励磁保护 ... 166
第八节　变压器的其他保护 ... 167
复习思考题 ... 168
第八章　同步发电机的继电保护 ... 169
第一节　同步发电机的故障、不正常运行状态及保护方式 ... 169
第二节　发电机的纵联差动保护 ... 171
第三节　发电机定子绕组匝间短路保护 ... 176
第四节　发电机定子绕组单相接地保护 ... 181
第五节　发电机励磁回路的接地保护 ... 188
第六节　发电机的失磁保护 ... 193

第七节　发电机相间短路的后备保护及过
　　　　　负荷保护 ································· 199
　　第八节　发电机的其他保护 ················ 205
　　第九节　发电机-变压器组的保护 ········ 208
　　复习思考题 ·· 209
第九章　母线保护 ································· 211
　　第一节　母线故障及相应的保护方式 ···· 211
　　第二节　母线电流差动保护 ················ 212
　　第三节　双母线同时运行时的母线差动
　　　　　保护 ····································· 217
　　第四节　比率制动式母线差动保护 ······· 221
　　第五节　断路器失灵保护 ···················· 223
　　复习思考题 ·· 224
第十章　电动机和电容器组的保护 ········· 226
　　第一节　电动机的故障、不正常运行状态和
　　　　　保护方式 ······························ 226

　　第二节　电动机的相间短路保护、单相接地
　　　　　保护及过负荷保护 ················· 227
　　第三节　电动机的欠电压保护 ············· 231
　　第四节　同步电动机的保护 ················ 234
　　第五节　电力电容器的保护 ················ 236
　　复习思考题 ·· 239
第十一章　输电线路的自动重合闸 ········ 241
　　第一节　概述 ····································· 241
　　第二节　单侧电源线路的三相一次自动
　　　　　重合闸 ································· 243
　　第三节　自动重合闸与继电保护的配合 ··· 251
　　第四节　综合自动重合闸 ···················· 253
　　复习思考题 ·· 257
附录 ·· 258
参考文献 ··· 264

第一章 绪论

第一节 电力系统继电保护的概念与作用

一、电力系统故障及不正常运行状态

电力系统是由发电厂、变电所、输配电线路和各种用电负荷等电力设施所构成的整体。这里的电力设施是一个常用术语，它泛指电力系统中的各种在电气上可独立看待的电气设备、线路、器具等。电力系统在运行中，可能受到外界的影响，如雷击、鸟害、大风和其他自然因素，以及内部原因，如设备绝缘损坏、老化和安装、设计、调试、误操作等因素引起各种故障和不正常工作状态。最常见且最危险的故障是各种形式的短路。电力系统中发生短路故障可能引起下列严重的后果：

（1）故障点通过很大的短路电流。此电流引燃的电弧使电气设备损坏或烧毁。

（2）短路电流通过非故障元件时，产生热和电动力效应，可能使电气元件损坏或使用寿命大大缩短。

（3）造成电力系统内部网络供电电压大大降低，使正常生产遭到破坏，影响用户用电。

（4）破坏电力系统的稳定运行，引起系统振荡，甚至使整个系统瓦解，造成大面积停电。

电力系统的正常工作状态被破坏，但还没有发生短路故障时，这种情况属于不正常工作状态。例如，电气设备的过负荷，过负荷是指设备的负荷超过其额定值而引起电流升高的现象。这是最常见的一种不正常工作状态。过负荷会引起元件载流部分和绝缘材料的温度不断升高而加速设备绝缘的老化和损坏，可能发展成为故障。不正常工作状态还可能使电能质量下降，影响一些重要部门的正常用电。另外，电力系统振荡、有功功率不足引起的频率下降都属于不正常运行状态。

电力系统故障以及不正常运行状态引发故障都会造成电力系统事故。事故是指电力设备发生损坏或者引起的人身伤亡及财产损失。系统事故的发生，一般都是由于电气设备制造上的缺陷、设计和安装的错误、检修质量不高以及运行维护不当造成的。因此，需要提高设计、制造水平，加强设备维修，提高运行质量，严格执行各项规章制度。这样就可以大大减少事故，防患于未然。

除应采取积极措施尽可能消除系统发生故障的可能性外，还应该注意其他方面，如故障一旦发生，则应尽快地将故障设备切除，保证无故障设备的正常运行，力求缩小事故范围。因为电力系统各设备之间都是相互联系的，某一设备发生故障，瞬间内就会影响整个系统的其他部分，所以切除故障设备的时间必须是很短的，有时甚至要求短到百分之几秒，即几个周波。显然，在这样短暂的时间内，由值班人员手动切除故障设备是不可能的，这就要靠安装在各个电气设备上具有保护作用的自动装置，即继电保护装置来完成这个任务。

二、电力系统继电保护的基本任务

继电保护装置,是指装设于整个电力系统的各个元件上,能在指定区域内快速准确地对电气元件发生的各种故障或不正常运行状态做出响应,并在规定的时限内动作,使断路器跳闸或发出信号的一种反事故自动装置。由于最初的继电保护装置是由机电式继电器为主构成的,故称为继电保护装置。现代继电保护装置已发展成为由电子元器件或微型计算机为主构成的,但仍沿用此名称。目前,继电保护一词泛指继电保护技术或由各种继电保护装置组成的继电保护系统。

继电保护装置的基本任务是:

(1) 自动、迅速、有选择性地将故障元件从电力系统中切除,并最大限度地保证其他无故障部分的正常运行不受影响。

(2) 能对电气元件的不正常运行状态做出反映,并根据运行维护规范发出告警信号,或自动减负荷,或延时跳闸,使系统运行人员根据告警的种类采取相应的措施进行处理,避免引起更大的系统故障。

(3) 可以和电力系统中其他自动装置如自动重合闸装置相配合,在条件允许时,可采取预定措施,尽快地恢复供电和设备运行,从而提高电力系统运行的可靠性。

综上所述,继电保护是一种电力系统安全保障技术,而继电保护装置是一种电力系统的反事故自动装置。在电力系统正常运行时,继电保护装置不动作,而只是实时地严密监视电力系统及其元件的运行状态。一旦发生故障或不正常运行状态,继电保护装置将迅速动作,实现故障隔离并发出告警,保障电力系统安全。因此,继电保护装置又被形象化地称为电力系统的"保护神"。它对保障系统安全运行、保证电能质量、防止故障扩大和事故发生,都有极其重要的作用。

第二节 对继电保护装置的基本要求

继电保护装置为了实现它的基本任务,必须在技术上满足选择性、速动性、灵敏性和可靠性四个基本要求。对作用于断路器跳闸的继电保护装置,应同时满足这四个基本要求;对作用于信号即只反映不正常运行情况的继电保护装置,这四个基本要求中有些要求如速动性可以降低。现将四个基本要求分述如下。

一、选择性

继电保护装置的选择性是指继电保护装置动作时,仅将发生故障的电气元件从电力系统中切除,使系统中非故障部分继续运行,尽量缩小停电范围。如果近故障点的继电保护装置或断路器因故障拒绝动作而不能断开故障元件时,则由相邻的继电保护动作将故障切除。

图 1-1 所示的单侧电源网络中,当线路 WL_3 上的 K_3 点发生短路故障时,应由线路上的保护装置 P_4 动作,使断路器 QF_4 跳闸,其他断路器不动作,只将故障线路 WL_3 切除,这时电网中的其他线路仍正常供电。当保护装置 P_4 失灵或者断路器 QF_4 拒动时,则由其相邻的保护装置 P_3 将断路器 QF_3 断开,此时虽然多切除了部分线路,但保证了电网中大多数出线的正常运行。保护装置 P_3 起着后备保护作用,这种情况下保护装置 P_3 的动作也是有选择性

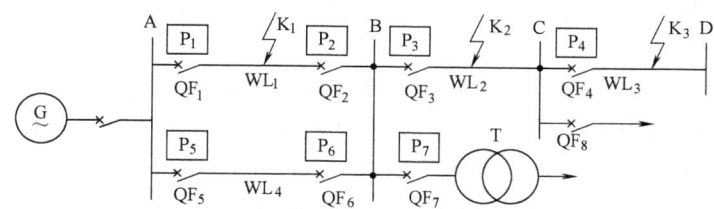

图 1-1 用于说明继电保护选择性的单侧电源网络

的动作。后备保护的必要性在于：如果故障元件的保护系统或断路器拒动，就在后备保护的作用下，迅速切除故障。虽然扩大了一些停电范围，但没有后备保护，则故障设备或线路无法自动切除，必将造成更严重的后果。这种有选择性地切除故障元件，使电网中出现故障时，停电的范围大大减小，称为继电保护装置的选择性。

又如 WL_1 上的 K_1 点发生故障时，应由保护装置 P_1 和 P_2 同时动作，使断路器 QF_1 和 QF_2 跳闸，切除故障线路，而变电所 B 仍可由线路 WL_4 继续供电。总之，要求继电保护装置有选择性地动作，是提高电力系统供电可靠性的基本条件；保护装置无选择性地动作，又没有采取措施（如自动重合闸）予以纠正，是不允许的。

二、速动性

电力系统元件发生短路故障时，快速切除故障能减轻故障元件的损坏程度，减小对用户工作的影响，提高电力系统的稳定性。例如，系统发生短路时，电压大为降低，短路点附近用户的电动机转矩因供电电压降低而降低，若迟缓切除短路元件，电动机将因无法拖动生产机械而停止转动，用户的正常生产将受影响；若快速切除短路元件，系统电压将很快得以恢复，电动机很容易自动起动并迅速恢复正常运行，从而大大减小对用户正常生产的影响。另外，短路时，故障元件本身将通过很大的短路电流，由于电动力和热效应的作用，元件也将遭到严重损坏。短路电流流过元件的时间越长，损坏也越严重，所以快速切除短路故障，便能减轻电气元件的损坏程度，防止短路故障的进一步扩大。再则，快速切除短路元件，使短路点易于去游离，可以提高自动重合闸的成功率。因此，应根据具体情况，对继电保护装置的快速性提出合理要求。

故障切除时间，是指从发生故障起到断路器跳闸灭弧为止的这段时间。它等于继电保护装置动作时间与断路器跳闸时间（包括灭弧时间）之和。所以快速切除故障除保护装置动作要快外，还要求采用快速动作断路器。现代高压电网中，快速动作保护装置的最小动作时间约为 $0.02 \sim 0.03s$；断路器的最小动作时间约为 $0.05 \sim 0.06s$。应该指出，要求这样短的时间切除故障，将使保护装置复杂化。因此，在确定保护装置切除故障的时间时，必须从系统的结构、被保护元件的重要性和工作条件等具体情况出发，进行技术经济比较后予以确定。一般对不同结构和不同电压等级的电网，切除故障的最小时间应有不同的要求。其中，保护装置的动作时间，对于 $400 \sim 500kV$ 级电网络约为 $0.02 \sim 0.04s$；对于 $220 \sim 330kV$ 的电网约为 $0.04 \sim 0.1s$；对于 $110kV$ 的电网约为 $0.1 \sim 0.7s$；而配电网络故障切除的最小时间还可更长一些，其主要取决于不允许长时间电压降低的用户，一般约为 $0.5 \sim 1.0s$。所有上述情况，对远处的故障允许以较长的时间切除。

由于速动性与选择性在一般情况下是难以同时满足的，为兼顾两者，一般只能允许继电保护装置带有一定的延时而切除故障。但有些故障不仅要满足选择性的要求，同时又要求快速切除故障。例如：

(1) 为保证系统稳定性，必须快速切除高压输电线路上的故障。
(2) 发电厂或重要用户的母线电压低于允许值（一般为0.7倍额定电压）的故障。
(3) 大容量电机、变压器内部发生的故障。
(4) 1~10kV线路导线截面积过小，不允许延时切除的故障。

对于反映不正常运行情况的继电保护装置，一般不要求快速动作，而应按照选择性的要求，带延时地发出信号。

三、灵敏性

所谓继电保护装置的灵敏性是指电气设备或线路在被保护范围内发生短路故障或不正常运行情况时，保护装置的反映能力。能满足灵敏性要求的继电保护装置，在规定的保护范围内出现故障时，不论短路点的位置和短路的性质如何，继电保护装置都能正确反映。

继电保护装置的灵敏性用灵敏系数来衡量。灵敏系数表示为

(1) 对于反映故障参数增加（如过电流）的保护装置：

$$K_{sen} = \frac{保护范围末端发生金属性短路时故障参数的最小计算值}{保护装置动作参数的整定值}$$

(2) 对于反映故障参数降低（如欠电压）的保护装置：

$$K_{sen} = \frac{保护装置动作参数的整定值}{保护范围末端发生金属性短路时故障参数的最大计算值}$$

故障参数如电流、电压和阻抗等的计算，应根据实际可能的最不利的运行方式和故障类型来进行。对不同作用的保护装置及被保护的设备和线路的不同，所要求的灵敏系数不同，它们的数值在《继电保护和安全自动装置技术规程》中都有规定。一般对主保护装置要求灵敏系数不小于1.5~2；对后备保护装置则要求不小于1.2~1.5。

总之，继电保护装置的灵敏性就是电气设备或线路在被保护范围内发生短路故障时，满足一定灵敏系数要求的性质。

四、可靠性

保护装置的可靠性是指在其规定的保护范围内发生它应该动作的故障时，它不应该拒绝动作；而在任何该保护不应该动作的情况下，则不应该误动作，即"不拒动也不误动"。

继电保护装置的误动和拒动都会给电力系统造成严重的危害。但采取克服其误动和拒动的措施常常是互相矛盾的。由于电力系统的结构和负荷性质的不同，误动和拒动的危害程度有所不同，因而提高保护装置可靠性的着重点在各种具体情况下也应有所不同。例如，当系统中有充足的旋转备用容量、输电线路很多、各系统之间以及电源与负荷之间联系很紧密时，若继电保护装置发生误动使某发电机、变压器或输电线路切除，给电力系统造成的影响可能不大；但发电机、变压器或输电线路发生故障时继电保护装置发生拒动，会引起设备的损坏或系统稳定性的破坏，造成巨大的损失，则在此情况下，提高继电保护装置不拒动的可靠性比提高不误动的可靠性更为重要。反之，当系统中旋转备用容量很少，以及各系统之间和电源与负荷之间的联系比较薄弱时，继电保护装置发生误动使某发电机、变压器或输电线

路切除，会引起对负荷供电的中断或系统稳定性的破坏，造成巨大的损失；而当某一保护装置拒动时，其后备保护仍可以切除故障，则在这种情况下，提高保护装置不误动的可靠性比提高其不拒动的可靠性更为重要。由此可见，提高保护装置的可靠性应根据电力系统和负荷的具体情况采取适当的措施。

保护装置不能可靠工作的主要原因是安装调试质量不高、运行维护不当、继电器质量差以及设计不合理等。为了提高保护装置工作的可靠性，必须注意以下几个方面：

（1）保护装置应该采用质量高、动作可靠的继电器和元器件。

（2）保护装置的接线应尽可能地简化，尽量减少继电器及串联触点数。

（3）提高保护装置的安装和调试质量，并加强经常性的维护管理。

另外，就一个确定的保护装置在一个确定的系统中运行而言，在继电保护装置的整定计算中往往用可靠系数来校核是否满足可靠性要求，可靠系数通常记为 K_{rel}。在国家或行业制定的继电保护装置运行整定规程中，对各类保护可靠系数 K_{rel} 的要求都作了具体规定。

以上四个基本要求是分析研究继电保护装置性能的基础，也是贯穿全课程的一个基本线索。在它们之间，既有矛盾的一面，又有在一定条件下统一的一面。选择性是基础，可靠性是基本条件，在满足灵敏性的条件下应保证继电保护装置的速动性。继电保护装置的科学研究、设计、制造和运行的绝大部分工作也是围绕着如何处理好这四个基本要求之间的辩证统一关系而进行的，在学习这门课程时，应注意学习和运用这样的思考及分析方法。

第三节 继电保护的基本原理、构成及分类

一、继电保护的基本原理

继电保护为了完成其所担负的任务，必须具有正确区分被保护元件是处于正常运行状态还是发生了故障，是保护范围内还是保护范围外发生了故障的功能。继电保护装置要实现这一功能，需根据电力系统发生故障前后的电气或物理量变化的特征为基础来完成。

电力系统发生短路故障时，工频电气量变化的主要特征如下：

（1）电流增大。短路时，流过故障点与电源之间的电气元件中的电流将增大，大大超过正常运行时的负荷电流。

（2）电压降低。当发生相间短路或接地短路故障时，系统各点的相间电压或相电压值将降低，且越靠近短路点的电压越低，短路点的电压为零。

（3）测量阻抗发生变化。测量阻抗为保护安装处电压与电流相量的比值，即 $Z=\dot{U}/\dot{I}$。以输电线路发生短路故障为例，正常运行时，测量阻抗为负荷阻抗；短路故障时，测量阻抗为线路阻抗，故障后比故障前的测量阻抗的模值显著减小，而阻抗角增大。

（4）电气元件流入和流出电流的关系发生变化。对于任一正常的电气元件，根据基尔霍夫定律，无论运行工况如何或其外部发生故障与否，其流入电流应等于流出电流，但当元件内部发生故障时，其流入电流不再等于流出电流。

（5）电流与电压之间的相位角发生改变。正常运行时，电流与电压之间的相位角是负荷的功率因数角，一般约为 20°；系统发生三相短路时，电流与电压之间的相位角是由线路的阻抗角决定的，一般约为 60°～85°。

（6）不对称短路时，出现相序分量电流和电压。正常运行时，系统中只存在正序分量，但发生不对称短路故障时，则会出现负序分量和零序分量。

利用发生短路故障时电气量的变化，便可构成各种原理的继电保护。例如，根据短路故障时电流的增大，可构成过电流保护或电流速断保护；根据短路故障时电压的降低，可构成欠电压保护或电压速断保护；根据短路故障时电流与电压之间相角的变化，可构成功率方向保护；根据短路故障时测量阻抗的变化，可构成距离保护；根据短路故障时被保护元件两端电流相位和大小的变化，可构成差动保护；高频保护则是利用高频通道来传递线路两端电流相位、大小和短路功率方向信号的一种保护；根据不对称短路故障时出现的电流、电压的相序分量，可构成零序电流保护和负序电流保护及零序和负序功率方向保护。

此外，除了上述反映工频电气量变化的保护外，还有反映非工频电气量变化的保护（如超高压输电线路的行波保护）和反映非电气量变化的电力变压器的瓦斯保护等。

对于反映电气设备的不正常运行情况的继电保护主要是根据不正常运行情况时电流或电压变化的特征来完成的。

二、继电保护装置的构成

无论是模拟型还是微机型继电保护装置，都由三部分构成：测量回路、逻辑回路和执行回路。其构成原理框图如图1-2所示。

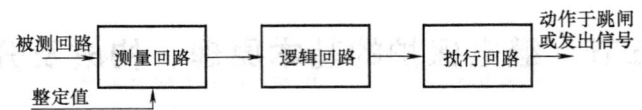

图1-2 继电保护装置的构成原理框图

1. 测量回路

测量回路的作用是测量与被保护元件有关的电气量或物理量的变化，如电流、电压的变化，以确定电力系统是否发生了短路故障或出现不正常运行状态。测量得到的电气量值或物理量值与整定值进行比较，以确定继电保护装置是否应该启动。

2. 逻辑回路

逻辑回路的作用是根据测量回路输出量的大小、性质、输出的逻辑状态、出现的顺序或它们的组合，使保护装置按一定的逻辑及时序关系工作，最后确定继电保护装置是否应该使断路器跳闸或发出信号，并将有关命令传送到执行回路。

3. 执行回路

执行回路是接受逻辑回路来的判断结果，然后驱动跳闸回路或信号回路，动作于断路器的跳闸或发出不正常运行信号。

现以过电流保护为例，说明继电保护的构成及工作原理。如图1-3所示，电流继电器KA的线圈接于电流互感器TA的二次侧，构成了保护的测量部分。电力系统正常运行时，流过KA的电流小于其整定值

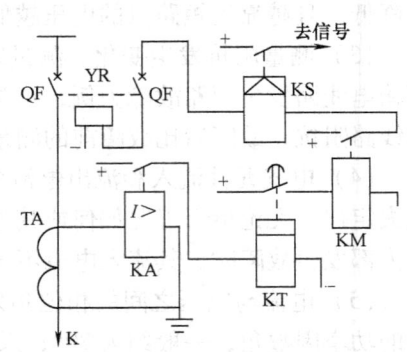

图1-3 过电流保护原理接线图

而不动作,所以保护装置也不启动,处于待命状态。当系统发生短路故障时,如 K 点短路时,此时流过 KA 的电流大于其整定值而动作,启动保护装置。图中时间继电器 KT 构成保护的逻辑回路,KA 动作后给 KT 的线圈加电,KT 的延时闭合触点经过预先整定的时间后闭合。图中的中间继电器 KM 构成保护的执行回路。KT 的触点由于容量较小不能直接用于跳闸,而是经过 KM 的触点进行跳闸工作,是继电保护的执行回路,串联于跳闸回路的信号继电器 KS,在保护跳闸时,同时发出保护跳闸信号。

三、继电保护的分类

继电保护的分类方法有很多,以下是几种常用的分类方法:

(1) 按保护对象不同分类:有发电机保护、变压器保护、电动机保护、电容器保护等。

(2) 按动作结果不同分类:有动作于断路器跳闸的短路故障保护和动作于发信号的不正常运行保护两大类。其中,短路保护的种类又有以下几种:

1) 按反映故障类型的不同,有相间短路保护、接地短路保护及匝间短路保护等。

2) 按其功能的不同,有主保护、后备保护及辅助保护。后备保护又有远后备保护与近后备保护之分。主保护是指当被保护设备故障时,用于快速切除故障的保护。后备保护是指当同一设备上的主保护拒动,或另一设备上的主保护或断路器拒动时,用于切除故障的保护。其中,在主保护拒动时,由同一设备上的其他保护来实现切除故障的,称为近后备保护;而当保护或断路器拒动时,由相邻设备上的保护来实现切除故障的,则称为远后备保护。辅助保护是指为克服主保护某些性能的不足而增设的简单保护。有关规程规定,作用于断路器跳闸的短路保护,应配置有主保护和后备保护,必要时再增设辅助保护。

(3) 按保护基本工作原理不同分类:有反映稳态量的常规保护和反映暂态量的新原理保护两大类。其中,根据所反映的参数不同,常规保护有过电流保护、欠电压保护、方向电流保护、负序保护、阻抗保护、差动保护、高频保护及瓦斯保护等;新原理保护有高频变化量保护和行波保护等。

(4) 按保护动作原理不同分类:有机电型保护、整流型保护、晶体管型保护、集成电路型保护及微机型保护等。实际上,继电保护的动作原理也表明了继电保护技术发展的进程,目前通常把微机保护之前的保护称为传统保护或模拟保护,与此相对应,微机保护还可称为数字保护。

(5) 按保护反映参数增大或减小进行分类:有过量保护和欠量保护两大类。

第四节 继电保护技术的发展概况

电力系统的继电保护技术是随着电力系统的发展和不断适应电力系统发展的要求而发展的。最早的继电保护是熔断器,当电气设备或供电线路发生短路时,由于短路电流较大,熔断器的熔体被熔断,因而可将故障切除。随着发电设备容量和供电范围的扩大,在许多情况下,单纯用熔断器不能满足选择性和灵敏性的要求,于是出现了作用于专门的断流装置(断路器)的过电流继电器。19 世纪 90 年代出现了装于断路器上并直接作用于断路器的一次式(直接反映于一次短路电流)的电磁型过电流继电器。20 世纪初,随着电力系统的发展,继电器才开始广泛用于电力系统的保护。这个时期可认为是继电保护技术发展的开端。

20世纪初，随着供电容量的增加和供电范围的扩大、电压的提高，柱上油断路器直接动作式的过电流保护的灵敏性和选择性都不能满足要求。1901年出现了利用感应型电流继电器构成的过电流保护。1908年出现了电流差动保护。

随着电力系统的进一步发展和对用户供电可靠性的提高，出现了各发电厂之间并列运行和双回路供电线路，也出现了环形电网。这时电流保护不能满足要求，于是在1911年出现了方向电流保护，1920年又出现了距离保护。随着电力系统的进一步扩大，输电电压的继续提高，长距离输电线路的出现及电力系统并列运行的稳定性，对继电保护动作的快速性提出了更高的要求，要求在输电线路上任何一点发生短路故障时，继电保护都能瞬时动作，而距离保护不能满足这一要求，在1927~1928年间开始采用了高频保护。为了提高保护的灵敏度，先后采用了反映相序分量的继电保护，如零序电流保护、零序和负序分量的高频保护等。

采用感应型和电磁型继电保护，基本上满足了100MW以下中小型发电机组、母线和220kV以下电网对继电保护的要求。由于这些保护有体积大、消耗功率多和动作速度慢的缺点，所以，普遍重视新型继电器和保护装置的研究。在20世纪60年代初期我国便开始研制晶体管型、整流型继电器和保护装置，取得显著的成果，并逐步以此取代了感应型、电磁型的继电器和保护装置。

自20世纪五六十年代相继出现200MW、600MW及更大功率发电机组和330kV、500kV及以上电压的超高压远距离输电线路。因此，大功率发电机组和超高压输电线路的继电保护成为继电保护技术发展的重要课题。国内外的继电保护设计研究工作者为此做出了努力和贡献。20世纪70年代初期，我国研究的330kV晶体管型高压输电线路成套继电保护装置投入运行，200MW和300MW大容量发电机组晶体管型和整流型成套继电保护装置也在国产机组中应用，随后500kV超高压输电线路和600MW大容量发电机组成套保护装置的研制也取得了成果。与此同时，国外也发展了用于超高压输电线路的微波保护和反映非工频电气量新原理的行波保护，以满足现代超高压巨型电力系统对继电保护提出的要求。

20世纪70年代以来，随着电子计算机技术的发展，特别是微型计算机和微处理器的应用，计算机继电保护的研究已取得了显著的成果。目前，国内外已研制出各种类型的计算机继电保护装置，并已取得了很多的运行经验。可以预料，计算机继电保护在电力系统中的应用将成为继电保护发展的主要方向。

复习思考题

1-1 试简述电力系统最常见的故障类型及不正常的工作状态，分析产生的原因及后果。
1-2 继电保护的任务是什么？
1-3 简述电力系统发生短路故障时的基本特征。
1-4 试述继电保护装置的基本构成及各构成元件的作用。
1-5 电力系统对继电保护的基本要求是什么？简单解释各项基本要求的内涵。
1-6 什么是继电保护的主保护，远、近后备保护和辅助保护？

第二章 继电保护的基本知识

第一节 互 感 器

一、电流互感器

电流互感器（TA）是变压器的一种特殊形式，其原理与变压器相同。电流互感器的一次绕组与高压电网一次回路串联，流过的电流大，因而线径粗，匝数少，实际应用的电流互感器的一次绕组只有一匝；二次侧接继电保护装置或测量仪器，构成交流二次回路。电流互感器的作用就是将高压设备中的大电流变换成 5A 或 1A 的小电流，以供继电保护装置或测量仪表使用。二次绕组流过的电流小，因而线径细，匝数多。

按变压器原理来说，电流互感器相当于一个升压降流变压器，所以其二次侧会出现很高的电压，会危及二次绕组绝缘及人身安全，因此电流互感器在运行中，二次绕组不允许开路。

电流互感器的二次绕组回路在运行时必须接地，这是为了防止当一、二次绕组击穿后，在二次绕组会出现同一次绕组一样的高电压，危及人身安全。

（一）电流互感器的极性

当电流互感器应用到方向继电保护中时，必须明确电流互感器的极性，从而确定流入继电保护装置的电流方向，只有极性连接正确时，保护才能正确动作；否则，由于极性不正确，会造成继电保护误动作。

电流互感器的极性取决于其一、二次绕组的绕向，一旦一、二次绕组同极性端子选定后，其一、二次电流方向便可以确定，即当给定了一次电流的方向时，就能根据极性确定二次绕组的电流方向。在工程实际中，电流互感器极性都按减极性原则进行标注，同极性的端子注以"·"表示。如图 2-1 所示，当电流从电流互感器的一、二次绕组同极性端子流入时，它们在铁心中所产生的磁通方向是一致的。简单地说，就是当一次电流 i_1 从同极性端子"·"流入时，电流互感器的二次电流 i_2 从二次绕组

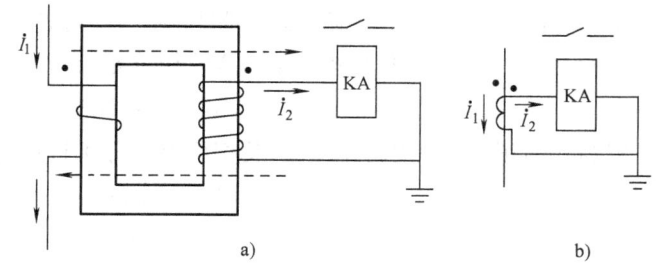

图 2-1 电流互感器的极性标注方法
a) 原理图　b) 示意图

的同极性端子"·"流出。这样的标注方法比较直观，就好像一次电流 i_1 直接流入到电流继电器一样，同时，也便于对电流互感器的二次电路进行分析。

电流互感器的极性一般由制造厂在出厂时就标注好了，但在实际工程中，无论安装或检修后，投运前都要检验电流互感器的极性，以校核电流互感器的极性标注是否正确。

（二）互感器的误差

互感器利用电磁感应原理，将一次侧的高电压、大电流按比例变换成二次侧的低电压、小电流以供二次侧的继电保护或测量设备使用，与变压器一样，需要有个电流在铁心中建立交链一、二次绕组的主磁通Φ，这个电流称为励磁电流。励磁电流只流过互感器的一次侧，虽然其数值一般很小，但由于它的存在，使得互感器一次电压$\dot{U}_1$或一次电流$\dot{I}_1$归算成二次侧的电压$\dot{U}_2'$或二次电流$\dot{I}_2'$时，不等于实际二次电压$\dot{U}_2$或实际二次电流$\dot{I}_2$，因而出现了误差。显然，当互感器的误差过大时，其二次电压或二次电流无法真实反映一次系统的真实情况，从而导致二次设备产生错误或误差。因此，必须把互感器的误差限制在允许的范围之内。

下面以电流互感器为例来分析其误差特点。如图2-2所示，分别为电流互感器的原理接线图、等效电路及相量关系。其中，Z_1'和Z_e'分别为归算到二次侧的一次绕组漏阻抗和励磁阻抗，Z_2和Z_L分别为二次绕组漏阻抗和负荷阻抗；$\dot{I}_1'$和$\dot{I}_e'$分别为归算到二次侧的一次电流和励磁电流，$\dot{I}_2$和$\dot{U}_2$分别为电流互感器的真实电流和二次电压。

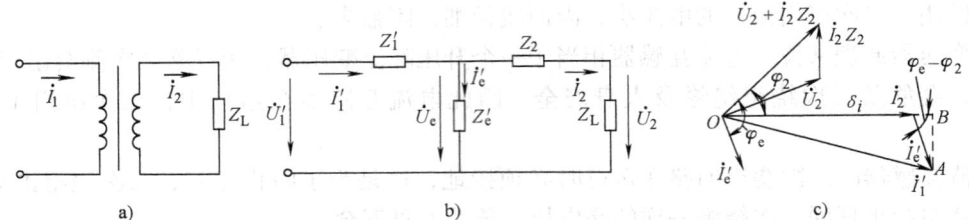

图2-2 电流互感器的原理接线、等效电路和相量关系
a）原理接线图 b）等效电路 c）相量关系

电流互感器的电流误差为归算到二次侧的一次电流$\dot{I}_1'$与二次电流$\dot{I}_2$有效值的数量差，与归算到二次侧的一次电流$\dot{I}_1'$有效值之比，用百分数来表示：

$$\varepsilon_i = \frac{I_2 - I_1'}{I_1'} \times 100\% = \frac{I_1' - I_2}{I_1'} \times 100\% \tag{2-1}$$

由相量图明显可见，电流互感器归算到二次侧的一次电流与二次电流的相位是不一样的。它们之间的差值δ_i称为电流互感器的相位差，即

$$\delta_i = \arg(\dot{I}_2/\dot{I}_1') \tag{2-2}$$

因为δ_i值很小，所以电流误差及相位差可分别近似写成

$$\varepsilon_i \approx -\frac{I_e'\cos(\varphi_e - \varphi_2)}{I_1'} \times 100\% \tag{2-3}$$

$$\delta_i \approx \arcsin\frac{I_e'\sin(\varphi_e - \varphi_2)}{I_1'} \tag{2-4}$$

由式（2-3）和式（2-4）可知，电流误差和相位差产生的主要原因是存在着励磁电流，励磁电流的大小与励磁阻抗Z_e'、二次负荷（$Z_2 + Z_L$）的大小和性质等因素有关。

根据二次设备对电流互感器最大允许误差要求的不同，电流互感器的准确级有0.2、0.3、1、3及5级等。准确级与最大允许误差的对应关系见表2-1。

表 2-1　不同准确级的电流互感器的最大允许误差

准确级	额定电流时,规定的最大允许误差	
	电流误差(%)	相位差/(′)
0.2	±0.2	10
0.3	±0.3	30
1	±1	60
3	±3	不规定
5	±5	不规定

(三) 电流互感器的 10% 误差曲线

为了保证继电保护装置可靠无误地工作,用于保护的电流互感器的电流误差不允许超过 10%,相位差不允许超过 7%。选择电流互感器时根据其 10% 误差曲线进行计算。

由电流互感器的原理可知,电力系统正常运行时,流过电流互感器的一次电流较小,铁心不饱和,其励磁电流 $\dot{I}_e$ 很小,一次电流和二次电流呈线性关系变化,在一定的二次负荷下,其关系曲线如图 2-3 所示。图中曲线 1 为理想的电流互感器电流曲线,电流比 n_{TA} 是一个常数,有 $n_{TA}=I_1/I_2$。当电力系统发生短路故障时,流过电流互感器的一次电流很大,铁心迅速饱和,励磁电流增大,相应的电流互感器的误差也增大,其一、二次电流不再保持线性关系,如图 2-3 曲线 2 所示。当一次电流增大到 $I_{1,b}$ 时,电流互感器工作在关系曲线 2 的弯曲点上,若此时二次电流偏离理想电流为 10% 时,则对应的一次电流 $I_{1,b}$ 称为电流互感器的饱和电流。$I_{1,b}$ 与电流互感器的一次额定电流 $I_{1,N}$ 之比称为饱和电流倍数,用 m_{10} 表示,即 $m_{10}=I_{1,b}/I_{1,N}$。

当电流互感器的二次负荷增大而电流保持不变时,一次电流增大,相应的励磁电流增大,误差也会增大,这就是说,电流互感器的误差与二次负荷的大小有关。通常所说的电流互感器的误差曲线是指在一定的误差时,电流互感器的饱和电流倍数 m_{10},即 10% 误差时的一次电流倍数与二次负荷阻抗 Z_L 的关系曲线。制造厂商对于各种型号的电流互感器,都提供了相应的 10% 误差曲线,其形状如图 2-4 所示。曲线的纵坐标为 10% 误差时的一次电流倍数 m,横坐标为二次负荷阻抗 Z_L。继电保护装置用电流互感器必须根据 10% 误差曲线来选择、校验。

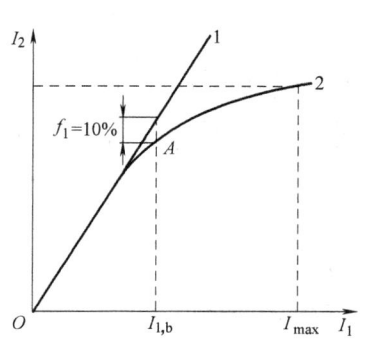

图 2-3　电流互感器一、二次电流关系

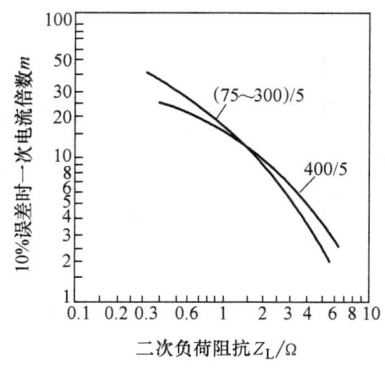

图 2-4　电流互感器 10% 误差时的一次电流倍数曲线

在工程应用中，应首先根据流过电流互感器一次绕组的电流大小确定电流互感器一次额定电流，然后根据保护装置的类型计算出短路电流是流过一次绕组的最大电流 $I_{k,max}$，这样便可得出一次电流倍数 $m_{sj} = I_{k,max}/I_{1,e}$。在纵坐标 m 上找出 m_{sj} 的值，作一水平线与 $m_{10} = f(Z_L)$ 曲线相交于 Q 点，再从 Q 点作一垂线与横坐标相交于 n 点，则 n 点在横轴上所对应的阻抗值便是电流互感器通过实际最大电流 $I_{k,max}$ 时，能保证其电流误差在 10% 以内所允许的二次负荷阻抗 Z_L，如图 2-5 所示。若实际的二次阻抗 $Z_L < Z_{sj}$，则所选电流互感器的误差小于 10% 的要求。如果不满足要求时，应设法减少二次回路的阻抗，或另选其他型号的电流互感器。

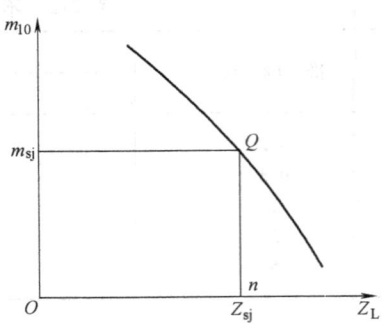

图 2-5 根据 10% 误差曲线求电流互感器的二次负荷

（四）电流互感器在保护装置中应用时的联结方式

电流互感器为二次设备提供小电流信号，为了满足二次设备的应用，电流互感器需要按不同的方式进行联结。一般情况下，电流互感器常采用下列三种联结方式：

（1）完全星形联结，如图 2-6a 所示。
（2）不完全星形联结，如图 2-6b 所示。
（3）两相电流差联结，如图 2-6c 所示。

十分明显，完全星形联结能反映三相短路、两相短路、单相接地短路等各种形式的故障。不完全星形联结及两相电流差联结能反映三相短路、两相短路形式的故障，而当没有装设电流互感器的 B 相发生单相接地故障时，保护不反映，所以这两种联结方式不能用于反映单相接地故障的保护中。

不同联结方式时，通过继电器的电流与电流互感器的二次电流的比值不同，在保护的整定计算时要用到该比值，称为接线系数，用 K_r 表示，即

$$K_r = \frac{I_r}{I_2} \tag{2-5}$$

式中，I_r 为通过电流继电器的电流有效值；I_2 为电流互感器二次电流有效值。

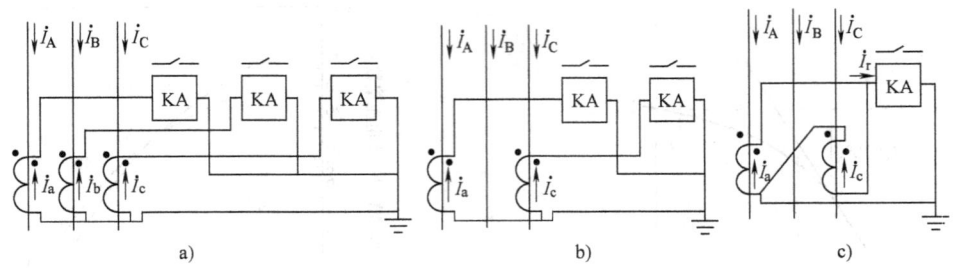

图 2-6 电流互感器常用联结方式
a）完全星形联结　b）不完全星形联结　c）两相电流差联结

从图 2-6 中可看出，对于完全星形和不完全星形联结，不管是系统正常运行还是出现短路故障时，流过电流继电器的电流就是电流互感器的二次电流，即接线系数 $K_r = 1$。

对于两相电流差联结则不同，流入电流继电器的电流是 A、C 两相电流互感器的二次电流差，即 $\dot{I}_r = \dot{I}_a - \dot{I}_c$，并且在系统正常运行或者在发生不同的故障时，流过电流继电器的电流也不相同。在系统对称运行或发生三相对称短路时，$I_r = \sqrt{3} I_a$ 或 $I_r = \sqrt{3} I_a^{(3)}$，如图 2-7a 所示；A、C 两相短路时，$I_r = 2 I_a^{(2)}$，如图 2-7b 所示；A、B 或 B、C 两相短路时，$I_r = I_a^{(2)}$ 或 $I_r = I_c^{(2)}$，如图 2-7c 所示。

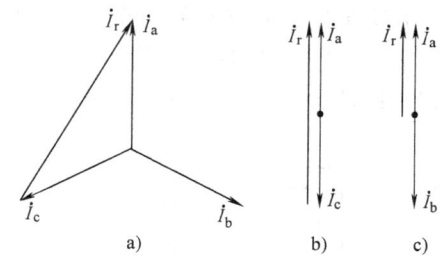

图 2-7 两相电流差联结方式在不同形式下的电流相量图
a) 三相对称　b) A、C 两相短路　c) A、B 两相短路

整定计算时，不同联结方式要取相应的接线系数：

（1）完全星形联结和不完全星形联结时，在任何故障形式时，$K_r = 1$。

（2）两相电流差联结时，三相短路时 $K_r = \sqrt{3}$；A、C 两相短路时 $K_r = 2$；A、B 或 B、C 两相短路时 $K_r = 1$。

综上所述，在上述三种联结方式中，完全星形联结采用三个电流互感器，接线复杂且不经济，但可靠性和灵敏性较高，在一些大型贵重的电气保护装置，如发电机、变压器保护中采用。

不完全星形联结采用两个电流互感器，接线较简单、经济，同完全星形联结一样能反映各种相间短路故障，因而在各种反映相间短路的保护中得到了广泛应用。

两相电流差联结（也称两相一继电器联结），接线简单、经济，但灵敏性与可靠性较差，因而只在一些小功率的高压电动机或小型变压器的保护装置中使用。

二、电压互感器

电压互感器（TV）是变压器的另一种特殊形式，其工作原理与变压器相同。电压互感器的一次绕组与高压电网一次回路并联，绕组两端的电压高，但流过的电流小，因而线径细，匝数多；二次绕组接继电保护装置或测量设备，构成交流二次回路。电压互感器的作用就是将高压电网上的高电压变换成一定数值的二次侧低电压，电压互感器二次额定电压一般规定为 100V。二次绕组两端的电压低但流过的电流大，因而线径粗，匝数少。

按变压器原理来说，电压互感器相当于一个降压升流变压器。电压互感器的二次绕组不应该短路，否则会有很大的二次电流流过，从而导致二次绕组烧毁。在电压互感器的二次侧一般都接有熔断器，防止大电流流过二次绕组。

从安全方面考虑，电压互感器的二次回路在应用中必须接地，这样当一、二次绕组击穿后，在二次绕组不会出现高电压，危及人身和设备安全。

（一）电压互感器的极性

为了保证保护装置正确接入电压互感器的二次侧，对电压互感器的一、二次绕组的极性应有明确的标注。电压互感器一、二次绕组间的极性，同电流互感器一样，按减极性原则标注，一、二次绕组中同时由同极性端子流入电流时，它们在铁心中所产生的磁通方向相同。即当电流由一次侧的同极性端子流入时，其二次侧的电流由同极性端子流出。标注电压互感器极性的方法是用相同字符的大小写附以相同注脚来表示，习惯上一次侧用大写字母，二次侧用小写字母。图 2-8a 所示接线中，A 和 a 为同极性端子，X 和 x 也为同极性端子。当只需标出相对极性关系时，也可在同极性端子上标注"·"来表示，如图 2-8b 所示。

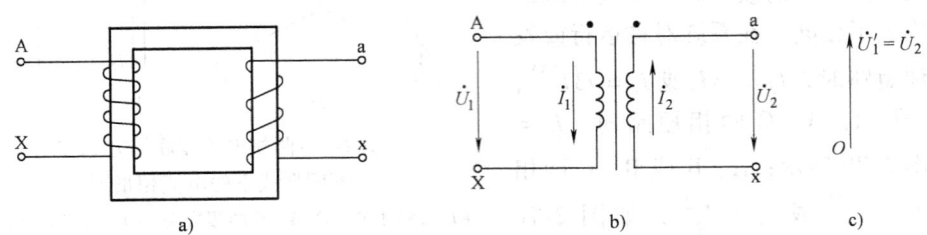

图 2-8　电压互感器的极性、电压正方向和相量图
a）原理结构图　b）示意图　c）二次电压相量图

电压互感器的一、二次电压都是交流，电压的参考方向可以任意选取，但在继电保护中，常以 A 到 X 的方向作为一次电压的正方向，二次电压正方向由 a 指向 x，如图 2-8b 所示。继电保护中，这种规定可带来很多便利：其一，如果忽略电压互感器在工作中所产生的各种误差，则归算到二次侧的一次电压 $\dot{U}_1'$ 和二次电压 $\dot{U}_2$ 的大小和方向均相同，如图 2-8c 所示；其二，由于 $\dot{U}_1'$ 和 $\dot{U}_2$ 的正方向标示一致，则连接上二次负荷后，二次负荷犹如直接接在一次系统中一样进行分析，看起来比较直观；其三，按照该规定标注电压后，根据减极性原则，其电流的方向也能随之确定。

电压互感器的极性由生产厂商标注，在安装或检修后，投入使用前，应对其极性进行校验。

（二）电压互感器的误差

电压互感器同电流互感器一样，是变压器的一种特殊形式，所以它们有相同的等效电路形式。电压互感器的等效电路如图 2-2b 所示。电压互感器的误差主要是由励磁电流在一次绕组和负荷电流在一、二次绕组上所产生的压降而引起的。由于压降的存在，使归算到二次侧的一次电压 $\dot{U}_1'$ 与二次电压 $\dot{U}_2$ 大小不等，相位不同，前后大小不等的误差即为电压误差，前后相位不同的误差即为相位误差。

为了减小电压互感器的误差，必须：

（1）尽量减小电压互感器一、二次绕组的漏抗。

（2）减小电压互感器的励磁电流 $\dot{I}_e$。

（3）减小电压互感器的负荷电流 $\dot{I}_2$，即应增大接入的二次负荷阻抗 Z_L。

继电保护中采用的电压互感器的准确级通常可分为 0.5、1 和 3 级三种，见表 2-2。每一准确级都有规定的二次负荷额定容量（二次负荷的容量以伏安表示），如果二次负荷的容量超过额定值，则其误差将超过相应的准确级误差规定值。因此，同一电压互感器随着二次负荷的不同，可以工作在不同的准确级上。电压互感器工作时所能达到的最高准确级，称为该电压互感器的额定准确级。

电压互感器的额定容量一般只有几十到几百伏安，额定容量是由准确级决定的，它与按温升条件确定的极限容量不同，极限容量称为电压互感器的最大容量，它约等于额定容量的 2 倍。在实际应用中，一般提到电压互感器的容量是指其额定容量，而不是其最大容量。

表 2-2　不同准确级的电压互感器的最大允许误差

等　级	额定电流时,规定的最大允许误差	
	电压误差(%)	相位差/(′)
0.5	±0.5	20
1	±1	40
3	±3	不规定

（三）电压互感器的联结方式

接在电压互感器二次侧的继电保护装置或测量仪表在使用中有时需要接入线电压,有时需要接入相电压,因此在不同的情况下,电压互感器的联结方式需要按照要求进行连接,下面介绍几种变配电所常用的电压互感器的联结方式:

1. 不完全三角形联结

不完全三角形联结采用两个电压互感器分别接于线电压 $\dot{U}_{AB}$、$\dot{U}_{BC}$ 上,如图 2-9 所示。这种联结方式的电压互感器一次绕组不能接地,而二次绕组为了安全起见将 b 相接地。

不完全三角形联结只能获得对称的三个线电压,而不能得到相电压,因此这种联结方式只有在保护装置及测量设备只需要线电压时才采用。这种联结方式因为只采用了两个电压互感器,所以接线简单,比较经济。

对于不完全三角形联结,由于线电压 $\dot{U}_{CA}$ 间没有接电压互感器,所以称为不完全三角形联结,也称 V-V 联结。它一般用于中性点非直接接地的电网保护装置中,其优点是可以节省一台电压互感器,同时也可以减小系统中的对地励磁电流,避免产生过电压。

2. 星形联结

星形联结采用三个单相电压互感器或一个三相五柱式电压互感器构成,如图 2-10 所示（三个单相互感器与线框部分一起构成三相五柱式电压互感器）。其一次绕组的始端分别接在对应的 A、B、C 相上,而终端则连在一起接地,并最终与系统的中性线连接;其二次绕组的始端分别引出 a、b、c 相,终端连在一起接地,并最终与系统的中性线连接。这种联结方式可以使电压互感器二次设备既能获得线电压,也能获得相电压。二次设备需获取线电压时,将设备接在电压互感器二次侧的两相之间;需获取相电压时,二次设备的一端接在电压互感器二次侧的相线上,另一端接在中性线上。当采用三个继电器并都需要获取相电压时,三个继电器应星形联结,并将其中性点与系统的中性点连接,如图 2-10 所示。

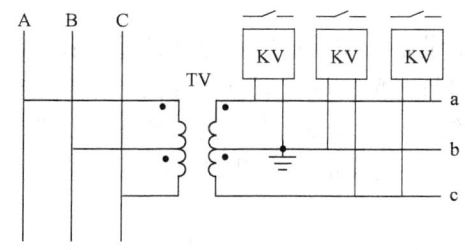

图 2-9　电压互感器的不完全三角形联结

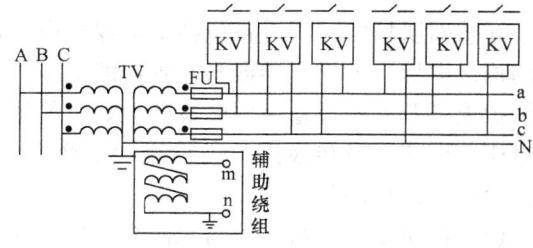

图 2-10　电压互感器的星形联结

在中性点不接地系统中,如果电压继电器需接入相对系统中性点的相电压时,只要将三个线圈阻抗相同的电压继电器连接成星形,继电器的中性点不需要与电压互感器的中性点连接即可获得相电压,如图 2-11 所示。这是因为三相对称负荷中性点的电位与系统的中性点电位相等,并位于三个线电压三角形的重心处,如图 2-11 所示。此时三个电压继电器所取得的电压相对于系统的中性点就是相电压,即

$$\dot{U}_{ao} = \frac{\dot{U}_{ab} - \dot{U}_{ca}}{3} \dot{U}_{bo} = \frac{\dot{U}_{bc} - \dot{U}_{ab}}{3} \dot{U}_{co} = \frac{\dot{U}_{ca} - \dot{U}_{bc}}{3} \quad (2\text{-}6)$$

星形联结采用了三个单相电压互感器,接线复杂,成本较高。

3. 开口三角形联结

为了在电压互感器二次侧获得系统的零序电压,通常采用三相五柱式电压互感器。它由三个单相电压互感器及一个辅助二次绕组组成,如图 2-10 所示。电压互感器的一次绕组接成星形并将中性点接地,二次辅助绕组接成开口三角形,如图 2-10 线框部分所示,这样从 m、n 端子上得到的输出电压为

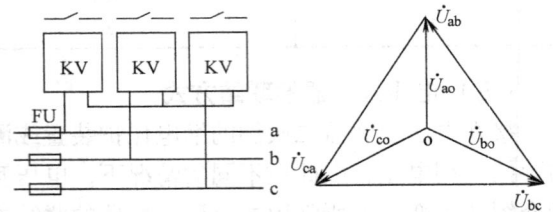

图 2-11 继电器接入相对系统中性点的相电压的接线图及相量图

$$\dot{U}_{mn} = \dot{U}_a + \dot{U}_b + \dot{U}_c = \frac{1}{n_{TV}}(\dot{U}_A + \dot{U}_B + \dot{U}_C) = \frac{3\dot{U}_0}{n_{TV}} \quad (2\text{-}7)$$

式中,n_{TV} 为电压互感器的电压比。

$\dot{U}_{mn}$ 与一次系统的 3 倍零序电压成正比,故可间接获得系统的零序电压。在系统正常运行或发生三相短路故障时,开口三角形上的零序电压理论上应该为零,但实际上由于电压互感器本身的参数误差、一次系统中含有 3 的倍数的谐波及每相对地导纳不相等等原因,开口三角形上会有一定的电压输出,这时的输出电压称为不平衡电压,不平衡电压一般应控制在 10V 以下。

在实际应用中,电压互感器二次侧开口三角形上的最大零序电压的电压值不允许超过 100V,所以要选用合适电压比的电压互感器。如在小电流接地系统中,常选用电压互感器的电压比为 $(U_N/\sqrt{3})$:$(100/\sqrt{3})$:$(100/3)$,其中,U_N 为一次系统的额定线电压,电压比中的第 3 个数据为辅助二次绕组的额定电压。

第二节 变 换 器

互感器所接的二次设备包括继电保护设备及测量设备,如果这些继电保护设备及测量设备的输入电压、电流等参数与互感器的电压、电流参数匹配,则可以直接连接。但当这些继电保护设备及测量设备为弱电设备,如由晶体管等构成时,则必须将电流、电压互感器输出的电压、电流经过转换设备进行线性变换后,再引入二次设备,这里的转换设备称为变换器。变换器的作用是:

(1) 电量变换。将互感器二次高电压(100V)、大电流(1A 或 5A)转换成弱电压,以适应其二次侧弱电元器件的要求。

(2) 电路隔离。电流、电压互感器二次侧的安全接地,是用于保证人身和设备安全的,而弱电元件往往与直流电源连接,但直流回路又不允许直接接地,采用变换器就可以将交、直流的电路隔离开来。另外,弱电元器件易受干扰,借助变换器屏蔽层可以减少来自高压设

备的电磁干扰。

（3）调节定值。通过改变变换器一次或二次绕组的抽头来改变测量设备的定位或扩大定值范围。

继电保护装置中常用的变换器有电压变换器（UV）、电流变换器（UA）和电抗变换器（UX），UV 接在电压互感器的二次侧，作用是将高电压变换成为与之成正比的低电压；UA 和 UX 接在电流互感器的二次侧，作用是将大电流变换成与之成正比的电压。它们的原理接线如图 2-12 所示。图中虚线部分表示变换器的屏蔽层接地。

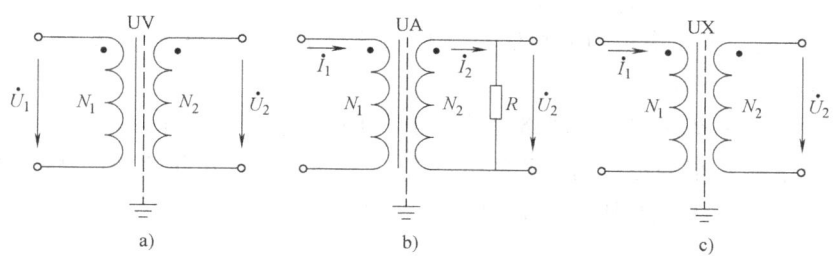

图 2-12　变换器原理接线图
a）电压变换器　b）电流变换器　c）电抗变换器

一、电压变换器

电压变换器（UV）的工作原理同电压互感器、变压器完全相同。电压变换器在应用中要求能准确反映电压变换器的一次电压，即要求具有较小的电压误差和相位差。

实际应用的电压变换器的漏阻抗很小，但由图 2-13 所示的电压变换器的等效电路可知，由于一、二次漏阻抗 Z_1' 和 Z_2 的存在，当励磁电流 $\dot{I}_e'$ 和二次电流 $\dot{I}_2$ 流过时，就会产生压降，从而产生电压误差和相位差。为了减小误差，要求电压变换器漏阻抗要小、励磁阻抗要大。而在应用过程中，接入到电压变换器的二次负荷要尽量大，使电压变换器的二次侧工作在接近开路状态。这些

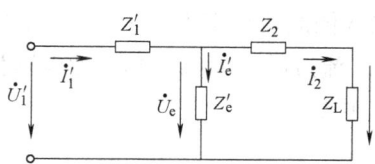

图 2-13　电压变换器的等效电路

措施不但减小了误差，而且由于此时电压变换器的铁心工作在磁化曲线的直线部分，可参考图 2-3，其一、二次侧的电压成线性变换。一般在额定工作条件下，电压变换器的二次电压 $\dot{U}_2$ 和一次电压 $\dot{U}_1$ 的关系可近似表示为

$$\dot{U}_2 = K_U \dot{U}_1 \tag{2-8}$$

式中，$K_U = N_2/N_1$ 为电压变换器的电压比，在这里也称为电压变换器的变换系数。

二、电流变换器

电流变换器（UA）由一台小型电流互感器和并联在二次侧的小负荷电阻 R 组成。由于电流变换器属于小型变压器，其漏阻抗很小，接近于零，忽略了漏阻抗后，其等效电路如图 2-14 所示。由图可看出，励磁电流 $\dot{I}_e'$ 的存在是电流变换器一、二次电流 $\dot{I}_1$、$\dot{I}_2$ 产生电流误差和相位差的主要原因。在 $\dot{I}_e'$ 很小并且可忽略时，归算到电流变换器二次侧的一次电流 $\dot{I}_1'$ 和二

次电流 $\dot{I}_2$ 大小相等，相位相同，才能在电阻 R 上得到一个与一次电流 $\dot{I}_1$ 成正比的电压 $\dot{U}_2$。在二次侧并联一个小电阻 R 的目的是保证接在电流变换器的负荷阻抗小于 R，且远小于励磁阻抗 Z'_e，这样励磁电流 $\dot{I}'_e$ 将远小于负荷电流 $\dot{I}_L$，使 $\dot{I}'_e$ 可忽略，这样二次电压可近似表示为

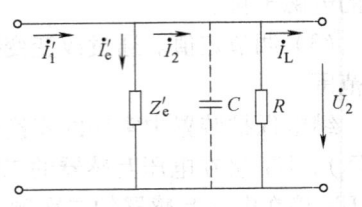

$$\dot{U}_2 = \dot{I}_2 R = \frac{R}{n_{UA}} \dot{I}_1 = K_i \dot{I}_1 \quad (2-9)$$

图 2-14 电流变换器的等效电路

式中，n_{UA} 为电流变换器的电流比；K_i 为电流变换器的变换系数，$K_i = R/n_{UA}$。若考虑负荷阻抗时，变换系数需要考虑负荷阻抗 Z_L 的影响，Z_L 与 R 并联，则 $K_i = (R//Z_L)/n_{UA}$。

在电流变换器的某些使用中，严格要求 $\dot{I}_1$ 与 $\dot{U}_2$ 相位一致，即不允许有相位差，这时可在 R 上并联一个小电容 C 来满足。当并联的电容容抗 X_C 等于励磁电抗 X'_e 时，励磁电流 $\dot{I}'_e$ 就会被电容电流 $\dot{I}_C$ 所补偿，从而实现 $\dot{I}_1$ 与 $\dot{U}_2$ 同相位。

三、电抗变换器

电抗变换器（UX）的结构如图 2-15a 所示，其倒日字型铁心的中间铁柱上共绕有三个绕组，一个一次绕组 W_1 和两个二次绕组 W_2 和 W_3，在 W_3 上接了一个可调电阻 R_φ，电抗变换器的铁心最明显的特点是绕有绕组的中间柱上有一个 1~2mm 的空气间隙。

为了便于讨论 UX 的工作原理，先不考虑第三个绕组 W_3 的作用，即将其开路。电抗变换器也属于小型的变压器，所以其一、二次漏阻抗都很小；电抗变换器的铁心中有气隙，所以其励磁阻抗很小，在其工作电流范围内铁心不易磁化饱和。在实际使用中，接于电抗变换器二次侧的负荷很大，远大于励磁阻抗，即 $Z_L \gg Z_e$。所以其一次电流 $\dot{I}_1$ 几乎全部作为励磁电流 $\dot{I}_e$ 流过励磁阻抗，其等效电路如图 2-15b 所示。从图可知，归算到一次输出电压 $\dot{U}'_2$ 可近似表示为

$$\dot{U}'_2 = \dot{I}_1 Z_e \quad (2-10)$$

实际应用时，更多关心的是没有归算的输出电压 $\dot{U}_2$ 与 $\dot{I}_1$ 的关系：

$$\dot{U}_2 = \dot{I}_1 \dot{K}_I \quad (2-11)$$

式中，$\dot{K}_I$ 为带阻抗量纲的复常数，称为转移阻抗。

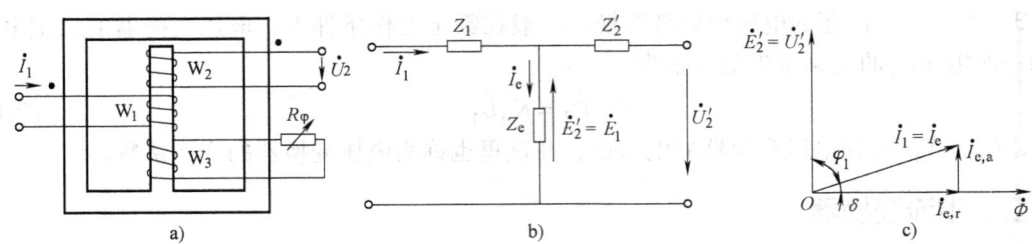

图 2-15 电抗变换器原理说明
a) 原理结构　b) 等效电路　c) 相量图

比较式（2-10）和式（2-11）可知，输出电压 $\dot{U}_2$ 或 $\dot{U}'_2$ 与输入电流 $\dot{I}_1$ 成正比。

根据图 2-15b 等效电路所示各相量假定的正方向，画出其相量图如图 2-15c 所示。二次

电动势 $\dot{E}'_2$ 和 $\dot{U}'_2$ 比磁通 $\dot{\Phi}$ 超前 90°，励磁电流可分解为两部分，即 $\dot{I}_1 = \dot{I}_e = \dot{I}_{e,a} + \dot{I}_{e,r}$。其中与磁通 $\dot{\Phi}$ 同相位的分量 $\dot{I}_{e,r}$ 为无功部分，用来在铁心中建立磁通；而比磁通 $\dot{\Phi}$ 超前 90°的分量 $\dot{I}_{e,a}$ 为有功部分，与 $\dot{E}'_2$ 同相位，它和电抗变换器的铜损、铁损相对应。当忽略铜损、铁损时，$\dot{I}_1$ 与磁通 $\dot{\Phi}$ 同相位，损耗角 $\delta = 0$，则 $\dot{E}'_2 = \dot{U}'_2$，比 $\dot{I}_1$ 超前 90°。在开路的 W_3 中接入一个电阻 R_φ，这相当于增加了电抗变换器的铜损，则 δ 增大，φ_I 减小。改变 W_3 中电阻 R_φ 的大小，就可以改变电流 $\dot{I}_1$ 与 $\dot{E}'_2 (= \dot{U}'_2)$ 间的相位差 φ_I。

电流变换器与电抗变换器都可用来将一次电流 $\dot{I}_1$ 变换为与之成正比的二次电压 $\dot{U}_2$。当忽略励磁电流时，电流变换器的输出电压与输入电流同相位，而电抗变换器的输出电压与输入电流则相差一个相位角。此外，它们在变换特性上也有所不同，由于电流变换器在磁路没有饱和时，其励磁阻抗 $Z_e \gg Z_L // R$，所以励磁电流可以忽略，因此对不同频率的电流几乎以相同电流比进行变换，故电流变换器输出电压波形基本保持了一次电流信号的波形，即没有相位差。电抗变换器的励磁阻抗 Z_e 不能忽略，而且一次电流的频率越高，Z_e 越大，因此当电流中含有大量谐波时，不能应用 UX，UX 对非周期分量及低次谐波电流也有削弱作用。

第三节　对称分量滤过器

任何不对称的三相系统都可采用对称分量法将其分解为三个对称的三相系统，即正序、负序和零序系统。电力系统正常运行时，其三相是对称的，只存在正序分量；发生不对称短路时，会出现负序分量；发生接地故障时，总会出现零序分量。所以在保护中，采用负序、零序分量构成反映负序、零序分量的保护，即可避开负荷电流的影响，又可以躲过对称的系统振荡，而只反映在故障情况下才出现的零序、负序分量，能够满足保护装置灵敏性和选择性的要求，又可简化接线，提高保护装置的可靠性。

要使用负序、零序分量，就必须应用某种办法从系统中获得这些分量。从系统中获得负序、零序分量的装置称为对称分量滤过器。对称分量滤过器是一种从三相正弦电压或电流中过滤出正序、负序、零序分量的装置。当输入端加入三相正弦电压或电流时，输出端即可得到与输入量中某一相序分量成比例的电压或电流。继电保护中常用到的对称分量滤过器包括：正序电压、电流滤过器，负序电压、电流滤过器，零序电压、电流滤过器，复合电压、电流滤过器。下面介绍在本书中将提到的保护中所涉及的对称分量滤过器，没有介绍的请参照有关资料。

一、零序电压滤过器

继电保护中获取零序电压通常有四种方法。

（1）利用三相五柱式电压互感器二次辅助绕组的开口三角形侧可获取零序电压。接线如图 2-16a 所示，电压互感器的一次侧接成星形且中性点接地，使其二次侧能获得三相对地相电压 $\dot{U}_a$、$\dot{U}_b$ 和 $\dot{U}_c$。系统出现三相对称的正序或负序电压时，三相的相量和为零，开口三角形的输出电压为零。当系统中出现零序电压时，忽略互感器的误差时，其输出电压为

$$\dot{U}_{\mathrm{mn,o}} = \dot{U}_a + \dot{U}_b + \dot{U}_c = (\dot{U}_A + \dot{U}_B + \dot{U}_C)/n_{TV} = 3\dot{U}_{mn,0}/n_{TV} \qquad (2\text{-}12)$$

如果考虑误差，系统出现三相对称的正序或负序电压时，$\dot{U}_{mn,o}$输出不等于零，为电压互感器的不平衡电压，其值很小。

（2）利用发电机中性点经电压互感器接地来取得零序电压，如图2-16b所示。因为发生单相接地短路故障时，电压互感器的一次绕组会出现零序电压，故在电压互感器的二次侧能得到与系统零序电压成比例的零序电压。

（3）利用三个参数一致的单相电压互感器按Y、开口三角形方式联结，系统出现三相对称的正序或负序电压时，三相的相量和为零，开口三角形的输出电压为零。当系统中出现零序电压时，开口三角形上有零序电压输出，如图2-16c所示。

（4）利用三个电容量相等的电容器接于电压互感器的二次侧构成零序电压滤过器，如图2-16d所示。当电压互感器的二次电压为三相对称的正序或负序电压时，m点对地没有偏移电压，即$\dot{U}_{mn,o}=0$，若二次电压为三相不对称，则输出电压$\dot{U}_{mn,o}\neq 0$，即有零序电压输出。这种接线可用于构成电压互感器的二次回路断线闭锁装置或信号回路中。

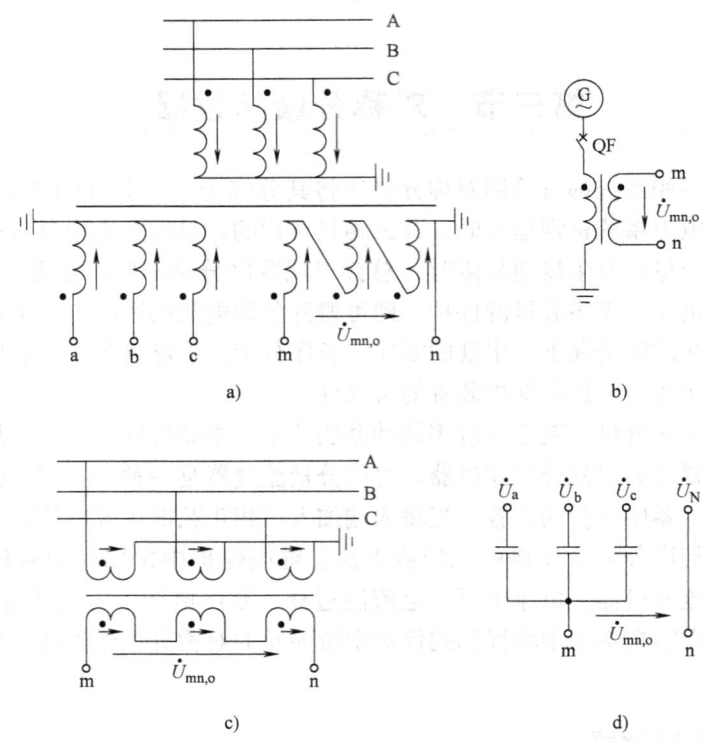

图2-16 零序电压的获取方法
a）三相五柱式电压互感器 b）发电机中性点接地电压互感器
c）三个单相电压互感器获取 d）三个等值电容获取

二、零序电流滤过器

继电保护中获取零序电流通常有两种方法，即零序电流滤过器和零序电流互感器。

1. 零序电流滤过器

零序电流可以从三台二次侧接成星形的电流互感器的中线上获得,这种联结称为电流滤过器,如图2-17所示。

从图2-17中可知,流过零序电流滤过器 I_0 的电流 $\dot{I}_r$ 为三相电流之和,即

$$\dot{I}_r = \dot{I}_a + \dot{I}_b + \dot{I}_c = \frac{1}{n_{TA}}(\dot{I}_A + \dot{I}_B + \dot{I}_C - \dot{I}_{mA} - \dot{I}_{mB} - \dot{I}_{mC})$$

$$= \frac{3\dot{I}_0}{n_{TA}} - \frac{1}{n_{TA}}(\dot{I}_{mA} + \dot{I}_{mB} + \dot{I}_{mC}) \tag{2-13}$$

当三相对称时,$3\dot{I}_0 = 0$,则

$$\dot{I}_r = -\frac{1}{n_{TA}}(\dot{I}_{mA} + \dot{I}_{mB} + \dot{I}_{mC}) = -\dot{I}_{unb} \tag{2-14}$$

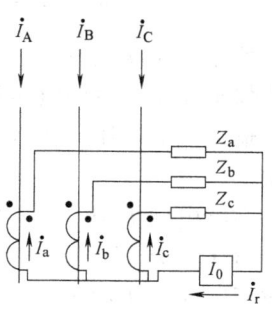

图 2-17 零序电流滤过器

式中,$\dot{I}_{unb}$ 称为不平衡电流。它是由三台电流互感器的励磁特性不完全一致造成的。为了减小该不平衡电流,用于零序电流滤过器的三台电流互感器要求型号一致,电流比相同。当这三台电流互感器运行误差比较一致时,不平衡电流很小,一般可以忽略。但在暂态过程中,这一电流将增大,特别是在断路器切除短路故障后,由于三台电流互感器剩磁不一样,这将使它们运行的工作点不同,从而导致它们的励磁电流有较大差异,使 $\dot{I}_{unb}$ 变大。

2. 零序电流互感器

如图2-18a所示,三相导线或三相电缆穿过互感器的铁心作为一次绕组,二次绕组均匀地绕在铁心上就构成了零序电流互感器。在系统正常运行或发生非接地短路时,一次三相电流中不会出现零序电流,所以不能在铁心片中合成磁通,那么二次侧也不会有零序电流。实际上,由于一次侧的三相导线或三相电缆与二次绕组的互感系数不可能完全一致,所以二次侧在系统正常运行或发生非接地相间短路时,也有电流流过,但这个电流远小于零序电流滤过器中出现的不平衡电流,在使用中完全可以忽略。在系统出现接地短路故障时,一次三相电流中出现零序电流,在铁心中合成磁通,从而在二次绕组中感应出电动势,输出零序电流。

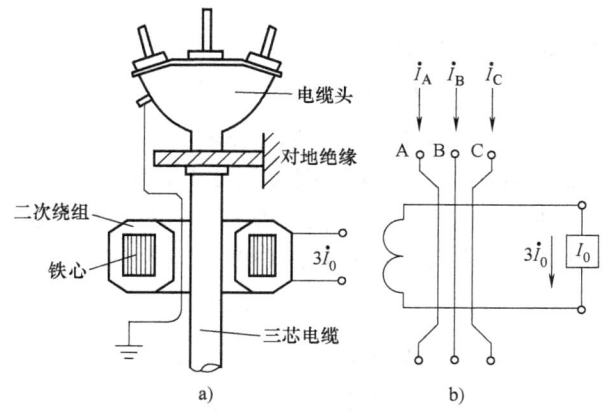

图 2-18 零序电流互感器
a) 安装图 b) 示意图

三、负序电压滤过器

负序电压滤过器用于反映负序电压的保护装置中,其作用是从系统中过滤出负序电压供继电保护使用。负序电压滤过器的输出端接负序电压继电器,其输入端与系统的线电压相连,输出端的电压与输入电压中的负序电压成比例,而与系统中出现的正序电压和零序电压无关。

在继电保护中,应用比较广泛的是单相阻容式负序电压滤过器,如图 2-19a 所示。两个阻容臂 X_1、R_1 和 X_2、R_2 分别接于线电压 $\dot{U}_{ab}$ 和 $\dot{U}_{bc}$,由于线电压中无零序分量,所以电压滤过器无零序电压输出。

当在输入端加入正序电压时,相量图如图 2-19b 所示,三个线电压构成等边三角形 $\triangle abc$,m、n 点分别位于线电压 $\dot{U}_{ab1}$ 和 $\dot{U}_{bc1}$ 为直径的半圆上。当改变两臂电阻和电容的数值时,应使 $\dot{U}_{mn1} = 0$,即 m、n 两点必须重合于两个半圆的交点上。从图 2-19b 中可看出,$\dot{U}_{R1} = -\dot{U}_{X2}$,且 $\dot{U}_{R1}$ 比 $\dot{U}_{ab1}$ 超前 30°,$\dot{U}_{R2}$ 比 $\dot{U}_{bc1}$ 超前 60°,构成三角形 $\triangle abm$、$\triangle cbn$ 各边电压的有效值有以下关系:

$$U_{R1}/U_{X1} = U_{R2}/U_{X2} = \sqrt{3} \tag{2-15}$$

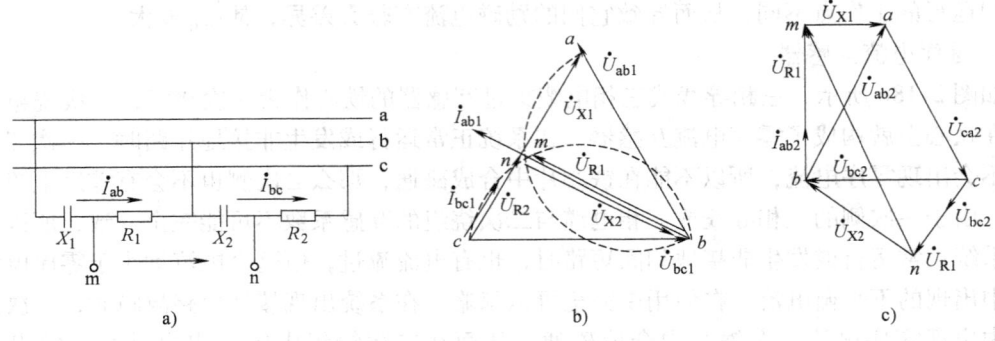

图 2-19 单相阻容式负序电压滤过器
a)原理接线图　b)输入正序电压时的相量图　c)输入负序电压时的相量图

由于电压降与阻抗成正比,所以有

$$R_1/X_1 = R_2/X_2 = \sqrt{3}$$

即
$$R_1 = \sqrt{3}X_1 \quad R_2 = \sqrt{3}X_2 \tag{2-16}$$

选定阻容参数后,输入负序电压的相量图如图 2-19c 所示。在三角形 $\triangle bmn$ 中,因为 $|\dot{U}_{R1}| = |\dot{U}_{X2}|$,所以三角形 $\triangle bmn$ 是一个等腰三角形,其顶角为 120°,两个底角为 30°,根据正弦定理得构成三角形 $\triangle bmn$ 各边电压有效值有以下关系:

$$U_{mn2}/U_{R1} = \sin 120°/\sin 30° = \sqrt{3}$$

因为
$$U_{R1} = 0.5\sqrt{3}U_{ab2}, \quad U_{ab2} = \sqrt{3}U_{X2}$$

所以
$$U_{mn2} = 1.5U_{ab2} = 1.5\sqrt{3}U_{X2} \tag{2-17}$$

若以输入电压 U_{ab2} 或 U_{X2} 作为参考相量,从图 2-19c 中可见,输出电压为

$$\dot{U}_{mn2} = 1.5e^{j60}U_{ab2} = 1.5\sqrt{3}e^{j30}U_{X2} \tag{2-18}$$

即滤过器输出开路时，输出电压与输入的负序电压成正比且相位比$\dot{U}_{X2}$超前30°。

实际上，输入三相正序电压时，输出端有不平衡电压出现，这主要是各元件的实际参数与计算值有偏差，输入电压中含有 5 次谐波分量的缘故。

四、负序电流滤过器

负序电流滤过器用于反映负序电流的保护装置中，其输出端接负序电流继电器。继电保护中经常用到的负序电流滤过器称为感抗式负序电流滤过器，其电路如图 2-20a 所示。它由电流变换器 UA 和电抗变换器 UX 组成，UA 和 UX 各有两个一次绕组，UA 的两个绕组的匝数比 $N_A/N_0 = 3$，UX 的两个绕组的匝数比 $N_B = N_C$。

正常运行时，UA 的磁动势平衡，即

$$\dot{I}_A N_A - 3\dot{I}_0 N_0 = \dot{I}_a N_1$$

设 UA 的电流比为

$$n_{UA} = N_1/N_A$$

则

$$\dot{I}_a = (\dot{I}_A - \dot{I}_0)/n_{UA}$$

故

$$\dot{U}_R = \dot{I}_a R = R(\dot{I}_A - \dot{I}_0)/n_{UA} \tag{2-19}$$

电抗变换器 UX 二次绕组的感应电动势为

$$\dot{U}_{BC} = j(\dot{I}_B - \dot{I}_C)X_{UX}$$

式中，X_{UX} 为电抗变换器的互感电抗。

该滤过器的输出电压为

$$\dot{U}_{mn} = \dot{U}_R - \dot{U}_{BC} \tag{2-20}$$

当滤过器输入端加入三相对称的正序电流时，相量图如图 2-20b 所示，其输出电压为

$$\dot{U}_{mn1} = \dot{U}_{R1} - \dot{U}_{BC1} = R\dot{I}_{A1}/n_{UA} - j(\dot{I}_{B1} - \dot{I}_{C1})X_{UX}$$

$$= R\dot{I}_{A1}/n_{UA} - j\sqrt{3}\dot{I}_{A1}X_{UX}e^{-j90°} = \dot{I}_{A1}(R/n_{UA} - \sqrt{3}X_{UX}) \tag{2-21}$$

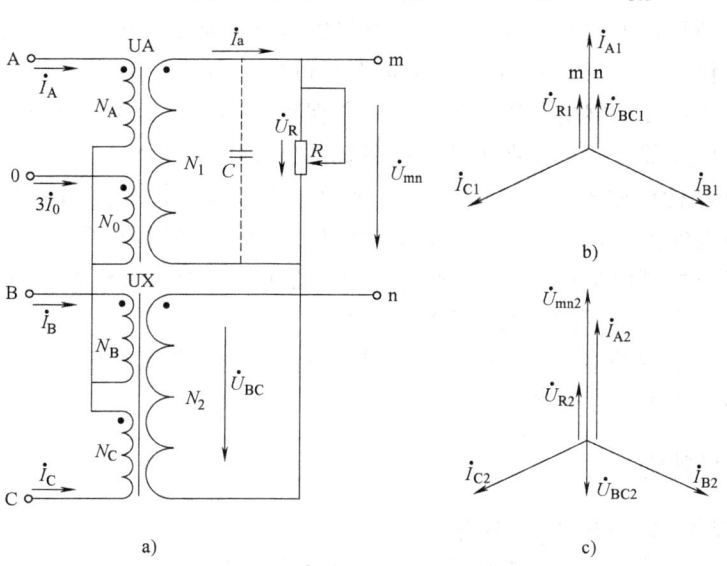

图 2-20　负序电流滤过器
a）原理接线图　b）加入正序电流时的相量图　c）加入负序电流时的相量图

要求

$$\dot{U}_{mn1} = 0$$

则有

$$R = \sqrt{3} n_{UA} X_{UX} \tag{2-22}$$

当滤过器输入端加入三相对称的负序电流（相量图如图 2-20c 所示）或零序电流时，其输出电压分别为

$$\dot{U}_{mn2} = \dot{U}_{R2} - \dot{U}_{BC2} = 2R\dot{I}_{A2}/n_{UA} = 2\sqrt{3}\dot{I}_{A2}X_{UX} \tag{2-23}$$

$$\dot{U}_{mn0} = \dot{U}_{R0} - \dot{U}_{BC0} = \frac{R}{n_{UA}}(\dot{I}_{A0} - \dot{I}_0) - j(\dot{I}_{B0} - \dot{I}_{C0})X_{UX} = 0 \tag{2-24}$$

上述分析过程中，没有考虑 UA 和 UX 的相位差对输出电压的影响。实际工作中，由于 UA 存在着励磁电流，它的二次电压 $\dot{U}_R$ 比一次电流超前 5°~7°；而 UX 由于有铁损，二次电压 $\dot{U}_{BC}$ 超前一次电流的相位角不到 90°，这样在 m、n 端就会出现不平衡电流 $\dot{U}_{mn1} = \dot{U}_{R1} - \dot{U}_{BC1}$。在 UA 二次侧并联一个小电容量的电容 C，使 UA 的励磁电抗呈容性。$\dot{U}_R$ 的相量沿顺时针方向转动一个角度而与 $\dot{U}_{BC}$ 同相位，这样就可以校正 UA 及 UX 所产生的误差，使 $\dot{U}_{mn1} = 0$。

第四节　常用继电器的构成和动作原理

继电器是继电保护装置的基本组成元件。它是一种能够自动动作的电器元件，当它反映的物理参数量达到其本身的固有量时，继电器就能自动动作。一般继电器都是由感受元件、比较元件和执行元件三个主要部分组成。感受元件用来反映物理参数量（如电压、电流等）的变化情况，并将结果传送到比较元件；比较元件将结果与继电器的预先设置量（整定值）进行比较，并根据比较结果作用于执行元件；执行元件得到执行命令后完成继电器的动作。

继电器的种类很多，这里重点介绍以下两种分类方法：

（1）按在保护装置中的作用分类，分为测量继电器和辅助继电器。测量继电器用于直接反映物理量的变化，按所反映物理量的性质不同可分为电流、电压、功率方向、差动、零序、气体继电器等；辅助继电器用来改进和完善保护的功能，具体又可分为中间、时间和信号继电器等。它们大部分应用在保护装置的逻辑部分和执行部分。

（2）按动作和构成原理分类，可分为电磁型、感应型、整流型和静态型。目前，在应用中的模拟型继电保护系统中，应用较多的是电磁型和感应型继电器。但随着电子技术的发展，多数已被静态型继电器所代替。特别是在微机继电保护代替模拟型继电保护的主趋势下，模拟型继电器在继电保护中的应用越来越少。

本节着重介绍常用的电磁型、感应型及晶体管型继电器的工作原理，这些继电器主要应用在本书后面所介绍的保护装置中。

一、电磁型继电器

（一）电磁型继电器的原理与结构

电磁型继电器按结构可分为螺线管式、吸引衔铁式及转动舌片式三种，如图 2-21 所示。电磁型继电器主要由电磁铁、可动衔铁、线圈、触点、反作用力弹簧、止档等部分构成。通常时间继电器采用螺线管式结构，中间继电器采用吸引衔铁式结构，电流和电压继电器则采

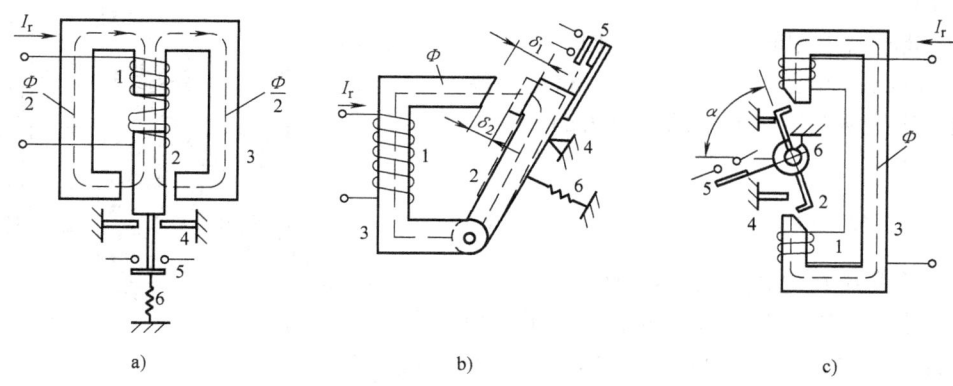

图 2-21 电磁型继电器的结构
a) 螺线管式 b) 吸引衔铁式 c) 转动舌片式
1—线圈 2—可动衔铁 3—电磁铁 4—止档 5—触点 6—反作用力弹簧

用转动舌片式结构。

当继电器的线圈中通入电流 I_r 时，产生磁通 Φ，磁通经过电磁铁、空气隙、可动衔铁形成闭合回路。可动衔铁被磁化，其极性与电磁铁相反，可动衔铁与电磁铁间产生电磁力 F。当电流足够大时，电磁力克服反作用力弹簧的拉力，使可动衔铁被电磁铁吸引，使动触点与静触点闭合（分离），此时称为继电器动作。止档的作用在于使可动衔铁只能在允许的范围内活动。

继电器的线圈中通入电流 I_r 时，所产生的电磁力与磁通的二次方成正比，即

$$F = K\Phi^2 \tag{2-25}$$

磁通 Φ 与线圈中通入的电流 I_r 所产生的磁动势 $I_r N_r$ 及磁通所经磁路的磁阻有关，在磁路不饱和的情况下，磁通与磁动势成正比，即

$$\Phi = \frac{I_r N_r}{R_\Phi} \tag{2-26}$$

式中，N_r 为线圈的匝数；R_Φ 为磁路的磁阻。

将式（2-26）代入式（2-25），可得

$$F = K\left(\frac{N_r}{R_\Phi}\right)^2 I_r^2 = K_2 I_r^2 \tag{2-27}$$

式（2-27）说明：

（1）磁路不饱和情况下，空气隙大小不变即磁路的磁阻不变时，$K_2 = K\left(\dfrac{N_r}{R_\Phi}\right)^2$ 是常量。

（2）当 K_2 为常量时，继电器中所产生的电磁力与通入线圈的电流大小的二次方成正比，而与电流的方向无关。所以采用电磁原理所构成的继电器，可以是直流的也可以是交流的。

（二）电磁型电流继电器

电流继电器（KA，新符号为 BC）的作用是测量电流的大小，并将测量电流与继电器的整定电流进行比较，测量电流大于整定电流时继电器动作。电磁型电流继电器常采用转动舌片式，其线圈导线较粗、匝数少，常串联在电流互感器的二次侧，作为电流保护的起动元件。以常用的 DL—10 系列来说明电磁型电流继电器的一些性能和特点，其结构如图 2-22 所示。

1. 动作电流

电流继电器采用转动舌片式结构，应用电磁转矩分析比较方便。由式（2-27）得电磁转矩 M 也与通入继电器线圈中的电流 I_r 的二次方成正比，即

$$M = FL = K\left(\frac{N_r}{R_\Phi}\right)^2 L I_r^2 \quad (2\text{-}28)$$

当 Z 形舌片在电磁转矩 M 的作用下转动时，它同时还受到反作用力弹簧的反作用力矩 M_S 及与舌片转动方向相反的摩擦力矩 M_f。M_S 的作用是保证继电器在未动作的情况下，Z 形舌片能保持在原始位置。它是一个变量，当 Z 形舌片转动时，随着弹簧的压缩，电磁铁心气隙减小，弹簧的弹力增加，则 M_S 变大。摩擦力矩 M_f 与电磁铁心气隙的大小无关，是一个常量。

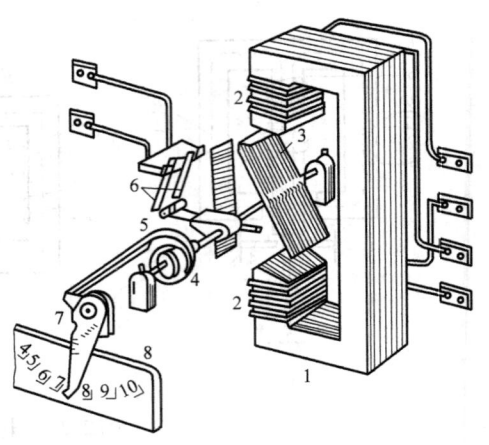

图 2-22 DL—10 系列电磁型电流继电器的结构
1—电磁铁 2—线圈 3—Z 形舌片 4—弹簧
5—动触点 6—静触点 7—调整把手 8—刻度盘

为使继电器动作，上述的三个力矩需满足 $M \geq M_S + M_f$，将式（2-28）代入得

$$K\left(\frac{N_r}{R_\Phi}\right)^2 L I_r^2 \geq M_S + M_f \quad (2\text{-}29)$$

当通入继电器的电流 I_r 达到某一数值 $I_{op,r}$ 时，产生的电磁力矩刚好等于弹簧反作用力矩与摩擦力矩之和，继电器处于动作的临界状态；当 $I_r > I_{op,r}$ 时，继电器就能可靠动作。能使继电器动作的最小电流 $I_{op,r}$，称为继电器的动作电流。继电器的动作电流也称为继电器的整定值，电流继电器的整定值的大小是可以调节的，应用中的电流继电器都调节到合适的整定值，当通入电流继电器的电流大于整定值时，继电器动作。

实际应用中，通常采用以下两种方法来调整电流继电器的整定值：

（1）改变弹簧的力矩。旋转调整把手，即可改变弹簧的力矩。按反时针方向旋转把手，弹簧力矩增大，整定值增大；顺时针方向旋转把手则相反。在把手的位置刻上相对应的整定电流值，就形成了电流继电器的整定电流刻度盘。需要指出的是，电磁力矩 M 与通过继电器的电流 I_r 的二次方成正比，而弹簧的反作用力矩 M_S 与其拉长的长度的大小呈线性关系，所以继电器动作电流的刻度是不均匀的，前小后大。

（2）通过压板改变线圈的接线方式。电流继电器中有两个线圈，使用过程中可以串联也可以并联，当调整把手处于一定位置时，线圈并联时的动作电流是串联时动作电流的两倍。电流继电器的串、并联接线方法如图 2-23 所示。易知，电流继电器所能设定的最大动作电流是其最小动作电流的 4 倍。

2. 返回电流

当满足 $M_S \geq M + M_f$ 时，继电器在弹簧的作用力下返回，即

$$K\left(\frac{N_r}{R_\Phi}\right)^2 L I_r^2 \leq M_S - M_f \quad (2\text{-}30)$$

当通入继电器中的电流 I_r 逐渐降低到 $I_{re,r}$ 时，电磁力矩等于弹簧反作用力矩与摩擦力矩

之差，是使继电器返回的临界条件；当 $I_r < I_{re,r}$ 时，继电器能可靠返回。使继电器可靠返回的最大电流 $I_{re,r}$，称为继电器的返回电流。

Z 形舌片在动作的过程中，电磁铁心气隙不断减小，磁阻也减小，电磁力则不断增大，Z 形舌片的动作过程是一个加速过程。在返回过程中，电磁铁心气隙不断增大，磁阻增大，电磁力则不断减小，Z 形舌片的返回过程在弹簧作用力的作用下也是一个加速过程。这说明继电器的动作过程与返回过程都是突发性的，它不可能停留在一个中间位置上，这种特性称为继电特性。

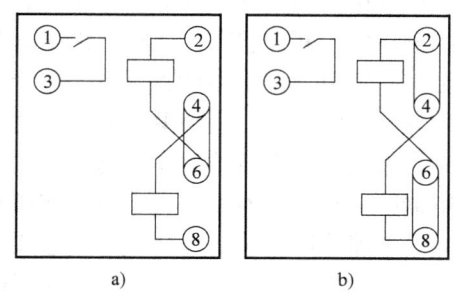

图 2-23　DL—10 系列电流继电器的内部接线
a) 两线圈串联接法　b) 两线圈并联接法

3. 返回系数

继电器的返回系数 K_{re} 定义为返回电流与动作电流的比值，它是表征继电器性能的一个很重要的参数。电流继电器的返回系数为

$$K_{re} = \frac{I_{re,r}}{I_{op,r}} \tag{2-31}$$

因电气量增大而动作的继电器称为过量继电器。过量继电器的返回电量一定小于其动作电量，所以其返回系数恒小于 1，电磁型电流继电器均属于过量继电器，所以其返回系数也小于 1。实际应用中，常要求继电器有较高的返回系数，如 0.85~0.9，这需要通过减小摩擦力和减小电磁铁心气隙来提高返回系数。

国产的电磁型电流继电器除 DL—10 系列外，还有 DL—20C 和 DL—30 系列，它们的结构都是转动舌片式，所不同的是后者采用电工钢代替硅钢片制成铁心，并改进了触点系统，使体积大大缩小。

（三）电磁型电压继电器

电压继电器（KV，新符号为 BV）是依据电压的大小而动作的。目前广泛应用的有 DJ—100 系列。它也采用转动舌片式结构，其结构和动作原理与 DL—10 系列电流继电器大致相同。只是由于电压继电器并联在电压互感器二次侧的交流电压上，所以其线圈的匝数多而导线细，阻抗较大。

电压继电器分为过电压和欠电压两种。过电压继电器属于过量继电器，即当加在继电器上的电压大于继电器的整定电压值时，继电器动作。过电压继电器的动作电压 $U_{op,r}$ 是使继电器可靠动作的最低电压、返回电压 $U_{re,r}$ 是使继电器可靠返回的最高电压。其返回系数 K_{re} 表示为

$$K_{re} = \frac{U_{re,r}}{U_{op.r}} \tag{2-32}$$

由于过电压继电器属于过量继电器，所以 K_{re} 小于 1，一般为 0.85 左右。

保护中应用较多的是欠电压继电器，常在欠电压保护或欠电压闭锁回路中用作起动元件。反映电气量减小而动作的继电器称为欠量继电器，欠电压继电器属于欠量继电器。欠量继电器的返回电量大于其动作电量，所以其返回系数大于 1。

DJ—122 系列是欠电压继电器，它有一对常闭触点。正常运行时，继电器两端加的是正

常工作电压，高于继电器的动作电压，所以Z形舌片被很大的电磁力吸向电磁铁一侧，其常闭触点处于断开状态，此时，称继电器为非动作状态，即返回状态。当继电器两端的电压低至某一定值（继电器的整定电压值）时，电磁力矩小到不足以克服弹簧的反作用力矩，Z形舌片离开电磁铁，直到继电器的常闭触点闭合，这个过程叫做欠电压继电器的动作过程。可见，欠电压继电器的动作和返回的概念与电流继电器、过电压继电器均相反。能使欠电压继电器的Z形舌片释放，即使其动作的最高电压称为继电器的动作电压。继电器动作后，增大继电器线圈两端的电压到一定值时，Z形舌片又被吸向电磁铁，继电器的常闭触点断开，这时的最低电压称为继电器的返回电压。欠电压继电器的返回电压高于动作电压，所以其返回系数大于1，但一般不会大于1.2。

欠电压继电器的缺点是，其正常工作时线圈两端所加的电压是系统较高的正常工作电压，Z形舌片被长期吸向电磁铁的一侧而处于振动状态，长期的振动使继电器的轴尖和轴承磨损严重，因而降低了它的工作可靠性，其使用寿命也比过电压继电器短得多，所以在使用时应设法使振动减小到最低程度。为了减小欠电压继电器的振动，不造成磨损，整定其动作电压值应不小于满刻度的1/3。如果整定值小于40V时，应采用有附加电阻的DJ—131/60CN系列继电器（型号有CN表示内有附加电阻）。DJ—131/60CN型继电器与附加电阻的接线如图2-24所示。

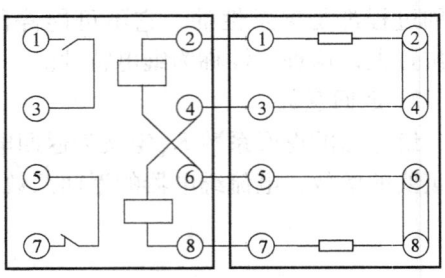

图2-24 DJ—131/60CN型继电器与附加电阻的接线

目前大量使用的DJ—122A、DJ—132A等改进型电压继电器，在Z形舌片上采用了装设防振弹片等措施，改善了其防振性能。

与电流继电器一样，电压继电器的动作值的调整也采用以下两种方法：

（1）改变弹簧的力矩。平滑的调整弹簧把手可以得到不同的动作电压值。

（2）用压板改变两个线圈的接线方式。改变线圈的接线方式可使动作电压变化1倍；但要注意，电压继电器是反映电压的大小而工作的，在电压一定时，线圈串联时的总磁动势要比并联时小1倍，因此，在把手的位置一定时，线圈串联时的动作电压要比并联时高1倍，刚好与电流继电器相反。同样，电压继电器的最大动作电压为最小动作电压的4倍。

目前，小结构的DY—20C、DY—30系列的电压继电器已得到普遍应用，它们的工作原理与DJ系列的电压继电器相同，结构与DL—20C、DL—30系列的电流继电器相同。

（四）电磁型时间继电器

时间继电器（KT）在继电保护和自动装置中作为时限元件，用以产生必要的延时时限。延时的精确度是对时间继电器的基本要求，而且延时时限不应随着操作电压的波动而改变。

电磁型时间继电器是由一个电磁起动机构和一个钟表机构构成的，电磁起动机构动作后使钟表机构开始起动实现定时功能。电磁起动机构采用螺线管结构，其操作电源可以是直流的，也可以是交流的，使用中大多数的时间继电器接入直流操作电源。时间继电器一般有一对可以瞬时转换的辅助触点和一对延时动作的主触点。根据不同要求，有的还有一对滑动延时触点。

对时间继电器的要求有：

（1）应能延时动作。即线圈通电后，继电器的主触点不是立即动作，而是经过预定的延时后才动作。

（2）应能瞬时返回。对已经动作或正在动作的继电器，一旦线圈上所加电压消失，则整个机构立即恢复到原始状态，而不应有任何拖延，以便下一次正常动作。

现以 DS—100、DS—120 系列时间继电器为例来说明其工作原理，它们的结构如图 2-25a 所示。在继电器线圈 1 上加入动作电压后，衔铁 3 即被瞬时吸入电磁线圈中，扇形齿轮 10 的曲柄杠杆 9 被释放，在主弹簧 11 的作用下使扇形齿轮 10 按顺时针方向转动，并带动传动齿轮 13，经摩擦离合器 14，和同轴的主齿轮 15 一起转动，如图 2-25b 所示，并传到钟表机构，因钟表机构中摆卡 20 和平衡锤 21 的作用，使动触点 22 以恒速转动，经一定时间后与静触点 23 接触，动作过程结束。改变静触点的位置，即改变动触点的行程，可调整时间继电器的动作时间，刻度盘 24 上刻有动作时间的秒数。

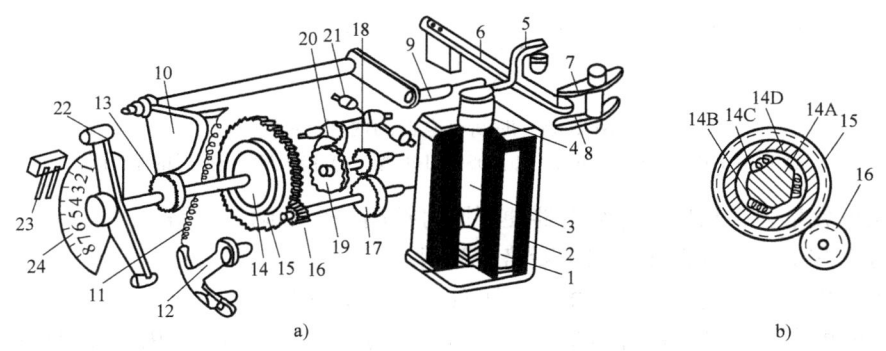

图 2-25 DS—100、DS—120 系列时间继电器的结构
a）继电器的结构 b）继电器的摩擦离合器
1—线圈 2—电磁铁 3—衔铁 4—返回弹簧 5—触点 6—可动瞬时触点 7,8—固定瞬时常闭、常开触点
9—曲柄杠杆 10—扇形齿轮 11—主弹簧 12—改变弹簧拉力的卡板 13—传动齿轮 14—摩擦离合器
（14A—凸轮 14B—滚珠 14C—弹簧 14D—套圈） 15—主齿轮 16—钟表机构齿轮 17,18—钟表机构的中间齿轮 19—摆轮 20—摆卡 21—平衡锤 22—动触点 23—静触点 24—刻度盘

当线圈上的外加电压消失后，在返回弹簧 4 的作用下，衔铁被顶回到原来的位置，同时扇形齿轮的曲柄杠杆也被顶回原处，使扇形齿轮复原。因为返回时触点轴是顺时针方向转动的，因此，摩擦离合器与主齿轮脱开，这时钟表机构不参加工作，所以时间继电器的主触点是瞬时返回的。

对时间继电器的电磁系统，不要求有很高的返回系数，因为时间继电器的返回是由保护起动元件的触点断开其线圈上的电压来完成的。电压断开后，不再有电流流过时间继电器。

时间继电器的内部接线如图 2-26 所示。为了缩小时间继电器的尺寸，它的线圈一般不按长期加额定电压来设计，因此，当需要长期加电压时，如发信号的时间继电器。过电流保护中整定时间较长的 DS—110C 型系列时间继电器，其线圈的接线原理可用图 2-26c 来说明。当继电器线圈没有加上电压时，电阻 R 被继电器的瞬时动作常闭触点短接；在动作电压加入继电器的起初瞬间，全部电压加到继电器线圈上，电磁力较大，但一旦继电器动作后，其瞬时动作常闭触点断开，R 立即串入继电器线圈回路以限制其电流，从而提高了电流继电器的热稳定性。

除 DS—100 型、DS—120 型系列外，还有 DS—20A 型、DS—30 型系列时间继电器，这些继电器的工作原理也是电磁型，不同的是在钟表机构上有所改进。

（五）电磁型中间继电器

中间继电器（KM，新符号为 KA）在继电保护装置中常用来扩展主继电器的触点数量和容量，并能根据需要产生一个短延时，经常用于继电保护的执行回路中，作为断路器的跳闸继电器。与其他电磁型继电器相比，中间继电器有以下特点：

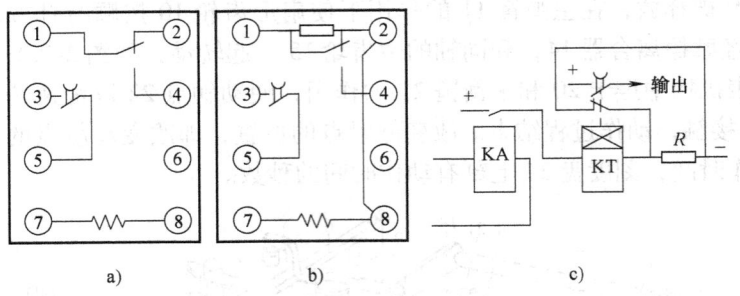

图 2-26　时间继电器的内部接线
a）DS—110 型、DS—120 型　b）DS—110C 型　c）接入附加电阻时的原理图

（1）触点数量多，只用一个继电器便可同时控制多个不同的回路。

（2）触点容量大，可直接作用于断路器跳闸。

（3）可实现重动功能，中间继电器也可称为重动继电器。

（4）可使触点在闭合或断开时带有一定的短延时（0.4~0.8s），由于延时时间较短，难以用延时继电器来实现。

（5）可在保护装置中实现"电流起动、电压保持"或者"电压起动、电流保持"的功能。在这种情况下，需要中间继电器内部有两个线圈，一个电流线圈和一个电压线圈。

由于中间继电器具有上述特点，能够在很多情况下满足功能需要，因而在继电保护中得到了广泛的应用。

电磁型中间继电器的结构采用吸引衔铁式，常用的有 DZ—10 型，其结构如图 2-27 所示。当线圈 2 加上工作电压后，电磁铁 1 产生电磁力，吸引活动衔铁 3 向电磁铁方向移动，同时带动动触点 5 移动，使常闭触点断开，常开触点闭合。当线圈失去电压后，电磁铁的电磁力消失，活动衔铁在弹簧 6 的作用下恢复到原来位置。衔铁行程限制器 7 用以限制衔铁的活动范围。

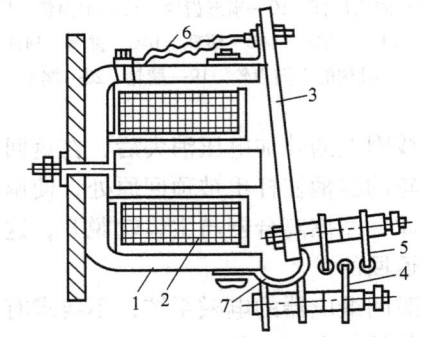

图 2-27　DZ—10 型系列中间继电器的结构
1—电磁铁　2—线圈　3—活动衔铁
4—静触点　5—动触点　6—弹簧
7—衔铁行程限制器

为了保证中间继电器的可靠返回，中间继电器的工作电压一般要求不大于额定电压的 70%。瞬时动作型中间继电器的固有动作时限要求不大于 0.05s，有时为了满足一定功能，要求中间继电器动作或返回的时间加速或延缓。

1. 加速直流中间继电器动作的方法

(1) 增加电磁吸力，如适当增加其工作电压。

(2) 尽量减小衔铁的重量和行程。

(3) 电磁铁的铁心用涡流损失较小的材料制造，如用硅钢或硅钢片。

(4) 在继电器线圈回路中接入分路电容。如图2-28所示，将附加电阻 R 和分路电容 C 并联后再串入线圈回路中，当开关 S 闭合时，电流 I 突然增大，电容对于突变电流相当于短路，所以在电流上升过程中，电流从电容流过而不经过电阻，在很短的时间内达到最大值，KM 迅速动作。KM

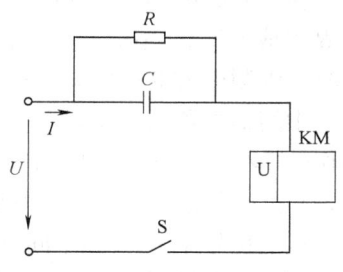

图 2-28 加速直流中间继电器动作的方法

动作后，电流达到稳定值，此时电容相当于开路，电阻起主要作用，电流的大小由电阻及 KM 的内阻决定，稳定电流显著减小，保证了中间继电器的热稳定性。

(5) 加大弹簧的拉力，可以减小中间继电器的返回时间。

2. 延缓中间继电器动作和返回的方法

延缓继电器动作就是增加继电器的动作时间，其方法之一是在线圈回路串联一个电感 L，如图 2-29b 所示。当开关 S 闭合时，电感延缓了电流的增大，从而延长了继电器中磁通的建立时间，使继电器的动作时间延长。

常用的延缓中间继电器返回的方法有以下几种：

(1) 增加阻尼装置。如图 2-29a 所示，在线圈与铁心之间增加一个由铜或铝制成的阻尼筒或阻尼环，当线圈电源断开后，磁通 Φ 逐渐减小，在阻尼筒中感应出电动势并产生电流，使 Φ 衰减的速度减慢，从而增加了触点的返回时间。

(2) 将继电器线圈短接。如图 2-29c 所示，用开关 S 短接线圈使其失磁，于是线圈中的电流可在其自身的线圈中环流，使磁通慢慢降到零而获得延时。为防止电源短路，在回路中串入适当数值的电阻 R。

(3) 并联电阻或二极管。如图 2-29d 所示，当 S 断开回路时，线圈中的电流通过电阻 R 或二极管形成环流，磁通缓慢地降到零，从而延长了触点返回时间。

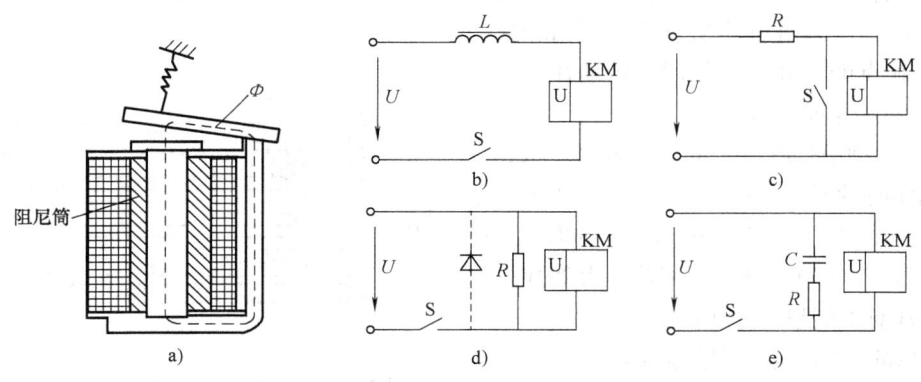

图 2-29 延缓中间继电器动作和返回的方法

a) 附加阻尼筒延缓返回时间 b) 串联电感延缓动作时间 c) 短路线圈延缓返回时间
d) 并联电阻或二极管延缓返回时间 e) 并联电容器延缓返回时间

(4) 并联电容器。如图 2-29e 所示，当 S 断开回路时，线圈中的电流通过电容器 C 和电阻 R 形成环流，磁通缓慢地降到零，从而延长触点返回时间。这里电阻 R 的作用为①S 闭合时，限制电容的充电电流；②S 断开时，延长电容的放电时间。

中间继电器的种类很多，常用的型号有 DZ 型、DZJ 型、带保持线圈的 DZB 型以及快速动作的 DZK 型。这些型号中，D 表示电磁型，Z 表示中间继电器，J 表示交流，B 表示自保持，S 表示带延时，K 表示快速。

这些型号中 DZB 型中间继电器除有动作线圈外，还有自保持线圈。例如，DZB—115 型继电器属于电流起动、电压保持的瞬时动作中间继电器。DZB—138 属于电压起动、电流保持的瞬时或延时动作的中间继电器。因为该继电器有阻尼线圈，当阻尼线圈短路时，能使继电器带延时动作。

（六）电磁型信号继电器

信号继电器（KS，新符号为 KSG）在继电保护和自动装置中用来作为整套继电保护装置或某一部分回路动作的信号指示。信号继电器得电动作后，一方面信号继电器本身有掉牌或灯光指示，以便进行事故分析；另一方面其触点闭合能接通灯光或音响回路，以引起值班员的注意。信号继电器失电后，其触点及本身的掉牌不能自动复原，需要由值班人员手动复原。下面介绍常用的几种信号继电器。

1. DX—11 型信号继电器

应用最广泛的是电磁型 DX—11 型信号继电器，其结构如图 2-30 所示。在正常情况下，继电器线圈中没有电流通过，衔铁 3 被弹簧 7 拉住，衔铁的边缘支持着信号牌 6。当线圈中通过电流时，衔铁被吸向电磁铁，于是连接在固定轴上的信号牌因其一端失去支持而落下，这时在继电器外面观察孔 9 可以观察到信号牌；在信号牌落下时，它左面的支持轴同时转动 90°，使固定在转轴上的动触点 4 同时转动，当与静触点 5 接触时其触点闭合，将信号回路接通，发出信号。继电器信号牌的复归和它的两个常开触点的断开，必须用手转动在外壳上的复位把手 8 才能实现。

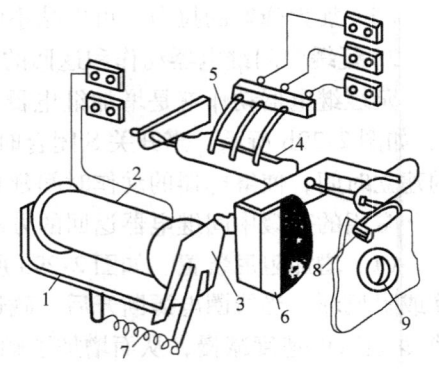

图 2-30　DX—11 型信号继电器的结构
1—电磁铁　2—线圈　3—衔铁　4—动触点
5—静触点　6—信号牌　7—弹簧
8—复位把手　9—观察孔

DX—11 型信号继电器的触点容量不大，触点瞬时动作时的时间一般低于 10^{-3} s，当电压在 220V 及电流在 2A 以下时，触点允许的电感负荷在直流回路中为 50W，在交流回路中为 250V·A，在使用中注意不能超过允许容量。

2. DXM—2A 系列信号继电器

DXM—2A 系列信号继电器用于继电保护和自动装置的直流操作控制装置中，作为能远方复归的动作指示器，其结构如图 2-31 所示。

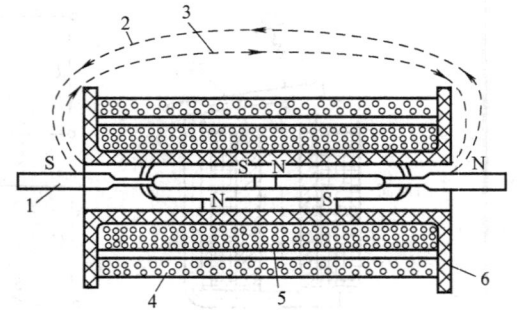

图 2-31　DXM—2A 系列信号继电器的结构
1—干簧密封触点　2—工作线圈磁通
3—释放线圈磁通　4—释放线圈
5—永久磁铁　6—工作线圈

当继电器工作线圈通电时，工作线圈中电流所产生的磁通与放置在线圈内的永久磁铁的磁通方向相同，两磁通叠加，使干簧密封触点 1 闭合。在工作线圈断电后通过永久磁铁，可使干簧密封触点保持在闭合状态，实现记忆作用，以便进行事故分析。当在释放线圈加上电压后，因其所产生的磁通与永久磁铁的磁通方向相反而互相抵消，使触点返回原位，实现信号继电器的远方复归，为下一次动作做好准备。

DXM—2A 系列信号继电器的内部接线图如图 2-32 所示。

此外，还有 DX—41 型信号继电器，该继电器为具有掉牌信号、机械保持、电流或电压起动、电压远程复归的电磁式信号继电器。

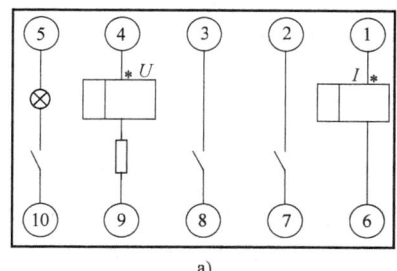 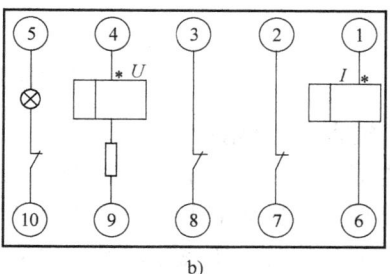

图 2-32　DXM—2A 系列信号继电器的内部接线图
a）电流起动的继电器　b）电压起动的继电器

3. 信号继电器的选择

在选择信号继电器时，与操作电源的电压、保护装置出口中间继电器的阻抗、可能同时动作的信号继电器数量等因素有关。并联接入的信号继电器的选择比较简单，主要根据其电源的电压进行选择。下面着重介绍串联接入的信号继电器的选择。

在选择串联接入的信号继电器时必须满足下列主要条件：

（1）为了保证信号继电器可靠动作，在额定直流电压下，保护装置动作时流过继电器线圈的电流必须等于或大于其额定电流的 1.4 倍。

（2）串联的电流信号继电器、中间继电器、跳闸线圈等，在直流操作电压降低到 80% 额定电压时应能动作。考虑到继电保护和自动装置中所采用的全部基本电器的最低动作电压约等于 70% 额定电压，当操作电压降低到 80% 额定电压时，串联接入的信号继电器线圈上的电压降不应大于 10% 额定电压。

（3）当电流信号继电器线圈中需要长期流过电流时，它应在操作电压升高 10% 的条件下，也能保证热稳定性。

必须指出，在很多情况下，往往有几个保护回路分别经过各自的串联信号继电器去动作一个或两个出口中间继电器。当发生某种形式的短路故障时，可能有两个以上的保护同时动作，也就是有几个电压信号继电器同时被并联接入中间继电器线圈，在这种情况下，往往需要在中间继电器线圈两端并联一个适当阻值的附加电阻来满足（1）、（2）两个条件。

信号继电器的线圈均有两种类型：一种是具有电流线圈的电流信号继电器，也称为串联型信号继电器，它经常用于继电保护的执行回路中，与跳闸线圈串联使用，用以指示断路器的跳闸状态，其消耗的功率不大于 0.3W。另一种是具有电压线圈的电压信号继电器，也称为并联型信号继电器，它的线圈经过保护继电器的触点并联接入电压源，用于指示保护的动作状态，其消耗的功率不大于 1.8W。两种线圈类型的信号继电器接线方式如图 2-33 所示。

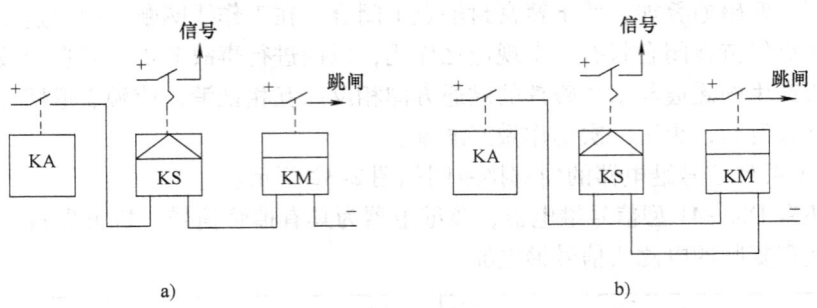

图 2-33 信号继电器的接线方式
a) 串联接入 b) 并联接入

（七）电磁型极化继电器

极化继电器（KP）是电磁型继电器的一种特殊形式。一般的电磁型继电器的衔铁只受单一磁通的作用，而极化继电器的衔铁同时受到两种磁通的作用。一种是继电器的线圈通入电流产生的磁通，称为工作磁通；另一种是永久磁铁产生的磁通，称为极化磁通。极化继电器是一种插件式小型继电器，具有灵敏度高、消耗功率小、动作速度快及能反映线圈中电流的方向等优点，广泛地应用在整流型继电器和继电保护装置中。极化继电器的缺点是触点容量比较小，且返回系数比较低。

极化继电器的结构原理如图 2-34 所示。永久磁铁所产生的极化磁通 Φ_p 由 N 极出发，经过衔铁后分成两部分，分别经气隙 δ_a 和 δ_b 构成通路返回 S 极。如果衔铁正好处于磁极的中心位置，由于磁路对称，气隙 δ_a 和 δ_b 中的极化磁通是相等的。当线圈中流过直流电流 I_r 时，其所产生的工作磁通 Φ_{op} 经气隙构成通路，其大小和方向与通入线圈中的电流 I_r 的大小与方向有关。若 I_r 的方向与图中所示方向一致时，则在气隙 δ_a 中极化磁通 Φ_p 与工作磁通 Φ_{op} 相减，合成磁通 $\Phi_a = \Phi_p - \Phi_{op}$；在气隙 δ_b 中极化磁通 Φ_p 与工作磁通 Φ_{op} 相加，合成磁通 $\Phi_b = \Phi_p + \Phi_{op}$。$\Phi_a$ 所产生的电磁力 F_a 企图将衔铁吸向左边磁极；而 Φ_b 产生相反的电磁力 F_b 企图将衔铁吸向右边磁极。当线圈中的电流 I_r 等于或大于一定值 $I_{op,r}$ 时，此时两个气隙的磁通大小 $\Phi_b > \Phi_a$，衔铁被吸向右边磁极，继电器的动触点与左侧的静触点闭合。当改变线圈中的电流 I_r 的方向且其值等于或大于 $I_{op,r}$ 时，此时 $\Phi_a > \Phi_b$，衔铁被吸向左边磁极，继电器的动触点与右侧的静触点闭合。这说明，极化继电器不但能反映线圈电流的大小，而且能反映线圈电流的方向。只有当一定方向的电流达到一定值时，继电器才能动作。

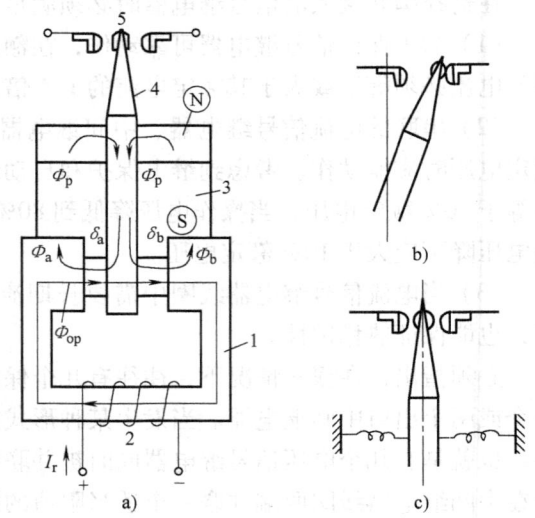

图 2-34 极化继电器
a) 结构 b) 双位置偏右式 c) 三位置式
1—铁心 2—线圈 3—永久磁铁
4—衔铁 5—触点系统

在极化继电器中通入交流电源时,衔铁将产生振动,所以极化继电器只能用在直流操作电源的系统中。

二、感应型继电器

感应型继电器分为圆盘式和四极圆筒式两种,其基本工作原理是一样的。根据电磁感应定律,一运动的导体在磁场中切割磁力线,导体中就会产生电流,这个电流产生的磁场与原磁场间的作用力,企图阻止导体的运动;反之,如果通电导体不动,而磁场在变化,通电导体同样也会受到力的作用而产生运动。感应型继电器就是基于这种原理而动作的。现以感应型电流继电器为例来说明感应型继电器是如何实际工作的。

常用的感应型电流继电器有GL—10和GL—20两个系列,它由具有反时限特性的感应元件和瞬时动作的电磁元件两部分组成,其结构如图2-35所示。GL系列电流继电器的触点容量较大,能直接用于断路器的跳闸回路,而且本身具有机械掉牌信号指示功能,是一种多功能继电器。

1. 感应元件的工作原理

感应元件由带短路环2的电磁铁1及铝制转动圆盘3组成,其重要特点是利用短路环造成磁分路,使一个电流量在磁路上获得两个在空间上不重合,在时间上不同相位的磁通。根据电磁感应原理,在空间上不重合,在时间上不同相位的两个磁通将始终产生一个由超前磁通指向落后磁通的电磁转矩,在这个电磁转矩的作用下,使铝制转动圆盘3能够转动,其方向由未套短路环的磁极转向套短路环的磁极,其转矩M的大小与通入线圈中的电流I_r的平方成正比,即$M \propto I_r^2$。

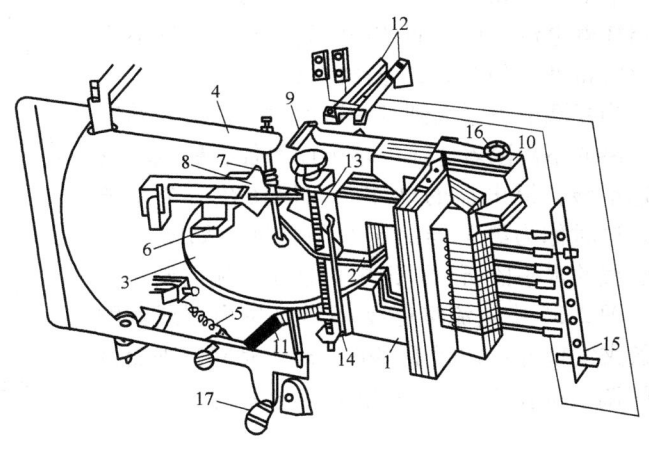

图2-35 GL系列感应型电流继电器的结构
1—电磁铁 2—短路环 3—铝制转动圆盘 4—可动方形框架
5—弹簧 6—永久磁铁 7—蜗杆 8—扇形齿轮 9—衔铁
横担 10—可动衔铁 11—感应铁片 12—触点系统
13—时间调整旋钮 14—动作时间调整指示器 15—电
流整定板 16—速断整定旋钮 17—可动框架止板

铝制转动圆盘3装设在可移动的方形框架4上,继电器线圈中没有电流时,方形框架4在弹簧的作用力下保持在原始位置,此时蜗杆7与扇形齿轮8不接触。

当线圈中通入30%左右的额定电流时,此电流大于继电器的起动电流,铝制转动圆盘3在两个磁通的作用下能够克服轴承的摩擦力开始转动。在铝制转动圆盘3上还有一个永久磁铁6,其作用是对铝制转动圆盘3起制动作用,转速越快制动作用越大。永久磁铁的制动转矩加上轴承的摩擦力在某一转速上与铝制转盘的转矩平衡,使其以恒速进行转动,如图2-36所示。但此时的转速较慢,不足以带动方形框架4,所以蜗杆7与扇形齿轮8仍不接触,继电器虽然起动,但只是空转,不会动作。

继续增加线圈中的电流，圆盘的转速加快，永久磁铁的制动作用也随之增大，在这两个力 F_1、F_2 共同作用下克服弹簧 5 的拉力带动方形框架前移，从而使蜗杆与扇形齿轮啮合，由于圆盘继续转动，扇形齿轮沿着蜗杆慢慢上升，并用本身附带的顶杆推动可动衔铁 10 左端的衔铁横担 9。可动衔铁慢慢转动，使其右端与电磁铁之间的气隙减小直至衔铁被吸下，横担上升使触点系统 12 闭合，完成感应元件动作过程。能使蜗杆与扇形齿

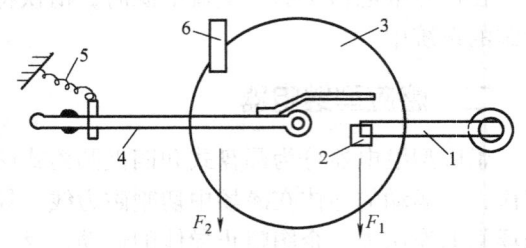

图 2-36　圆盘受力示意图

轮啮合的最小电流称为继电器感应元件的动作电流。当通入线圈的电流减小，蜗杆与扇形齿轮会再次脱离，能使蜗杆与扇形齿轮脱离的最大电流称为继电器感应元件的返回电流。

当加大流入线圈中的电流，则铝制转盘转速加快，扇形齿轮沿着蜗杆上升的速度也增快，继电器的动作时间就会减小。感应型电流继电器随着电流的增大而动作时间减小的特性称为反时限特性，如图 2-37 曲线部分所示。

当线圈电流增大到某一数值时，铁心开始饱和，磁通不再随着电流的增大而增加，铝制转盘恒速运转，继电器的动作时间保持在一个定值上，这时称为继电器的定时限特性，如图 2-37 中曲线的水平段所示。继电器动作电流的调整是利用图 2-35 中电流整定板 15 改变继电器线圈的匝数来实现的；定时限部分的动作时间，则通过时间调整旋钮 13 以改变扇形齿轮的起始位置来调节。

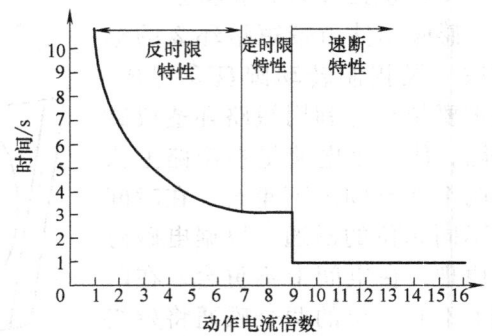

图 2-37　DL 系列继电器的动作时限特性

安装在框架上的感应铁片 11 在继电器动作后，由于磁路漏磁的作用，产生附加吸力，用以防止蜗杆与扇形齿轮在转动过程中脱离，使继电器可靠地完成动作。调整感应片在吸入后与电磁铁之间的间隙能改变返回电流的大小。

2. 电磁元件的工作原理

电磁元件由可动衔铁 10 和电磁铁 1 组成，如图 2-35 所示。固定在电磁铁上方的可动衔铁可在水平方向自由转动，可动衔铁的左边装有横担，继电器没有起动时，由于可动衔铁左边的重量大于右边，此时衔铁转向左边，横担不能与触点系统接触，所以继电器触点断开。当线圈中的电流大到一定值时，可动衔铁立即被电磁铁吸向右边，左侧的横担抬起与触点系统接触，使触点闭合。这种情况下继电器的动作过程是瞬时的，瞬时动作的条件是通入线圈的电流必须大于一个定值，瞬时动作构成了继电器的速断特性，如图 2-37 中的速断特性曲线所示。

电磁元件的起动电流可以用速断整定旋钮 16 来改变，调节可动衔铁与电磁铁之间的空气隙的距离，气隙距离越大，起动电流就越大。电磁元件的起动电流通常采用感应元件的起动电流的倍数来表示，一般为 2~8 倍。

GL 系列继电器有 GL—11 型～GL—14 型，GL—21 型～GL—24 型以及 GL—15 型、GL—16 型、GL—25 型、GL—26 型等。这些型号的继电器在触点类型、信号指示方式上有所不同，应用中要注意选择。

三、静态型继电器

静态型继电器是由晶体管或集成电路构成的，与电磁型和感应型继电器相比，静态型继电器体积小、动作灵敏、可靠性高，因此在继电保护中得到越来越广的应用。本节以晶体管型电流、电压继电器为例来说明静态型继电器的工作原理。

（一）晶体管型电流继电器

晶体管型电流继电器是以反映电流的增减为动作判据的，其原理如图 2-38 所示。晶体管型电流继电器主要由输入回路、比较回路、执行回路三部分构成。其中，输入回路又可细分为电压形成回路、整形滤波回路。

输入回路		比较回路	执行回路
电压形成回路	整形滤波回路		

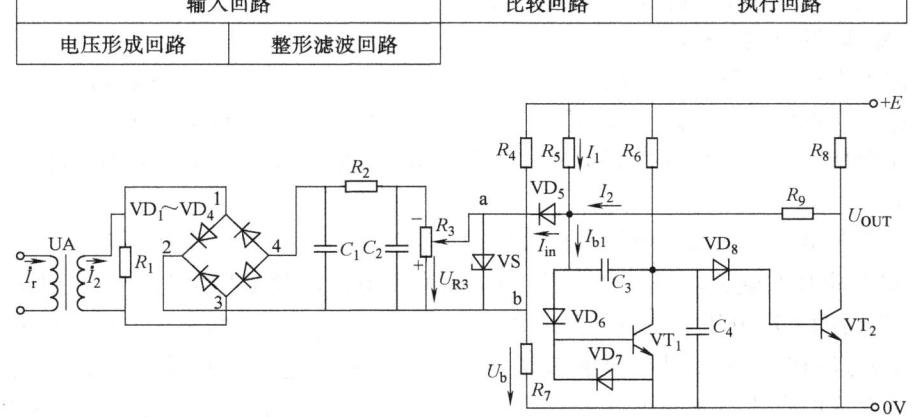

图 2-38　晶体管型电流继电器原理图

电压形成回路由电流变换器与小电阻 R_1 组成，从整形滤波回路的左侧看，该回路的输入电阻远大于 R_1 的值，所以当流入继电器的电流为 $\dot{I}_r$ 时，R_1 上的电压 $\dot{U}_{R1}$ 近似与 $\dot{I}_r$ 成正比。即电压形成回路能获得一个反映输入电流大小的电压值，而且电压形成回路中的电流变换器还起到与电流互感器二次侧隔离的作用。

整形滤波回路由四个整流二极管构成的桥式整流电路及由电阻、电容（R_2、C_1、C_2）构成的∏形滤波电路组成。作用是将电压形成回路输出的交流电压 $\dot{U}_{R1}$ 变成平滑的直流电压。直流电压加在电位器 R_3 上，从 R_3 的抽头输出的电压 U_{R3} 与输入继电器的电流 I_r 成正比。

比较回路由 R_4、R_7 构成的分压电路组成，R_7 两端的电压 U_b 称为继电器的门槛电压或比较电压。继电器是否动作主要取决于 U_b 与 U_{R3} 的比较结果，系统正常运行时，流入继电器的输入电流 $\dot{I}_r$ 较小，则 $U_{R3}<U_b$，a 点的对地电压，即执行回路的输入电压 $U_a = U_b - U_{R3} >0$，执行回路的触发器不能动作，继电器不动作；当系统发生短路故障时，流入继电器的电流为较大的短路电流，则 $U_{R3} \geqslant U_b$ 时，a 点的对地电压，即执行回路的输入电压 $U_a = U_b - U_{R3} \leqslant 0$，执行回路的触发器能动作,继电器动作。调节 U_{R3} 的大小能改变继电器的起动电流值。

执行回路主要是由 VT_1、VT_2 构成具有正反馈的集-基耦合触发器。系统正常运行时,执行回路的输入电压 $U_a>0$,二极管 VD_5 加反向电压而截止,晶体管 VT_1 的基极经 R_5、VD_6 加电压而饱和导通,晶体管 VT_2 截止,U_{OUT} 输出电源电压 $+E$,此时称继电器没有动作;当系统发生短路故障时,执行回路的输入电压 $U_a \leq 0$,二极管 VD_5 加正向电压而导通,晶体管 VT_1 的基极因失去电流而截止,晶体管 VT_2 导通,U_{OUT} 输出电源地电压 0V,此时称继电器动作。

电阻 R_9 为正反馈电阻,反馈电阻的存在使晶体管型电流继电器的动作过程及返回过程变得十分迅速,因而呈现出继电特性。二极管 VD_5 的作用是在系统正常运行时,VD_5 因加反向电压而截止,其阻抗值近似等于无穷大,消除了执行回路对整流滤波回路负荷的影响。VD_6 主要是起温度补偿的作用。VD_7 用来保护晶体管 VT_1,防止 b—e 极间出现较大的反向电压而被击穿。电容 C_3、C_4 作为抗干扰用,用以防止输入端出现欠脉冲引起继电器误动作。稳压二极管 VS 用来限制加入执行回路的输入电压。

(二)晶体管型电压继电器

同电磁型电压继电器一样,晶体管电压继电器也分为过电压继电器和欠电压继电器。晶体管型过电压继电器的原理和晶体管型电流继电器相似,只是晶体管型过电压继电器原理图中的电压形成回路由电压变换器构成。下面介绍晶体管型欠电压继电器的原理接线,如图 2-39 所示。

晶体管型欠电压继电器的电压形成回路由电压变换器 UV 及负荷电阻 R_2、电位器 R_1 组成,R_1 的抽头电压与输入电压 $\dot{U}_r$ 成正比,R_1 的抽头电压经整流桥电路 $VD_1 \sim VD_4$、滤波电容 C_1 变成平滑的直流电压。执行回路主要是由晶体管 VT_1、VT_2 构成的施密特触发器。

系统正常运行时,输入继电器的电压 $\dot{U}_r$ 为较大的额定电压,电压变换器的二次电压经整流滤波后变成的直流电压高于继电器的动作电压,此时二极管 VD_5 导通,晶体管 VT_1 发射极电压正偏而导通,晶体管 VT_2 的发射极电压约为晶体管 VT_1 的导通电压而截止,输出 U_{OUT} 为电源电压 $+E$,继电器不动作;系统出现短路故障时,输入继电器的电压 $\dot{U}_r$ 很低,电压变换器的二次电压经整流滤波后变成的直流电压低于继电器的动作电压,此时二极管 VD_5 截止,晶体管 VT_1 发射极电压变低而截止,晶体管 VT_2 的发射极电压由 R_7、R_8 分压获得,高于发射极电压而导通,输出 U_{OUT} 为电源地电压 0V,继电器动作。

电阻 R_6 为正反馈电阻,反馈电阻的存在是使晶体管型电压继电器的动作过程及返回过

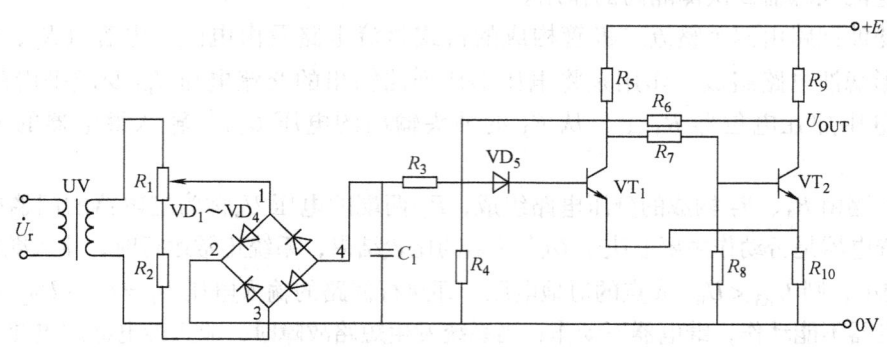

图 2-39 晶体管型欠电压继电器的原理接线

程变得十分迅速，因而呈现出继电特性。

复习思考题

2-1 在继电保护装置中电流互感器和电压互感器的作用是什么？为什么它们的二次侧必须可靠接地？

2-2 电流互感器的极性是怎样标注的？怎样规定电流互感器中一、二次电流的正方向？

2-3 对继电保护用的电流互感器的要求是什么？与对测量仪表用的电流互感器的要求有何不同？

2-4 为什么严禁运行中的电流互感器二次侧开路？

2-5 何谓电流互感器的饱和倍数？何谓电流互感器的10%误差曲线？该曲线如何得来？有什么用途？

2-6 电压互感器的极性是如何标定的？

2-7 说明电抗变换器的作用原理。电抗变换器转移阻抗的大小和阻抗角是怎样调整的？

2-8 负序电压滤过器与正序电压滤过器有何不同？

2-9 取得零序电压和零序电流的方法有哪些？

2-10 在零序电流滤过器接线中若有一相TA的二次绕组断开或极性接反，求正常运行时中线里的电流。

2-11 说明电磁型继电器的主要结构形式及其工作原理。

2-12 为什么电磁型继电器的原理对交流和直流继电器都适用？

2-13 为什么电磁型过量继电器的返回系数都小于1？影响其返回系数的因素有哪些？

2-14 中间继电器的自保持线圈有什么作用？为什么多线圈的中间继电器需要标出各线圈的同极性端子？

2-15 电磁型时间继电器为什么能延时动作而瞬时返回？如何提高时间继电器线圈的热稳定性？

2-16 在继电保护中为什么信号继电器不做成动作后可自动返回？

2-17 晶体管型电流继电器由哪几部分构成？各部分的作用是什么？

第三章
输电线路相间短路的电流、电压保护

输电线路就好比电力系统中的"大动脉",一旦发生故障,则可能影响到一片甚至几片区域的供电,甚至造成不可估量的损失。因此,预防输电线路故障历来是供电企业的一项重要工作。输电线路故障是指线路的组成部件如导线、避雷线、绝缘子、金具、杆塔、基础、接地装置等,由于原有的电气性能或机械性能受到损坏,或带电体与接地体之间的距离小于规定值而造成的线路不正常运行状态;或者在实际运行中由于雷击、倒塔及设备设计、调试维护不当等原因,输电线路会产生各种不同类型的短路故障,如三相短路、两相短路、接地短路等。为保证输电线路安全运行,必须采取有效的预防措施,即应给输电线路装设专门的继电保护装置。

输电线路继电保护的选择需首先满足继电保护的四个基本要求,即选择性、速动性、灵敏性和可靠性。其次,根据各类保护的工作特点、性能并结合输电线路的电压等级、网络的结构及联结方式等进行选择,使它们能相互配合,构成完善的电网保护。输电线路的电压等级不同,对继电保护的要求也不一样。在《继电保护和安全自动装置技术规定》中对各等级输电线路的继电保护要求做了原则性的规定,在选择输电线路的继电保护时,应以《规定》为参照,结合具体的电网进行全面的考虑。

输电线路发生相间短路故障时,最主要的特征之一就是故障相的电流增大,故障相间电压降低。利用故障相的电流增大,并当电流大到某一预定值时保护动作,可以构成输电线路的电流保护。根据整定值选取原则不同,电流保护分为无时限电流速断、带时限电流速断和定时限过电流保护三种。利用故障相间电压降低,并当电压低到某一预定值时保护动作,可以构成输电线路的欠电压保护。本章讲述单侧电源辐射式电网的电流、电压保护。

第一节　无时限电流速断保护

一、基本概念

1. 系统最大运行方式与最小运行方式

系统的最大运行方式是指当被保护线路发生短路故障时,系统等效阻抗最小,而通过保护装置的短路电流为最大的运行方式。系统等效阻抗是指保护安装处到电源之间的等效阻抗。而系统的最小运行方式就是指在同样的短路条件下,系统等效阻抗最大,而通过保护装置的短路电流为最小的运行方式。图 3-1 所示的单侧电源网络,当线路 WL_3 上 K_1 点发生短路故障时,对保护 5 来说,如果线路 WL_1 和 WL_2 同时投入运行,那么保护 5 到电源之间的等效阻抗最小,此时流过保护 5 的短路电流为最大,这种情况下就称保护 5 运行在最大运行方式。如果由于检修等原因,WL_1 和 WL_2 其中一条线路退出运行,保护 5 到电源之间的系统等效阻抗为最大,当 K_1 点发生短路故障时,流过保护 5 的短路电流为最小,这种情况下就称保护 5 运行在最小运行方式。当然,系统的等效阻抗还与系统中投入运行的其他电气设备有关，比如在多电源单母线的系统中，多个电源同时投入运行时，保护到电源的等效阻抗较小，而只有一台电源投入运行时，系统的等效阻抗较大。

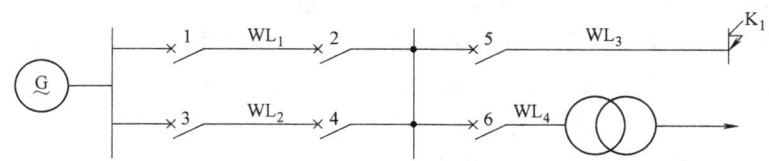

图 3-1 系统最大运行方式和最小运行方式说明

2. 最大短路电流和最小短路电流

在相同的条件下，系统发生三相短路时流过保护装置的短路电流大于两相短路时的短路电流。因此，在最大运行方式下发生三相短路时，通过保护装置的短路电流为最大，称为最大短路电流；而在最小运行方式下两相短路时，通过保护装置的短路电流为最小，称为最小短路电流。如图 3-1 所示，对保护 5 而言，在最大运行方式下，当 K_1 点发生三相短路时，流过保护 5 的短路电流为最大短路电流；在最小运行方式下，当 K_1 点发生两相短路时，流过保护 5 的短路电流为最小短路电流。最大短路电流与最小短路电流都是对通过保护装置的短路电流而言的。

3. 保护装置的动作电流

对反映电流增大而动作的电流保护来说，能使保护装置起动的最小电流称为保护装置的动作电流，记作 I_{op}，保护装置的动作电流用电力系统的一次侧参数来表示。流过保护装置的电流由电流互感器的二次侧得到，对电流保护来说，当一次侧的电流 I_{op} 使流入电流互感器二次侧的电流继电器的电流达到其动作电流 $I_{op,r}$ 时，电流继电器能够动作，整套电流保护装置能够起动。

4. 保护装置的整定

所谓整定就是根据对继电保护的基本要求，确定保护装置的动作参数、灵敏度系数、动作时限等参数的过程。

二、无时限电流速断保护的工作原理及整定计算

当输电线路出现短路故障时，继电保护以尽可能短的动作时限切除故障线路，可以最大限度地减小设备损坏，缩小停电范围。因此，输电线路上装设继电保护时，在满足选择性、可靠性的条件下，应该具有尽可能短的动作时间。无时限电流速断保护（也称为电流保护Ⅰ段）就是这样的保护装置，它是反映电流增大并能瞬时动作的继电保护，其工作原理可以用图 3-2 所示的单侧电源辐射式网络来说明。

假设在图 3-2 所示的电网中，线路 WL_1、WL_2 和 WL_3 中的断路器上都装设了无时限电流速断保护，理想情况下，要求每套保护装置能保护整条线路，并且各保护之间能满足选择性。例如，当线路 WL_2 全线上任一点发生短路故障时，要求保护 2 能反映到并能瞬时动作使断路器 QF_2 跳闸；而在线路 WL_2 上发生短路故障时，保护 1 也流过了短路电流，但根据选择性，保护 1 不允许动作。这种理想情况在实际应用中是否可行还需要具体分析。

当 WL_2 线路末端 K_3 点发生短路故障时，由于故障点在保护 2 的范围内，根据选择性要

求保护 2 应该动作。当断路器 QF_3 的出口处 K_4 点（也称为线路 WL_3 的出口）发生短路时，根据选择性要求此时保护 2 不应该动作，而应该由保护 3 动作使 QF_3 切除故障线路 WL_3。由于 K_3 点与 K_4 点距离很近，当各自发生短路时，流过保护 2 的短路电流基本一致，所以保护 2 不能根据电流的大小来辨别具体是哪一点发生了短路故障。因此，当 K_3 点发生短路时，保护 2 允许动作的话，那么 K_4 点发生短路时，保护 2 也会动作，也就是说，K_4 点发生短路时，保护 2 和保护 3 会同时动作，这就使保护之间的动作失去了选择性。对保护 1 来说，当线路 WL_1 的末端 K_1 点及线路 WL_2 的出口处 K_2 点分别发生短路故障时，如果允许 K_1 点短路时保护 1 动作，那么 K_2 点短路时，保护 1 与保护 2 也将同时动作，同样使保护之间失去选择性。这说明，当保护线路的末端（准确地说，应该是保护线路末端的一小段区域内）发生短路故障时，如果允许该保护线路上的保护动作，则就无法满足保护之间的动作选择性的要求。也就是说，无时限电流速断保护的保护线路全长的要求与保护之间的动作选择性的要求是有矛盾的。

解决这一矛盾有两种办法。一是整定保护装置的动作电流，使线路末端出现最大电流时，保护装置不动作，即让保护装置的动作电流按躲过被保护线路末端的最大短路电流进行整定，这样保护装置将不能反映保护线路末端的一段区域内发生的短路故障，保护装置将不能保护线路的全长。二是在各保护装置上同时装设自动重合闸装置，当保护无选择地动作后，由自动重合闸装置对断路器进行一次重合校正。下面只介绍采用第一种方法时，无时限电流速断保护是如何保证选择性的。

根据电力系统分析中关于短路电流计算的介绍，在图 3-2 所示的单侧电源网络中，任一点发生相间短路时，流过保护安装处的短路电流 I_K 可表示为

$$I_K = K_K \frac{E_\varphi}{Z_\varphi + Z_1 l} \tag{3-1}$$

式中，E_φ 为系统电源的相电动势；Z_φ 为保护安装处到电源之间的等效阻抗，(Ω)；Z_1 为输电线路的单位长度阻抗，(Ω/km)；l 为保护安装处到短路点之间的距离，(km)；K_K 为短路方式系数，两相短路时 $K_K = \sqrt{3}/2$，三相短路时 $K_K = 1$。

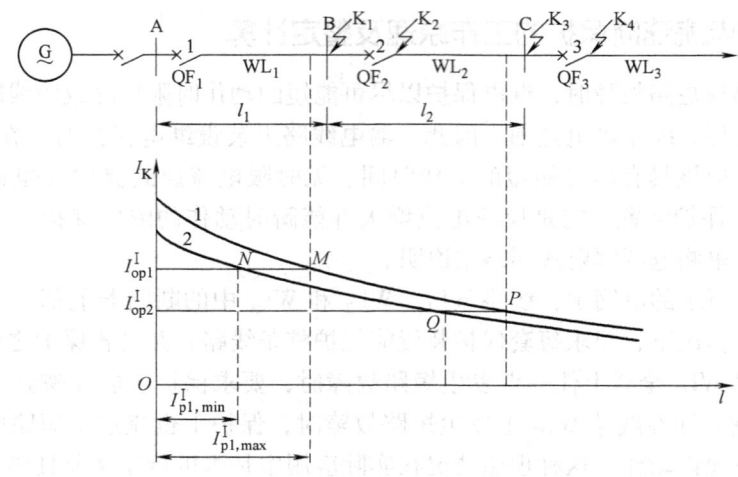

图 3-2 无时限电流速断保护动作特性分析

在一定的系统运行方式和故障类型下，K_K、E_φ 和 Z_1 均为常数，此时流过保护安装处的短路电流 I_K 随着保护安装处到短路点的距离 l 的减小而增大，根据式（3-1）可做出 $I_K = f(l)$ 的曲线，如图 3-2 所示，曲线 1 和 2 分别对应最大运行方式和最小运行方式下，保护安装处到故障点的距离 l 与流过保护安装处的短路电流 I_K 的变化曲线。在最大运行方式下，当 K_1 点发生三相短路时，流过保护 1 的短路电流最大，要想使 K_1 点发生短路时保护 1 不动作，就需要使保护 1 的动作电流 I_{op1}^I 大于 K_1 点发生短路时流过保护 1 的最大短路电流 $I_{K1,max}^{(3)}$，即

$$I_{op1}^I > I_{K1,max}^{(3)} \tag{3-2}$$

在进行整定计算时，可靠系数 K_{rel}^I 取 1.2~1.3，即无时限电流速断保护 1 的动作电流按躲过线路 WL_1 末端的最大短路电流进行整定，K_{rel}^I 表示无时限电流速断保护（电流保护 I 段）的可靠系数，则上式可写为

$$I_{op1}^I = K_{rel}^I I_{K1,max}^{(3)} \tag{3-3}$$

对保护 2 来说，按同样的原则，其动作电流需要按躲过线路 WL_2 末端的最大短路电流进行整定，即

$$I_{op2}^I = K_{rel}^I I_{K3,max}^{(3)}$$

动作电流和 $Z_1 l$ 无关，所以在图 3-2 中可表示为平行于横轴的直线，I_{op1}^I 与曲线 1 和 2 各有一个交点 M 和 N。在交点之前短路时，流过保护安装处的短路电流均大于保护的动作电流，因此保护可以动作，M 和 N 之前的范围称为保护 1 的动作范围，即保护范围；而在交点之后短路时，流过保护安装处的短路电流小于保护的动作电流，因此保护不能动作。同理，I_{op2}^I 与曲线 1 和 2 的交点之前称为保护 2 的保护范围，交点之后则是保护 2 的非动作区。保护 1、2 的保护范围都只占被保护线路的一部分，由此可见，为了保证选择性，无时限电流速断保护不能保护整条线路。

继电保护的灵敏性是指继电保护对被保护线路内部发生故障时的反映能力。无时限电流速断保护的灵敏性可以用保护范围占被保护线路的百分比来表示。从图 3-2 中可看出，在系统最大运行方式下，发生三相短路时保护的保护范围最大；在系统最小运行方式下，发生两相短路时保护的保护范围最小。为了保证在最不利的情况下也能满足动作要求，无时限电流速断保护的灵敏性应按其最小保护范围进行校验。

以保护 1 为例，知道了其动作电流 I_{op1}^I 后，由式（3-1）可推出在最小运行方式下，发生两相短路时的最小保护范围的计算公式，即

$$l_{p1,min}^I = \frac{1}{Z_1}\left(\frac{\sqrt{3}E_\varphi}{2I_{op1}^I} - Z_{\varphi,max}\right) \tag{3-4}$$

无时限电流速断保护的灵敏度系数 K_{sen}^I 应满足：

$$K_{sen}^I = \frac{l_{p1,min}^I}{l} \times 100\% \geq 15\% \sim 20\% \tag{3-5}$$

即无时限电流速断保护的最小保护范围应不小于被保护线路全长的 15%~20%。当满足这一条件时，说明无时限电流速断保护的灵敏性能够满足要求。

继电保护的动作时限为保护的固有动作时限与保护的整定时限之和。无时限电流速断保护中没有整定时限，其动作时限就是保护的固有动作时限，即构成保护的继电器系统的固有

动作时限。一般认为保护的固有动作时限为0s，所以无时限电流速断保护的动作时限也为0s，即动作是无时限、瞬时的。

三、无时限电流速断保护的原理接线图

无时限电流速断保护的单相原理接线图如图3-3所示。电流继电器KA接于电流互感器TA的二次侧，KA为无时限电流速断保护的测量和起动元件，系统正常运行时，流过KA的电流小于其动作电流，KA不动作，从而整个保护不会动作。当系统发生短路故障时，流过TA二次侧并进入到KA的短路电流超过KA的动作电流时，KA动作，整个保护也会动作，使断路器跳闸。中间继电器KM的作用有两个：一是电流继电器的触点容量较小，不能直接用于断路器跳闸回路，通过中间继电器的大容量触点转换来实现跳闸；二是当线路中安装有管形避雷器时，利用中间继电器来增加保护的固有动作时间，以防止管形避雷器放电时保护误动作。这是因为避雷器放电时相当于发生了接地短路故障，但当放电结束后电路能自动恢复运行，所以保护不应该动作。避雷器放电的时间一般为10~30ms，利用延时60~80ms的中间继电器就能躲过避雷器的放电时间，保证无时限电流速断保护不会误动作。所以，在对线路的保护进行整定计算时，一般认为无时限电流速断保护具有0.1s的动作时限。

无时限电流速断保护在一般情况下不能保护线路的全长，但在某些情况下，如变压器线路（见图3-4），无时限电流速断保护的保护范围能延伸到保护线路之外，实现整条线路的无时限切除故障。因为线路WL_1上只有一台变压器，当变压器内部故障时，断开断路器1或2效果是一样的，所以这种情况下当K_1点发生短路故障时，允许安装在断路器1上的无时限电流速断保护动作。在这种线路中，保护1按躲过变压器低压侧发生相间短路时流过保护1的短路电流进行整定，这样保护1不但能保护本线路全长，而且能保护变压器的一部分。

无时限电流速断保护的优点是简单、可靠、动作迅速；缺点是一般情况下不能保护整条线路，而且保护范围受系统运行方式及保护线路长度的影响较大。

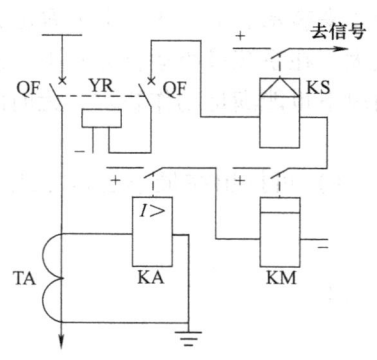

图3-3 无时限电流速断保护的单相原理接线

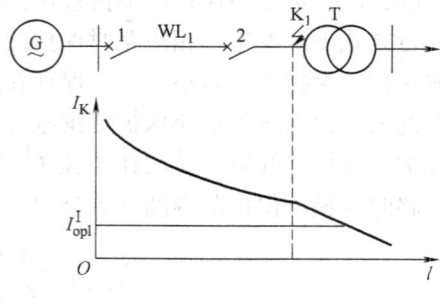

图3-4 线路—变压器线路保护范围说明

（1）图3-5所示为系统运行方式变化很大的线路，当保护1的动作电流按躲过线路末端最大短路电流进行整定时，在最小运行方式下保护1的保护范围很小，甚至没有保护范围。

（2）图3-6a所示为长线路时保护1的保护范围情况，由于线路较长，其始端和末端分别发生短路时流过保护1的短路电流变化较大，所以短路电流曲线较陡，在最大运行方式下有较大的保护范围，在最小运行方式下保护范围也能满足保护的灵敏性要求；而图3-6b所

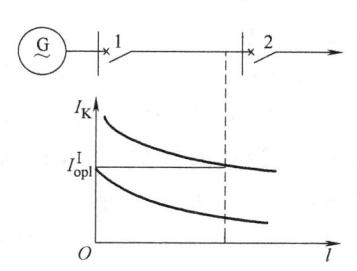

图 3-5 系统运行方式变化很大时对保护范围的影响

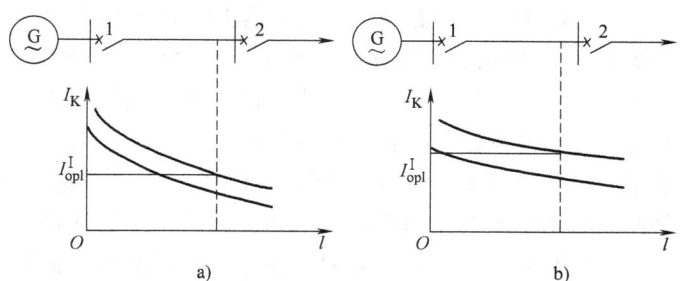

图 3-6 线路长短不同时对保护范围的影响
a) 长线路　b) 短线路

示为短线路时保护 1 的保护范围情况,由于线路较短,其始端和末端分别发生短路时流过保护 1 的短路电流变化不大,所以短路电流曲线较平缓,在最大运行方式下有一定的保护范围,而在最小运行方式下其保护范围很小,甚至没有。

第二节　带时限电流速断保护

由于无时限电流速断保护不能保护整条线路,就需要增设新的保护,用来切除本段范围内无时限电流速断保护范围以外的故障,并能作为无时限电流速断保护的后备保护。新增设的保护要求能保护整条线路,它的保护范围就必然延伸到下一段线路,为了保证选择性,新保护必须带有一定的动作时限以便和无时限电流速断保护进行配合,动作时限的长短与延伸的范围有关,为了使时限尽可能缩短,一般要求它的保护范围不超过下一段线路的无时限电流速断保护的保护范围,这样它的动作时限只要比下一段无时限电流速断保护的动作时限大一个时间阶梯 Δt(一般取 0.5s)就可以了,这种带有 Δt 动作时限且能保护整条线路,反映电流增大而动作的保护称为带时限电流速断保护,也称为电流保护Ⅱ段。

一、带时限电流速断保护的工作原理及整定原则

带时限电流速断保护的工作原理及整定原则可用图 3-7 进行说明。假设线路 WL_1 和 WL_2 分别安装了无时限电流速断保护和带时限电流速断保护,变压器线路装设了无时限动作的保护,如差动保护。

保护 1 和 2 的无时限电流速断保护的动作电流分别为 I_{op1}^{I} 和 I_{op2}^{I},保护范围分别为 l_{p1}^{I} 和 l_{p2}^{I},保护 1 的带时限电流速断保护的保护范围为 l_{p2}^{II}。当 K_3 点发生短路故障时,它处于保护 1 的带时限电流速断及保护 2 的无时限电流速断的保护范围内,保护 1 的带时限电流速断保护能够起动,但由于保护 2 的无时限电流速断保护的动的作时限很短,它会先于保护 1 的带时限电流速断保护动作,保护 2 动作后故障被

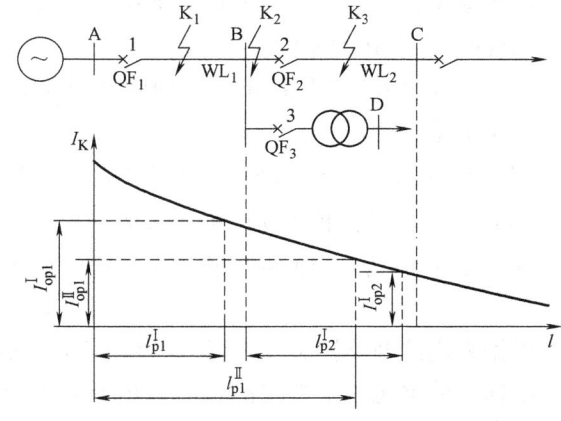

图 3-7 带时限电流速断保护工作原理及整定说明图

切除，流过保护 1 的短路电流消失，保护 1 的带时限电流速断保护会返回，不会动作，所以 K_3 点短路时只有保护 2 动作而保护 1 不会动作，从而保证了保护动作的选择性。当 K_2 点发生短路故障时，它处于保护 1 的带时限电流速断范围内，经过一段延时后动作，可以切除保护 1 的无时限电流速断保护范围以外的故障，因而带时限电流速断保护能保护整条线路。当 K_1 点发生短路故障时，它处于保护 1 的带时限电流速断及无时限电流速断保护范围内，此时保护 1 的无时限电流速断保护动作，故障切除后保护 1 的带时限电流速断保护返回。

由上面的分析可知，带时限电流速断保护能够保护整条线路，且通过大于下一段线路上的无时限电流速断保护动作时限一个时间阶梯 Δt 而保证了选择性。保护 2 上的无时限电流速断保护的动作电流为 I_{op2}^{I}，为了保证保护 1 上的带时限电流速断保护的保护范围 l_{p1}^{II} 不超过保护 2 上的无时限电流速断保护的保护范围 l_{p2}^{I}，就需要使保护 1 上的带时限电流速断保护的动作电流 I_{op1}^{II} 大于 I_{op2}^{I}，即

$$I_{op1}^{II} > I_{op2}^{I} \tag{3-6}$$

在进行整定计算时，可靠系数 K_{rel}^{II} 取 1.1～1.2，即保护 1 的带时限电流速断保护（电流保护 II 段）的动作电流按躲过下一段线路上的保护 2 的无时限电流速断保护的动作电流进行整定，K_{rel}^{II} 表示带时限电流速断保护的可靠系数，则上式可写为

$$I_{op1}^{II} = K_{rel}^{II} I_{op2}^{I} \tag{3-7}$$

如果母线 B 上有多条出线，且都安装有继电保护时，I_{op2}^{I} 应取这些继电保护中的动作电流最大的一个，如果变压器出线的差动保护的动作电流 I_{op3}^{I} 大于 I_{op2}^{I} 时，保护 1 的带时限电流速断保护的动作电流应按躲过 I_{op3}^{I} 进行整定，即

$$I_{op1}^{II} = K_{rel}^{II} I_{op3}^{I}$$

二、带时限电流速断保护的动作时限选择

保护 1 上的带时限电流速断保护的动作时限应大于下一段线路上保护 2 的无时限电流速断保护的动作时限一个时间阶梯 Δt，即

$$t_{p1}^{II} = t_{p2}^{I} + \Delta t \tag{3-8}$$

以线路 WL_2 上 K_3 点发生短路故障时，保护 2 与保护 1 的配合关系为例，如图 3-8 所示，来说明确定 Δt 的原则：

（1）Δt 应包括断路器 QF_2 的跳闸时间 t_{QF_2}，即从电流流入断路器线圈一刻算起，到 QF_2 的电弧完全熄灭为止。

（2）Δt 应包括故障线路上保护 2 实际的动作时间比整定值 t_{p2}^{I} 推迟动作的正误差 t_{t2}。

（3）Δt 应包括保护 1 实际的动作时间比整定值 t_{p1}^{I} 提前动作的负误差 t_{t1}。

（4）Δt 应包括一定的时间裕度 t_r，这样 Δt 的大小就可表示为

$$\Delta t = t_{QF_2} + t_{t2} + t_{t1} + t_r$$

根据采用的断路器和继电器的型号不同，选择 Δt 为 0.35～0.6s，一般取 $\Delta t = 0.5s$。

根据上述整定原则整定的带时限电流速断保护的时限特性如图 3-8a 所示。由图可知，当线路中装设了无时限电流速断和带时限电流速断保护后，两种保护通过动作时限的配合，

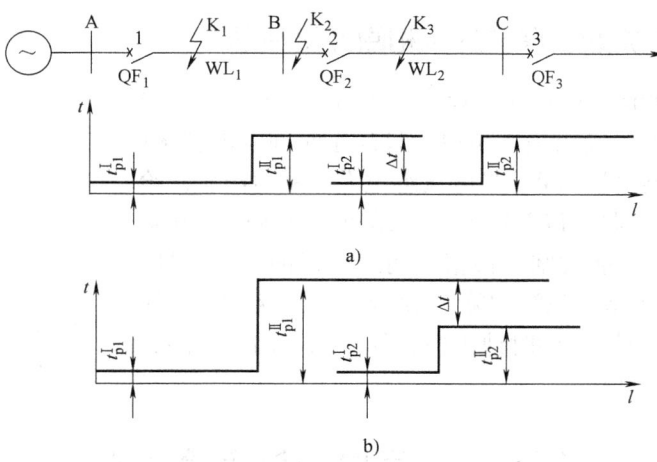

图 3-8 带时限电流速断保护的动作时限配合关系
a) 和下一段线路的无时限电流速断保护相配合
b) 和下一段线路的带时限电流速断保护相配合

可以保证全线路上任一点发生短路故障时，都能够在 0.5s 内动作，使断路器跳闸，切除故障线路。这两种有较快动作时限的保护构成线路的主保护。

在线路 WL_1 和 WL_2 上两种保护范围的重叠部分出现短路故障时，无时限电流速断保护装置失灵不能动作时，可通过带时限电流速断保护来切除故障。这说明带时限电流速断保护还具有一定的后备保护功能，安装在同一线路的后备保护称为近后备保护。但是，由于带时限电流速断保护只能保护下一段线路的一部分，所以不能作为下一段线路的远后备保护。

三、带时限电流速断保护的灵敏度校验

为了能够保护整条线路，带时限电流速断保护必须在最小运行方式下，当本线路末端发生两相短路时具有足够的反映能力。这个反映能力用带时限电流速断保护的最小灵敏系数 K_{sen}^{II} 来表示，它的大小在《继电保护技术规程》中做了规定，当线路长度小于 50km 时，$K_{sen}^{II} > 1.5$；当线路长度在 50~200km 时，$K_{sen}^{II} = 1.4$；当线路长度大于 200km 时，$K_{sen}^{II} \geq 1.3$。例如，图 3-7 中保护 1 上的带时限电流速断保护的最小灵敏度系数必须满足：

$$K_{sen}^{II} = \frac{I_{B,min}^{(2)}}{I_{op1}^{II}} = 1.3 \sim 1.5 \qquad (3-9)$$

式中，$I_{B,min}^{(2)}$ 为被保护线路 WL_1 末端 B 母线上，在最小运行方式下，发生两相短路时，流过保护装置的最小短路电流；I_{op1}^{II} 为保护 1 上的带时限电流速断保护的动作电流。

灵敏系数校验不能满足式（3-9）的要求说明在保护范围内发生短路故障时，保护有可能动作不了，这是不允许的。解决的办法是通过降低其动作电流而增加保护范围，使之与下一段线路的带时限电流速断保护相配合。其动作电流按躲过下一段线路的带时限电流速断保护的动作电流来整定，即 $I_{op1}^{II} = K_{rel}^{II} I_{op2}^{II}$。其动作时限则比下一段线路的带时限电流速断保护的动作时限大一个时间阶梯，即 $t_{p1}^{II} = t_{p2}^{II} + \Delta t$，按照这个时限配合的时限特性如图 3-8b 所示，由此可见，保护范围的增大导致了动作时限的加长。

四、带时限电流速断保护的单相原理接线图

带时限电流速断保护的单相原理接线如图3-9所示。它与无时限电流速断保护的接线基本相似，只是用时间继电器KT代替了原来的中间继电器KM，当电流继电器KA动作后，给KT的线圈加上工作电源，待KT延时 t^{II} 结束，其延时常开触点闭合，断路器QF才能跳闸。根据时间继电器的工作特性，在 t^{II} 未结束以前，线路故障被切除，KA的触点会断开KT线圈上的工作电源，此时KT的时钟机构会复归到未加电时的状态，不会引起保护误动作。

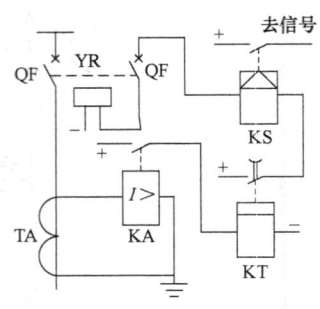

图3-9 带时限电流速断保护的单相原理接线

第三节 定时限过电流保护

无时限电流速断保护动作迅速但却不能保护整条线路，带时限电流速断保护能保护整条线路，但却不能作为下一段线路的远后备保护。定时限过电流保护的动作电流按躲过最大负荷电流进行整定，灵敏度高、保护范围大，不但能保护整条线路，而且能保护下一段线路的全部，但为了保证选择性，其动作时限较长，所以定时限过电流保护往往用作后备保护，它能作为本线路的近后备保护，同时也能作为下一段线路的远后备保护。定时限过电流保护简称为过电流保护，也称为电流保护III段。

一、过电流保护的工作原理

过电流保护的工作原理可用图3-10来说明。如图所示的单侧电源辐射式电网中，线路 WL_1、WL_2 和 WL_3 的电源侧的断路器上都装设了过电流保护，为了使各保护在系统正常运行时不动作，其动作电流按躲过线路的最大负荷电流进行整定。

电力系统正常运行时，流过保护1、2和3的电流为负荷电流，保护不动作；当线路 WL_3 上 K_1 点发生短路故障时，短路电流由电源经线路 WL_1、WL_2 和 WL_3 流至短路点，由于短路电流经过保护装置1、2和3，且大于各保护装置的动作电流，所以上述各保护在 K_1 点发生短路故障时都能反映到短路电流，并且都能起动保护。但根

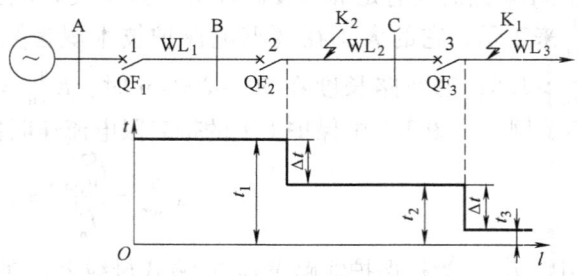

图3-10 过电流保护的工作原理及时限特性说明

据继电保护装置选择性的要求，K_1 点发生短路故障时应该由线路 WL_3 上的保护3动作，使断路器 QF_3 跳闸来切除故障线路。故障线路被切除后，短路电流消失，线路 WL_1 和 WL_2 上的保护1和2失去短路电流应该立刻复归，断路器 QF_1 和 QF_2 不应该误动作。所以，为了保证选择性，各过电流保护装置应具有不同的动作时限，且越靠近电源侧的保护，其动作时限应该越长。

K_1 点处于电网的线路末端，所以 K_1 点发生短路故障时，允许保护3快速切除故障线

路,故保护 3 的动作时限 t_3 就是其固有动作时限,即 $t_3 = 0$s;假设线路 WL_3 上还装有电流主保护时,为了保证在全线路任何地方发生短路时,首先由动作时限较短的主保护动作,而保护 3 上的过电流保护只作为线路的近后备保护,就要求保护 3 上的过电流保护的动作时限大于主保护的动作时限,主保护中的带时限电流速断保护的动作时限较长,一般取 0.5s,那么过电流保护的动作时限须大于 0.5s,引入时间阶梯 Δt,取动作时限 $t_3 = 0.5 + \Delta t$。

对于保护 2 来说,为了保证 K_1 点短路时保护 2 和 3 的选择性,需要保护 2 的动作时限 t_2 大于 t_3,即 $t_2 > t_3$,引入时间阶梯 Δt,则保护 2 的动作时限 $t_2 = t_3 + \Delta t$。此时当线路 WL_2 上的 K_2 点发生短路故障时,保护 2 将以 t_2 的动作时限动作,使断路器 QF_2 跳闸。保护 2 的动作时限确定后,对保护 1 来说,为了保证保护 1 和 2 的选择性,也需要保护 1 的动作时限 t_1 大于 t_2,即 $t_1 > t_2$,引入时间阶梯 Δt,则保护 1 的动作时限 $t_1 = t_2 + \Delta t$。依次类推,在有 n 条线路的单侧电源辐射式电网中,各保护的动作时限可表示为

$$\left.\begin{array}{l} t_1 = t_2 + \Delta t \\ t_2 = t_3 + \Delta t \\ t_{n-1} = t_{n,\max} + \Delta t \end{array}\right\} \quad (3\text{-}10)$$

式中,$t_{n,\max}$ 表示第 n 条线路,(即末端线路)上主保护的最大动作时限。

由式(3-10)可知,过电流保护前一段线路比后一段线路的动作时限都大一个时间阶梯 Δt,这种选择保护动作时限的方法称为时间阶梯原则,如图 3-10 所示。采用时间阶梯原则进行动作时限整定后,各保护之间能保证选择性。可见,过电流保护的选择性是依靠其动作时限来保证的。

在单侧电源辐射式电网中,当末端线路的动作时限确定后,整条线路的各过电流保护的动作时限随之确定,且与通过各保护的短路电流大小无关,所以这种过电流保护称为定时限过电流保护。过电流保护的单相原理接线与带时限电流速断保护在形式上完全一样,如图 3-9 所示,通过整定时间继电器的延时来获得过电流保护的动作时限。

当故障点距离电源越近时,短路电流越大,而由以上分析可知,此时过电流保护的动作时限反而越长,因此,这是一个很大的缺点。所以在电网中广泛采用无时限电流速断和带时限电流速断保护来作为本线路的主保护,用以快速切除故障,而利用过电流保护来作为本线路和下一段线路的后备保护。由于它作为下一段线路后备保护的作用是在远处实现的,因此称为远后备保护。远后备保护的作用是当下一段线路出现短路故障时,但此时下一段线路上的所有保护均失灵或断路器拒动时,由本线路的过电流保护来动作跳开本线路上的断路器,此时虽然扩大了停电范围,但有时这种做法是十分必要的,它可以避免故障范围进一步扩大,造成更大的损失。

二、过电流保护的动作电流整定

过电流保护为了保证在系统正常运行时不动作,其动作电流按躲过线路可能出现的最大负荷电流 $I_{L,\max}$ 进行整定。而当线路上出现短路故障时,流过短路电流的过电流保护都会起动,为了保证保护之间动作的选择性,这些起动了的保护只有动作时限最短的那个保护动作使断路器跳闸,切除故障线路,在故障线路被切除后,那些动作时限较长的过电流保护因失去短路电流应该可靠返回。也就是说,保护装置是否能够可靠返回,也关系到保护之间的动作选择性能否得以保证。在图 3-11 所示的网络中,假设保护 1、2 和 3 均装设了过电流保

护,在 K 点短路时,保护 1、2、3 都会起动,但根据保护的选择性,应该由保护 3 动作切除故障线路,而且当故障线路被切除后,保护 1、2 应该立即返回。

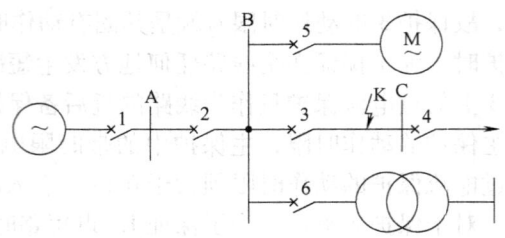

图 3-11 过电流保护的动作电流整定网络

但在实际工作中,当 K 点发生短路故障时,母线 B 上的电压降低,接在其上的大型用电设备如电动机会被制动。当保护 3 动作切除故障线路后,母线 B 上的电压恢复,其上的电动机将会重新自起动,这就是说,在保护 1、2 返回的过程中,流过它们的电流除仍然继续运行设备的负荷电流外,还会流过电动机重新起动时的自起动电流。电动机的自起动电流远大于其正常工作时的负荷电流,所以,保护 1、2 要能可靠返回,保护的返回电流必须大于电动机的自起动电流。首先,引入一个自起动系数 K_{ss} 来表示自起动时的电流 I_{ss} 与正常运行时最大负荷电流之比,即

$$I_{ss} = K_{ss} I_{L,max} \tag{3-11}$$

保护 1、2 在电流 I_{ss} 的作用下必须能可靠返回,为此应使保护装置的返回电流 I_{re}^{III} 大于 I_{ss}。引入可靠系数 K_{rel}^{III},保护的返回电流为

$$I_{re}^{\mathrm{III}} = K_{rel}^{\mathrm{III}} I_{ss} \tag{3-12}$$

由于保护装置的起动与返回是通过电流继电器来实现的,因此电流继电器的返回电流与起动电流的关系也代表了保护装置的返回电流和起动电流的关系。设继电器的返回系数为 K_{re},则保护装置的起动电流 I_{op}^{III} 为

$$I_{op}^{\mathrm{III}} = \frac{1}{K_{re}} I_{re}^{\mathrm{III}} = \frac{K_{rel}^{\mathrm{III}} K_{ss}}{K_{re}} I_{L,max} \tag{3-13}$$

考虑到电流互感器的电流比 K_{TA} 及接线系数 K_{con},则过电流保护二次侧动作电流值(电流继电器的动作电流值)$I_{op,r}^{\mathrm{III}}$ 为

$$I_{op,r}^{\mathrm{III}} = \frac{K_{rel}^{\mathrm{III}} K_{ss} K_{con}}{K_{re} K_{TA}} I_{L,max} \tag{3-14}$$

式中,K_{rel}^{III} 为过电流保护可靠系数,一般取 1.15~1.25;K_{ss} 为自起动系数,数值大于 1,其值的大小由具体的网络接线及负荷的性质决定;K_{con} 为电流互感器的接线系数,采用不完全星形联结时,$K_{con} = 1$;K_{re} 为电流继电器的返回系数,一般取 0.85;K_{TA} 为电流互感器的电流比。

由式(3-13)可知,当 K_{re} 越小时,过电流保护装置的起动电流就越大,因而其灵敏性就越差,这对保护来说是很不利的。这就是为什么要求电流继电器应该有较高返回系数的原因。

确定最大负荷电流 $I_{L,max}$ 时,应该考虑到系统实际运行过程中,在最不利的情况下可能出现最大负荷电流时的情况。

三、过电流保护的灵敏系数校验

为了保证过电流保护在保护范围末端短路时能够可靠动作,对其动作电流必须按其保护

范围末端出现的最小短路电流进行灵敏系数校验。

如图 3-10 所示，当过电流保护 1 作为线路 WL_1 的近后备保护时，选择其作为近后备保护的保护范围的末端母线 B 作为校验点，其近后备保护的灵敏系数 $K_{\text{sen,N}}^{\text{III}}$ 应满足：

$$K_{\text{sen,N}}^{\text{III}} = \frac{I_{\text{B,min}}^{(2)}}{I_{\text{op1}}^{\text{III}}} \geq 1.3 \sim 1.5 \tag{3-15}$$

式中，$I_{\text{B,min}}^{(2)}$ 为系统最小运行方式下，被保护线路末端母线 B 发生两相短路时，流过保护装置 1 的短路电流。

当过电流保护 1 作为线路 WL_2 的远后备保护时，选择其作为远后备保护的保护范围的末端母线 C 作为校验点，其远后备保护的灵敏系数 $K_{\text{sen,L}}^{\text{III}}$ 应满足：

$$K_{\text{sen,L}}^{\text{III}} = \frac{I_{\text{C,min}}^{(2)}}{I_{\text{op1}}^{\text{III}}} \geq 1.2 \tag{3-16}$$

式中，$I_{\text{C,min}}^{(2)}$ 为系统最小运行方式下，下一段线路末端母线 C 发生两相短路时流过保护装置 1 的短路电流。

此外，在各过电流保护之间，其灵敏系数也需相互配合，即对同一故障点而言，要求越靠近故障点的保护应具有越高的灵敏系数。如在图 3-10 中，当 K_1 点短路时，应要求各保护的灵敏系数之间具有下列关系：

$$K_{\text{sen,3}} > K_{\text{sen,2}} > K_{\text{sen,1}}$$

在单侧电源电网中发生故障时，各保护装置均流过相同大小的短路电流，因此上述灵敏系数应互相配合的要求是自然满足的。

所有保护之间，只有当灵敏系数和动作时限都能互相配合时，才能切实保证动作的选择性，这一点在复杂网络的保护中，尤其应该注意。

当过电流保护的灵敏系数不能满足要求时，应该采用性能更好的其他保护方式。

第四节 三段式电流保护装置

一、三段式电流保护的构成

无时限电流速断保护动作迅速但却不能保护线路的全长；带时限电流速断保护有较短的动作时限，能保护整条线路，也能作为本线路的近后备保护，但却不能作为下一段线路的远后备保护；定时限过电流保护能保护本线路及下一段线路的全长，能作为本线路的近后备保护也能作为下一段线路的远后备保护，但过电流保护动作时限较长，特别是越靠近电源侧动作时限越长。这些保护既各有所长又各有所短，故在实际应用中根据具体网络接线，并结合保护对"四性"的要求，将这三种保护组合在一起构成三段式电流保护。无时限电流速断保护作为电流保护 I 段保护线路全长的一部分，一般要求为线路全长的 80%，带时限电流速断保护作为电流保护 II 段保护整条线路，它们共同构成线路的主保护；而过电流保护作为电流保护 III 段保护本段线路及下一段线路的全长，并作为本线路的近后备保护及下一段线路的远后备保护。

三段式电流保护的动作电流及动作时限特性如图 3-12 所示。保护 1 上装设了三段式电流保护，电流保护 Ⅰ 段的动作电流为 $I_{\text{op1}}^{\text{I}}$，其对应的保护范围为 l_{p1}^{I}，为线路全长的 80% 左右，动作时限整定为 0.1s；电流保护 Ⅱ 段的动作电流为 $I_{\text{op1}}^{\text{II}}$，其对应的保护范围为 $l_{\text{p1}}^{\text{II}}$，它能保护线路全长的 100%，动作时限比下一段线路的电流保护 Ⅰ 段的动作时限 t_2^{I} 大一个时间阶梯 Δt，这里为 $0.1+\Delta t=0.6$s；电流保护 Ⅲ 段的动作电流为 $I_{\text{op1}}^{\text{III}}$，其对应的保护范围为 $l_{\text{p1}}^{\text{III}}$，它能保护本线路及下一段线路的全长，动作时限比下一段线路的电流保护 Ⅲ 段的动作时限 t_2^{III} 大一个时间阶梯 Δt。保护 2 和 3 上也装设了三段式电流保护，其整定方法与保护 1 相同。

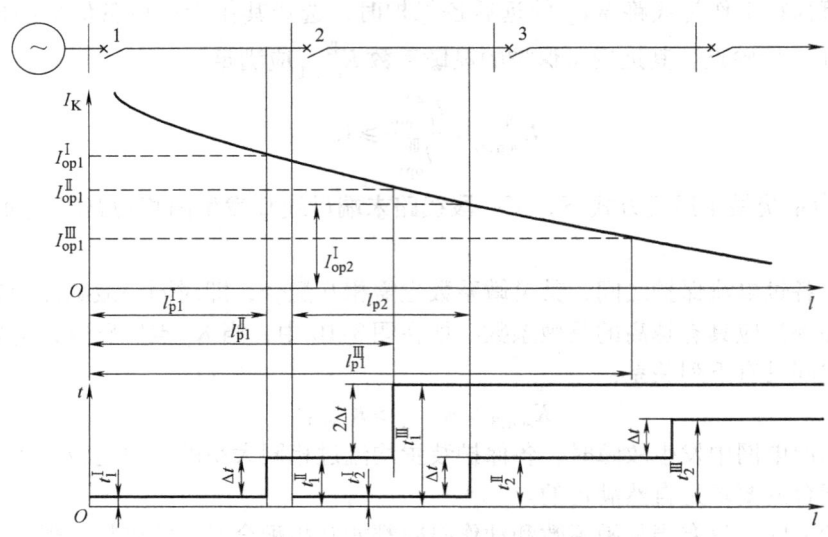

图 3-12　三段式电流保护的动作电流及动作时限特性

必须指出，不是所有的线路都要装设三段式电流保护，根据线路的情况不同，可选择三段式电流保护中的一段或两段。如电网为终端线路—变压器组时，一般只装设第 Ⅰ 段和第 Ⅲ 段电流保护，因为第 Ⅰ 段已能保护线路的全长，故没有必要再装设第 Ⅱ 段了。又如在短线路网络中，第 Ⅰ 段的保护范围往往很短甚至没有，这时只需要装设第 Ⅱ 段和第 Ⅲ 段电流保护就能满足要求。因此，对不同的线路，应根据具体情况，选择三段式或两段式电流保护。

二、三段式电流保护的原理接线图及展开图

（一）三段式电流保护的原理接线图

绘制原理接线图的目的在于直接清楚地表示出保护装置中各电气元件间的电气联系和动作原理。它以二次元件整体形式表示各元件之间的电气联系，并与一次元件有关部分画在一起，其相互联系的电流回路、电压回路和直流回路综合在一起。在原理接线图中所有的二次电气元件都以完整的图形符号表示，不考虑实际的位置，能够使我们对整套保护装置的工作原理有一个整体的概念，三段式电流保护的原理接线（简称为归总式原理接线）如图 3-13a 所示。电流继电器 KA_1、KA_2 构成电流保护 Ⅰ 段；电流继电器 KA_3、KA_4 和时间继电器 KT_1 构成电流保护 Ⅱ 段；电流继电器 KA_5、KA_6 和 KA_7（采用两相三继电器式接线）和时间继电器 KT_2 构成电流保护 Ⅲ 段。任何一段保护动作时，相应的信号继电器都会掉牌，从掉牌

指示能知道是哪一段保护曾动作过,而且信号继电器也会通过自己的触点接入到监控中心的信号回路中,从而使系统运行人员根据信号的类型来分析故障类型和大致范围,及时进行处理,故障排除后,由系统运行人员手动复归信号继电器,为下一次动作做好准备。

三段式电流保护的电流互感器一般采用不完全星形联结,这种联结方式可以使保护反映各种类型的相间短路故障及接地故障,但当没有接电流互感器的相发生单相接地短路时,电流保护不能反映。

原理接线图中的出口执行继电器 KCO 属于带 0.1s 左右延时的中间继电器,其作用包括:①利用其大容量触点进行断路器跳闸;②利用其短延时来躲过线路上避雷器的放电时间。电流继电器 KA_7 接在两个电流互感器的中性线上,它流过的电流为 A、C 两相电流之和,这样接的目的是为了在 Yd 联结的变压器后发生两相短路时提高过电流保护的灵敏性。

从图 3-13a 中可以看出,原理图只能绘出保护的主要电气元件之间的联系,而部分细节在图上很难表示出来。例如,在原理图上没有元件的内部接线,没有元件端子的编号和回路的编号,直流电源的表示也不完善。因此,不能反映保护装置的实际布置和连接。在接线比较复杂时,绘制和阅读原理图都比较困难,而且不便于现场查找线路和调试,接线中的错误也不易发现,因此在实际设计、施工安装和维护、调试、检修中常使用展开接线图和安装接线图。这里只介绍三段式电流保护装置的展开接线图。

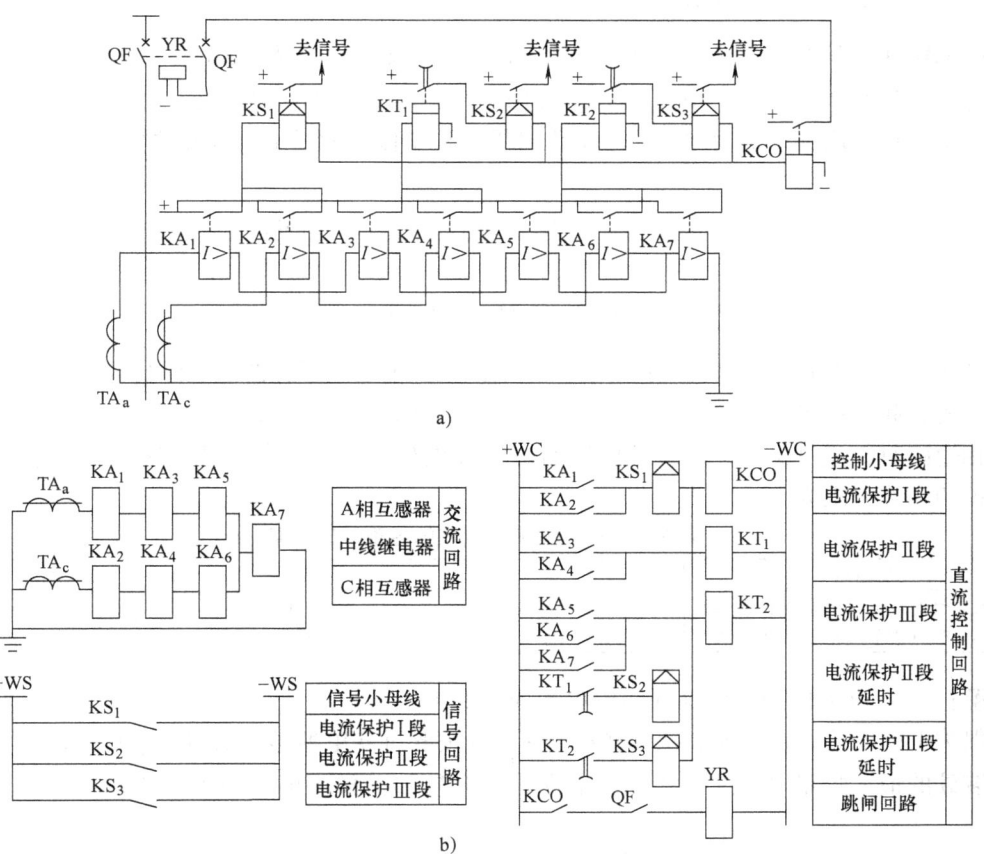

图 3-13 三段式电流保护的接线图
a)原理接线图 b)展开接线图

（二）三段式电流保护装置的展开接线图

继电保护的展开接线图按二次回路的供电方式来划分，即将二次回路分为交流操作回路、直流操作回路、信号回路以及保护回路等几个主要部分。在展开接线图中将继电器及其他电气元件的各个组成部分如线圈、触点等分别画在它们所作用的不同回路中，属于同一个继电器的全部部件注以同一标号，以便在不同回路中对应和查找。绘制展开接线图时，应尽量按保护的动作顺序，从左至右，自上而下依次排列，这样可以方便读图人员按原理理解其接线方法。在展开接线图的右侧对各个回路还应有文字说明，以帮助了解各回路的作用，这一点对接线复杂的保护尤其重要。

三段式电流保护的展开接线如图 3-13b 所示。它由交流回路、信号回路及直流控制回路三部分构成。交流回路由电流互感器 TA_a、TA_c 的二次绕组构成不完全星形联结，二次绕组接电流继电器 $KA_1 \sim KA_7$ 的线圈。信号回路由直流屏引出直流操作电源 +WS、-WS 供电。直流控制回路由直流屏引出直流操作电源 +WC、-WC 供电。

阅读展开接线图时，各行由左向右看，全图由上往下看。

展开图虽然不如原理图那么形象，但它能清楚地表示出保护装置的动作过程，并便于查找接线错误，同时对复杂回路的设计、研究、安装和调试都非常方便。

三、三段式电流保护的计算实例

【例 3-1】 图 3-14 所示为 35kV 单侧电源辐射式电网，线路 WL_1 和 WL_2 的继电保护方案拟订为三段式电流保护，电流互感器采用两相不完全星形联结。试对保护 1 进行整定计算，包括计算各段保护的动作电流、动作时限，校验保护的灵敏系数并选择主要的继电器。

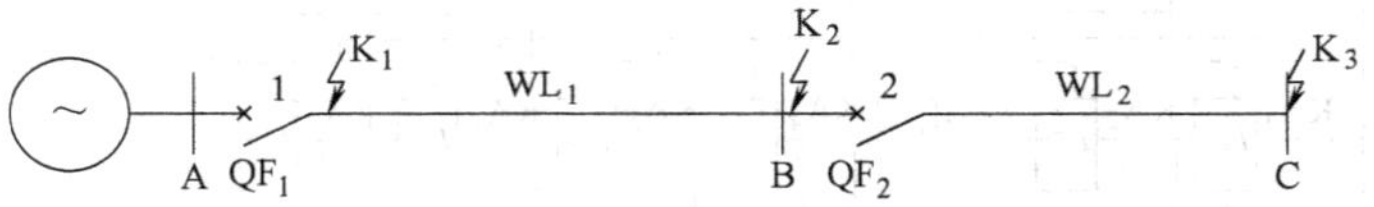

图 3-14 例 3-1 计算网络

已知，线路 WL_1 的最大负荷电流为 132A，保护用电流互感器的电流比 $n_{TA}=150/5$，系统负荷的自起动系数为 1.5。在系统最大运行方式及最小运行方式下，当 K_1、K_2 及 K_3 点发生三相短路时，流过保护 1 安装处的短路电流分别列于表 3-1 中，已知线路 WL_2 上的过电流保护的动作时限为 2s。

表 3-1 图 3-14 所示电网的短路电流数据

短路点	K_1	K_2	K_3
最大运行方式下三相短路电流/A	3500	1100	430
最小运行方式下三相短路电流/A	3180	920	390

解：（1）电流保护 Ⅰ 段（无时限电流速断保护）

保护 1 的电流保护 Ⅰ 段一次动作电流 I_{op1}^{I} 应按躲过变电所 B 母线上 K_2 点短路时流过保护安装处的最大短路电流进行整定，根据式（3-3），保护 1 的电流保护 Ⅰ 段的一次动作电流为

$$I_{op1}^{I} = K_{rel}^{I} I_{K2,max}^{(3)} = 1.25 \times 1100\text{A} = 1375\text{A}$$

构成电流保护 Ⅰ 段的电流继电器的动作电流为

$$I_{\text{op1,r}}^{\text{I}} = K_{\text{con}} \frac{I_{\text{op1}}^{\text{I}}}{n_{\text{TA}}} = 1 \times \frac{1375}{150/5} \text{A} = 45.8 \text{A}$$

选择 DL—11/100 型电流继电器，其动作电流的整定范围为 25~100A。

电流保护 I 段的动作时限为保护的固有动作时限，考虑所用中间继电器的短延时，取其动作时限为

$$t_{\text{p1}}^{\text{I}} = 0.1\text{s}$$

电流保护 I 段的灵敏系数通常用最小保护范围占线路全长的百分比来表示。但根据本题的已知数据，可以用简便的方法，即按线路 WL_1 首端 K_1 点短路时，流过保护安装处的最小短路电流校验其灵敏系数，即

$$K_{\text{sen}}^{\text{I}} = \frac{I_{\text{K1,min}}^{(2)}}{I_{\text{op1}}^{\text{I}}} = \frac{\frac{\sqrt{3}}{2} \times 3180}{1375} = 2 > 1.5$$

满足规程中规定的要求。

（2）电流保护 II 段（带时限电流速断保护）

保护 1 的电流保护 II 段的一次动作电流 $I_{\text{op1}}^{\text{II}}$ 应首先按躲过下一段线路 WL_2 上的电流保护 I 段的一次动作电流 $I_{\text{op2}}^{\text{I}}$ 进行整定，根据式（3-3），线路 WL_2 上保护 2 的电流保护 I 段的一次动作电流为

$$I_{\text{op2}}^{\text{I}} = K_{\text{rel}}^{\text{I}} I_{\text{K3,max}}^{(3)} = 1.25 \times 430 \text{A} = 537.5 \text{A}$$

根据式（3-7），保护 1 的电流保护 II 段的一次动作电流为

$$I_{\text{op1}}^{\text{II}} = K_{\text{rel}}^{\text{II}} I_{\text{op2}}^{\text{I}} = 1.1 \times 537.5 \text{A} = 591.3 \text{A}$$

根据式（3-9），保护 1 的电流保护 II 段的灵敏系数为

$$K_{\text{sen}}^{\text{II}} = \frac{I_{\text{K2,min}}^{(2)}}{I_{\text{op1}}^{\text{II}}} = \frac{\frac{\sqrt{3}}{2} \times 920}{591.3} = 1.35 > 1.3$$

满足规程中规定的要求，可以继续进行计算。

构成电流保护 II 段的电流继电器的动作电流为

$$I_{\text{op1,r}}^{\text{II}} = K_{\text{con}} \frac{I_{\text{op1}}^{\text{II}}}{n_{\text{TA}}} = 1 \times \frac{591.3 \text{A}}{150/5} = 19.7 \text{A}$$

选用 DL—11/50 型电流继电器，其动作电流的整定范围为 12.5~50A。

保护 1 的电流保护 II 段的动作时限 $t_{\text{p1}}^{\text{II}}$ 应与 t_{p2}^{I} 配合，即

$$t_{\text{p1}}^{\text{II}} = t_{\text{p2}}^{\text{I}} + \Delta t = (0.1 + 0.5)\text{s} = 0.6\text{s}$$

（3）电流保护 III 段（定时限过电流保护）

根据式（3-13），保护 1 的过电流保护的一次动作电流为

$$I_{\text{op1}}^{\text{III}} = \frac{K_{\text{rel}}^{\text{III}} K_{\text{ss}}}{K_{\text{re}}} I_{\text{L,max}} = \frac{1.2 \times 1.5}{0.85} \times 132 \text{A} = 279.5 \text{A}$$

构成电流保护 III 段的电流继电器的动作电流为

$$I_{\text{op1,r}}^{\text{III}} = K_{\text{con}} \frac{I_{\text{op1}}^{\text{III}}}{n_{\text{TA}}} = 1 \times \frac{279.5}{150/5} \text{A} = 9.3 \text{A}$$

选用 DL—11/20 型电流继电器，其动作电流的整定范围为 5～20A。

电流保护Ⅲ段的动作时限 $t_{\text{p1}}^{\text{Ⅲ}}$ 应与下一段线路过电流保护的动作时限 $t_{\text{p2}}^{\text{Ⅲ}}$ 配合，即

$$t_{\text{p1}}^{\text{Ⅲ}} = t_{\text{p2}}^{\text{Ⅲ}} + \Delta t = (2 + 0.5)\text{s} = 2.5\text{s}$$

过电流保护应分别按本线路末端 K_2 点及下一线路末端 K_3 点短路时的最小短路电流校验灵敏系数。

根据式（3-15），过电流保护作为本线路近后备保护时的灵敏系数为

$$K_{\text{sen,N}}^{\text{Ⅲ}} = \frac{I_{\text{K2,min}}^{(2)}}{I_{\text{op1}}^{\text{Ⅲ}}} = \frac{\frac{\sqrt{3}}{2} \times 920}{279.5} = 2.85 > 1.5$$

满足规程中规定的要求。

根据式（3-16），过电流保护作为下一段线路远后备保护时的灵敏系数为

$$K_{\text{sen,L}}^{\text{Ⅲ}} = \frac{I_{\text{K3,min}}^{(2)}}{I_{\text{op1}}^{\text{Ⅲ}}} = \frac{\frac{\sqrt{3}}{2} \times 390}{279.5} = 1.21 > 1.2$$

也满足规程中规定的要求。

【例 3-2】 图 3-15 所示为单侧电源辐射式网络，电源相电动势为 $\frac{37}{\sqrt{3}}$kV，WL_1 和 WL_2 均设有三段式电流保护。已知：

(1) 线路 WL_1 长 20km，线路 WL_2 长 30km，线路单位长度阻抗 $Z_1 = 0.4\Omega/\text{km}$；

(2) 变电所 B、C 中变压器联结组别为 Yd11，且在变压器上装设了差动保护；

(3) 线路 WL_1 的最大传输功率 $P_{\max} = 9.5\text{MW}$，功率因数 $\cos\varphi = 0.9$，自起动系数 K_{ss} 取 1.3；

(4) 变压器 T_1、T_2 归算至被保护线路的电压等级的阻抗为 28Ω；系统最大阻抗 $Z_{\varphi,\max} = 7.9\Omega$，系统最小阻抗 $Z_{\varphi,\min} = 5.4\Omega$。

试对线路 WL_1 的保护进行整定计算并校验其灵敏度。

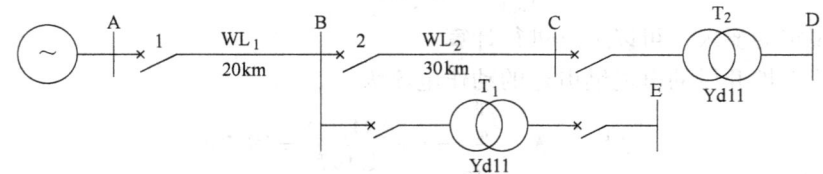

图 3-15 例 3-2 计算网络

解 （1）电流保护Ⅰ段

母线 B 三相短路时流过保护 1 的最大短路电流为

$$I_{\text{B,max}}^{(3)} = \frac{E_\varphi}{Z_{\varphi,\min} + Z_1 l} = \frac{37000/\sqrt{3}}{5.4 + 0.4 \times 20}\text{A} = 1590\text{A}$$

保护 1 的电流保护Ⅰ段的一次动作电流为

$$I_{\text{op1}}^{\text{Ⅰ}} = K_{\text{rel}}^{\text{Ⅰ}} I_{\text{B,max}}^{(3)} = 1.25 \times 1590\text{A} = 1990\text{A}$$

根据式（3-4），电流保护Ⅰ段的最小保护范围为

$$l_{\text{p1,min}} = \frac{1}{Z_1}\left(\frac{\sqrt{3}E_\varphi}{2I_{\text{op1}}^{\text{Ⅰ}}} - Z_{\varphi,\max}\right) = \frac{1}{0.4} \times \left(\frac{\sqrt{3} \times 37/\sqrt{3}}{2 \times 1.99} - 7.9\right)\text{km} = 3.49\text{km}$$

最小灵敏系数校验，根据式（3-5）得

$$K_{\text{sen}}^{\text{I}} = \frac{l_{\text{p1,min}}^{\text{I}}}{l} \times 100\% = \frac{3.49}{20} \times 100\% = 17.5\% > 15\%，满足要求。$$

（2）电流保护Ⅱ段

① 与下一段线路电流保护Ⅰ段配合，则

$$I_{\text{C,max}}^{(3)} = \frac{E_\varphi}{Z_{\varphi,\text{min}} + Z_1 l} = \frac{37000/\sqrt{3}}{5.4 + 0.4 \times (20+30)}\text{A} = 840\text{A}$$

$$I_{\text{op2}}^{\text{I}} = K_{\text{rel}}^{\text{I}} I_{\text{C,max}}^{(3)} = 1.25 \times 840\text{A} = 1050\text{A}$$

$$I_{\text{op1}}^{\text{Ⅱ}} = K_{\text{rel}}^{\text{Ⅱ}} I_{\text{op2}}^{\text{I}} = 1.15 \times 1050\text{A} = 1208\text{A}$$

② 与相邻变压器相配合，则

$$I_{\text{E,max}}^{(3)} = \frac{37000/\sqrt{3}}{5.4 + 0.4 \times 20 + 28}\text{A} = 520\text{A}$$

$$I_{\text{op1}}^{\text{Ⅱ}} = K_{\text{rel}}^{\text{Ⅱ}} I_{\text{E,max}}^{(3)} = 1.25 \times 520\text{A} = 650\text{A}$$

保护的动作电流取以上计算较大值，即 $I_{\text{op1}}^{\text{Ⅱ}} = 1208\text{A}$。

保护灵敏系数的计算：

$$I_{\text{B,min}}^{(2)} = \frac{\sqrt{3}}{2} \frac{E_\varphi}{Z_{\varphi,\text{max}} + Z_1 l} = \frac{\sqrt{3}}{2} \times \frac{37000/\sqrt{3}}{7.9 + 0.4 \times 20}\text{A} = 1160\text{A}$$

$$K_{\text{sen}}^{\text{Ⅱ}} = \frac{I_{\text{B,min}}^{(2)}}{I_{\text{op1}}^{\text{Ⅱ}}} = \frac{1160}{1208} < 1.25$$

T1 低压侧母线短路配合，则保护的动作电流取 $I_{\text{op1}}^{\text{Ⅱ}} = 650\text{A}$，保护的灵敏系数为

$$K_{\text{sen}}^{\text{Ⅱ}} = \frac{I_{\text{B,min}}^{(2)}}{I_{\text{op1}}^{\text{Ⅱ}}} = \frac{1160}{650} = 1.71 > 1.25$$

值得注意的是，选用与相邻变压器配合时，相当于是与Ⅱ段配合，所以保护的动作时限取 1s。

（3）电流保护Ⅲ段

最大负荷电流为 $\quad I_{\text{L,max}} = \dfrac{9.5 \times 10^3}{\sqrt{3} \times 0.95 \times 35 \times 0.9}\text{A} = 183\text{A}$

动作电流为

$$I_{\text{op1}}^{\text{Ⅲ}} = \frac{K_{\text{rel}}^{\text{Ⅲ}} K_{\text{ss}}}{K_{\text{re}}} I_{\text{L,max}} = \frac{1.2 \times 1.3}{0.85} \times 183\text{A} = 335\text{A}$$

作为本线路近后备保护时的灵敏系数为

$$K_{\text{sen,N}}^{\text{Ⅲ}} = \frac{I_{\text{B,min}}^{(2)}}{I_{\text{op1}}^{\text{Ⅲ}}} = \frac{1160}{335} = 3.46 > 1.5$$

作为相邻线路的远后备保护时的灵敏系数为

$$I_{\text{C,min}}^{(2)} = \frac{\sqrt{3}}{2} \frac{E_\varphi}{Z_{\varphi,\text{max}} + Z_1 l} = \frac{\sqrt{3}}{2} \times \frac{37000/\sqrt{3}}{7.9 + 0.4 \times 50}\text{A} = 660\text{A}$$

$$K_{\text{sen,L}}^{\text{III}} = \frac{I_{\text{C,min}}^{(2)}}{I_{\text{op1}}^{\text{III}}} = \frac{660}{335} = 1.97 > 1.2$$

保护的时限按时间阶梯原则，比相邻元件的后备保护最大动作时限大一个时间阶梯 Δt。

第五节 反时限过电流保护

一、反时限过电流保护的原理及接线

保护的动作时限随故障电流的增大而减小的过电流保护装置称为反时限过电流保护。这种保护主要是利用 GL 型感应式电流继电器的反时限特性构成。反时限过电流保护与定时限过电流保护的区别在于动作时限随流过保护安装处的短路电流大小而变化，短路点距离电源越近，短路电流越大，保护装置的动作时限就越短。

在第二章中曾介绍过，GL 型电流继电器是一种结构完善的多功能继电器。它本身既是启动元件，又是时间元件，且触点容量大，可直接用于断路器的跳闸回路，不必再用中间继电器进行过渡，而且 GL 型电流继电器本身还带有机械掉牌信号装置，也就是说不需要信号继电器，因此，保护的接线非常简单，图 3-16 所示为反时限过电流保护的三相原理接线，图中电流互感器采用两相不完全星形联结。

反时限过电流保护动作电流的整定原则与定时限过电流保护相同，即按躲过线路的最大负荷电流进行整定。

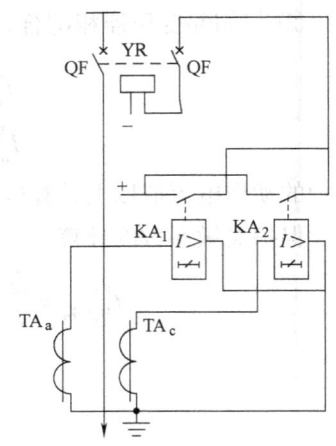

图 3-16 反时限过电流保护的三相原理接线图

为了保证选择性，反时限过电流保护的动作时限也应按照时间阶梯原则来确定。但由于反时限电流继电器的动作时限与流过线圈的短路电流的大小有关，因而与相邻线路之间的时限配合比较复杂，需要根据短路电流的实际数值大小进行配合。下面以图 3-17a 所示的网络来说明反时限电流保护动作时限的整定方法。

二、动作电流整定及时限配合

在图 3-17a 中，假设线路 WL_1 和 WL_2 的电源侧均装有反时限过电流保护 1 和 2，根据式 (3-13) 能够求得其过电流保护的动作电流为 I_{op1} 和 I_{op2}，在最大运行方式下，当线路 WL_2 的始端 K_2 点发生三相短路时流过保护装置 1 和 2 的短路电流是线路 WL_2 上发生各种短路时流过保护装置 1 和 2 的最大短路电流，记为 I_K，因此选取这一点作为保护 1 和 2 动作时限的配合点。假定保护装置 2 的继电器动作时限特性已经确定，即图 3-17b 中的曲线 $2'$，根据特性曲线 $2'$ 和动作电流倍数 n_2（$n_2 = I_K/I_{\text{op2}}$）可得到保护装置 2 在 K_2 点发生三相短路故障时的实际动作时限 $t_{2,K2}$。线路 WL_2 中的其他各点短路时，保护装置 2 的动作时限可以用相同的方法求出，易知其他各点短路时的动作时限均大于 $t_{2,K2}$，于是能得到图 3-17a 中的曲线 2。

当 K_2 点发生三相短路时，保护装置 1 也将启动，按选择性要求保护装置 1 的动作时限 $t_{1,K2}$ 应比保护装置 2 大一个时间阶梯 Δt，即

$$t_{1,K2} = t_{2,K2} + \Delta t \tag{3-17}$$

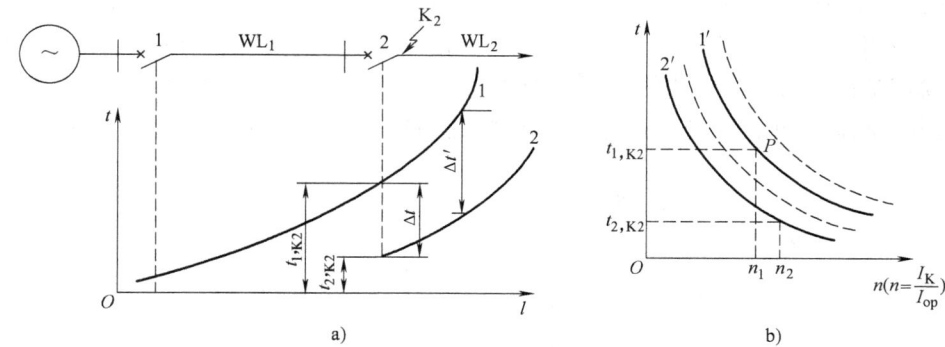

图 3-17 反时限过电流保护的动作时限配合
a)短路点距离与动作时间的关系 b)继电器动作特性曲线

反时限电流保护中,时间阶梯 Δt 一般取 0.7s。

求出 $t_{1,K2}$ 后,就能根据继电器动作时限特性曲线 1'得到一点 P,其对应的动作电流倍数为 $n_1(n_1=I_K/I_{op1})$,这样保护装置 1 的继电器动作时限特性曲线就能确定下来,见图 3-17b 中的曲线 1'(此曲线可根据 GL 型继电器产品目录特性曲线进行对比来确定或用实验方法来进行确定),由曲线 1'可得线路上其他各点短路时,保护装置的动作时限曲线,见图 3-17a 中的曲线 1。

从图 3-17 中不难看出,在 K_2 点发生三相短路时,保护 1 和保护 2 动作时限的级差 Δt 比线路 WL_2 上其他各点发生任何短路时都小,若这一点的时限配合能达到要求时,则其他各点短路时,必定能满足保护之间动作的选择性,这就是选择这一点来进行时限配合的原因。

在实际调整保护 1 的反时限电流继电器时,首先按 I_{op1} 选择好继电器的动作电流,然后根据下一段线路出口 K_2 点发生三相短路时流过保护 1 的最大短路电流 I_K(通常 I_K 用 I_{op1} 的倍数来表示)及 $t_{1,K2}$ 来调整时限特性曲线,即将 I_K/n_{TA} 电流通入继电器中,调整时间刻度把手位置,使测得的动作时间为整定时限 $t_{1,K2}$ 即可。

在线路靠近电源侧短路时,反时限过电流保护的动作时限较短,且接线简单,这是它的优点;缺点是时限配合较复杂、困难,而且用于反时限过电流保护的感应型电流继电器的各种误差也较大。因此,反时限电流保护主要应用在较低电压线路及电动机电路的保护中。

第六节 电流、电压联锁速断保护

在三段式电流保护中,当系统运行方式变化较大时,无时限电流速断保护作为第 I 段电流主保护时,在最小运行方式下其保护范围很小,甚至没有保护范围。采用电流、电压联锁速断保护代替无时限电流速断保护作为三段式电流保护的第 I 段保护,可以在不增加保护动作时限的前提下,扩大保护范围。

一、电流、电压联锁速断保护的原理接线图

反映电压量变化的保护称为电压保护,分为欠电压保护和过电压保护两种。欠电压保护是根据线路故障时电压降低的原理而构成的;过电压保护是根据线路故障时电压升高的原理

而构成的。实际应用中，欠电压保护最为常用。图3-18所示为电流、电压联锁速断保护的原理接线。图中，欠电压继电器KV_1、KV_2和KV_3为欠电压保护的电压测量元件，它接在电压互感器TV的二次侧，被测的物理量为TV的二次线电压。电流继电器KA_1、KA_2为电流保护的电流测量元件，它接在电流互感器的二次侧，被测物理量为A相和C相的相电流。

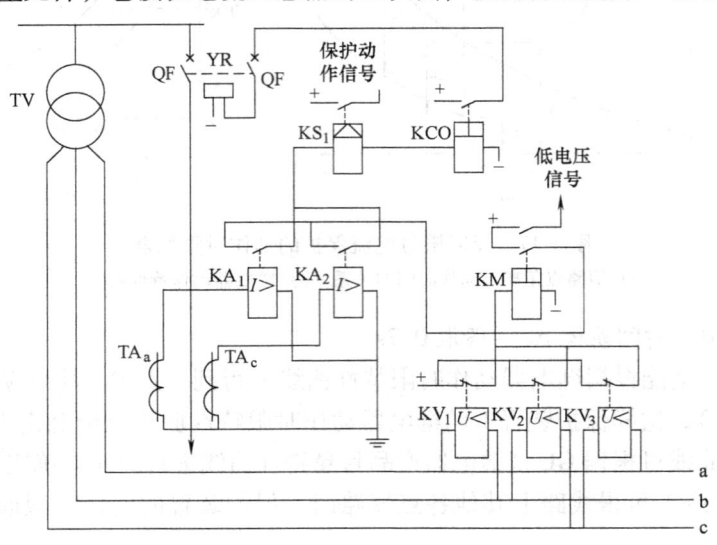

图3-18 电流、电压联锁速断保护的原理接线

还应注意到，图3-18中的欠电压继电器的触点为常闭触点，系统正常运行时，系统电压为正常工作电压，欠电压继电器在电压互感器二次正常工作电压下，继电器的衔铁在被吸引状态，常闭触点处于断开状态；当系统发生两相短路故障时，母线的两个故障相间线电压降低，电压互感器二次侧相应两相间的线电压也降低，当加在欠电压继电器的电压低于继电器的动作电压时，继电器的衔铁被释放，欠电压继电器的常闭触点闭合，这时称欠电压继电器动作。当系统发生三相短路故障时，三个欠电压继电器都会动作。

当母线上任一出线发生两相短路故障时，母线的两故障相间的线电压都会降低，接在TV二次侧的欠电压继电器就有可能动作，如图3-19中K_2点短路时，WL_1线路上的保护中的欠电压继电器也会动作，如果保护只采用欠电压继电器构成，则K_2点短路时，WL_1上的保护也会动作，这就失去了保护动作的选择性。为防止由于欠电压继电器动作而造成保护误动作，在保护中加入了电流继电器，它在此起闭锁元件的作用，用以判别与母线相连的哪条线路故障。电流继电器与欠电压继电器的触点互相串联，即构成"与"回路，如图3-18所示。这样，只有当被保护线路发生短路故障，电流、欠电压继电器均动作时，保护才能

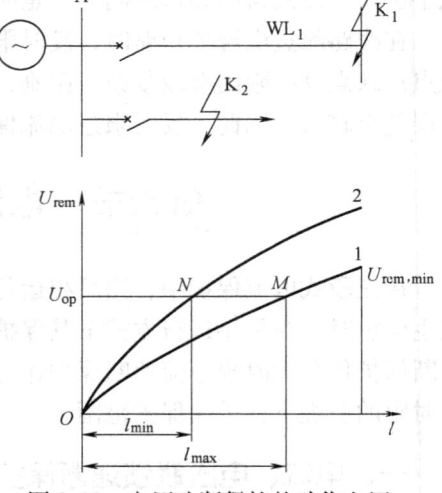

图3-19 电压速断保护的动作电压整定及保护范围确定

作用于跳闸。这种保护实际构成电流、电压联锁保护。该保护中的中间继电器 KM 用以增加触点数量，其一路触点用于和电流继电器的触点串联，另一路触点用于当欠电压继电器动作后，发出欠电压继电器动作信号。出口继电器 KCO 也是中间继电器，它解决电流继电器触点容量小，不能直接接通跳闸回路的问题。

电流、电压联锁保护的动作行为可简述如下：当被保护线路故障时，KA、KV 同时动作，起动 KCO，使其作用于跳闸，跳闸回路电流又起动 KS_1，发出保护动作信号；当被保护线路外发生故障、KV 动作但 KA 不动作时，整套保护不会动作于跳闸。

二、电流、电压联锁速断保护的整定原则

首先分析单纯欠电压速断保护的动作电压整定原则，如图 3-19 所示。假定线路 WL_1 装设了电流、电压联锁速断保护，曲线 1、2 分别为系统最小运行方式和最大运行方式下线路各点短路时，保护安装处母线 A 的残余电压曲线。为了保证保护的选择性，电压速断保护的动作电压 U_{op} 应小于最小运行方式下线路末端变电所母线 B 上短路时，保护安装处母线 A 的残余电压 $U_{rem,min}$，取可靠系数 $K_{rel}=1.1 \sim 1.2$，则

$$U_{op} = \frac{U_{rem,min}}{K_{rel}} \tag{3-18}$$

图 3-19 中 l_{max}、l_{min} 分别为系统最小和最大运行方式下，电压速断保护的保护范围。可以看出，电压速断保护也不能保护整条线路，保护范围也受运行方式的影响，且在最大运行方式下，保护范围最小，刚好与电流速断保护相反。此外，由于线路短路时，母线残余电压的变化通常比短路电流的变化大，因此，电压速断保护的保护范围通常比电流速断保护的保护范围大，且电压速断保护的保护范围总不会为零。电压速断保护是不能单独使用的，需加入电流元件，构成电流、电压联锁速断保护。同时，利用电流速断与电压速断保护在最大运行方式及最小运行方式下具有相反的特性，在整定计算动作值时，按系统经常出现的运行方式（即正常运行方式）来整定，而无须考虑系统极端运行方式。从而使保护在正常运行方式下，具有较大的保护范围，而在最大、最小运行方式下保护范围外部故障时，保护又不会误动作。这个问题说明如下：

在图 3-20 中假设被保护线路 WL_1 安装了电流、电压速断保护，WL_1 的线路长度为 l，系统正常运行方式下的保护范围为 l_1。为了保证选择性，当然应该有 $l_1 < l$，为此

$$l_1 = \frac{l}{K_{rel}} \approx 0.8l \tag{3-19}$$

式中，K_{rel} 为可靠系数，取 $1.2 \sim 1.3$。

对应于保护范围 l_1，电流速断保护的动作电流应为

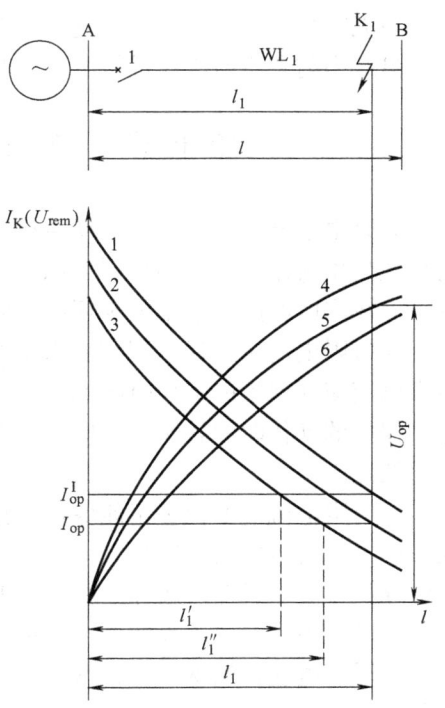

图 3-20 电流、电压联锁速断保护的工作原理

$$I_{op} = \frac{E_\varphi}{Z_\varphi + Z_1 l_1} \tag{3-20}$$

则，欠电压速断保护的动作电压可表示为

$$U_{op} = \sqrt{3} I_{op} Z_1 l_1 \tag{3-21}$$

按上述方法整定动作参数，则在正常运行方式下，电流速断保护和电压速断保护有相等的保护范围，即为 l_1，它约为线路全长 l 的 80%。图 3-20 中，曲线 1、2、3 分别表示最大、正常、最小运行方式下，流过保护安装处短路电流随短路点与保护安装处的距离变化的关系曲线；曲线 4、5、6 则分别表示最大、正常、最小运行方式下，母线残余电压随短路点与保护安装处的距离变化的关系曲线。由图 3-20 可以看出，这样整定以后，当出现极端运行方式时，如在最大运行方式下，当下一段线路首端短路时，流过电流继电器的电流可能大于 I_{op} 而动作；但由于在最大运行方式下，下一段线路首端短路时，保护安装处的残余电压更高，欠电压继电器两端的电压会大于 U_{op} 不会动作，故整套保护不会动作，从而保证了选择性。不难分析，在最小运行方式下，下一段线路首端发生短路时，保护也能保证选择性。同时也可以看出，若该线路的保护采用无时限电流速断保护时，要获得 l_1 长度的保护范围，那么它的动作电流 I_{op}^I 应该按最大运行方式下来整定。按这样的原则整定的动作电流在最小运行方式下，其最小保护范围就降为 l_1'；若采用电流、电压联锁速断保护，在最小运行方式下其保护范围为 l_1''（由电流继电器决定）。显然 $l_1'' > l_1'$，由此说明采用电流、电压联锁速断保护仍为无时限动作，但却扩大了保护范围，即保护的灵敏性得到了提高。按要求，无时限电流速断保护的最小保护范围不应小于被保护线路全长 l 的 15%，这对于电流、电压联锁速断保护而言，是较易满足的。

与无时限电流速断保护相比，电流、电压联锁速断保护较为复杂，所用元件较多，因此，只有当前者不能满足灵敏度要求时，才采用后者。

第七节　电流、电压保护的评价与应用

无时限电流速断保护的选择性是用动作电流来保证的，带时限电流速断和过电流保护的选择性是用动作电流和动作时限共同保证的。这三种保护用在单侧电源电网上能保证选择性，而在多电源网络或单电源环形网络中，只在某些特殊情况下才能保证其选择性。

无时限电流速断保护以保护装置的固有动作时限（0.1s）动作于断路器的跳闸，而带时限电流速断保护的动作时限也只有 0.5~1s，因而动作迅速是这两种电流保护的优点。过电流保护的动作时限较长，特别是靠近电源的保护动作时限可长达几秒，这是过电流保护的主要缺点。

无时限电流速断保护不能保护线路的全长，其保护范围和带时限电流速断保护的灵敏度又都受系统运行方式的影响。当系统运行方式变化很大时，往往不能满足灵敏度的要求。过电流保护作为本线路后备保护时，一般情况下是能满足要求的，但在长距离重负荷线路上，也往往满足不了对灵敏度的要求。灵敏度差是电流保护的主要缺点。当系统运行方式变化较大、无时限电流速断保护不能满足灵敏度要求时，可考虑采用电流、电压联锁速断保护来代替。

从可靠性看，由于电流保护所使用的继电器都是简单的继电器且数量不多，保护的接

线、调试和整定计算都较简单不易出错。所以，简单可靠是电流保护的主要优点。

在线路靠近电源侧短路时，反时限过电流保护的动作时限较短，且接线简单，这是它的优点；缺点是时限配合较复杂、困难，继电器误差也较大。因此，反时限过电流保护主要应用在较低电压线路及电动机电路的保护中。

无时限电流速断、带时限电流速断及定时限过电流保护常构成三段式电流保护，广泛应用于 35kV 及以下的单侧电源辐射式电网。对于更高电压的电网，在满足对保护装置的四个基本要求的前提下，也可以优先考虑采用电流、电压保护，只有在不能满足要求时，才进一步根据电网的具体情况，考虑采用其他比较复杂的保护，如距离保护、高频保护等。

复习思考题

3-1 什么叫无时限电流速断保护？它的动作电流如何计算？灵敏度如何校验？如何防止管型避雷器放电时保护的误动作？

3-2 带时限电流速断保护的动作电流与动作时限应如何选择？灵敏度如何校验？

3-3 从动作电流、动作时限、保护范围以及选择性配合等方面比较过电流保护与电流速断保护的区别？

3-4 三段式电流保护是怎样构成的，为什么说它是一套性能完整的保护装置？画出三段式电流保护各段的保护范围和时限配合图并加以说明。

3-5 什么是线路原理接线图、展开图？它们的特点有何不同？各有什么用途？

3-6 画出两相不全星形联结的三段式电流保护的原理图和展开图，分别说明在被保护线路始端、末端以及下一段线路末端发生 A、B 两相短路时，保护装置的动作过程。

3-7 什么叫电压速断保护？它的动作电压如何整定？电压速断保护的灵敏度受运行方式的影响和无时限电流速断保护有什么不同？为什么电压速断保护都要采用电流闭锁元件而构成电流、电压联锁速断保护？

3-8 什么是电流、电压联锁速断保护？画出其原理图和展开图，说明其整定计算的原则，并指出为什么单独的电流速断或电压速断保护有更高的灵敏度？

3-9 图 3-21 所示的 35kV 小接地电流系统中装设了过电流保护。

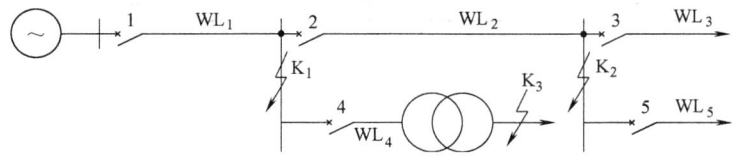

图 3-21 题 3-9 的电网

已知，线路 WL_1 的正常最大工作电流为 150A，电流互感器的电流比为 200/5，最小运行方式下 K_1 点短路时三相短路电流 $I_{K1}^{(3)} = 1000A$，K_2 点短路时 $I_{K2}^{(3)} = 780A$，K_3 点短路时 $I_{K3}^{(3)} = 460A$。各条线路过电流保护的动作时限分别为 $t_3 = 1.5s$，$t_4 = 3.5s$，$t_5 = 2.5s$。保护 1 应能满足近后备和远后备保护的要求。求：

（1）选择过电流保护 1 的接线方式，说明理由并画出接线图。

（2）计算电流继电器的动作电流，选择电流继电器的型号。

(3) 确定保护的动作时限。
(4) 校验保护装置的灵敏度。

3-10 图 3-22 所示的网络中，线路 WL_1、WL_2 和 WL_3 上均装设了电流保护 I 段和 II 段。

已知，$E_\varphi = 115/\sqrt{3}$ kV，最大运行方式下系统的等效阻抗 $Z_{\varphi,\max} = 14\Omega$，最小运行方式下系统的等效阻抗 $Z_{\varphi,\min} = 15\Omega$，线路单位长度阻抗 $Z_1 = 0.4\Omega/\text{km}$，取电流保护 I、II 段的可靠系数分别为 $K_{\text{rel}}^{\text{I}} = 1.25$，$K_{\text{rel}}^{\text{II}} = 1.2$。

试对保护 1 的电流保护 I、II 段进行整定计算（求电流保护 I、II 段的动作电流 $I_{\text{op1}}^{\text{I}}$、$I_{\text{op1}}^{\text{II}}$，动作时限及校验电流保护 II 段的灵敏度）。

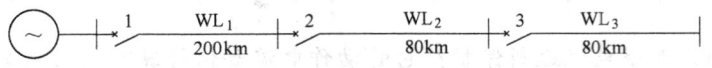

图 3-22　题 3-10 计算网络

3-11 图 3-23 所示为 35kV 单侧电源辐射式电网，线路 WL_1 和 WL_2 的继电保护方案拟订为三段式电流保护，保护采用两相不完全星形联结。试对保护 1 进行整定计算，包括计算各段保护的动作电流、动作时限，校验保护的灵敏系数。

已知，线路 WL_1 的最大负荷电流为 120A，保护用电流互感器的电流比 $n_{\text{TA}} = 200/5$，负荷的自起动系数为 2。在系统最大运行方式及最小运行方式下，K_1、K_2 及 K_3 点三相短路电流列于表 3-2 中，已知线路 WL_2 上的过电流保护的动作时限为 2.5s。

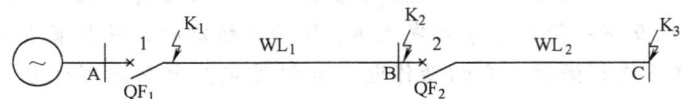

图 3-23　题 3-11 计算网络

表 3-2　图 3-23 所示线路的短路电流数据

短路点	K_1	K_2	K_3
最大运行方式下三相短路电流/A	2010	1305	530
最小运行方式下三相短路电流/A	1760	1200	480

第四章
输电线路相间短路的方向电流保护

第一节 方向电流保护的工作原理

一、方向电流保护问题的提出

第三章中所描述的三段式电流保护装置主要应用在单侧电源网络之中，它们都安装在电源侧，在被保护线路上发生短路故障时，保护安装处的短路功率方向都是由电源流向故障点，保护根据动作电流及动作时限来保证选择性。但是，随着电力系统的发展以及用户对用电可靠性的提高，出现了更多的如图 4-1a、b 所示的双侧电源网络或者单侧电源环形网络。在这种网络中，由于线路两侧都存在电源，在线路上发生短路故障时，需要用断路器将两侧电源全部断开，才能切除故障。如在图 4-1a 所示的网络中，当线路 WL_2 上的 K_1 点发生短路时，为了切除故障线路，需要将断路器 QF_4、QF_5 断开。故障线路切除后，网络中的其他部分通过单电源继续供电，保障了用电的可靠性。但是，如果将三段式电流保护装置直接应用在这种双侧电源网络或单侧电源环形网络中时，保护将不能满足选择性要求。

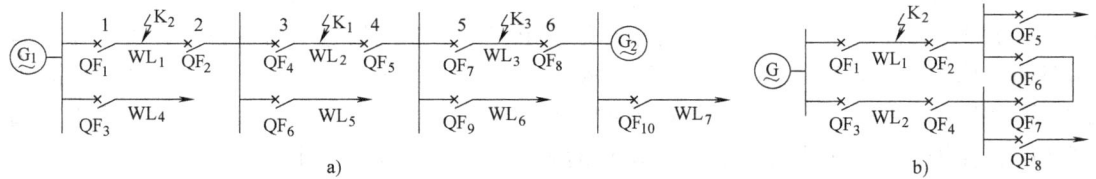

图 4-1 需安装方向电流保护的网络实例
a）双侧电源网络 b）单侧电源环形网络

下面以图 4-1a 所示的双侧电源网络为例进行分析。假设图中各断路器上分别装设了三段式电流保护，为了保证保护动作的选择性，保护 1、3、5 应该有选择性地切除由电源 G_1 提供的短路电流，保护 2、4、6 应该有选择性地切除由电源 G_2 提供的短路电流。

（1）对于无时限电流速断保护，当流过保护的短路电流大于保护的动作电流时就会动作，即它是用动作电流来保证选择性的。当线路 WL_2 上的 K_1 点短路时，电源 G_1 的短路电流流过保护 2 和 3 到达故障点，为了保证有选择性地切除故障，保护 2 和 3 的动作电流必须满足 $I_{op2}^{I} > I_{op3}^{I}$；而当线路 WL_1 上的 K_2 点短路时，电源 G_2 的短路电流流过保护 3 和 2 到达故障点，为了保证有选择性地切除故障，保护 3 和 2 的动作电流必须满足 $I_{op3}^{I} > I_{op2}^{I}$。显然，这两个矛盾的要求是无法同时满足的。分析保护 4 和 5 也会得到同样的矛盾。

（2）对于定时限过电流保护，保护的动作时限较小者将优先动作，即它是用动作时限来保证选择性的。当线路 WL_2 上的 K_1 点短路时，电源 G_1 的短路电流流过保护 2 和 3 到达故障点，为了保证有选择性地切除故障，保护 2 和 3 的动作时限必须满足 $t_2 > t_3$；而当线路

WL_1 上的 K_2 点短路时,电源 G_2 的短路电流流过保护 3 和 2 到达故障点,为了保证有选择性地切除故障,保护 3 和 2 的动作时限必须满足 $t_3 > t_2$。显然,这两个矛盾的要求也是无法同时满足的。分析保护 4 和 5 也会得到同样的矛盾。

同理可分析在双侧电流网络中装设带时限电流速断保护时,也无法满足保护选择性的要求。

为了解决这一问题,需要重新分析上面所述的情况。当 K_1 点短路时,保护 2 不应该动作,流过它的短路功率方向是由线路流向母线;保护 3 应该动作,流过它的短路功率方向是由母线流向线路。而当 K_2 点短路时,保护 3 不应该动作,流过它的短路功率方向是由线路流向母线;保护 2 应该动作,流过它的短路功率方向是由母线流向线路。这说明,只有短路功率的方向由母线流向线路时,保护动作才是有选择性的。为此,我们只需在原有的电流保护基础上加装一个功率方向判别元件——功率方向继电器,并且规定短路功率方向由母线流向线路时为正方向。只有当线路中的短路功率方向与规定的正方向相同时,保护才动作,这样就解决了上述问题。加装了方向元件的电流保护称为方向电流保护。

二、方向电流保护的工作原理

加装了方向元件的定时限过电流保护称为方向过电流保护。下面以图 4-2 所示的双侧电源网络为例,说明方向过电流保护的工作原理。

假设图 4-2a 所示网络中的各断路器都装设了方向过电流保护,图中所示的箭头方向就是各保护的动作方向,这时,电网中各保护按动作方向可以分为,其中,电源 G_1 和保护 1、3、5 为一组,电源 G_2 和保护 2、4、6 为一组。保护 1、3、5 的动作方向相同,保护 2、4、6 的动作方向也相同。每一组保护的动作时限按第三章所描述的过电流保护的动作时限那样采用时间阶梯原则进行整定,如图 4-2b 所示。当线路 WL_2 上的 K_2 点发生故障时,保护 2、5 的短路功率方向由线路到母线,保护不能动作;而保护 1、3、4、6 的短路功率方向由母线到线路,保护都能正常起动,但由于动作时限 $t_1 > t_3$、$t_6 > t_4$,保护 3 和 4 要先于保护 1 和 6 动作,从而最终只有距离短路点最近的保护 3 和 4 动作使断路器 QF_3、QF_4 跳闸,切除了故障线路。故障线路切除后,保护 1 和 6 的短路电流消失。它们的可靠返回保证了保护之间动作的选择性。

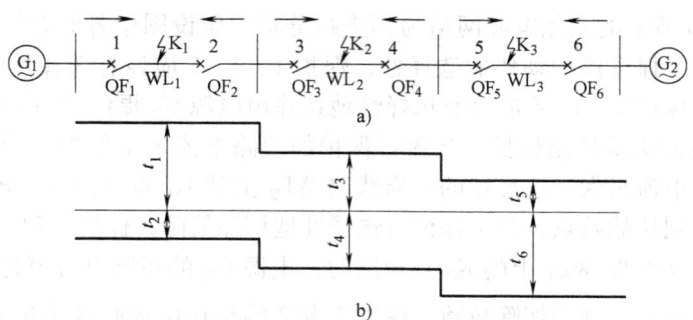

图 4-2 方向过电流保护的原理说明网络
a) 双侧电源网络 b) 同方向保护的动作时限配合

对动作方向相同的 1、3、5 及 2、4、6 两组保护的无时限电流速断保护及带时限电流速断保护的动作电流及动作时限进行相同的分析,可知在保护中加入方向元件后,其动作电流及动作时限按没有方向元件时进行整定，同样能够保证选择性。

由以上分析可知，在双侧电源网络或单侧电源环形电网中，为了满足保护的选择性，可以采用三段式方向电流保护，其逻辑原理如图 4-3 所示。为了保证保护的可靠性，三段保护共用一套方向元件，方向元件和三段电流保护构成"与"的关系，三段保护中的其中一段动作且方向元件也动作时，保护才能最终动作于跳闸。图 4-4 所示为方向过电流保护的单相原理接线，其中 KW 为功率方向判别元件——功率方向继电器。它需要的电压和电流分别取自电压互感器 TV 及电流互感器 TA 的二次侧，其常开触点与电流继电器 KA 的常开触点串联。只有在被保护范围内发生短路故障且短路点处于过电流保护的正方向时，KA 和 KW 能同时动作，并通过中间继电器 KM 动作于断路器跳闸，信号继电器 KS 发出保护动作信号。

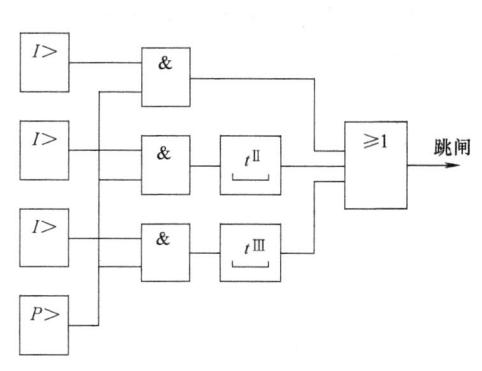 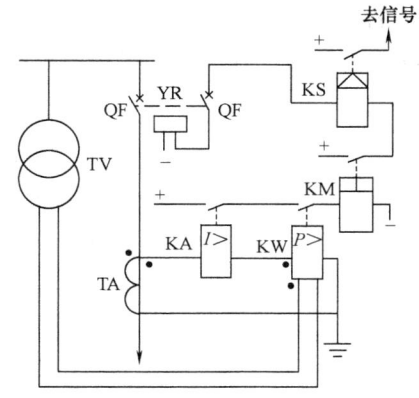

图 4-3　三段式方向电流保护的逻辑原理　　图 4-4　方向过电流保护的原理接线

需要说明的是，在双侧电源网络或单侧电源环形电网中装设三段式电流保护时，并不是所有的保护都需要有方向元件才能保证其选择性，而是在依靠动作电流、动作时限不能满足选择性要求时，才需要装设方向元件。如在图 4-2 所示的双侧电源网络中，当 K_1 点短路时，虽然流过过电流保护 3 的短路功率方向为从线路到母线，但是其动作时限比过电流保护 2 的动作时限长，保护 2 比保护 3 先动作切除故障线路，故障切除后保护 3 返回，其选择性自然满足，所以在保护 3 上就没有必要装设方向元件。一般来说，对于无时限电流速断保护利用动作电流的整定能满足选择性要求时，也可以不装方向元件；对于带时限电流速断保护利用动作电流值的整定和动作时限的配合能满足要求时，也不需要装设方向元件；对于接在同一变电所母线上的所有双侧电源线路的定时限过电流保护，动作时限长者可不装设方向元件，而动作时限短者或相等者则必须装设方向元件。在双侧电源网络或单侧电源环形电网中装设三段式电流保护的实际应用中，应分别校验三段式电流保护在动作时限及动作电流的配合关系，不能满足选择性要求时，必须装设方向元件。

功率方向继电器之所以能判别短路功率方向，是因为在保护的两侧分别发生短路时，加入功率方向继电器的电流和电压的相位关系不同。当发生短路时，流过保护的短路功率为正时，说明保护的正方向发生了短路故障；当发生短路时，流过保护的短路功率为负时，说明保护的反方向发生了短路故障。以图 4-5a 来说明，对保护 1 而言，加入功率方向继电器 KW 的电压 $\dot{U}_\mathrm{r}$ 是接在保护安装处母线上的电压互感器 TV 的二次电压，通过 KW 的电流 $\dot{I}_\mathrm{r}$ 是安装在被保护线路中的电流互感器TA的二次电流，$\dot{U}_r$ 和 $\dot{I}_r$ 分别反映了系统一次电压和电流的大小和相位。假如 K_1 点短路时，流过保护1的短路电流 $\dot{I}_{K1}$ 从母线指向线路，由于输电线路的短路阻抗呈感性，这时，接入功率方向继电器的一次电流 $\dot{I}_{K1}$ 滞后母线残压 $\dot{U}_{res}$ 的相位角 φ_{K1} 为 0°~90°，以母线上的残压 $\dot{U}_{res}$ 为参考量，其相量如图4-5b所示，显然，流过保护1的短路功率 $P_{K1} = U_{res}I_{K1}\cos\varphi_{K1} > 0$，说明短路点在保护的正方向上。当 K_2 点短路时，流过保护1的短路电流 $\dot{I}_{K2}$ 从线路指向母线，这时，仍以母线上的残压 $\dot{U}_{res}$ 为参考量，接入功率方向继电器的一次电流 $\dot{I}_{K2}$ 滞后母线残压 $\dot{U}_{res}$ 的相位角 φ_{K2} 为 180°~270°，其相量如图4-5b所示，流过保护1的短路功率也相应发生了改变，为 $P_{K2} = U_{res}I_{K2}\cos\varphi_{K2} < 0$，说明短路点在保护的反方向上。当流过保护的短路功率为正时，功率方向继电器能动作；当流过保护的短路功率为负时，功率方向继电器不动作，从而实现了其方向性。

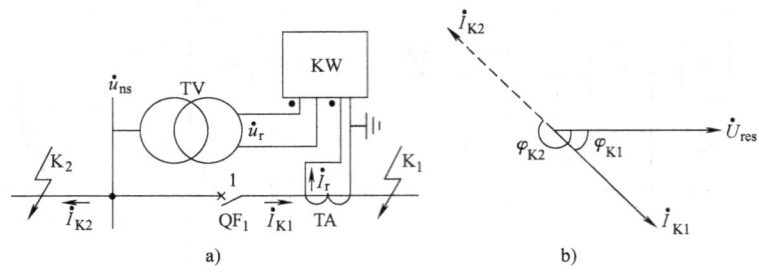

图4-5 功率方向继电器的工作原理
a) 接线图 b) 相量图

第二节 功率方向继电器

一、功率方向继电器的工作原理

功率方向继电器的作用是测量接入继电器的电压 $\dot{U}_r$ 和电流 $\dot{I}_r$ 之间的相位，从而判别短路故障的正、反方向。它可以直接测量电压和电流的相位，也可以通过比较电压和电流的幅值来间接测量其相位。不论是利用哪种测量方法的功率方向继电器都要求：能正确地判别短路功率的方向；具有很高的灵敏度，即要求在较小的短路功率条件下继电器就能够动作；功率方向继电器的固有动作时限要小，不能因为装设继电器而过多增加保护的固有动作时限。

（一）按相位比较原理构成的功率方向继电器

功率方向继电器能够动作的条件是接入继电器的电压 $\dot{U}_r$ 和电流 $\dot{I}_r$ 所产生的功率为正值，其实质是 $\dot{U}_r$ 和 $\dot{I}_r$ 之间的相位是否在 -90°~90° 的范围内，即其动作的条件为

$$-90° \leq \arg\frac{\dot{U}_r}{\dot{I}_r} \leq 90° \tag{4-1}$$

接入功率方向继电器的电压 $\dot{U}_r$ 和电流 $\dot{I}_r$ 进入继电器内部的相位比较回路时需经过电压变换器和电抗变换器进行变换，即实际进行相位比较的两个电气量为

$$\dot{C} = \dot{K}_U \dot{U}_r$$
$$\dot{D} = \dot{K}_I \dot{I}_r \quad (4-2)$$

式中，$\dot{K}_U$ 为电压变换器的变换系数；$\dot{K}_I$ 为电抗变换器的转移阻抗系数。

通过比较 $\dot{C}$ 和 $\dot{D}$ 之间的相位，来最终获得 $\dot{U}_r$ 和 $\dot{I}_r$ 之间的相位，即按相位比较的功率方向继电器的动作条件为

$$-90° \leqslant \arg \frac{\dot{C}}{\dot{D}} \leqslant 90°$$

即
$$-90° \leqslant \arg \frac{\dot{K}_U \dot{U}_r}{\dot{K}_I \dot{I}_r} \leqslant 90° \quad (4-3)$$

（二）按幅值比较原理构成的功率方向继电器

以进行相位比较的两个电气量 $\dot{C}$ 和 $\dot{D}$ 进行相量相加和相减变换，可以得到进行幅值比较的两个电气量：

$$\dot{A} = \dot{C} + \dot{D}$$
$$\dot{B} = \dot{C} - \dot{D}$$

若以 $|\dot{A}|$ 作为动作量，$|\dot{B}|$ 作为制动量，则当 $\dot{C}$ 和 $\dot{D}$ 之间的相位差 $\theta = 90°$ 时，如图4-6a所示，在继电器采用相位比较时，由于 $\dot{C}$ 和 $\dot{D}$ 之间的相位正好为 $90°$，继电器处于动作边界；而作为比较 $|\dot{A}|$ 和 $|\dot{B}|$ 的继电器，因为 $|\dot{A}| = |\dot{B}|$，即动作量等于制动量，继电器也刚好处于动作边界。当 $\dot{C}$ 和 $\dot{D}$ 之间的相位差 $\theta < 90°$ 时，如图 4-6b 所示，在继电器采用相位比较时，能够动作；而作为比较 $|\dot{A}|$ 和 $|\dot{B}|$ 的继电器，因为 $|\dot{A}| > |\dot{B}|$，即动作量大于制动量，继电器也能够动作。当 $\dot{C}$ 和 $\dot{D}$ 之间的相位差 $\theta > 90°$ 时，如图 4-6c 所示，在继电器采用相位比较时，继电器不能动作；而作为比较 $|\dot{A}|$ 和 $|\dot{B}|$ 的继电器，因为 $|\dot{A}| < |\dot{B}|$，即动作量小于制动量，继电器也不能够动作。所以比较幅值 $|\dot{A}|$ 和 $|\dot{B}|$ 的实质也是比较 $\dot{C}$ 和 $\dot{D}$ 之间的相位。反之亦然，因为它们之间是可以互换的。

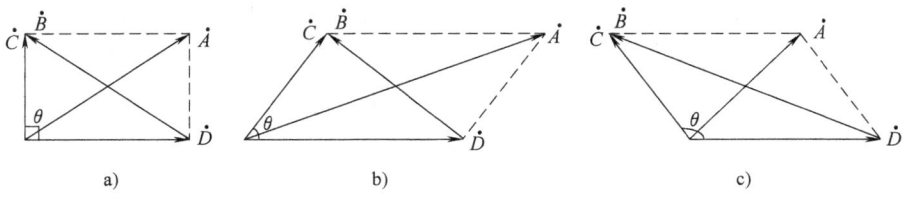

图 4-6 相位比较与幅值比较的电气量的变换关系
a) $\theta = 90°$ b) $\theta < 90°$ c) $\theta > 90°$

因此，按式（4-3）比较 $\dot{C}$ 和 $\dot{D}$ 之间的相位原理构成的功率方向继电器，可转换为比较 $\dot{A}$ 和 $\dot{B}$ 的幅值原理构成的功率方向继电器。由式（4-2）可得到进行幅值比较时的两个电气量：

$$\dot{A} = \dot{K}_U \dot{U}_r + \dot{K}_I \dot{I}_r$$
$$\dot{B} = \dot{K}_U \dot{U}_r - \dot{K}_I \dot{I}_r \tag{4-4}$$

所以，按幅值比较原理构成的功率方向继电器的动作条件为 $|\dot{K}_U \dot{U}_r + \dot{K}_I \dot{I}_r| \geq |\dot{K}_U \dot{U}_r - \dot{K}_I \dot{I}_r|$

二、LG—11 型功率方向继电器

（一）LG—11 型功率方向继电器的工作原理

目前使用的功率方向继电器有感应型、整流型和晶体管型。感应型功率方向继电器具有体积大、消耗功率大、可靠性差、调试困难等缺点，现在已被淘汰。由于本章讨论的是相间短路的保护，所以本节以常用的 LG—11 型功率方向继电器为例来说明功率方向继电器实现短路功率方向判别的原理。

LG—11 型功率方向继电器是一种整流型功率方向继电器，通过比较接入继电器的电压和电流的幅值大小来间接测量其相位。它主要由电压形成回路（电压变换器 UV 和电抗变换器 UX）、比较回路（整流桥 UR_1 和 UR_2）以及执行元件（极化继电器 KP）组成，其内部原理接线如图 4-7 所示。它主要作为相间短路保护中的方向元件。

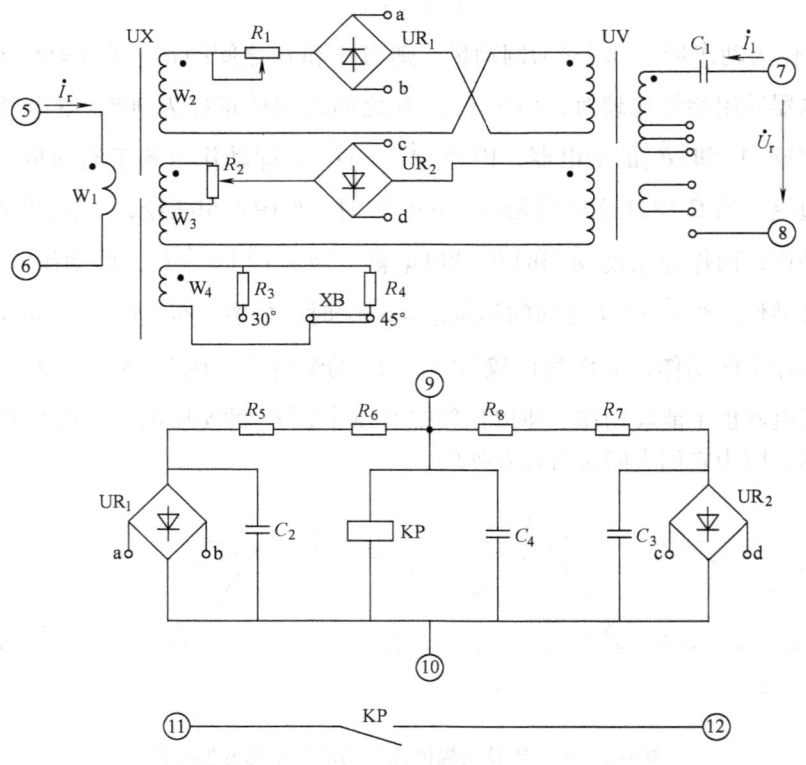

图 4-7 LG—11 型功率方向继电器的原理接线

1. 电压形成回路

电压形成回路的作用是将接入继电器的电压 $\dot{U}_r$ 和电流 $\dot{I}_r$ 变换成 $\dot{K}_U\dot{U}_r$ 和 $\dot{K}_I\dot{I}_r$，以便进行幅值比较。它由两部分构成，即电压变换回路和电流变换回路。

电压变换回路由带小气隙（铁心不易饱和）的电压变换器 UV 和电容 C_1 构成，其简化电路如图 4-8a 所示。电压变换器 UV 一次绕组的等效电感 L、等效电阻 R 和电容 C_1 串联后，构成了一个在工频下的谐振电路，其等效电路如图 4-8b 所示。当电路处于谐振状态时，$X_L = X_{C_1}$，电路呈纯阻性，故流过一次绕组中的电流 $\dot{I}_1$、电压变换器的输入电压 $\dot{U}_r$、等效电阻上的电压 $\dot{U}_R$ 同相位，而且 $\dot{U}_L = \dot{U}_{C1}$，$\dot{U}_L$ 超前 $\dot{U}_r$ 90°，即加在 UV 一次绕组上的电压 $\dot{U}_L$ 超前电压 $\dot{U}_R$ 90°，而 UV 的二次电压 $\dot{K}_U\dot{U}_r$ 与一次电压 $\dot{U}_L$ 方向相同，所以二次电压 $\dot{K}_U\dot{U}_r$ 超前 $\dot{U}_r$ 90°，其相量关系如图 4-8c 所示。

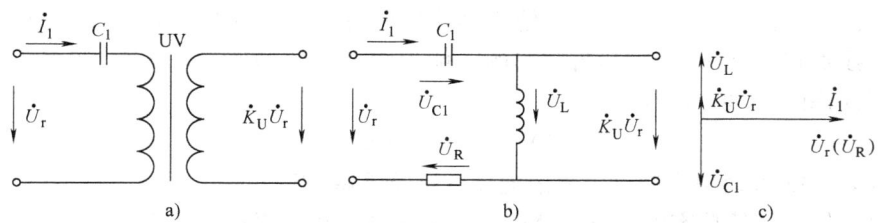

图 4-8 电压变换回路
a) 简化电路 b) 等效电路 c) 相量关系

电流变换回路由电抗变换器 UX 构成。它的一次绕组 W_1 接至电流互感器的二次侧，以取得工作电流 $\dot{I}_r$。它有三个二次绕组，其中 W_2 和 W_3 为工作绕组，其输出电压为 $\dot{K}_I\dot{I}_r$；W_4 为移相绕组，$\dot{K}_I\dot{I}_r$ 超前 $\dot{I}_r$ 的相位角 φ_z（电抗变换器 UX 的转移阻抗角），可利用连接片 XB 接不同的电阻 R_3、R_4 来改变。φ_z 的余角定义为功率方向继电器的内角，以 α 表示，且有 $\alpha = 90° - \varphi_z$。当接入电阻 R_3 时，$\varphi_z = 60°$，$\alpha = 30°$；当接入电阻 R_4 时，$\varphi_z = 45°$，$\alpha = 45°$。

2. 比较回路

在图 4-7 中，UR_1、UR_2 为两组桥式全波整流器，电阻 $R_5 \sim R_8$ 起限流作用，电容 C_2、C_3 起滤波作用。电容 C_4 与极化继电器 KP 的线圈并联，以便进一步滤去交流分量，防止 KP 动作时触点抖动。根据图中所示接线，加在 UR_1 和 UR_2 交流侧的电压分别为 $\dot{A} = \dot{K}_U\dot{U}_r + \dot{K}_I\dot{I}_r$ 以及 $\dot{B} = \dot{K}_U\dot{U}_r - \dot{K}_I\dot{I}_r$，动作电压 $\dot{A}$ 以及制动电压 $\dot{B}$ 分别经过整流后，在 UR_1 和 UR_2 直流侧的电压分别为 $|\dot{A}|$ 和 $|\dot{B}|$，它们经过滤波后分别加到执行元件——极化继电器 KP 上，进行幅值的比较。当 $|\dot{A}| > |\dot{B}|$ 时，KP 动作；当 $|\dot{A}| < |\dot{B}|$ 时，KP 不动作。所以 LG—11 型继电器进行幅值比较时的动作条件为

$$|\dot{A}| \geq |\dot{B}| \tag{4-5}$$

即
$$|\dot{K}_U\dot{U}_r + \dot{K}_I\dot{I}_r| \geq |\dot{K}_U\dot{U}_r - \dot{K}_I\dot{I}_r| \tag{4-6}$$

（二）**LG—11 型功率方向继电器的动作区及灵敏角**

由上面的分析可作出有关 LG—11 型功率方向继电器电气参数的相量图，如图 4-9 所

示。在作相量图时，规定电压超前电流的相位角为正，电压滞后电流的相位角为负。

以输入电压 $\dot{U}_r$ 为参考量，电压变换器 UV 的二次电压 $\dot{K}_U \dot{U}_r$ 超前 $\dot{U}_r$ 90°，电抗变换器 U_x 的二次电压 $\dot{K}_I \dot{I}_r$ 超前输入电流 $\dot{I}_r$ 一个 φ_z 角。当 $\dot{K}_U \dot{U}_r$ 与 $\dot{K}_I \dot{I}_r$ 重合时，$|\dot{K}_U \dot{U}_r + \dot{K}_I \dot{I}_r|$ 最大，$|\dot{K}_U \dot{U}_r - \dot{K}_I \dot{I}_r|$ 最小，功率方向继电器工作在最灵敏状态，此时 $\dot{I}_r$ 与 $\dot{U}_r$ 之间的相位角 $\varphi_r = -(90° - \varphi_z) = -\alpha$ 称为继电器的最大灵敏角，以 φ_m 表示。当 $\varphi_m = -\alpha$ 时，与 $\dot{I}_r$ 重合的线称为最大灵敏线。当 $\dot{K}_U \dot{U}_r$ 与 $\dot{K}_I \dot{I}_r$ 的相位差为 90° 时，

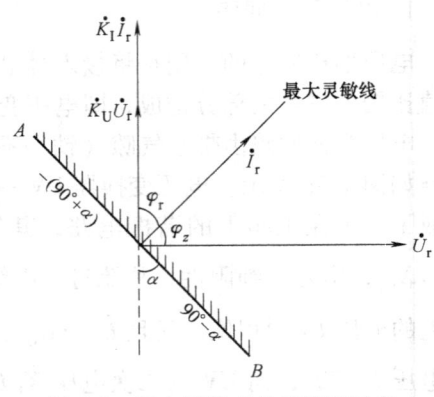

图 4-9 继电器的动作区及灵敏角

$|\dot{K}_U \dot{U}_r + \dot{K}_I \dot{I}_r| = |\dot{K}_U \dot{U}_r - \dot{K}_I \dot{I}_r|$，继电器处于动作的临界状态，所以继电器的动作边界线 AB 与最大灵敏线垂直，直线 AB 上边带阴影的一侧为继电器的动作区。从图 4-9 中可知，能使功率继电器动作的 φ_r 的范围为

$$-(90° + \alpha) \leqslant \varphi_r \leqslant 90° - \alpha \tag{4-7}$$

（三）LG—11 型功率方向继电器的电压死区及消除方法

接于电流保护中的功率方向继电器的输入电压取自接于系统母线上的电压互感器，当母线或母线的出口处发生三相金属性短路时，加在电压互感器一次侧的母线残压很低，趋近于 0V，那么此时输入到功率方向继电器的电压 $\dot{U}_r \approx 0$V，则继电器的动作条件，即式（4-6）变成 $|\dot{K}_I \dot{I}_r| = |\dot{K}_I \dot{I}_r|$，而继电器动作时还要克服弹簧的反作用力，所以当输入电压很低时，继电器将不能动作。由于输入电压太低，而使功率方向继电器不能动作的一段线路区域称为继电器的电压死区。为了消除电压死区，LG—11 型功率方向继电器在其电压形成回路中的电压变换器的一次侧串入一个电容 C_1，电容与电压互感器的一次绕组构成在工频电压下的串联谐振回路，串联谐振回路具有储存能量的作用，所以有记忆功能。当母线或母线的出口处发生三相金属性短路时，输入继电器的电压 $\dot{U}_r$ 虽然突然下降到零，但谐振回路中还储存着电场能量和磁场能量，它将继续按照原来的频率进行能量交换，在这个过程中，$\dot{K}_U \dot{U}_r \neq 0$，且保持着故障前电压 $\dot{U}_r$ 的相位，一直到储存的能量消耗完为止，$\dot{K}_U \dot{U}_r$ 才为零。因此，串联谐振回路相当于记忆了故障前电压的大小和相位，故称该回路为谐振记忆回路。在记忆作用的这段时间内，继电器可以继续进行幅值比较，保证继电器的可靠动作，从而消除了电压死区。因此，对于方向无时限电流速断保护，其记忆作用可消除方向元件的电压死区；而方向带时限电流速断保护和方向过电流保护，由于保护动作带有时限，而记忆作用时间比较短，因此不能消除方向元件的电压死区。

（四）LG—11 型功率方向继电器的潜动

对于整流型功率方向继电器，从理论上讲，当 $\dot{I}_r$ 与 $\dot{U}_r$ 两个量中只加一个量时，继电器是不会动作的。但实际上，由于比较回路中各元件参数不完全对称，当继电器只加一个量时，极化继电器 KP 线圈的两端将有电压，可能引起继电器误动作，这种现象称为整流型功

率方向继电器的潜动。只加电压时继电器会动作，称为电压潜动；只加电流时继电器会动作，称为电流潜动。KP 线圈上出现使 KP 动作的电压，称为正潜动；出现使 KP 制动的电压，称为负潜动。

若电流正潜动严重，在反方向出口处对称短路时，方向元件可能误动作；若电流负潜动严重，在正方向故障时会使方向元件拒动或灵敏系数降低。在图 4-7 中，为消除电流潜动，可调整电位器 R_2；为消除电压潜动，可调整电位器 R_1。

第三节 功率方向继电器的接线方式

一、功率方向继电器的 90°接线方式

功率方向继电器的接线方式是指它与电压互感器和电流互感器之间的接线方法，即 $\dot{U}_r$ 和 $\dot{I}_r$ 应该采用什么电压和电流的问题。在考虑接线方式时，必须保证功率方向继电器能正确动作和有较高的灵敏度，为了能保证正确动作，要求在正方向发生任何形式的故障时，功率方向继电器都能动作；而当反方向短路故障时，功率方向继电器都不动作。为了有较高的灵敏度，要求系统故障时加入继电器的电流 $\dot{I}_r$ 采用故障相电流，而 $\dot{U}_r$ 尽可能不用故障相电压，并尽可能使电压和电流的相位角 φ_r 接近最大灵敏角 φ_m。

在双侧电源网络或单侧电源环形网络中，反映相间短路的方向三段式电流保护中所用的功率方向继电器常用的接线方式为 90°接线方式。90°接线方式是指在三相对称且功率因数 $\cos\varphi = 1$ 的情况下，加入继电器的电流 $\dot{I}_r$ 超前电压 $\dot{U}_r$ 90°的接线方式。这种接线方式对于每相上的功率方向继电器，输入继电器的电流 $\dot{I}_r$ 接入相电流，而电压则取滞后 $\dot{I}_r$ 90°的线电压，如图 4-10a 所示。以 A 相上的功率方向继电器 KW_1 为例，当系统三相对称且功率因数 $\cos\varphi = 1$ 时，取 $\dot{I}_r = \dot{I}_a$，$\dot{U}_r = \dot{U}_{bc}$，则 $\dot{U}_r$ 和 $\dot{I}_r$ 之间的相位关系正好是 90°，如图 4-10b 所示，90°接线方式因此而得名。对 B、C 相上的功率方向继电器，其线圈上所取的电流和电压见表 4-1。易知，在系统三相对称且功率因数 $\cos\varphi = 1$ 时，加在 B、C 相上的功率方向继电器 KW_2、KW_3 线圈上的电流和电压的相位差也是 90°。

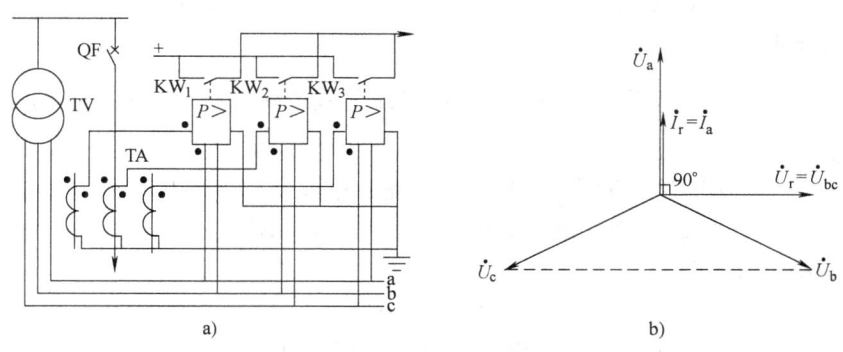

图 4-10 功率方向继电器的 90°接线方式说明
a）接线图　b）相量图

表 4-1　90°接线方式电流、电压的组合

继电器序号	$\dot{I}_r$	$\dot{U}_r$	继电器序号	$\dot{I}_r$	$\dot{U}_r$
KW_1	$\dot{I}_a$	$\dot{U}_{bc}$	KW_3	$\dot{I}_c$	$\dot{U}_{ab}$
KW_2	$\dot{I}_b$	$\dot{U}_{ca}$			

二、功率方向继电器的90°接线方式分析

对功率方向继电器的90°接线方式进行分析的目的是要选择一个合适的内角 α，以保证在线路发生各种相间短路故障时，功率方向继电器都能在正确判断短路功率方向的基础上可靠动作。

用输入功率方向继电器的电流 $\dot{I}_r$ 和电压 $\dot{U}_r$ 之间的相位角 φ_r 表示继电器的动作条件为

$$-(90°+\alpha) \leqslant \varphi_r \leqslant (90°-\alpha)$$

上式可改写为

$$-90° \leqslant \varphi_r + \alpha \leqslant 90° \tag{4-8}$$

这一动作条件用余弦函数表示为

$$\cos(90°+\alpha) \geqslant 0 \tag{4-9}$$

式（4-9）说明，在线路发生短路时，功率方向继电器的动作条件是输入电流 $\dot{I}_r$ 和电压 $\dot{U}_r$ 之间的相位角 φ_r 与内角的和的余弦值不小于0。下面分析线路上发生各种相间短路时，就是要说明功率方向继电器的内角取什么值时，继电器能可靠动作。

（一）线路正方向发生三相短路时

在被保护线路内部的正方向上发生三相短路故障时，保护安装处的残余相电压为 $\dot{U}_a$、$\dot{U}_b$、$\dot{U}_c$，短路电流为 $\dot{I}_a$、$\dot{I}_b$、$\dot{I}_c$，它们滞后各相电压的相位角为 φ_K，即线路的阻抗角。由于三相短路时属于对称短路，三个功率方向继电器的工作情况相同，现取 A 相上的继电器 KW_1 进行分析，加在 A 相上的继电器上的电流和电压的相量关系如图 4-11 所示。

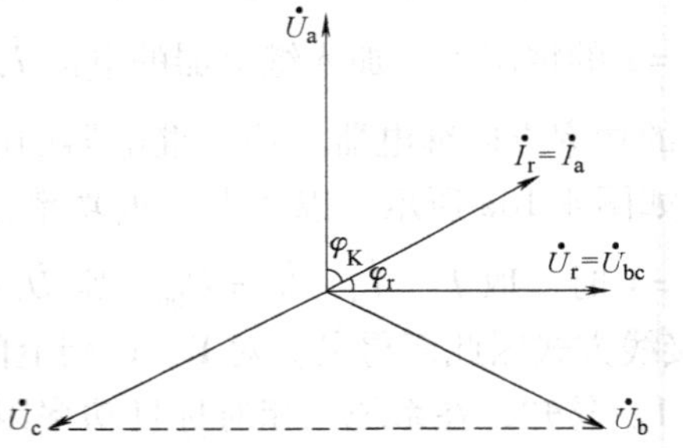

图 4-11　三相短路时加在 A 相上的功率方向继电器的电流、电压相量关系

功率方向继电器按照 90°接线方式时，当线路发生三相短路，加在 A 相上的继电器上的电压为残余线电压 $\dot{U}_r = \dot{U}_{bc}$，电流 $\dot{I}_r = \dot{I}_a$，由于 $\dot{I}_a$ 滞后 $\dot{U}_a$ 一个相位角 φ_K，所以加在继电器上的电压 $\dot{U}_r$ 和电流 $\dot{I}_r$ 之间的相位角 $\varphi_r = -(90°-\varphi_K)$，一般情况下，电网中任何架空线路和电缆线路的阻抗角的变化范围为 $0 \leqslant \varphi_K \leqslant 90°$，所以三相短路时 φ_r 的变化范围为 $0 \leqslant \varphi_r \leqslant 90°$。将其代入式（4-8），可得出功率方向继电器的内角 α 取值范围

$$0 \leqslant \alpha \leqslant 90° \tag{4-10}$$

式（4-10）说明，在线路正方向发生三相短路时，功率方向继电器要正确动作，其内角 α 的取值范围为 $0 \leqslant \alpha \leqslant 90°$。

（二）线路正方向发生两相短路时

按两种情况对线路正方向发生两相短路时进行分析，一是在保护范围出口处发生两相短路时；二是在保护范围末端发生两相短路时。如果在这两种极限的情况下功率方向继电器都能正确动作，那么在整个保护范围内发生两相短路时继电器当然也都能正确动作。当分别发生 AB、BC、CA 两相短路时，接入功率方向继电器的电流 $\dot{I}_r$ 和电压 $\dot{U}_r$ 间的相位差 φ_r 是一致的，所以以 BC 两相短路时为例分析这两种情况。为了分析方便，假定线路空载运行，即不考虑负荷电流的影响，则 BC 发生短路时，$\dot{I}_a = 0$，$\dot{I}_b = -\dot{I}_c$。

1. 保护范围出口处 BC 两相短路时

保护范围出口处发生两相短路时，保护安装处到短路点的短路阻抗 Z_K 远小于保护安装处到电源的系统阻抗 Z_φ，为分析方便取极限情况 $Z_K = 0$，这时的相量关系如图 4-12a 所示。

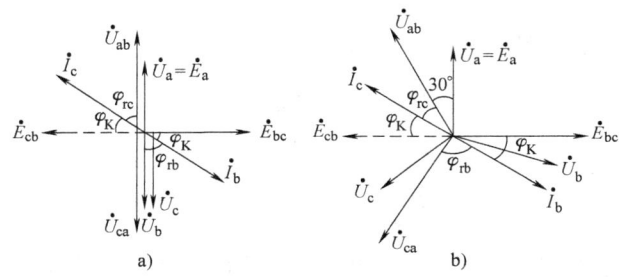

图 4-12 BC 两相短路时保护安装处电流、电压的相量关系
a) 保护范围出口处发生两相短路时　b) 保护范围末端处发生两相短路时

短路电流 $\dot{I}_b$ 由电动势 $\dot{E}_{bc}$ 产生，$\dot{I}_b$ 滞后于 $\dot{E}_{bc}$ 的相位角为 φ_K，φ_K 取决于系统的阻抗角，其范围为 $0 \leq \varphi_K \leq 90°$。电流 $\dot{I}_b = -\dot{I}_c$，保护安装处的残余相电压为

$$\dot{U}_a = \dot{E}_a$$

$$\dot{U}_b = \dot{U}_c = -\frac{1}{2}\dot{E}_a$$

接入各功率方向继电器的电压分别为

$$\dot{U}_{ab} = \dot{U}_a - \dot{U}_b = 1.5\dot{E}_a$$

$$\dot{U}_{bc} = \dot{U}_b - \dot{U}_c = 0$$

$$\dot{U}_{ca} = \dot{U}_c - \dot{U}_a = -1.5\dot{E}_a$$

接入 A 相上的功率方向继电器 KW_1 的输入电压 $\dot{U}_{ra} = \dot{U}_{bc} = 0$，输入电流 $\dot{I}_{ra} = \dot{I}_a = 0$，所以继电器不动作。

接入 B 相上的功率方向继电器 KW_2 的输入电压 $\dot{U}_{rb} = \dot{U}_{ca} = -1.5\dot{E}_a$，输入电流 $\dot{I}_{rb} = \dot{I}_b$，所以继电器能动作，其电流和电压的相位角 φ_{rb} 为

$$\varphi_{rb} = -(90° - \varphi_K)$$

接入 C 相上的功率方向继电器 KW_3 的输入电压 $\dot{U}_{rc} = \dot{U}_{ab} = 1.5\dot{E}_a$，输入电流 $\dot{I}_{rc} = \dot{I}_c$，所以继电器能动作，其电流和电压的相位角 φ_{rc} 为

$$\varphi_{rc} = -(90° - \varphi_K)$$

由 $0 \leq \varphi_K \leq 90°$ 易得，在保护范围出口处发生两相短路时，功率方向继电器要正确动作，继电器的内角 α 的取值范围为 $0 \leq \alpha \leq 90°$。

2. 保护范围末端处 BC 两相短路时

保护范围末端处发生两相短路时，保护安装处到短路点的短路阻抗 Z_K 远大于保护安装处到电源的系统阻抗 Z_φ，为分析方便取极限情况 $Z_\varphi = 0$，这时的相量关系如图 4-12b 所示。短路电流 $\dot{I}_b$ 由电动势 $\dot{E}_{bc}$ 产生，$\dot{I}_b$ 滞后于 $\dot{E}_{bc}$ 的相位角为 φ_K，φ_K 取决于系统的阻抗角，其范围为 $0 \leq \varphi_K \leq 90°$。电流 $\dot{I}_b = -\dot{I}_c$，保护安装处的残余相电压近似为电源相电动势，即 $\dot{U}_a \approx \dot{E}_a$，$\dot{U}_b \approx \dot{E}_b$，$\dot{U}_c \approx \dot{E}_c$。

接入各相功率方向继电器的电压分别为

$$\dot{U}_{ab} = \dot{U}_a - \dot{U}_b = \dot{E}_{ab}$$
$$\dot{U}_{bc} = \dot{U}_b - \dot{U}_c = \dot{E}_{bc}$$
$$\dot{U}_{ca} = \dot{U}_c - \dot{U}_a = \dot{E}_{ca}$$

接入 A 相上的功率方向继电器 KW_1 的输入电压 $\dot{U}_{ra} = \dot{E}_{bc}$，输入电流 $\dot{I}_{ra} = \dot{I}_a = 0$，所以继电器不动作。

接入 B 相上的功率方向继电器 KW_2 的输入电压 $\dot{U}_{rb} = \dot{E}_{ca}$，输入电流 $\dot{I}_{rb} = \dot{I}_b$，这里的输入电压 $\dot{U}_{rb}$ 与在保护范围出口处发生两相短路时的 $\dot{U}_{rb}$ 相比，相位滞后了 30°，其相位角 $\varphi_{rb} = -(90° + 30° - \varphi_K) = \varphi_K - 120°$，由 $0 \leq \varphi_K \leq 90°$ 可得，KW_2 要能正确动作，继电器的内角 α 的取值范围为

$$30° \leq \alpha \leq 120° \tag{4-11}$$

接入 C 相上的功率方向继电器 KW_3 的输入电压 $\dot{U}_{rc} = \dot{E}_{ab}$，输入电流 $\dot{I}_{rc} = \dot{I}_c$，这里的输入电压 $\dot{U}_{rc}$ 与在保护范围出口处发生两相短路时的 $\dot{U}_{rc}$ 相比，相位超前了 30°，其相位角 $\varphi_{rc} = -(90° - 30° - \varphi_K) = \varphi_K - 60°$，由 $0 \leq \varphi_K \leq 90°$ 可得，KW_3 要能正确动作，继电器的内角 α 的取值范围为

$$-30° \leq \alpha \leq 60° \tag{4-12}$$

由式（4-11）及（4-12）可得，在保护范围末端处发生两相短路时，功率方向继电器要正确动作，继电器的内角 α 的取值范围为

$$30° \leq \alpha \leq 60° \tag{4-13}$$

综合上述的三相短路和各种两相短路情况的分析，功率方向继电器在各种短路故障情况下都能正确动作，继电器的内角 α 的取值范围必须满足式（4-13）。LG—11 整流型功率方向继电器提供了 $\alpha = 45°$ 和 $\alpha = 30°$ 两种内角，可见能满足上述要求。

第四节 非故障相电流的影响和按相起动

一、非故障相电流的影响

上一节中所描述的线路上发生两相短路时功率方向继电器的动作情况,是在假定线路空载运行的情况下进行的分析,如 BC 相短路时,由于线路是空载运行,A 相上没有电流流过,所以 BC 相短路时 A 相上的功率方向继电器不会动作。但是,实际运行的系统当线路发生两相短路或单相接地故障时,非故障相上虽然没有短路电流,但仍然有负荷电流,这个电流称为非故障相电流。非故障相电流的存在使非故障相上的功率方向继电器可能产生误动作,下面分析两种情况下非故障相电流对功率方向继电器动作的影响。

1. 两相短路

图 4-13 所示的双侧电源网络中,假设线路 WL_1 上的母线 B 出口线路的保护中有功率方向继电器,并且在系统正常运行情况下,负荷电流由母线 B 流向母线 A。当在线路 WL_2 上 K 点发生 BC 两相短路时,BC 两相上的短路电流由电源流向故障点,A 相上的负荷电流方向仍然不变,各电流的方向均在图 4-13 中标出。对保护 1 来说,BC 短路属于反方向短路,B、C 相上的功率方

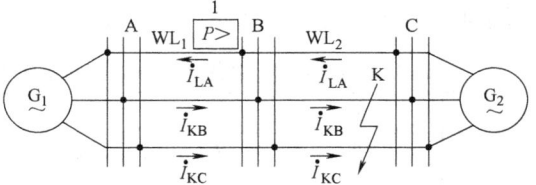

图 4-13 两相短路时非故障相电流的影响

向继电器不会动作,但流过保护 1 的 A 相上的负荷电流的方向仍然是母线流向线路,所以保护 1 上的 A 相上的功率方向继电器有可能误动作。

2. 单相接地短路

在中性点直接接地电网中发生单相接地故障时,非故障相中除了负荷电流外,还有故障电流的零序电流分量,这将对功率方向继电器的影响更为严重。在图 4-14a 所示的网络中,为了分析方便,假定系统容量为无穷大,忽略所有阻抗中的电阻。讨论时只考虑故障点与负荷侧变压器中性点之间的零序电流,而对电源侧的零序电流不加以讨论,这样使问题分析起来比较简单,同时又不影响分析问题结果的正确性。

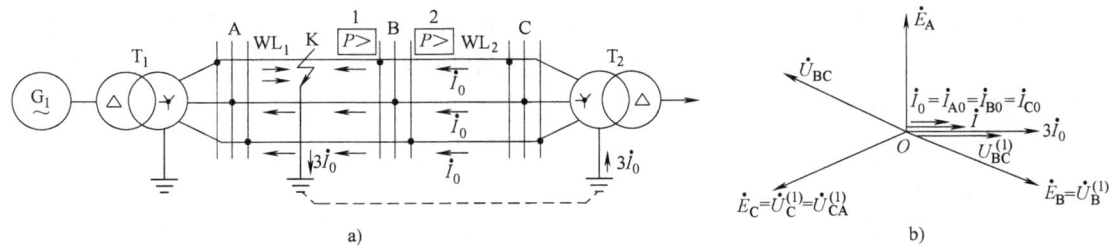

图 4-14 中性点直接接地电网中非故障相电流的影响
a) 接线图 b) 相量图

在线路 WL_1 上 A 相 K 点发生单相接地故障时,故障点的接地短路电流为 $\dot{I}_{KA}^{(1)} = 3\dot{I}_0$,它滞后 $\dot{E}_A$ 90°,$3\dot{I}_0$ 按与零序阻抗成反比的关系向两侧分配,其中一部分 $3\dot{I}_0$ 经大地流向变

压器 T_2 的中性点，并分流于 T_2 的三相中，则三相的零序电流为 $\dot{I}_{A0} = \dot{I}_{B0} = \dot{I}_{C0} = 3\dot{I}_0/3 = \dot{I}_0$，其分布情况如图 4-14a 所示。由于系统容量为无穷大，K 点单相接地时，母线 B 上的残余电压为 $\dot{U}_A = 0$，$\dot{U}_B = \dot{E}_B$，$\dot{U}_C = \dot{E}_C$，此时 $\dot{U}_{AB} = -\dot{U}_B$，$\dot{U}_{BC} = \dot{U}_B - \dot{U}_C$，$\dot{U}_{CA} = \dot{U}_C$，如图 4-14b 所示。

K 点故障，对保护 1 来说是正方向故障，流入三个功率方向继电器的电流是 $\dot{I}_0$，保护 1 应该动作；而对保护 2 来说是反方向故障，流入三个功率方向继电器的电流是 $-\dot{I}_0$，保护 2 不应动作。下面分析在非故障相零序电流影响下，保护 1 和保护 2 的动作情况。

若保护 1 和保护 2 的功率方向继电器均采用 90°接线方式，而且内角 α 为 30°或 45°，相应的动作区域为 $-120° \leq \varphi_r \leq 60°$ 和 $-135° \leq \varphi_r \leq 45°$。根据图 4-14b 所示的相量关系，可分析得出各功率方向继电器测量到的 φ_r 角和保护 1 及保护 2 的动作情况，见表 4-2。

从表 4-2 中可看出，在非故障相电流的影响下，保护 2 的 KW_2 和 KW_3 会误动作，这是不允许的。为了防止保护 2 误动作，可提高起动元件的动作电流，使它大于非故障相电流，与此同时，在保护的直流回路接线中采用按相起动的接线方式。

表 4-2 图 4-14a 中各功率方向继电器测量到的 φ_r 角及保护 1、2 的动作情况分析

保护	继电器	$\dot{I}_r$	$\dot{U}_r$	φ_r	继电器动作情况	保护动作情况
1	KW_1	$\dot{I}_{A0}$	$\dot{U}_{BC}$	0°	动作	能动作
	KW_2	$\dot{I}_{B0}$	$\dot{U}_{CA}$	-150°	不动	
	KW_3	$\dot{I}_{C0}$	$\dot{U}_{AB}$	150°	不动	
2	KW_1	$-\dot{I}_{A0}$	$\dot{U}_{BC}$	180°	不动	可能误动
	KW_2	$-\dot{I}_{B0}$	$\dot{U}_{CA}$	30°	误动	
	KW_3	$-\dot{I}_{C0}$	$\dot{U}_{AB}$	-30°	误动	

二、按相起动

图 4-15a 所示为方向过电流保护直流回路的非按相起动接线方式，电流继电器的各触点并联，功率方向继电器的各触点也并联，然后再串联。这样当系统任何一相的电流继电器及任何一相的功率方向继电器动作时，整个保护都会动作。图 4-15b 所示为方向过电流保护直流回路的按相起动接线方式，各相上的电流继电器触点先和相应相上的功率方向继电器触点串联，然后再并联。这样只有在系统的一相上的电流继电器及相应相的功率方向继电器同时动作时，整个保护才会动作。这两种接线方式虽然都带有方向元件，但对躲过非故障相电流的影响的效果完全不同。

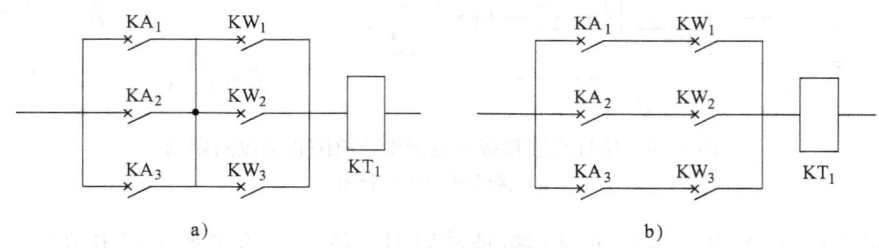

图 4-15 方向过电流保护直流回路的接线方式
a) 不按相起动 b) 按相起动

如在图 4-14a 中，线路 WL_1 上发生 A 相接地故障时，对保护 2 来说，非故障相 B、C 相的功率方向继电器 KW_2、KW_3 会误动作，而 B、C 相的电流继电器由于流过的是负荷电流所以不会动作，但由于故障相短路电流较大，A 相电流继电器动作。如果采用非按相起动方式进行接线时，保护 2 会误动作；而采用按相起动方式进行接线时，A 相电流继电器 KA_1 动作，但 A 相的

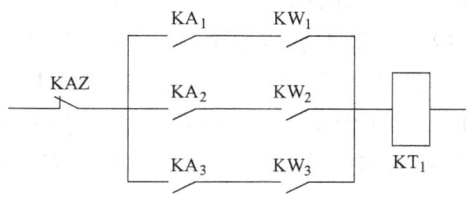

图 4-16 用零序电流继电器的常闭触点闭锁相间保护的接线方式

功率方向继电器 KW_1 不动作，非故障相 B、C 相的功率方向继电器 KW_2、KW_3 动作，但 B、C 相的电流继电器由于流过的是负荷电流，所以不会动作，最终保护 2 不会动作。

在图 4-14a 所示的中性点直接接地电网中发生单相接地时，非故障相的电流为负荷电流与零序电流的相量和，其值比负荷电流大。如果保护中的电流继电器按躲过非故障相的电流来整定的话，则保护的灵敏系数就不能满足要求。要避免这种情况，可采用零序电流继电器作为保护的起动元件，其直流回路的接线就是将零序电流继电器的常闭触点 KAZ 串联在图 4-15b 中，如图 4-16 所示。当线路上发生单相接地短路时，零序电流继电器的常闭触点断开，这样就会将反映相间短路的方向过电流保护进行闭锁，使线路发生单相接地时，反映相间短路的方向过电流保护不动作。那么，反映相间短路的方向过电流保护的电流元件的动作电流只需按躲过最大负荷电流进行整定即可。

第五节 方向电流保护的整定计算

在双侧电源网络或单侧电源环形网络中，方向电流保护中装设了功率方向继电器，因此在反方向发生相间短路时，保护不会动作。在进行方向电流保护的整定计算时，无时限电流速断保护和带时限电流速断保护的整定方法同电流保护的整定计算是一样的，可参考第三章中的有关内容。本节将介绍方向过电流保护的一些特殊问题。

一、方向过电流保护动作电流的整定计算

方向过电流保护的动作电流可按下述两个条件进行整定：
（1）按躲过被保护线路中的最大负荷电流进行整定。即

$$I_{op}^{\text{III}} = \frac{K_{rel}^{\text{III}} K_{ss}}{K_{re}} I_{L,\max} \tag{4-14}$$

值得注意的是，在单侧电源环形网络中，式（4-14）中的最大负荷电流 $I_{L,\max}$ 不仅要考虑闭环时线路的最大负荷电流，还要考虑开环时负荷电流的突然增加。如在图 4-17 所示的网络中，对保护 6 来说，其动作电流首先应躲过闭环时的负荷电流，在 K 点发生短路时，保护 1、2 动作切除故障线路 WL_1；电网开环运行时，保护 6 的动作电流也应躲过开环时母线 A、B 上

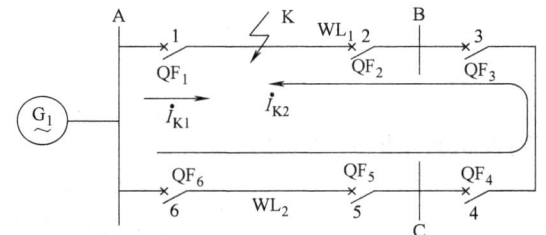

图 4-17 单侧电源环形网络举例

所有负荷的负荷电流。易知，保护 6 开环时的负荷电流大于闭环时的负荷电流，所以上式 (4-14) 的最大负荷电流 $I_{L,max}$ 应取开环时的最大负荷电流。

（2）与相邻线路过电流保护动作电流的配合。方向过电流保护通常用作相邻线路的后备保护。为了保证保护的选择性，要求同方向的各保护动作电流从远离电源处开始逐级增加。如图 4-17 中，各线路保护的动作电流应满足：

$$I_{op1} > I_{op3} > I_{op5}$$
$$I_{op6} > I_{op4} > I_{op2}$$

以保护 4 为例，其动作电流应大于保护 2 的动作电流，即

$$I_{op4} = K_{rel} I_{op2}$$

否则，在 K 点短路时，如果流过保护 2 和 4 的短路电流 I_{K2} 满足 $I_{op4} < I_{K2} < I_{op2}$，则保护 4 会误动作，造成越级跳闸。

二、方向过电流保护灵敏系数的校验

方向过电流保护中的功率方向继电器的动作灵敏度较高，在条件满足时一般都能动作，所以其灵敏系数不用校验。而对于电流继电器来说，其校验方法与不带方向元件的过电流保护相同。

三、方向过电流保护动作时限的整定

同方向上的方向过电流保护的动作时限按时间阶梯原则进行整定。需要注意的是，按时间阶梯原则整定保护动作时限，不仅要与主干线上同一方向的保护进行配合，而且还要与同一母线上的所有其他出线的保护的动作时限相配合。用一个例题来说明这一点。

【例 4-1】 在图 4-18 所示的双侧电源电网中，拟定在各断路器上装设方向过电流保护。已知时限级差 $\Delta t = 0.5s$。试确定方向过电流保护 1~8 的动作时限，并指出哪些保护应装设方向元件？

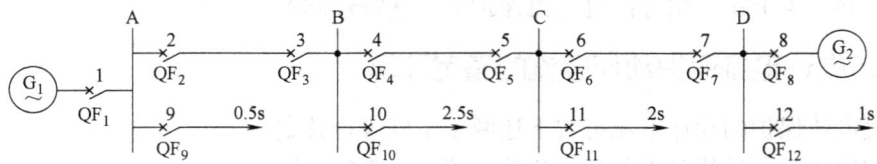

图 4-18 例 4-1 的双侧电源过电流保护网络

解：计算各保护的动作时限
同方向的保护 2、4、6 的动作时限配合为

$$t_6 = t_{12} + \Delta t = (1.0 + 0.5)s = 1.5s$$
$$t_4 = t_6 + \Delta t = (1.5 + 0.5)s = 2.0s$$
$$t_2 = t_{10} + \Delta t = (2.5 + 0.5)s = 3.0s$$

同方向的保护 7、5、3 的动作时限配合为

$$t_3 = t_9 + \Delta t = (1.5 + 0.5)s = 2.0s$$
$$t_5 = t_{10} + \Delta t = (2.5 + 0.5)s = 3.0s$$

$$t_7 = t_5 + \Delta t = (3.0 + 0.5)\text{s} = 3.5\text{s}$$

电源过电流保护 1、8 的动作时限需大于母线上所有出线的动作时限，即

$$t_1 = t_2 + \Delta t = (3.0 + 0.5)\text{s} = 3.5\text{s}$$
$$t_8 = t_7 + \Delta t = (3.5 + 0.5)\text{s} = 4.0\text{s}$$

保护的方向元件配置：

① 对母线 A，由于 $t_2 < t_1$，保护 2 需装设方向元件；
② 对母线 B，由于 $t_3 = t_4$，保护 3 和 4 都需装设方向元件；
③ 对母线 B，由于 $t_6 < t_5$，保护 6 需装设方向元件；
④ 对母线 B，由于 $t_7 < t_8$，保护 7 需装设方向元件。

所以，对方向过电流保护 1~8 来说，2、3、4、6、7 上需装设方向元件。

四、保护装置的相继动作

在图 4-17 所示的单侧电源环形网络中，当靠近母线 A 的 K 点发生相间短路时，短路电流 i_{K1} 由电源经 QF_1 流向故障点，i_{K2} 由电源经 QF_6、QF_5、QF_4、QF_3、QF_2 流向故障点。显然，i_{K2} 比 i_{K1} 流经的线路长得多，流经线路的阻抗也大得多，所以电流 i_{K2} 很小，往往小于保护 2 的动作电流；而电流 i_{K1} 较大，大于保护 1 的动作电流，所以保护 1 会首先动作。保护 1 动作后，由于故障仍没有消除，i_{K2} 变大，大于保护 2 的动作电流，保护 2 随之动作。这种故障线路上的两个保护先后动作的过程称为保护的相继动作。能使保护发生相继动作的线路区域称为保护的相继动作区。

保护的相继动作使切除故障的时间变长，这对于系统是不利的。在环形网络中，这种保护的相继动作是无法完全避免的。但应注意到，相继动作的存在并没有影响保护的选择性。

复习思考题

4-1 双侧电源电网中的电流速断保护在什么情况下需加装方向元件？试举例说明。

4-2 LG—11 型功率方向继电器主要由哪几部分构成？各部分的作用是什么？

4-3 试述 LG—11 型功率方向继电器的原理，并说明它在三相短路时，在短时间内没有电压死区的原因。

4-4 什么是功率方向继电器的内角？当 $\alpha = 45°$ 时，最大灵敏角 φ_m 等于多少？

4-5 方向电流保护中方向元件的动作方向通常是从母线指向线路，如果要改变它的动作方向，即由线路指向母线，应采取什么方法？

4-6 什么叫功率方向继电器的 90° 接线方式？采用 90° 接线方式时，各相上的功率方向继电器各取什么电流和电压？

4-7 什么是按相起动接线方式？方向过电流保护的起动元件和方向元件为什么要采用按相起动接线方式？

4-8 作出两相式方向过电流保护装置的原理图和展开图，并分析当电压互感器的二次电压突然消失时，保护装置是否会误动作？对保护工作有无影响？

4-9 对于方向过电流保护，为什么在相邻保护间进行灵敏度配合？试举例说明。

第五章 输电线路的接地保护

第一节 电网中性点的接地方式及保护特点

反映输电线路相间短路故障的保护能够在输电线路上发生相间短路时动作于断路器的跳闸，但这些保护在输电线路发生单相接地故障时偶尔会不反映。如反映相间短路的保护中，电流互感器采用不完全星形联结，B 相上发生单相接地故障时，保护就不会反映；即使在装设了电流互感器的 A 相和 C 相上发生单相接地故障时，流过保护的短路电流小于相间短路时的短路电流，保护也难以反映。所以，对于输电线路的接地短路故障，应装设反映接地故障的保护装置。本章将介绍有关接地故障的基本概念及其保护装置。

我国电力系统中性点的接地方式有两种：一是中性点直接接地，这种系统称为中性点直接接地系统或大接地电流系统；二是中性点不接地或经消弧线圈接地，这种系统称为中性点非直接接地系统或小接地电流系统。

在中性点直接接地系统中，当发生单相接地时，即构成单相接地短路，这时产生的短路电流很大，所以该系统又称为大接地电流系统。在中性点非直接接地系统中发生单相接地时，或由于不能构成短路回路（对中性点不接地方式），或由于消弧线圈的补偿作用，接地故障电流比负荷电流小得多，故这种系统又称为小接地电流系统。在我国，一般 110kV 及以上电压等级的电网，均采用中性点直接接地的方式，而 35kV 及以下的电网，则采用中性点不接地或经消弧线圈接地的方式。

根据运行统计，在大接地电流系统中，单相接地短路占短路故障总数的 80%～90%，甚至更高。从原理上讲，电流互感器采用三相完全星形联结方式的电流保护时，能够反映单相接地短路，但因为过电流保护装置的动作电流必须躲过最大负荷电流，它对接地故障的灵敏度低；又因为保护的动作时限必须满足相间短路保护的时间阶梯原则，动作时限长。因此，在大接地电流系统中，为了反映接地短路，实际上采用的是专门的接地保护装置，并作用于跳闸。由于这种接地保护是反映接地短路时出现的零序电流、零序电压而工作的，故又叫做零序保护。

在小接地电流系统中发生单相接地时，由于故障电流很小，且系统的线电压仍是对称的，不影响对用户的正常供电，系统还可以继续运行 1～2h。但在此时间内，值班人员必须采取措施来消除接地点以防止故障扩大为两点接地短路。

在小接地电流系统中，一般装设一套绝缘监视装置，以监视系统的对地绝缘，当系统发生接地故障时，本装置发出无选择性的报警信号，因为此信号不能指示出故障线路，是无选择性的，需要由值班人员采取措施寻找故障点，并予以消除。当变电站的出线较多时，才考虑装设有选择性的接地保护，该保护一般只动作于信号，只有在保证人身和设备的安全上有特殊要求时，保护才动作于跳闸。

第二节　大接地电流系统发生接地短路时零序分量的特点

一、接地短路的基本特征

在大接地电流系统中发生接地短路时会出现零序电压和零序电流。

电力系统正常运行或三相短路时，由于三相系统是对称的，三个相电压之和为零，三个相电流之和也为零，故电网中不会出现零序电压和零序电流，即

$$\dot{U}_0 = \frac{1}{3}(\dot{U}_A + \dot{U}_B + \dot{U}_C) = 0$$

$$\dot{I}_0 = \frac{1}{3}(\dot{I}_A + \dot{I}_B + \dot{I}_C) = 0$$

电力系统输电线路上发生两相短路时，如，BC 两相短路，如图 5-1 所示。为分析方便，忽略负荷电流，故障点的残余相电压为

$$\dot{U}_{KA} = \dot{E}_A$$
$$\dot{U}_{KB} = \dot{E}_B - \dot{I}_{KB}(Z_K + Z_\varphi)$$
$$\dot{U}_{KC} = \dot{E}_C - \dot{I}_{KC}(Z_K + Z_\varphi)$$

将上面三式相加，且 $\dot{E}_A + \dot{E}_B + \dot{E}_C = 0$，$\dot{I}_{KB} = -\dot{I}_{KC}$，可得

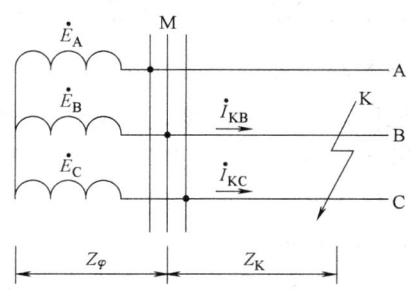

图 5-1　BC 两相短路时说明图

$$\dot{U}_{KA} + \dot{U}_{KB} + \dot{U}_{KC} = 0$$

即短路点的残余相电压之和为 0，又因为短路点处 $\dot{U}_{KB} = \dot{U}_{KC}$，则

$$\dot{U}_{KB} = \dot{U}_{KC} = -\frac{1}{2}\dot{U}_{KA}$$

短路点的相电流为 $\dot{I}_{KA} = 0$，$\dot{I}_{KB} = -\dot{I}_{KC}$

因而故障点的零序电压和零序电流分别为

$$\dot{U}_0 = \frac{1}{3}(\dot{U}_{KA} + \dot{U}_{KB} + \dot{U}_{KC}) = 0$$

$$\dot{I}_0 = \frac{1}{3}(\dot{I}_{KA} + \dot{I}_{KB} + \dot{I}_{KC}) = 0$$

即在电力系统输电线路上发生两相短路时，系统中不会出现零序电压和零序电流。

但是，当输电线路上发生单相接地短路时，情况就不一样了。例如，当 A 相发生接地短路时，由于故障点处 A 相的残余相电压 $\dot{U}_{KA} = 0$，故将产生零序电压，其值为

$$\dot{U}_0 = \frac{1}{3}(\dot{U}_{KB} + \dot{U}_{KC}) \tag{5-1}$$

又由于 A 相电流 $\dot{I}_A = \dot{I}_{KA}$ 为短路电流，当忽略负荷电流时，B、C 两相的短路相电流均为零，故其零序电流为

$$\dot{I}_0 = \frac{1}{3}\dot{I}_{KA} \tag{5-2}$$

再如，当 B、C 两相接地短路时，在故障点处 $\dot{U}_{KB} = \dot{U}_{KC} = 0$，零序电压为

$$\dot{U}_0 = \frac{1}{3}\dot{U}_{KA} \tag{5-3}$$

又由于 $\dot{I}_{KA} = 0$，故也会出现零序电流，其值为

$$\dot{I}_0 = \frac{1}{3}(\dot{I}_{KB} + \dot{I}_{KC}) \tag{5-4}$$

综上所述，在系统正常运行及相间短路时，系统中不会出现零序电压和零序电流。只有发生接地短路时，才会产生零序电压和零序电流。利用这一特征，可以构成反映零序电流及零序电压的保护装置，用以反映电网的接地故障，这就是所谓的零序保护。

二、单相接地时的零序分量特点

图 5-2a 所示的中性点接地电网中，当 K 点发生单相接地故障时，在接地点对地产生零序电压 $\dot{U}_{K0}$，零序电流可以看成是由故障点出现的零序电压 $\dot{U}_{K0}$ 产生的，它经过变压器接地点构成零序回路，如图 5-2b 所示。假设零序电流方向由母线流向线路的方向为正，零序电压方向以线路电压高于大地电压为正。

（一）零序电流及分布

由式（5-2）可知，单相接地短路时，零序电流为通过故障点的短路电流的 1/3，二者相位相同。零序电流的分布，取决于电力系统中中性点接地的位置和数量，一般情况下电力系统中的中性点接地的位置和数量是不变的，所以在某点接地短路时零序电流的大小及分布与系统的运行方式基本无关。但系统的正序阻抗和负序阻抗随运行方式而变化，正、负序阻抗的变化将引起 $\dot{U}_{K0}$、$\dot{U}_{K1}$、$\dot{U}_{K2}$ 之间的电压分配的改变，因而间接影响零序分量的大小。流过保护安装处的零序电流与接地点的位置有关，接地点距离零序保护安装处越远，流过保护的零序电流也越小。零序电流与零序电压之间的相位角取决于零序阻抗角。输电线路的零序

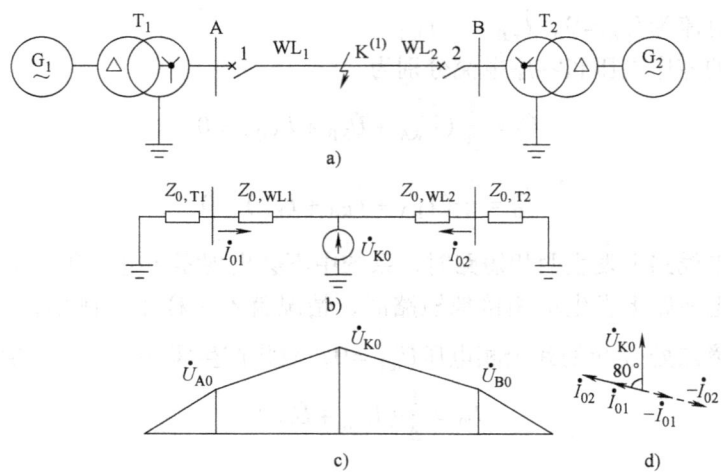

图 5-2 单相接地时的零序等效网络

a）电网接线 b）零序网络 c）零序电压分布 d）零序电流、电压相量图

阻抗大于正序阻抗，零序阻抗角大于正序阻抗角。

零序电流由零序电压产生，按规定的正方向可画出零序电压和电流的相量图，如图5-2d所示，取零序阻抗角为80°。

（二）零序电压及分布

由式（5-1）可知，单相接地短路时，故障点的零序电压为非故障相电压相量和的1/3。零序电压的分布，由公式 $\dot{U}_0 = \frac{1}{3}(\dot{U}_A + \dot{U}_B + \dot{U}_C)$ 可知，在故障点，故障相相电压为零，三个相电压最不对称，故零序电压最大；而在变压器中性点接地处，零序电压为零。因此，系统中距离故障点越近的地方，零序电压越高；距离故障点越远，离接地中性点越近，则零序电压越低，其分布规律如图5-2c所示。图5-2b中，$Z_{0,T1}$ 和 $Z_{0,WL1}$ 分别表示变压器 T_1 及线路 WL_1 的零序阻抗，故障点的零序电压 $\dot{U}_{K0}$ 在图示的电流反方向上，可得

$$\dot{U}_{K0} = -\dot{I}_{01}(Z_{0,T1} + Z_{0,WL1})$$

而保护1处的零序电压 $\dot{U}_{1,0}$ 为

$$\dot{U}_{1,0} = -\dot{I}_{01}Z_{0,T1} \tag{5-5}$$

式（5-5）说明，保护1处的零序电压等于零序电流在变压器 T_1 上的压降。由此可见，保护1的零序电流和零序电压之间的大小关系，取决于保护安装处背后的零序阻抗值；零序电压和零序电流之间的相位关系，则取决于该点背后零序阻抗的阻抗角，而与被保护线路的零序阻抗及阻抗角无关。

（三）零序功率及分布

如图5-2b所示，在单相接地短路时，零序功率与正序功率的方向相反。正序功率的方向是由电源流向故障点，而零序功率的方向则是由短路点流向变压器中性点。这一点可以这样来理解：零序电流及零序功率并不是由电源产生的，因为电源只能产生正序电动势，而不能产生零序电动势。零序电流及零序功率是因接地短路产生的零序电压所引起的。所以，故障点的零序电压 $\dot{U}_{K0}$ 可看作是零序功率产生的电源。因此，零序电流的实际方向是由故障点经线路流向变压器接地的中性点。

第三节　大接地电流系统的零序电流保护

在大接地电流系统中所采用的零序电流保护和相间电流保护一样，也广泛采用三段式保护，由反映零序电流而构成的三段式保护称为三段式零序电流保护。其零序电流保护Ⅰ段通常为零序无时限电流速断保护，只能保护线路的一部分；零序电流保护Ⅱ段为零序带时限电流速断保护，保护零序无时限电流速断保护剩余的线路部分，其动作时限大于下一段线路零序无时限电流速断保护的动作时限一个时间阶梯；零序电流保护Ⅲ段为零序定时限过电流保护，它作为本线路的近后备保护以及下一段线路的远后备保护，其动作时限按时间阶梯原则进行整定。三段式零序电流保护的原理接线如图5-3所示。

零序电流滤过器由三台相同型号、相同电流比的电流互感器构成。与三段式电流保护相比，三段式零序电流保护中的起动元件采用零序电流继电器，零序电流依次流过三段式零序电流保护的Ⅰ段、Ⅱ段、Ⅲ段的零序电流继电器 KAZ_1、KAZ_2、KAZ_3，当系统发生接地短

路故障时,它们都能检测到零序电流,并与其整定电流进行比较,选择动作与否。零序电流保护Ⅰ段由KAZ_1、中间继电器KM构成;零序电流保护Ⅱ段由KAZ_2、时间继电器KT_1构成,KT_1用于产生Ⅱ段的动作时限;零序电流保护Ⅲ段由KAZ_3、时间继电器KT_2构成,KT_2用于产生Ⅲ段的动作时限。

系统发生相间短路时,尤其在短路暂态开始瞬间,短路电流中含有很大的非周期分量,会造成三个电流互感器铁心的严重饱和,由于铁心的磁化性能不完全一样,铁心饱和的程度不同而引起励磁电流不同,从而产生很大的不平衡电流。为了保证保护的动作选择性及可靠性,通常三段式零序电流保护中的零序电流继电器应首先按躲过不平衡电流进行整定。

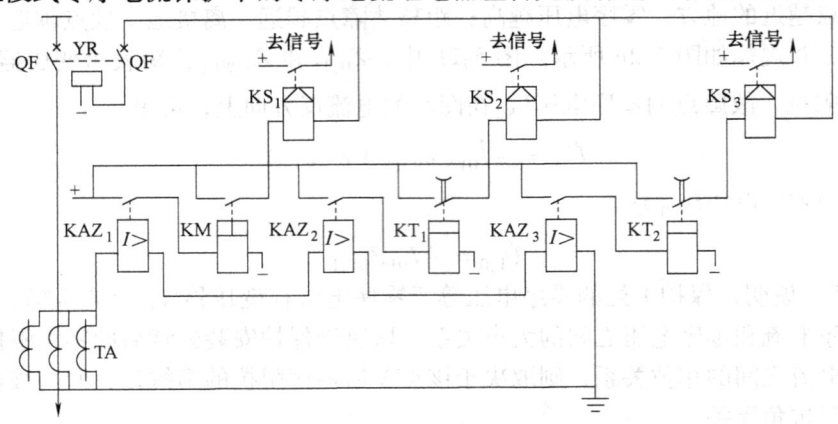

图 5-3 三段式零序电流保护的原理接线

一、零序无时限电流速断保护

反映零序电流增大而瞬时动作的保护称为零序无时限电流速断保护(零序电流保护Ⅰ段)。保护的动作电流按躲过被保护线路末端发生接地短路时流过保护的最大零序短路电流进行整定,所以它只能保护线路的一部分。在图 5-4 中画出了单侧电源网络中流过保护 1 的零序电流与接地点位置的关系曲线,由于输电线路的零序阻抗比正序阻抗大 3~5 倍,故零序电流的变化曲线比正序电流的变化曲线陡,零序电流速断保护的范围较大。零序无时限电流速断保护动作电流的整定与无时限电流速断保护相似,但需要考虑接地短路时的一些特殊情况。

零序无时限电流速断保护动作电流的整定计算

(1)按躲过被保护线路末端发生接地短路时,流过保护的最大零序电流进行整定,即

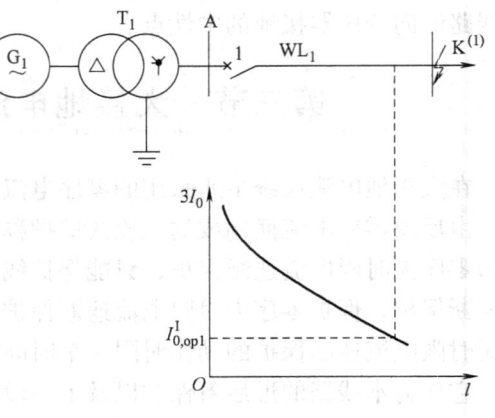

图 5-4 单侧电源网络的零序电流

$$I_{0,\mathrm{op1}}^{\mathrm{I}} = K_{\mathrm{rel}}^{\mathrm{I}} \times 3I_{0,\mathrm{max}} \tag{5-6}$$

式中,$K_{\mathrm{rel}}^{\mathrm{I}}$ 为可靠系数,通常取 1.2~1.3。

流过保护安装处的零序电流与接地点的零序电流成正比，接地点的零序电流与接地的类型有关。当网络的正序阻抗 Z_1 与负序阻抗 Z_2 相等时，单相接地时接地点的零序电流 $3I_0^{(1)}$ 为

$$3I_0^{(1)} = \frac{3E_1}{2Z_1 + Z_0} \tag{5-7}$$

两相接地时接地点的零序电流 $3I_0^{(1,1)}$ 为

$$3I_0^{(1,1)} = \frac{3E_1}{Z_1 + 2Z_0} \tag{5-8}$$

因此，当 $Z_0 > Z_1$ 时，$3I_0^{(1)} > 3I_0^{(1,1)}$，动作电流按单相接地时的最大零序电流 $3I_{0,\max}^{(1)}$ 进行整定；当 $Z_0 < Z_1$ 时，$3I_0^{(1)} < 3I_0^{(1,1)}$，动作电流按两相接地时的最大零序电流 $3I_{0,\max}^{(1,1)}$ 进行整定。

（2）按躲过断路器三相触头不同期合闸时，流过保护的最大零序电流进行整定，即

$$I_{0,\text{op}}^{\text{I}} = K_{\text{rel}}^{\text{I}} \times 3I_{0,\max} \tag{5-9}$$

式中，$K_{\text{rel}}^{\text{I}}$ 为可靠系数，通常取 1.2。

式（5-9）中的 $3I_{0,\max}$ 是指断路器不同期合闸时的最大零序电流，最大零序电流发生在断路器两侧电源电动势的相位差 $\delta = 180°$ 时，断路器合闸过程中三个触点不同期闭合的情况下，三个触点不同期闭合又可分为先合两相及先合一相两种情况。整定时，应取这两种情况下产生的零序电流中较大的一个。

先合两相时，相当于有一相断开，流过保护的最大零序电流为

$$3I_{0,\max} = 3 \times \frac{|E_1 - E_2|}{2Z_{1\Sigma} + Z_{0\Sigma}}$$

先合一相时，相当于有两相断开，流过保护的最大零序电流为

$$3I_{0,\max} = 3 \times \frac{|E_1 - E_2|}{Z_{1\Sigma} + 2Z_{0\Sigma}}$$

式中，E_1、E_2 为断路器两侧电源的等效电动势；$Z_{1\Sigma}$、$Z_{0\Sigma}$ 为从断路点向里看的等效网络正序和零序阻抗。

为了躲过线路中避雷器的放电时间，在零序无时限电流速断保护装置中的中间继电器常设定为 0.1s 的短延时，此延时也能躲过断路器三相触点不同期合闸产生零序电流的时间，所以在装置中设有带延时的中间继电器时，零序无时限电流速断保护的动作电流整定可不考虑这个条件。

（3）当系统中采用单相自动重合闸时，还应按躲过系统非全相运行并且发生系统振荡时，流过保护的最大零序电流进行整定。

目前的高压线路大都配有单相或综合自动重合闸，可以实现选相跳闸。这样系统运行中有许多原因会造成非全相运行。如输电线路一相断线或在单相重合闸过程中，都将出现短时间两相运行状态。有时为了保证向用户连续供电，在系统允许的条件下，线路亦可较长时间（数小时）两相运行。两相运行时，由于系统稳定性相对较差，线路两端电动势大小和相位发生变化而造成系统振荡，此时系统中会产生较大的零序电流。按躲过此时的零序电流进行整定的动作电流会很大，在系统正常运行时的保护范围很小。为此，按躲过此时的零序电流进行整定的保护称为不灵敏Ⅰ段，只有当系统出现非全相运行时才投入运行。而在系统正常运行时，其保护的动作电流按（1）和（2）两个条件进行整定，其动作电流较小，保护范

围较大,称为灵敏Ⅰ段。灵敏Ⅰ段在系统正常运行时投入运行,在系统出现非全相运行时闭锁,退出运行。

零序无时限电流速断保护的最小保护范围要求不小于被保护线路全长的15%~20%,其动作时限取保护的固有动作时限。

二、零序带时限电流速断保护

零序带时限电流速断保护(零序电流保护Ⅱ段)也是反映零序电流而动作的保护,它能够保护被保护线路的全长,且保护范围延伸到下一段线路的一部分。为了保证选择性,其动作时间应比下一段线路的零序无时限电流速断保护大一个时间阶梯 Δt。

零序带时限电流速断保护的动作电流整定与带时限电流速断保护相似,按躲过下一段线路上的零序电流保护Ⅰ段保护范围末端接地短路时流过保护2的最大零序电流来整定,如图5-5所示。被保护线路 WL_1 的下一段线路 WL_2 的保护2零序无时限电流速断保护的保护范围末端 K 点发生接地短路时,流过保护1的零序电流只是流过保护2的零序电流的一部分,其值为

$$I_{0,\mathrm{WL1}} = K_\mathrm{b} I_{0,\mathrm{WL2}} \tag{5-10}$$

式中,$K_\mathrm{b} = \dfrac{Z_{0,\mathrm{T2}}}{Z_{0,\mathrm{T1}} + Z_{0,\mathrm{T2}} + Z_{0,\mathrm{WL1}}}$ 为零序电流的分支系数。

零序带时限电流速断保护的动作电流为

$$I_{0,\mathrm{op1}}^{\mathrm{II}} = K_{\mathrm{rel}}^{\mathrm{II}} K_\mathrm{b} I_{0,\mathrm{op2}}^{\mathrm{I}} \tag{5-11}$$

式中,$K_{\mathrm{rel}}^{\mathrm{II}}$ 为零序带时限电流速断保护的可靠系数,一般取1.1~1.2;$I_{0,\mathrm{op2}}^{\mathrm{I}}$ 为保护2的零序无时限电流速断保护的动作电流。

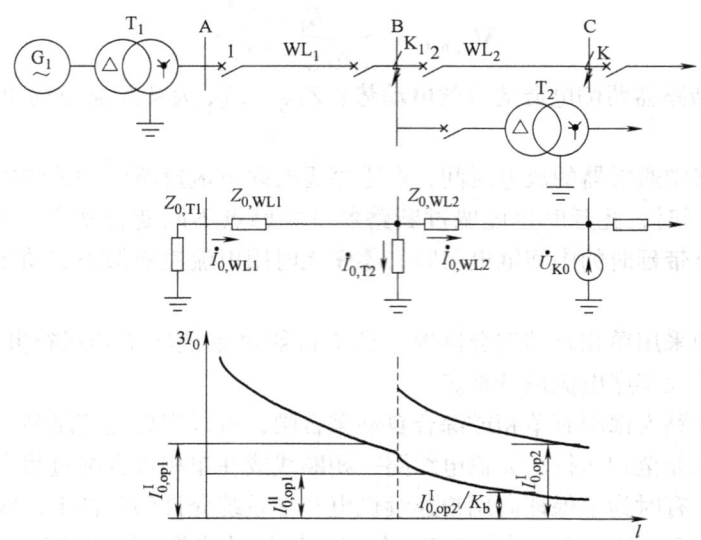

图5-5 零序带时限电流速断保护的动作电流整定说明

零序带时限电流速断保护的灵敏系数为保护线路末端发生接地短路时,一般为两相接地短路,流过保护1的最小零序电流除以保护的零序动作电流,两者相除后得到的值应大于1.5。如图5-5中的 K_1 点,即

$$K_{\text{sen}}^{\text{II}} = \frac{3I_{0,\text{K1,min}}^{(2)}}{I_{0,\text{op1}}^{\text{II}}} \tag{5-12}$$

零序带时限电流速断保护的动作时限应大于下一段线路上零序无时限电流速断保护的动作时限一个时间阶梯,即

$$t_{\text{p1}}^{\text{II}} = t_{\text{p2}}^{\text{I}} + \Delta t \tag{5-13}$$

当灵敏度校验不能满足要求时,可与下一段线路的零序带时限电流速断保护进行配合,则其动作电流为

$$I_{0,\text{op1}}^{\text{II}} = K_{\text{rel}}^{\text{II}} K_{\text{b}} I_{0,\text{op2}}^{\text{II}} \tag{5-14}$$

按式(5-11)进行动作电流整定后,当其灵敏度不能满足要求时,可保留此零序电流保护II段,同时增加一个按式(5-14)整定的零序电流保护II段。这样,装置中就有两套不同动作电流和动作时限的零序电流保护II段。一个动作电流较大,能在正常运行工作或最大运行方式下,以较短的动作时限切除本线路的接地短路;另一个动作电流较小,但有较长的延时,它能保证系统在最小运行方式下线路末端发生接地短路时,有足够的灵敏度。

当与下一段线路的零序电流保护II段进行配合时,其动作时限比下一段线路零序电流保护II段的最大动作时限大一个时间阶梯,即

$$t_{\text{p1}}^{\text{II}} = t_{\text{p2,max}}^{\text{II}} + \Delta t \tag{5-15}$$

三、零序过电流保护

零序过电流保护(零序电流保护III段)作为本段线路主保护拒动时的近后备保护及下一段线路断路器拒动时的远后备保护,其动作时限按时间阶梯原则进行整定。

动作电流的整定:

(1)按躲过下一段线路出口处发生三相短路时,流过保护的最大不平衡电流进行整定,即

$$I_{0,\text{op1}}^{\text{III}} = K_{\text{rel}}^{\text{III}} I_{\text{unb,max}} \tag{5-16}$$

式中,$K_{\text{rel}}^{\text{III}}$为可靠系数,一般取1.1~1.2;$I_{\text{unb,max}}$为下一段线路出口处发生三相短路时,流过保护1的最大不平衡电流。

(2)按躲过下一段线路零序过电流保护的动作电流进行整定,这样进行整定的目的是为了保证本线路上的零序过电流保护的保护范围不超过下一段线路零序过电流保护的保护范围,即

$$I_{0,\text{op1}}^{\text{III}} = K_{\text{rel}}^{\text{III}} K_{\text{b}} I_{0,\text{op2}}^{\text{III}} \tag{5-17}$$

式中,$K_{\text{rel}}^{\text{III}}$为可靠系数,取1.1~1.2;$K_{\text{b}}$为分支系数;$I_{0,\text{op2}}^{\text{III}}$为下一段线路零序过电流保护的动作电流。

(3)按躲过系统非全相运行时的最大3倍零序电流进行整定,即

$$I_{0,\text{op1}}^{\text{III}} = K_{\text{rel}}^{\text{III}} \times 3I_{0,\text{unc}} \tag{5-18}$$

式中,$K_{\text{rel}}^{\text{III}}$为可靠系数,一般取1.2~1.3;$3I_{0,\text{unc}}$为系统非全相运行时的最大3倍零序电流。

按式(5-16)~式(5-18)整定的动作电流较小,保护范围较大,为了保证选择性,其动作时限按时间阶梯原则进行整定,如图5-6所示。图中,安装在受电端的变压器T_2的低压侧发生接地故障时,因为变压器为Yd联结,所以高压侧没有零序电流,因此保护3的零

序过电流保护不需和保护 4 进行配合,可以选择其动作时限为 0s。可以看出,与过电流保护相比,零序过电流保护的动作时限较短。

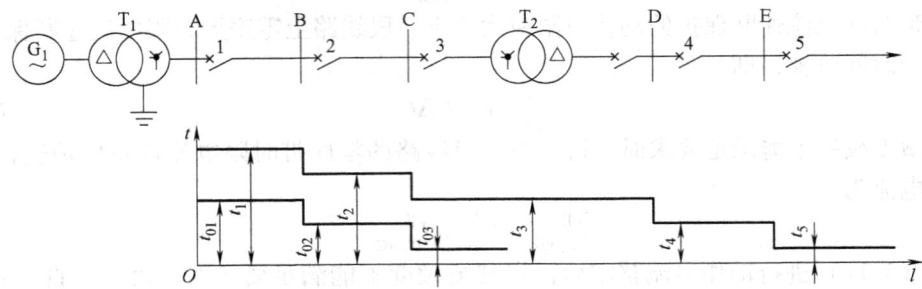

图 5-6　零序过电流保护的网络接线及时限特性

零序过电流保护的灵敏度按两种情况进行校验,以图 5-5 所示的网络为例。

作为本线路的近后备保护时,灵敏度为本线路末端接地短路时流过保护的最小零序电流除以保护的动作电流,即

$$K_{\text{sen}}^{\text{III}} = \frac{I_{0\text{B,min}}}{I_{0,\text{op1}}^{\text{III}}} \tag{5-19}$$

作为下一段线路的远后备保护时,灵敏度为下一段线路末端接地短路时流过本段线路保护的最小零序电流除以保护的动作电流,即

$$K_{\text{sen}}^{\text{III}} = \frac{I_{0\text{C,min}}}{I_{0,\text{op1}}^{\text{III}}} \tag{5-20}$$

第四节　大接地电流系统的零序方向电流保护

一、零序方向电流保护

在多电源大接地电流系统中,每个变电站至少有一台变压器的中性点直接接地,以防单相接地短路时,非故障相产生危险的过电压。但在这种多电源多接地系统中,必须考虑零序保护动作的方向性,才能保证保护有选择的动作。例如,图 5-7 所示的双侧变压器的中性点均直接接地,假设线路中的保护安装了三段式零序电流保护。对零序无时限电流速断保护来说,在线路 WL_1 上的 K_1 点短路时,为保证选择性要求 $I_{0,\text{op4}}^{\text{I}} > I_{0,\text{op3}}^{\text{I}}$;而当线路 WL_2 上的 K_2 点短路时,为保证选择性要求 $I_{0,\text{op3}}^{\text{I}} > I_{0,\text{op4}}^{\text{I}}$。显然,两个要求矛盾,是无法同时满足的。而对于零序过电流保护来说,在线路 WL_1 上的 K_1 点短路时,为保证选择性要求 $t_4 > t_3$。在线路 WL_2 上的 K_2 点短路时,为保证选择性要求 $t_3 > t_4$。显然,这两个矛盾的要求也是无法满足的。

同理在分析零序带时限电流速断保护时,也无法满足保护选择性的要求。同三段式电流保护一样,需要加设方向元件,即零序功率方向继电器。在图 5-7 所示的网络中,保护 2、4 为同方向上的保护,保护 3、5 也为同方向上的保护。假设母线的零序电压为正,零序电流由母线流向线路的方向为正,在线路上出现接地短路故障时,故障线路保护的零序功率方向为负,非故障线路远离短路点的保护的零序功率方向也为负,而与故障线路同母线的保护

的零序功率方向为正。所以在线路的保护上安装方向元件后，同方向保护的动作电流和动作时限按三段式零序电流保护的整定原则进行整定，当线路上出现接地短路故障时，零序功率为负的保护上的方向元件动作，而零序功率为正的保护上的方向元件不动作，这样就能保证保护的选择性。

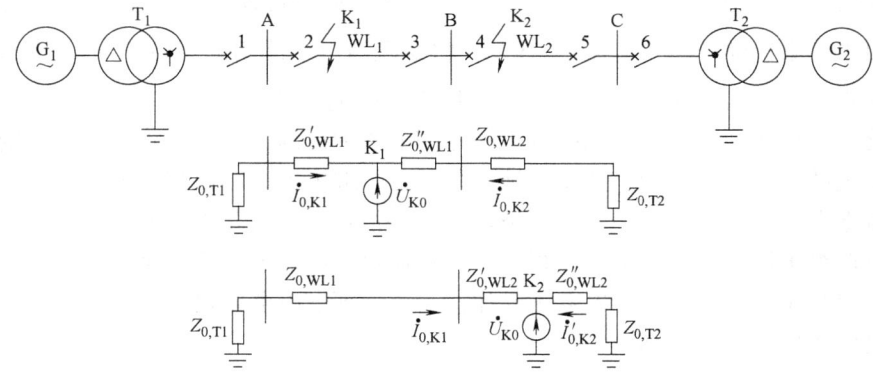

图 5-7 零序方向电流保护说明图

二、零序方向电流保护的构成原理

在图 5-8a 所示系统中，零序功率方向继电器接入保护安装处的母线零序电压 $\dot{U}_r$ 和线路零序电流 $\dot{I}_r$。$\dot{U}_r$ 由三相五柱式电压互感器的开口三角形上获得，$\dot{I}_r$ 由三台电流继电器构成的零序电流滤过器获得，$\dot{U}_r$ 和 $\dot{I}_r$ 分别反映了一次系统中的零序电压 $3\dot{U}_0$ 和零序电流 $3\dot{I}_0$。

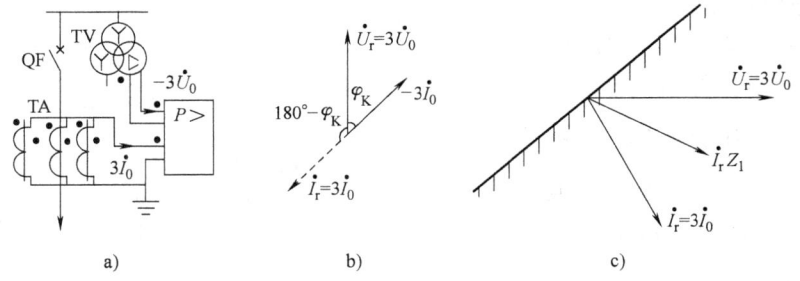

图 5-8 零序方向电流保护的构成原理
a) 接线图 b) 相量图 c) 动作特性

流过故障线路两侧保护的零序功率为负功率，功率方向继电器应该动作。以 $3\dot{U}_0$ 为基准电压，零序电流 $-3\dot{I}_0$ 落后于零序电压的相位角为 φ_K，而实际电流方向与假设的方向相反，所以 $3\dot{I}_0$ 超前 $3\dot{U}_0$ 的相位角为 $\varphi_0 = -(180°-\varphi_K)$，如图 5-8b 所示。$\varphi_K$ 是线路的零序线路阻抗角，其值一般在 70°~85°之间，所以 $\varphi_0 = -(110°~95°)$。此时，零序功率方向继电器工作在最灵敏的状态，即零序功率方向继电器的最大灵敏角为 -105°左右。而目前在电力系统中广泛应用的静态零序功率方向继电器，如整流型与晶体管型零序功率方向继电器，其最大灵敏角在 70°~85°之间。所以，如果接线时将 $3\dot{I}_0$ 和 $3\dot{U}_0$ 不加改变均从正极性端子输入继电器，继电器将不工作在最大灵敏状态下，由图 5-8b 所示的相量关系可以看出，如果将

$3\dot{U}_0$ 的正极加到继电器的负极性端子上,这时接入的电压为 $\dot{U}_r = -3\dot{U}_0$,加入的电流为 $\dot{I}_r = 3\dot{I}_0$,$\dot{I}_r$ 滞后 $\dot{U}_r$ 约 $70°\sim85°$,这时继电器工作在最灵敏状态。

因此,在实际工作中要注意零序功率方向继电器的零序电流和零序电压的接线要正确,即将继电器电流绕组中标有"·"号的端子与零序电流滤过器标有"·"号的同极性端子相连接,以得到继电器的输入电流 $\dot{I}_r = 3\dot{I}_0$,将继电器电压绕组的不带"·"号的端子与电压滤过器中带"·"号的异性端子相连接,以得到继电器的输入电压 $\dot{U}_r = -3\dot{U}_0$。

当线路上发生接地短路时,在故障点的零序电压为最高,而离故障点越远,则零序电压越小。当接地故障发生在保护装置安装地点附近时,继电器将有很高的零序电压,所以这类功率方向继电器是没有死区的。但是当被保护线路很长,在线路末端发生接地短路时,加在零序功率方向继电器上的零序电压将很小,而且流过继电器的电流也小,有可能加到继电器端子上的测量功率太小,以致继电器不动作。为了保证继电器有足够的动作范围,应该采用灵敏度较高的零序功率方向继电器。

三、LG—12 整流型零序功率方向继电器

LG—12 型功率方向继电器是专门用于接地短路保护的继电器,它是采用比较两个电气量幅值的原理构成的,其原理接线图如图 5-9 所示。电抗变换器 UX 及电压变换器 UV 构成获得两个比较电气量的电压形成回路,UX 的二次侧有三个绕组,由 W_2 及 W_3 获得正比于输入电流 $\dot{I}_r$ 的电压分量 $\dot{K}_1\dot{I}_r$,W_4 经电阻 R_3 短接,用来获得 UX 所需的转移阻抗的阻抗角,其值约为 $70°\sim85°$,即输出电压分量 $\dot{K}_1\dot{I}_r$ 超前输入电流 $\dot{I}_r$ $70°\sim85°$。电压变换器 UV 的二次侧有两个绕组 W_2 和 W_3,用以获得与一次电压 $\dot{U}_r$ 成正比的电压分量 $K_U\dot{U}_r$,K_U 为常数,故 $K_U\dot{U}_r$ 与 $\dot{U}_r$ 同相。由 UX 的二次绕组 W_2 和 UV 的二次绕组 W_2 顺极性接成动作回路,获得动作电气量 $\dot{U}_A = \dot{K}_1\dot{I}_r + K_U\dot{U}_r$,接于整流桥 UR_1;由 UX 的 W_3 和 UV 的

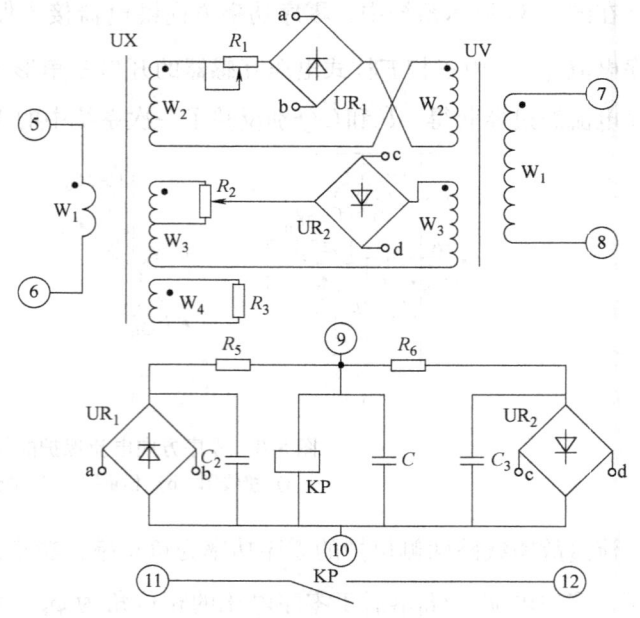

图 5-9 LG—12 整流型零序功率方向继电器的原理接线

W_3 反极性接成制动回路,获得动作电气量 $\dot{U}_A = \dot{K}_1\dot{I}_r - K_U\dot{U}_r$,接于整流桥 UR_2;UR_1 及 UR_2 的输出经过滤波电路加在极化继电器 KP 的两端,由图可知,极化继电器 KP 的动作条件,即零序功率方向继电器的动作条件为

$$|\dot{K}_1\dot{I}_r + K_U\dot{U}_r| \geq |\dot{K}_1\dot{I}_r - K_U\dot{U}_r| \tag{5-21}$$

四、三段式零序方向电流保护

三段式零序方向电流保护是反映线路发生接地故障时零序电流分量大小和方向的多段式电流方向保护装置。它是在三段式零序电流保护的基础上,增加一个零序功率方向继电器而构成的。在同一方向上零序电流保护的动作电流和动作时限的整定与三段式零序电流保护的方法相同。

三段式零序方向电流保护的原理接线如图 5-10 所示。其中零序功率方向继电器 KWD 的电流线圈与零序电流继电器 KAZ$_1$、KAZ$_2$、KAZ$_3$ 串联接入零序电流滤过器的电流回路,电压线圈接于零序电压滤过器的输出端,采用异极性相连接的接线方式。KWD 的触点与三段电流继电器的触点分别构成三个"与"门回路输出,只有当功率方向继电器和相应段的电流继电器同时动作时,才能使相应段的保护动作。为了便于分析保护装置的动作,在每段保护的跳闸出口回路都串接有信号继电器,能够发出保护动作信号。

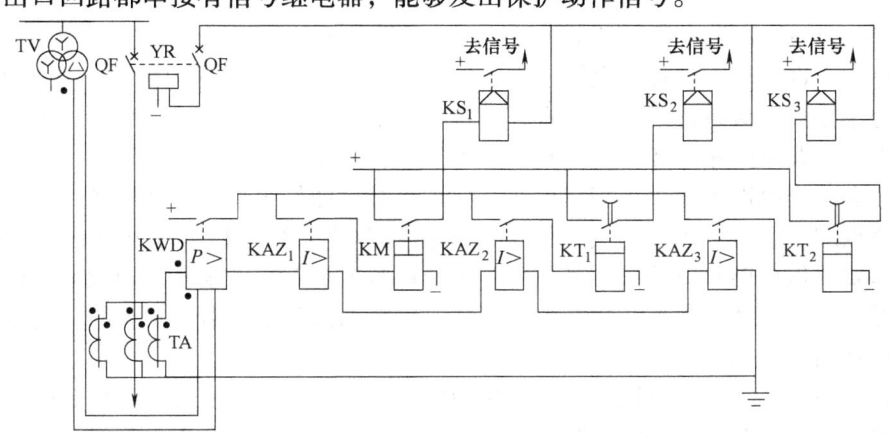

图 5-10 三段式零序方向电流保护的原理接线

五、三段式零序电流保护的优缺点

零序电流保护与相间电流保护相比,有如下优点:

(1)灵敏度高。相间短路过电流保护的动作电流是按照躲过最大负荷电流整定的,继电器的动作电流一般为 5~7A,而零序过电流保护的动作电流是按照躲过最大不平衡电流整定的,其值一般为 2~3A。由于发生单相接地短路时,故障相电流与零序电流 $3\dot{I}_0$ 相等,因此零序过电流保护的灵敏度较高。由于线路首、末端接地短路时零序电流的差值远大于相间短路时首、末端电流的差值($Z_0 \approx 3.5Z_1$),因此零序电流速断保护的保护区大于相间短路电流速断保护的保护区,且比较稳定。

(2)延时小。零序过电流保护的动作时限不必考虑与 Y/d11 联结变压器后的保护配合,零序过电流保护的动作时限一般要比相间短路过电流保护的动作时限短。

(3)可靠性高。当系统发生振荡、过负荷等不正常运行状态时。三相是对称的,相间短路电流保护可能受到影响而误动作,必须采取措施予以防止;而零序电流保护则不受影响。

(4)在 110kV 及以上高压和超高压系统中,单相接地故障约占全部故障的 70%~90%,而且其他故障也往往是由单相接地故障发展起来的。因此,采用专门的接地保护更具有显著的优越性。

零序电流保护存在如下一些缺点：

（1）对于短线路或运行方式变化很大的线路，保护往往还是不能满足要求。

（2）随着单相重合闸的广泛应用，若在重合闸动作过程中伴随着非全相运行状态，则可能出现较大的零序电流而影响零序电流保护的正确工作。此时应在整定计算时予以考虑，或在单相重合闸动作过程中将保护退出运行。

（3）当采用自耦变压器联系两个不同电压等级的网络（如 11～220kV 电网）时，任一网络的接地短路都将在另一网络中产生零序电流，这将使零序电流保护的整定配合复杂化，并将增大零序电流保护Ⅲ段的动作时限。

第五节　中性点不接地电网的单相接地保护

通常，6～10kV 以下电网的中性点不接地，35～66kV 电网的中性点经消弧线圈接地，这些电网称为中性点非直接接地电网。由于这类电网发生单相接地故障时，接地电流很小，所以又称为小接地电流系统。在中性点非直接接地电网中发生单相接地短路故障时，接地点对地电压为零，非故障相的相电压升高，但系统三相的线电压仍然保持对称，不影响正常供电，因此，在这类电网中发生单相接地时，保护不必立即作用于断路器的跳闸，允许系统带着一个接地点继续运行一段时间（1～2h）。但由于非故障相的相电压升高，对系统的安全不利，所以要求保护能及时给出信号，通知系统运行人员系统发生了接地故障，以便采取措施进行处理。但在某些情况下，当高电压可能对设备和人身安全造成损害时，要求继电保护能动作于断路器的跳闸。

下面介绍中性点不接地电网发生单相接地时的保护。为了分析方便，假定电网的负荷电流为零，并忽略电源和线路的电压降，且假设电网的各相对地分布电容相等，并将电网的各相对地分布电容用一个集中电容来表示。

一、中性点不接地电网单相接地时的故障特点

中性点不接地电网在系统正常运行时，各相对地电压对称，各相线路对地分布电容相等，所以各相对地电容中流过的电容电流相同，且超前其相电压90°。电源中性点与分布电容的中性点电位相等，线路中没有零序电流。

下面分两种情况来分析在中性点不接地电网中发生单相接地故障时，系统中出现零序分量的特点，并根据这些特点来构成相应的保护。

（一）单电源单线路单相接地故障特点

如图 5-11a 所示电网中，设 A 相发生单相接地故障，A 相对地电容被短接，A 相对地电压为零，电源中性点对地电压 $\dot{U}_N$ 升高到相电压（$-\dot{E}_A$），所以 A、B、C 三相的相电压可分别表示为

$$\dot{U}_A = 0$$
$$\dot{U}_B = \dot{E}_B - \dot{E}_A = \sqrt{3}\dot{E}_A e^{-j150°} \quad (5\text{-}22)$$
$$\dot{U}_C = \dot{E}_C - \dot{E}_A = \sqrt{3}\dot{E}_A e^{j150°}$$

由于电网中各相的电压处处相等（在上述假定的条件下），所以电网各处都会出现等值的零序电压，表示为

$$\dot{U}_0 = \frac{1}{3}(\dot{U}_A + \dot{U}_B + \dot{U}_C) = -\dot{E}_A = \dot{U}_N \tag{5-23}$$

由此可见，中性点不接地电网发生单相接地时故障相的相电压为零，而非故障相的相电压升高$\sqrt{3}$倍，达到电网正常运行时的线电压值。系统中出现了零序电压，其值大小为电源相电动势，其相量关系如图 5-11b 所示。由于非故障相的相电压升高，流过其对地电容的电流也升高$\sqrt{3}$倍，A、B、C 三相中的相电流分别为

$$\dot{I}_B = j\omega C_0 \dot{U}_B = j\sqrt{3}\omega C_0 \dot{E}_A e^{-j150°}$$
$$\dot{I}_C = j\omega C_0 \dot{U}_C = j\sqrt{3}\omega C_0 \dot{E}_A e^{j150°} \tag{5-24}$$
$$\dot{I}_A = -(\dot{I}_B + \dot{I}_C) = j3\omega C_0 \dot{E}_A$$

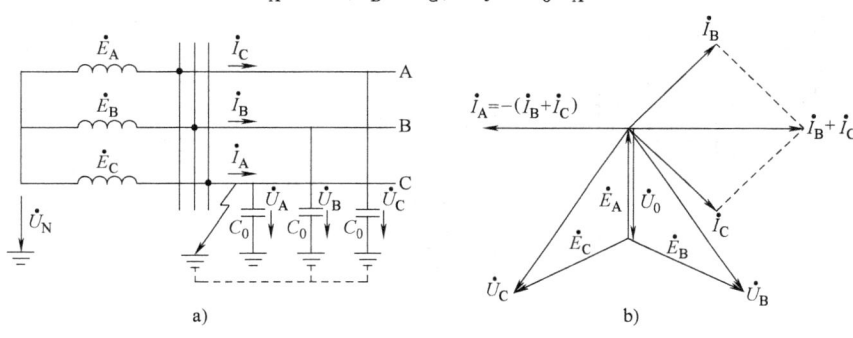

图 5-11 中性点不接地电网发生单相接地时的故障特点说明
a）系统图 b）相量图

对安装在母线出口处的零序电流保护来说，非故障相的电容电流由电源流出，故障相的电容电流由接地点经保护流回电源，所以流过保护的零序电流为零，即

$$3\dot{I}_0 = \dot{I}_A + \dot{I}_B + \dot{I}_C = \dot{I}_A - \dot{I}_A = 0 \tag{5-25}$$

所以，对于单电源单线路的中性点不接地系统发生单相接地时，零序电流保护不能反映，故保护不动作。

（二）单电源多线路电网单相接地故障特点

图 5-12a 所示为单电源多线路电网，发电机及各线路对地分布电容分别用集中电容C_{0G}、C_{01}、C_{02} 和 C_{03}表示。假设线路 WL_3 的 A 相发生接地短路，当忽略负荷电流及电容电流在线路阻抗上的电压降时，同单电源单线路电网，整个电网中的 A 相相电压对地为零，A 相的集中电容被短路，流过其电容的电流也为零。各线路上的非故障相相电压及电容电流均升高$\sqrt{3}$倍，这些电流均经过接地点流回电源。由式（5-23）可知，电网各处都会出现等值的零序电压，其值等于电源相电动势。

1. 非故障线路保护安装处的各相电流及 3 倍零序电流

以非故障线路 WL_1 为例，由于故障相 A 的对地电压为零，所以流过故障相的电容电流为零，流过非故障相 B、C 上的电容电流$\dot{I}_{B1}$和$\dot{I}_{C1}$同式（5-24），$\dot{I}_{B1}$和$\dot{I}_{C1}$由电源流出，经过母线及线路 WL_1 上的零序保护，再流过集中电容 C_{01}，由接地点经 WL_3 上的零序保护，再

经母线流回电源，所以对于安装在线路 WL_1 上母线出口处的零序电流保护来说，流过保护的零序电流为

$$3\dot{I}_{01} = \dot{I}_{B1} + \dot{I}_{C1} = -j3\omega C_{01}\dot{E}_A \tag{5-26}$$

所以，对于单电源多线路小接地电流系统发生单相接地时，非故障线路的零序保护安装处流过的零序电流为保护线路本身的电容电流，相位超前零序电压90°，其零序功率方向为由母线指向线路，相量关系如图5-12b所示。如果保护为零序电流保护，当流过保护的零序电流大于其动作电流时，保护能够动作。

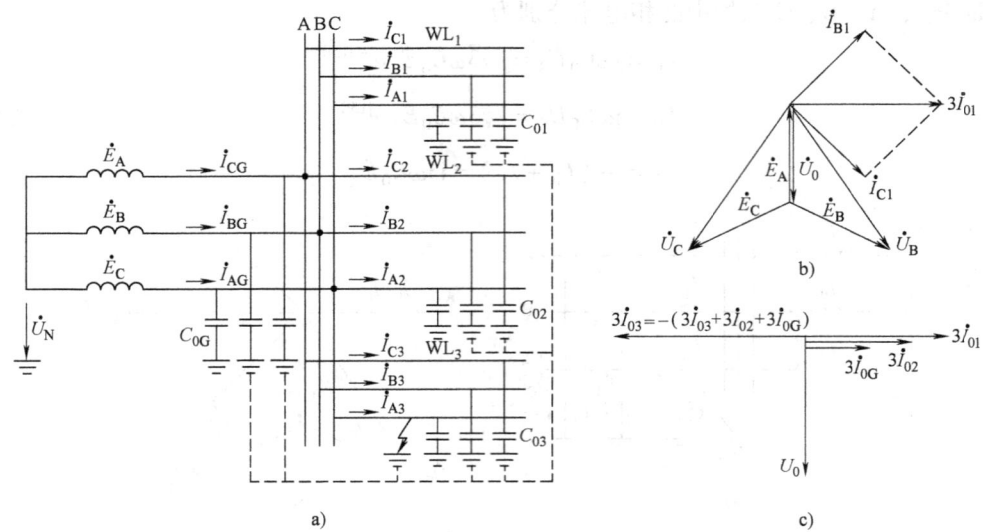

图 5-12 单电源多出口线路中性点不接地电网单相接地时的故障特点
a）网络及电流分布 b）非故障线路 WL_1 电流和电压的相量关系 c）故障线路 WL_3 电流和电压的相量关系

线路 WL_2 也为非故障线路，线路保护安装处的各相电流及3倍零序电流与上述分析一致。

2. 发电机出口线路保护安装处的各相电流及3倍零序电流

发电机回路有集中电容 C_{0G}，在电网 WL_3 线路上 A 相发生单相接地时，发电机回路故障相 A 的电容电流为零，非故障 B、C 相的电容电流不经过安装于母线出口处的零序保护，而是经过接地点、母线，再经过保护安装处流回电源。所以，对发电机线路上的保护来说，非故障相流出各出口线路相应相的电容电流，而故障相则流回各出口线路非故障相及发电机非故障相的电容电流之和，各出口线路流出与流回保护安装处的电容电流的相量和为零，所以流过保护安装处的只剩下发电机回路非故障相的电容电流的值为

$$3\dot{I}_{0G} = \dot{I}_{BG} + \dot{I}_{CG} = -j3\omega C_{0G}\dot{E}_A \tag{5-27}$$

其零序功率方向由母线流向发电机，这个特点与非故障线路一致。

3. 故障线路保护安装处各相电流及3倍零序电流

故障线路 WL_3 上，非故障相的电容电流 $\dot{I}_{B3}$ 和 $\dot{I}_{C3}$ 经接地点、保护安装处、母线流回电源，而故障相要流回全电网 B 相和 C 相的电容电流之和 $\dot{I}_K$，即

$$\dot{I}_K = (\dot{I}_{B1} + \dot{I}_{C1}) + (\dot{I}_{B2} + \dot{I}_{C2}) + (\dot{I}_{B3} + \dot{I}_{C3}) + (\dot{I}_{BG} + \dot{I}_{BC})$$

而流过安装于故障线路母线出口处的零序保护的零序电流为

$$3\dot{I}_{03} = \dot{I}_{A3} + \dot{I}_{B3} + \dot{I}_{C3} = -\dot{I}_K + \dot{I}_{B3} + \dot{I}_{C3} = -(\dot{I}_{B1} + \dot{I}_{C1} + \dot{I}_{B2} + \dot{I}_{C2} + \dot{I}_{BG} + \dot{I}_{CG})$$
$$= -(3\dot{I}_{01} + 3\dot{I}_{02} + 3\dot{I}_{0G}) = -(-j3\omega C_{01} - j3\omega C_{02} - j3\omega C_{0G}) = j3\omega(C_{01} + C_{02} + C_{0G})$$

由此可见,流过故障线路上的保护安装处的零序电流,其数值等于全系统非故障线路的非故障相的电容电流及发电机线路非故障相的电容电流之和,其方向为由线路指向母线,刚好和非故障线路上的零序电流方向相反,滞后于零序电压 90°,相量关系如图 5-12c 所示。

根据以上对单电源单线路及单电源多线路网络发生单相接地时故障特点的分析,可得出如下结论:

(1) 在中性点不接地系统中发生单相接地时,电网各处故障相对地电压为零,非故障相对地电压升高至电网的线电压,电网处处出现零序电压,其大小等于电网正常工作时的电源相电动势。

(2) 流过非故障线路上零序保护的 3 倍零序电流的大小等于本线路非故障相的对地电容电流之和,其方向为从母线指向线路,超前零序电压 90°。

(3) 流过故障线路上零序保护的 3 倍零序电流的大小等于所有非故障线路中的非故障相对地电容电流之和,数值较大,其方向为从线路指向母线,它滞后零序电压 90°。

二、中性点不接地电网的接地保护

由上面得出的结论,可以在中性点不接地电网中构成以下几种保护:

1. 绝缘监视装置

根据中性点接地电网中发生单相接地时,电网中处处会出现零序电压的特点,构成无选择性的接地保护称为绝缘监视装置。

绝缘监视装置由测量和发信两部分组成,其原理接线如图 5-13 所示。在发电厂或变电所的母线上装设三相五柱式电压互感器,共二次侧有两个绕组,一个绕组接成星形,用三只电压表接入各相对地电压,另一个绕组接成开口三角形,在开口处接入一个过电压继电器,反映接地故障时出现的零序电压。

系统正常运行时,电网三相电压对称,没有零序电压,所以三个电压表读数相等,过电压继电器不动作。当系统任一出线发生接地故障时,接地相对地电压为零,而两非故障相对地电压升至相电压的 $\sqrt{3}$ 倍,这可以从三只电压表上指示出来;同时在三角形开口处出现零序电压,过电压继电器动作,给出系统发生接地故障信号。系统运行人员根据信号和电压表指示,可以知道电网已发生接地故障并能判断接地的相别,但不能判断哪条线路发生了接地故障。为了找出故障线路,必须由运行人员依次短时断开各条线

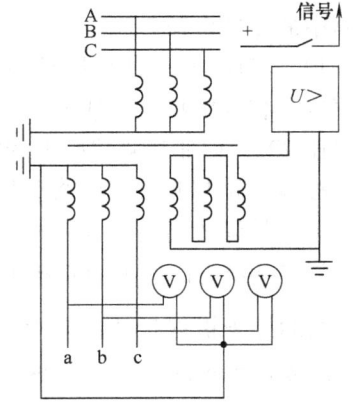

图 5-13 绝缘监视装置

路,并继之以自动重合闸将断开的线路投入。当断开某条线路时,零序电压信号消失,即说明该线路发生了单相接地故障。

绝缘监视装置的动作电压按躲过不平衡电压来整定,一般整定为 15V。

2. 零序电流保护

零序电流保护是根据中性点接地电网中发生单相接地时，故障线路上的零序电流大于非故障线路的特点，构成有选择性的接地保护。在单电源多出口线路中，当出口线路较多时，故障线路上的零序电流大小等于所有非故障相的对地电容电流之和，数值较大，所以按该特点可以构成有选择性的零序电流保护。该种保护发出信号或动作于断路器的跳闸。

零序电流保护一般安装在有条件安装零序电流互感器的线路上，如电缆线路或经电缆引出的架空线路。在电缆线路上采用的零序电流互感器构成零序电流保护的原理接线如图 5-14 所示，互感器的铁心套于一个三相电缆上，其不平衡电流可以大大减小。

当电网中发生单相接地故障时，非故障线路上的零序电流为其本身的电容电流。为了保证零序电流保护的选择性，其动作电流应大于本线路的零序电流，即

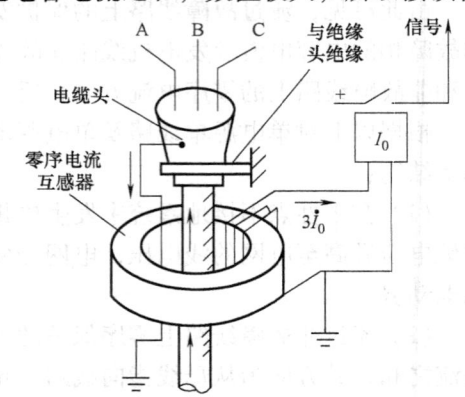

图 5-14 电缆线路的零序电流保护

$$I_{op} = K_{rel} 3I_0$$

根据规程规定，当采用零序电流互感器时，K_{rel} 应大于 1.25；当采用零序电流滤过器时，K_{rel} 应大于 1.5。显然这种保护只有出口线路较多时，才有足够的灵敏度。

在中性点不接地电网中，由于发生单相接地时零序电流很小，所以对零序电流互感器和零序继电器的要求都比较高。在机电型保护中，采用 LJ 型电缆式零序电流互感器与 DD—11 型接地电流继电器配合使用，一次侧动作电流可达 5A 以下。

3. 零序功率方向保护

在中性点不接地电网中，当出口线路较少时，电网中发生单相接地其故障线路与非故障线路中的零序电流差别不大，零序电流保护很难保证选择性。这时可以考虑采用零序功率方向保护。零序功率方向保护是根据电网中发生单相接地短路时，故障线路与非故障线路零序功率方向相反的特点构成的，其中故障线路上的零序功率方向为从线路指向母线，它滞后零序电压 90°，而非故障线路上的零序功率方向从母线指向线路，它超前零序电压 90°。也就是说故障线路与非故障线路上的零序电流在相位上差 180°，因此采用零序功率方向保护可明显区分故障线路与非故障线路，即有选择性地动作。

零序功率方向保护的原理接线如图 5-15 所示。功率方向元件的电流线圈接于被保护线路零序电流互感器的二次回路，即 $\dot{I}_r = 3\dot{I}_0$；电压线圈接于母线电压互感器二次侧开口三角形的输出端，即 $\dot{U}_r = 3\dot{U}_0$。功率方向元件采用正弦型零序功率方向继电器 KWD，其动作方程为

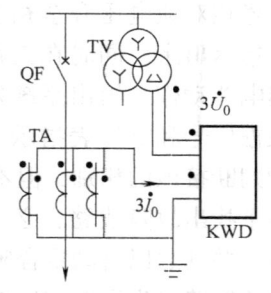

$$|\dot{U}_r \dot{I}_r \sin\varphi_r| \geq 0$$

图 5-15 零序功率方向保护原理接线图

这样当电网发生单相接地故障时，故障线路的 $3\dot{I}_0$ 滞后 $3\dot{U}_0$ 90°，

即 $\varphi_r = 90°$,继电器动作最灵敏。对于非故障线路由于其 $3\dot{I}_0$ 超前 $3\dot{U}_0$ $90°$,即 $\varphi_r = -90°$,继电器可靠不动作,即保护装置具有选择性。

第六节 中性点经消弧线圈接地电网的单相接地保护

一、中性点经消弧线圈接地电网单相接地时电流、电压的特点

在中性点不接地电网发生单相接地时,接地点要流过全系统的对地电容电流,若此电流数值较大时,就会在接地点燃起电弧,以致引起弧光过电压,使非故障线路对地电压进一步升高,因而导致系统中的设备绝缘损坏,使单相接地故障发展为相间故障或多点接地故障,造成停电事故。所以,规程对接地点的电流大小作了限定,即当 22~66kV 电网单相接地时接地点的电容电流总和若大于 10A,10kV 电网大于 20A,3~6kV 电网大于 30A 时,其电源的中性点应经消弧线圈再接地,如图 5-16 所示消弧线圈为 L,这样,当单相接地时,在接地点就有一感性分量电流通过,此感性电流和全系统的总电容电流互相抵消,因此,可以减小通过接地点的电流,从而避免弧光过电压的发生,防止了事故扩大。

在中性点接入消弧线圈以后,单相接地时,通过接地点的总电流 $\dot{I}_K$ 为电感电流与全系统总电容电流的相量和,即

$$\dot{I}_K = \dot{I}_{C\Sigma} + \dot{I}_L$$

式中,$\dot{I}_{C\Sigma}$ 为全系统对地电容电流的总和;$\dot{I}_L$ 为由消弧线圈产生的电感电流,当消弧线圈的电感值为 L 时,由消弧线圈产生的电感电流可计为 $\dot{I}_L = -\dot{E}_A/j\omega L$。

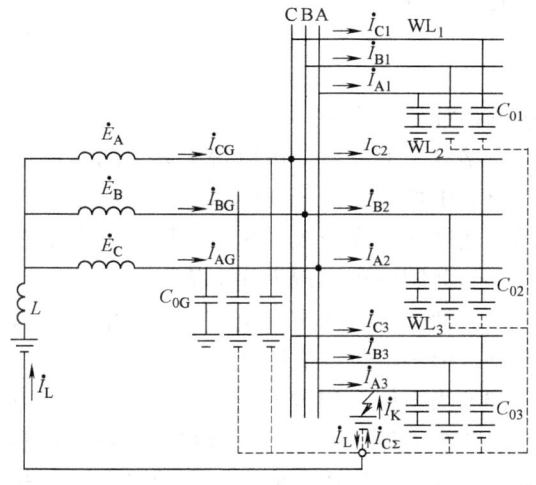

图 5-16 中性点经消弧线圈接地电网单相接地时电流分布

中性点经消弧线圈接地系统单相接地时,流过故障点的电流较小,所以属于非中性点直接接地电网。其电容电流的大小和分布与中性点不接地电网相同,所不同的是在接地点增加了一个感性电流 $\dot{I}_L$,它抵消了一部分电容电流 $\dot{I}_{C\Sigma}$,减小了通过故障点的电流,即使之得到了补偿。根据对电容电流补偿程度的不同,消弧线圈的补偿方式可分如下三种:

1. 完全补偿

完全补偿是指接入消弧线圈后,发生单相接地故障时,流过故障点的电流 $\dot{I}_K = \dot{I}_{C\Sigma} + \dot{I}_L = 0$ 的补偿方式。补偿使接地点的电流近似为零,这从消除故障点的电弧来看是有利的,但从另一方面来看却存在着严重的缺点,因为完全补偿时,$\omega L = \dfrac{1}{3\omega C_\Sigma}$,这正是串联谐振工作的条件。这样,在电网正常运行情况下,若线路三相对地电容不完全相等,电源中性点对地之间会产生一个电压偏移。还有当断路器三相触头未同时闭合时,也会出现一个数值很大的零序

电压分量。上面两种情况发生时所出现的零序电压都串联于由 L 和 $3C_\Sigma$ 所构成的串联谐振回路中。实际上，在串联谐振时回路中会产生很大的电流，该电流在消弧线圈上产生很大的电压降，电源中性点对地电压严重升高，设备的绝缘受到破坏，故不采用这种补偿方式。

2. 欠补偿

欠补偿是使 $I_L < I_{C\Sigma}$ 的补偿方式。采用这种补偿方式后，接地点的电流仍然是容性的，当系统运行方式发生变化时，如某些线路因检修被切除或因短路跳闸时，系统电容电流会减小，致使可能得到完全补偿，所以欠补偿的方式一般也不采用。

3. 过补偿

过补偿是使 $I_L > I_{C\Sigma}$ 的补偿方式。采用这种补偿方式后，接地点的残余电流是感性的，这时即使系统运行方式发生变化，也不会出现串联谐振现象，因此，这种补偿方式得到了广泛的应用。补偿的具体程度，即 $I_L > I_{C\Sigma}$ 的程度，习惯于用补偿度 p 来表示。其关系式用电流的有效值可表示为

$$p = \frac{I_L - I_{C\Sigma}}{I_{C\Sigma}} \times 100\% \tag{5-28}$$

一般选择补偿度为 5% ~ 10%。

根据以上的分析，可以得出如下的结论：

（1）中性点经消弧线圈接地的电网中发生单相接地故障时，故障相对地电压为零，非故障相对地电压升高至线电压，电网处处会出现零序电压，零序电压的大小等于电网电源相电动势，与此同时也出现零序电流。

（2）消弧线圈两端的电压为零序电压，消弧线圈的电流 I_L 流过接地故障点和故障线路的故障点，但不流过非故障线路。

（3）当系统采用过补偿方式时，流经故障线路的零序电流等于本线路的对地电容电流与接地点残余电流之和，其方向和非故障线路零序电流一样，仍然是由母线指向线路，且相位一致，因此无法利用方向来判别故障线路和非故障线路。再者由于补偿度不大，残余电流较小，因而也很难利用电流的大小来判别线路是否发生了故障。

二、中性点经消弧线圈接地电网接地保护方式的考虑

由上述分析可知，在中性点经消弧线圈接地的电网中，一般采用过补偿方式运行，当线路发生单相接地故障时，无法采用零序功率方向保护来选择故障线路，而且由于残余电流不大，采用零序电流保护也很难满足灵敏度的要求。因此，在这类电网中，实现接地保护比较困难，需考虑采用其他原理构成的保护方式。对于单相接地故障，目前考虑采用如下的保护方式。

（一）反映稳态过程的接地保护

1. 绝缘监视装置

该绝缘监视装置与中性点不接地系统的绝缘监视装置的作用原理相同，如图 5-13 所示。

2. 零序电流保护

若中性点经消弧线圈接地的电网发生单相接地故障时，补偿后故障点的残余电流仍较大，能满足选择性和灵敏性的要求时，可以采用零序电流保护。

3. 反映接地电流有功分量的保护

反映接地电流有功分量的保护,其特点是在消弧线圈两端并联一个电阻。在正常运行情况下,电阻由断路器断开;在线路发生接地故障的瞬间短时投入,使接地点产生一个有功分量电流,该有功分量电流作用于余弦型功率方向继电器,并动作,从而实现接地保护,同时有选择性地发出接地信号。保护装置动作后,电阻自动切除。这种保护方式的缺点是,投入电阻时,流过消弧线圈的感性电流减小,从而使接地点的容性电流加大,可能导致故障扩大;同时也还需增加电阻和断路器等一次设备,因此投资较大;而且由于零序电流滤过器的三个电流互感器的特性不同,二次负荷的不平衡、线路参数不平衡等原因,致使正常运行情况下,就有较大的不平衡电流流过继电器,因而易使保护装置误动作。由此可见这种保护方式虽然目前还应用较多,但也并不理想。

4. 反映谐波分量的接地保护

在电力系统的谐波电流中,由于电源电动势中存在谐波分量和负荷的非线性会产生五次谐波分量,并随系统运行方式而变化。在中性点经消弧线圈接地的电网中,五次谐波电容电流不能被消弧线圈补偿,所以可不考虑消弧线圈存在的影响,它在中性点经消弧线圈接地电网中的分布与基波在中性点不接地电网中的分布一致。因此,当发生单相接地故障时,故障线路上的五次谐波零序电流基本上等于非故障线路上的五次谐波电容电流之和,而非故障线路上的五次谐波零序电流基本上等于本身的五次谐波电容电流。在出线较多的情况下,二者差别较大。所以反映五次谐波电流分量的接地保护能灵敏地反映单相接地故障。

(二) 反映暂态过程的接地保护

中性点经消弧线圈接地的电网中,由于故障前系统处于对称状态,中性点对地电压为零,消弧线圈中没有电流通过。当发生单相接地故障时,因消弧线圈是个电感元件,其中电流不能突变,只能由零值缓慢增大。因此,在发生单相接地后暂态过程的初始阶段,消弧线圈并不起作用,如同开路一样,整个系统与中性点不接地系统单相接地时的暂态过程一样。

根据上述单相接地时暂态过程的特点,可以构成反映暂态过程的接地保护。一般反映暂态过程的接地保护方式有如下两种:

(1) 反映暂态电流幅值的接地保护。利用在暂态过程中接地电容电流首半波幅值很大的特点构成零序电流保护,应考虑到暂态过程的迅速衰减,故采用速动继电器,并在起动后实现自保持。

(2) 反映暂态零序电流首半波方向的接地保护。这种保护是应用反映暂态零序电流和暂态零序电压首半波方向的原理构成的。对于辐射形网络,非故障线路始端流过的暂态零序电流和暂态零序电压首半波方向相同;而接地故障线路暂态零序电流和暂态零序电压首半波方向相反。根据暂态零序电流和暂态零序电压首半波方向在故障线路和非故障线路不同的特点,构成了接地保护。

实际应用表明,这些反映暂态零序电流首半波的接地保护都不理想。到目前为止,中性点经消弧线圈接地的电网,还没有十分完善的接地保护,有待于进一步研究。

复习思考题

5-1 大接地电流系统中发生接地故障的基本特征是什么?说明单相接地短路时零序电流和零序电压的分布规律,以及零序功率的定义和方向。为什么说零序电流的大小和分布与变压器中性点接地点的数量和分布有很大的关系？

5-2 大接地电流系统的零序电流保护是如何构成的？画出三段式零序电流保护的原理接线图、时限特性图，说明其整定计算的原则。

5-3 在大接地电流电网中实施零序方向电流保护时，零序功率方向继电器应采用何种接线方式？为什么要将继电器的电压线圈反极性接到零序电压 $3\dot{U}_0$ 上？在保护装置安装点附近发生接地故障时，有没有电压死区？

5-4 试述在中性点不接地系统中发生单相接地故障时，电流、电压变化的特点，绘出相量图及电容电流的分布图加以说明。

5-5 说明零序电流互感器的构造和工作原理，并指出为什么在小接地电流系统中的零序电流保护多采用零序电流互感器而不是零序电流滤过器？

5-6 说明小接地电流系统中零序电流保护的动作电流整定原则及灵敏度的校验方法。

5-7 绘出小接地电流系统零序方向保护的原理接线图，说明其工作原理。

5-8 说明中性点经消弧线圈接地系统中发生单相接地故障时的特点。为什么在这种系统中不能采用一般的零序电流保护和零序功率方向保护？

第六章 输电线路的距离保护

第一节 距离保护的基本原理

三段式电流、电压保护，接线简单、工作可靠，因而在电力系统中被广泛地应用。但随着电力系统的发展，电网的电压等级不断提高，输电距离及传输功率不断增长，系统的运行方式也更加复杂，三段式电流、电压保护在这种电网中应用时难以满足要求。例如，无时限电流速断保护及带时限电流速断保护在运行方式变化频繁的复杂电网中应用时，电流速断保护的保护范围变化较大，有时甚至没有保护范围，其选择性与灵敏性难以保证；而过电流保护应用于长距离、重负荷电网时，其最大负荷电流往往大于线路末端发生相间短路时的短路电流，所以其灵敏性难以满足要求；对于多电源的复杂电网，方向过电流保护的动作时限往往不能按选择性要求来整定，而且靠近电源侧的保护的动作时限较长，不能满足电力系统对保护快速性的要求。

因此，在结构复杂的高压电网中，应采用性能更加完善的保护装置，距离保护就是其中的一种。

一、距离保护的工作原理

所谓距离保护，就是根据保护安装处到短路点之间的距离的远近来确定动作时限的一种继电保护装置。当短路点距离保护安装处越近时，保护装置所感受到的距离越近，保护便以较短的动作时限动作；当短路点距离保护安装处越远时，保护装置所感受到的距离就越远，保护就以较长的动作时限动作。这样，故障点总是由动作时限较短的保护来切除，从而能够保证选择性，如图6-1所示。

距离保护装置的核心元件是距离（阻抗）继电器，它可以根据输入的电压和电流测得保护安装处到故障点的阻抗，此阻抗称为继电器的测量阻抗，测量阻抗的大小能反映故障点到保护安装处的距离。如图6-1a所示，K点短路时，保护1、2的测量阻抗 $Z_{r,1}$ 和 $Z_{r,2}$ 分别为

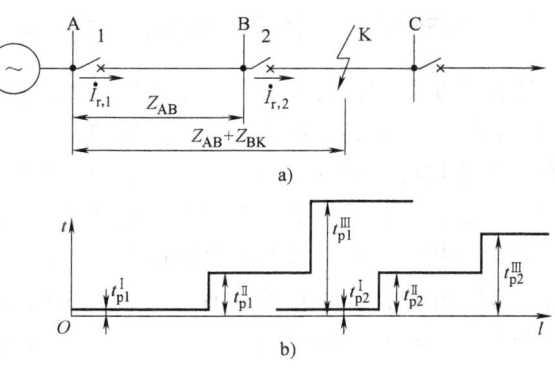

图6-1 距离保护的工作原理
a）网络接线 b）时限特性

$$Z_{r,1} = \frac{\dot{U}_{r,A}}{\dot{I}_{r,1}} = \frac{\dot{I}_{r,1}(Z_{AB}+Z_{BK})}{\dot{I}_{r,1}} = Z_{AB}+Z_{Bk} = Z_1(l_{AB}+l_{BK})$$

$$Z_{r,2} = \frac{\dot{U}_{r,B}}{\dot{I}_{r,2}} = \frac{\dot{I}_{r,2} Z_{BK}}{\dot{I}_{r,2}} = Z_{BK} = Z_1 l_{BK}$$

式中，$\dot{U}_{r,A}$ 为母线 A 处保护 1 的相测量电压；$\dot{U}_{r,B}$ 为母线 B 处保护 2 的相测量电压；$\dot{I}_{r,1}$ 为母线 A 处保护 1 的相测量电流；$\dot{I}_{r,2}$ 为母线 B 处保护 2 的相测量电流；Z_{AB} 为线路 AB 的线路阻抗；Z_{BK} 为母线 B 至短路点 K 之间线路的线路阻抗；Z_1 为单位线路（km）的线路正序阻抗；l_{AB} 为母线 AB 间的线路距离；l_{BK} 为母线 B 到短路点 K 之间的线路距离。

可见，当短路点距离保护安装处越近时，测量阻抗越小；当短路点距离保护安装处越远时，测量阻抗越大。即测量阻抗的大小反映了短路点到保护安装处的距离。通过测量故障点至保护安装处的阻抗，就可以算出故障点至保护安装处的距离。因此，由测量阻抗的大小和相位即可判断短路点的位置，从而决定保护装置是否应该动作。如果规定从保护安装处为起点的某一阻抗所对应的范围为保护区（该保护区与运行方式无关），取对应的线路阻抗为保护的整定阻抗，即可将保护的测量阻抗与保护的整定阻抗进行比较：当测量阻抗小于整定阻抗时，说明短路点在保护范围内，保护装置动作；当测量阻抗大于整定阻抗时，说明短路点在保护范围之外，保护装置不动作。保护之间的配合可利用动作时限，保护的测量阻抗越小其动作时限越短。如图 6-1a 所示电网，在 K 点发生短路时，由于短路点距离保护 1 较远，而距离保护 2 较近，所以保护 2 的动作时限比保护 1 的动作时限短，这样，故障将由保护 2 来切除，而保护 1 不会误动作。这种选择性的配合，是依靠选择各保护的阻抗整定值和动作时限来保证的。

当距离保护应用于多电源复杂电网时，对于距离保护装置的核心元件阻抗继电器来说，为了保证有选择的动作，不但需要测量保护安装处到故障点的阻抗，还需要能判断故障点的方向，在实际应用中的距离保护是具有这种功能的。

值得注意的是，与电流保护不同，距离保护的测量元件是在测量阻抗小于整定阻抗时动作，所以距离保护为欠量保护。

二、距离保护的时限特性及阻抗整定

距离保护的动作时限与保护安装处至短路点之间的距离的关系 $t = f(l)$，称为距离保护的时限特性。为了满足速动性、选择性和灵敏性的要求，目前广泛应用具有三段动作范围的阶段式时限特性，如图 6-1b 所示。距离保护采用三段式保护，分别称为距离保护 I、II、III 段，保护之间的配合关系与三段式电流保护相似。

距离保护 I 段的动作时限是瞬时的，其动作时限为 t_{p1}^{I}，为保护的固有动作时限。以保护 1 为例，距离保护 I 段本应保护线路 AB 的全长，然而实际上却是不可能的，因为线路 BC 出口处短路时，保护 1 上的距离保护 I 段不应动作，为此，其动作阻抗必须躲过这一点至保护安装处的线路阻抗 Z_{AB}，即 $Z_{op1}^{I} < Z_{AB}$；考虑阻抗继电器和电流、电压互感器的误差，引入可靠系数 K_{rel}^{I}，一般取 $0.8 \sim 0.85$，则

$$Z_{op1}^{I} = K_{rel}^{I} Z_{AB} \tag{6-1}$$

按式（6-1）进行阻抗整定后，距离保护 I 段就只能保护线路的 $80\% \sim 85\%$，剩余的部分由距离保护 II 段进行保护，它的保护范围不超过下一段线路上距离保护 I 段的保护范围，

其动作时限 t_{p1}^{II} 比下一段线路的距离保护 I 段的动作时限 t_{p2}^{I} 长一个时间阶梯 Δt，以保证选择性。例如，在图 6-1a 所示单侧电源电网中，当保护 2 上的距离保护 I 段的保护范围末端发生短路时，保护 1 的测量阻抗 $Z_{m,1} = Z_{AB} + Z_{op2}^{I}$，引入可靠系数 $K_{rel}^{II} = 0.8$，则保护 1 距离保护 II 段的动作阻抗为

$$Z_{op1}^{II} = K_{rel}^{II}(Z_{AB} + Z_{op2}^{I}) \tag{6-2}$$

距离保护 I 和 II 段联合工作构成线路的主保护。

对距离保护 III 段整定值的考虑与过电流保护相似，其动作阻抗要按躲过正常运行时的负荷阻抗来选择，其保护范围为本段及下一段线路的全长，它可以作为本段线路的近后备保护与下一段线路的远后备保护。为了保证选择性，其动作时限按时间阶梯的原则进行整定，即比下一段线路的距离保护 III 段的动作时限长一个时间阶梯 Δt。

三、三段式距离保护的基本构成

一般情况下，距离保护装置由起动元件、方向元件、测量元件、时间元件、出口执行元件等构成，其单相原理接线如图 6-2 所示。

1. 起动元件

来自电压互感器与电流互感器的电压 $\dot{U}_r$ 和电流 $\dot{I}_r$ 接入起动元件，起动元件的作用是在发生故障的瞬间起动整套保护装置，并与测量元件组成与门，起动出口回路动作于跳闸，以提高保护装置的可靠性，在本原理图中还同时兼做距离保护 III 段的测量元件。当系统正常运行时，该起动元件不动作，整套保护装置不投入运行；当系统发生故障时，起动元件立即起动，使整套保护装置投入工作。起动元件可采用电流继电器（图 6-2 中的 KA）或阻抗继电器，也可采用反映负序电流、零序电流或其增量的元件等。

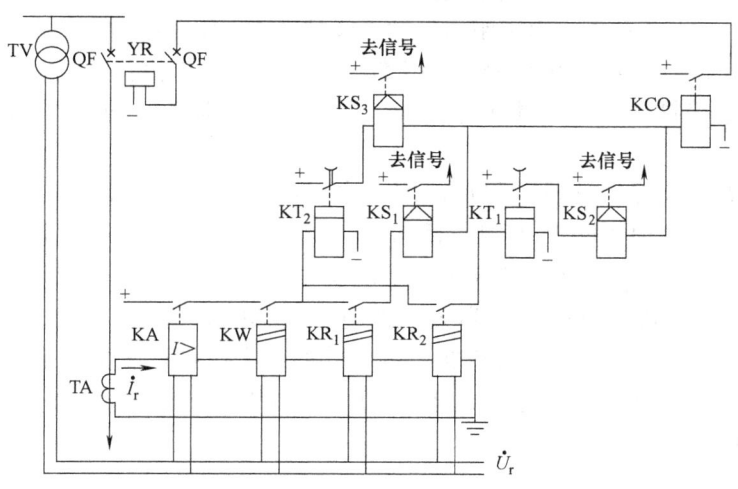

图 6-2 三段式距离保护单相原理接线图

2. 方向元件

方向元件可采用功率方向继电器 KW，当测量元件采用具有方向性的方向阻抗继电器时，则方向元件可省去。方向元件的作用是判别发生故障时短路功率的方向，当故障点发生在保护的正方向时动作，发生在保护的反方向时不动作。

3. 测量元件

测量元件通常采用阻抗继电器（图 6-2 中的 KR_1、KR_2 分别为距离保护Ⅰ、Ⅱ段的测量元件）。测量元件的作用是测量故障点至保护安装处的阻抗，并与整定阻抗进行比较，确定保护是否动作，它是阻抗保护的核心元件。早期的阻抗保护装置中的测量元件一般为整流型阻抗元件、晶体管型阻抗元件、集成电路型阻抗元件等。

4. 时间元件

时间元件通常采用时间继电器（图 6-2 中的 KT_1、KT_2 分别为距离保护Ⅱ、Ⅲ段时间元件），时间元件的作用是为距离保护Ⅱ、Ⅲ段建立必要的动作时限，以保证保护动作的选择性。距离保护Ⅱ、Ⅲ段的测量元件动作后，将延时相应的时限 $t^{Ⅱ}$、$t^{Ⅲ}$ 后动作断路器的跳闸。在保护跳闸回路都串联有信号继电器（图 6-2 中的 KS_1、KS_2、KS_3 分别为距离保护Ⅰ、Ⅱ、Ⅲ段的信号元件），用于指示保护跳闸。

5. 出口执行元件

保护逻辑元件动作后，保护出口执行元件（图 6-2 中的 KCO）执行跳开断路器的任务，出口执行元件的触点容量很大，能够满足跳开断路器时流过的强大电流。

图 6-2 中，电流互感器 TA 的二次电流流过电流继电器 KA、功率方向继电器 KW、阻抗继电器 KR_1、KR_2，作为测量电流；功率方向继电器 KW、阻抗继电器 KR_1、KR_2 的测量电压取自电压互感器 TV 的二次侧。

当电力系统正常运行时，所有元件均无输出，保护装置不动作。当发生短路故障时，起动元件 KA 动作，如果故障点在保护的正方向，方向元件 KW 也动作，控制母线上的正电源经它们的闭合触点加到阻抗继电器 KR_1 和 KR_2 的触点上，为距离保护Ⅱ、Ⅲ段动作做好准备；并使时间继电器 KT_2 线圈得电，距离保护Ⅲ段开始计时。

若故障发生在距离保护Ⅰ段的保护范围之内，距离保护Ⅰ、Ⅱ段的测量元件 KR_1、KR_2 因其测量阻抗 $Z_r < Z_{set}$ 而动作，由于距离保护Ⅰ段的动作时限是瞬时的，所以 KR_1 触点闭合后，控制母线正电源经信号继电器 KS_1 的线圈，立即起动出口执行元件 KCO，瞬时发出跳闸脉冲。跳闸后故障被切除，测量继电器 KR_2 及时间继电器 KT_1 均返回，保护装置恢复到原来状态。

若故障发生在距离保护Ⅱ段的保护范围之内（假设故障点在距离保护Ⅰ段范围之外，如被保护线路末端，此时 KR_1 因其测量阻抗 $Z_r > Z_{set}$ 不动作），距离保护Ⅱ段的测量元件 KR_2 因其测量阻抗 $Z_r < Z_{set}$ 而动作，起动时间继电器 KT_1，KT_1 经延时 $t^{Ⅱ}$ 后触点闭合，控制母线正电源经 KT_1 延时闭合触点、信号继电器 KS_2 的线圈，起动出口执行元件 KCO，发出跳闸脉冲。

若故障发生在距离保护Ⅰ、Ⅱ段保护范围之外的距离保护Ⅲ段保护范围之内，则 KR_1、KR_2 均不动作，只有 KA、KW 动作，起动 KT_2，经 $t^{Ⅲ}$ 延时闭合后，起动出口执行元件 KCO，发出跳闸脉冲。

第二节 阻抗继电器

阻抗继电器是距离保护的核心元件，其主要作用是测量短路点到保护安装处之间的阻抗，并与整定阻抗进行比较，以确定继电器是否应该动作。

阻抗继电器根据其构造原理不同，可分为电磁型、感应型、整流型、晶体管型、集成电路型和微机型；根据比较原理不同，可分为幅值比较式和相位比较式两大类；根据输入量的不同可分为单相式和多相式两种。

本节主要讨论单相式阻抗继电器。

单相式阻抗继电器是指加入继电器的只有一个电压 $\dot{U}_r$（可以是相电压或线电压）和一个电流 $\dot{I}_r$（可以是相电流或两相电流之差）的阻抗继电器，$\dot{U}_r$ 和 $\dot{I}_r$ 的比值称为继电器的测量阻抗 Z_r，即

$$Z_r = \frac{\dot{U}_r}{\dot{I}_r}$$

由于 Z_r 可以写成 $R+jX$ 的复数形式，所以可以利用复数平面来分析阻抗继电器的动作特性。

与单相式阻抗继电器相对应的多相补偿式阻抗继电器则是一种多相式继电器，加入继电器几个相的补偿电压。它的主要优点是可反映不同相别组合的相间接地短路，但由于加入继电器的不是单一的电压和电流，因此不能利用测量阻抗的概念来分析它的特性，必须结合给定的系统、给定的短路点和给定的故障类型对其动作特性进行具体分析。

一、构成阻抗继电器的基本原则

被保护线路发生故障时，阻抗继电器输入故障电流经过电流互感器 TA 输出的二次值 $\dot{I}_r$ 及保护安装处母线残余电压经过电压互感器输出的二次值 $\dot{U}_r$，如图 6-3 所示。

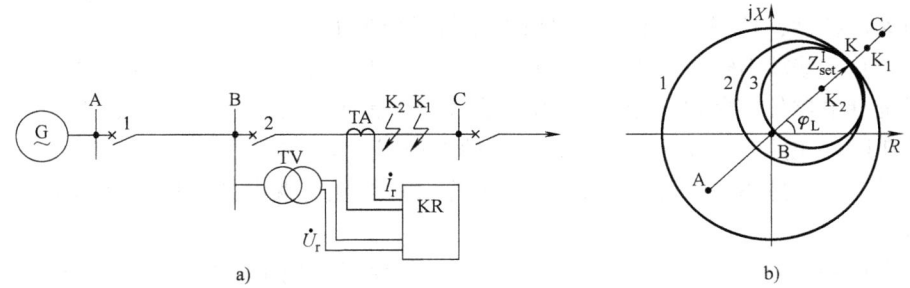

图 6-3 用复数平面分析阻抗器的动作特性
a）接线图 b）被保护线路的测量阻抗及动作特性

以图 6-3a 中线路 BC 的保护 2 为例，将阻抗继电器的测量阻抗画在复数阻抗平面上，如图 6-3b 所示。以母线 B 位于坐标原点，距离保护 2 的正方向线路 BC 的测量阻抗位于第一象限内，反方向线路 BA 的测量阻抗位于第三象限内，正方向线路的测量阻抗与 R 轴之间的角度为线路阻抗角 φ_L。对保护 2 的距离保护 I 段来说，其动作阻抗 $Z_{set}^I = 0.85 Z_{BC}$，阻抗继电器的动作特性就包括 $0.85 Z_{BC}$ 以内的阻抗，即当保护的测量阻抗小于 $0.85 Z_{BC}$ 时，阻抗继电器能够动作。

电力系统正常运行时，母线 B 上的电压为额定电压 $\dot{U}_N$，线路上流过的电流为负荷电流 $\dot{I}_L$，阻抗继电器上所感受到的测量阻抗 Z_r 为

$$Z_r = \frac{\dot{U}_r}{\dot{I}_r} = \frac{\dot{U}_N/K_U}{\dot{I}_L/K_I} = Z_N$$

在 K_1 点发生短路故障时，K_1 位于被保护范围之外，母线 B 上的残余电压为 $\dot{U}_{rem,K_1}$，线路上流过的短路电流为 $\dot{I}_{sc,K_1}$，阻抗继电器上所感受到的测量阻抗 Z_r 为

$$Z_r = \frac{\dot{U}_r}{\dot{I}_r} = \frac{\dot{U}_{rem,K_1}/K_U}{\dot{I}_{sc,K_1}/K_I} = Z_{K_1}$$

在 K_2 点发生短路故障时，K_2 位于被保护范围之内，母线 B 上的残余电压为 $\dot{U}_{rem,K_2}$，线路上流过的短路电流为 $\dot{I}_{sc,K_2}$，阻抗继电器上所感受到的测量阻抗 Z_r 为

$$Z_r = \frac{\dot{U}_r}{\dot{I}_r} = \frac{\dot{U}_{rem,K_2}/K_U}{\dot{I}_{sc,K_2}/K_I} = Z_{K_2}$$

若阻抗继电器的整定阻抗为 Z_{set}（等于被保护范围的线路阻抗乘以 K_I/K_U），由图 6-3 分析，阻抗继电器应能做到：

正常运行时，$Z_N > Z_{set}$，阻抗继电器 KR 不动作；

保护范围外部故障时，$Z_{K_1} > Z_{set}$，阻抗继电器 KR 不动作；

保护范围内部故障时，$Z_{K_2} < Z_{set}$，阻抗继电器 KR 动作。

阻抗继电器的动作特性是用阻抗继电器动作范围的图形来表示的，而动作方程是阻抗继电器动作范围的数学表达式。根据上面的分析，阻抗继电器在特定条件下的动作方程为 $Z_r < Z_{set}$，其动作特性为一条直线，如图 6-3b 所示的线段 BK 是保护 2 距离保护 I 段的阻抗继电器的动作特性，这里的线段 BK 被称为阻抗继电器的动作区。

但是，具有线段 BK 动作特性的阻抗继电器不能用于实际工程，因为即使是区内金属短路时，阻抗继电器的实际测量阻抗 Z_r 由于某些原因也不可能落在直线上，因而阻抗继电器非常容易在区内短路时而拒绝动作。Z_r 不能落在线段 BK 上的原因有

（1）经电压互感器 TV 和电流互感器 TA 等引入至阻抗继电器的电压和电流将产生幅值和相位差。

（2）当短路故障为带过渡电阻 R_g 的非金属性短路时，测量阻抗 $Z_r = Z_K + R_g$，Z_K 为保护安装处到短路点的线路阻抗。

为了减小过渡电阻以及互感器误差的影响，应该尽量简化阻抗继电器的接线，并便于制造和调试，通常将阻抗继电器的动作特性扩大为一个圆，如图 6-3b 所示。其中，1 为全阻抗继电器的动作特性；2 为偏移阻抗继电器的动作特性；3 为方向阻抗继电器的动作特性。阻抗继电器除了这些圆形动作特性外，还有椭圆形、苹果形、和四边形等特性。由于圆特性阻抗继电器易于实现，接线简单，故应用较多。

阻抗继电器在距离保护中作为测量元件应满足下列基本要求：

（1）在被保护线路上发生直接短路时，继电器的测量阻抗应正比于保护安装处至短路点之间的距离。

（2）在保护的正方向保护范围外部短路时不应超越动作。超越是指阻抗继电器在保护正方向区外发生短路时的误动作，并有稳态超越、暂态超越之分。稳态超越简称为超越，即只

要保护范围外部短路存在，继电器就处于动作状态，稳态超越是由短路的过渡电阻引起的。暂态超越是指继电器仅在短路的暂态过程中误动作，暂态过程结束继电器就返回。

（3）应有明确的方向性。正方向出口短路时应无死区，反方向短路时不应误动作。

（4）在保护区经过渡电阻短路时应能动作，但单相经高阻接地故障时，接地阻抗继电器不必动作，由零序过电流保护切除故障，应当是允许的。

（5）在最大负荷（即最小负荷阻抗）下不动作。

（6）不受系统振荡的影响。

二、阻抗继电器的动作方程

阻抗继电器的动作方程有两种表达形式，即比较两个量大小的幅值比较原理表达式和比较两个量相位的相位比较原理表达式，分别称为幅值比较动作方程和相位比较动作方程。

1. 幅值比较原理

阻抗继电器按两个电气量的幅值进行比较的原理如图 6-4a 所示，输入阻抗继电器的电压 $\dot{U}_r$ 和电流 $\dot{I}_r$ 通过电压形成回路得到两个幅值比较量 $\dot{U}_A$ 和 $\dot{U}_B$，这两个量为交流电量，要对其幅值进行比较，需经过整流、滤波电路得到它们的幅值电量 $|\dot{U}_A|$ 和 $|\dot{U}_B|$，即直流电量。对 $|\dot{U}_A|$ 和 $|\dot{U}_B|$ 进行比较，设 $|\dot{U}_A|$ 为动作量，$|\dot{U}_B|$ 为制动量时，要使阻抗继电器动作，需要满足继电器的动作方程：

$$|\dot{U}_A| \geqslant |\dot{U}_B| \tag{6-3}$$

阻抗继电器的动作特性不同，用于比较的两个电气量 $\dot{U}_A$ 和 $\dot{U}_B$ 也不同，相应的继电器电压形成回路也不同，但其比较原理是相同的。

2. 相位比较原理

阻抗继电器按两个电气量的相位进行比较的原理如图 6-4b 所示，输入阻抗继电器的电压 $\dot{U}_r$ 和电流 $\dot{I}_r$ 通过电压形成回路得到两个相位比较电气量 $\dot{U}_C$ 和 $\dot{U}_D$，这两个量为交流电量，对其相位直接进行比较，要使阻抗继电器动作，需要满足继电器的动作方程：

$$-90° \leqslant \arg \frac{\dot{U}_C}{\dot{U}_D} \leqslant 90° \tag{6-4}$$

阻抗继电器的动作特性不同，用于比较的两个电气量 $\dot{U}_C$ 和 $\dot{U}_D$ 也不同，相应的继电器电压形成回路也不同，但其比较原理是相同的。

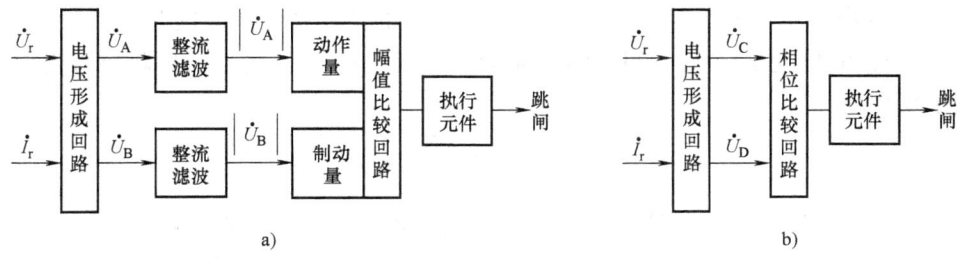

图 6-4　阻抗继电器的电气比较原理
a）幅值比较　b）相位比较

(一) 全阻抗继电器

全阻抗继电器的动作特性是以阻抗继电器的安装点为原点，以整定阻抗 Z_{set} 的大小为半径的一个平面圆，如图 6-5 所示。当阻抗继电器的测量阻抗 Z_r 落在圆内时，继电器动作，即圆内的范围为动作区，圆外为非动作区；当落在圆周上时，继电器刚好动作，此时对应的测量阻抗为阻抗继电器的动作阻抗 Z_{op}。由于动作区是一个圆，因此，不论加入继电器的电压与电流之间的相位角 φ_r 为多大，继电器的动作阻抗在数值上都等于整定阻抗，即 $|Z_{op}|=|Z_{set}|$。具有这种动作特性的继电器称为全阻抗继电器。全阻抗继电器没有方向性，即当在保护的反方向上短路时，继电器测得的阻抗在数值上小于整定阻抗值时，继电器也会动作。

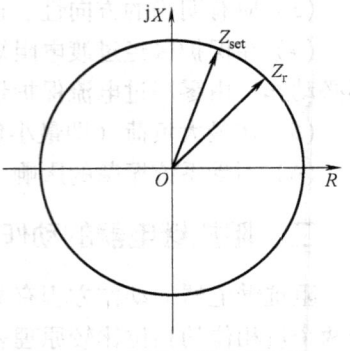

图 6-5 全阻抗继电器幅值比较的动作特性

1. 全阻抗继电器幅值比较的动作方程

如图 6-5 所示，当阻抗继电器的测量阻抗 Z_r 在数值上小于其整定阻抗 Z_{set} 时，继电器动作，即继电器的幅值比较动作方程为

$$|Z_r| \leq |Z_{set}|$$

在上式的两边同时乘以阻抗继电器的输入电流 $\dot{I}_r$，由于 $\dot{U}_r = Z_r \dot{I}_r$，所以上式可转化为

$$|\dot{U}_r| \leq |Z_{set} \dot{I}_r| \tag{6-5}$$

以 $Z_{set} = \dfrac{K_I}{K_U}$ 代入式 (6-5)，可得

$$|K_U \dot{U}_r| \leq |K_I \dot{I}_r| \tag{6-6}$$

式 (6-6) 的两边为进行幅值比较的两个电气量：

动作量 $\qquad\qquad\qquad \dot{U}_A = K_I \dot{I}_r$

制动量 $\qquad\qquad\qquad \dot{U}_B = K_U \dot{U}_r$

这两个量可分别利用电压变换器、电抗变换器来获得。

2. 全阻抗继电器相位比较的动作方程

当测量阻抗 Z_r 落在阻抗继电器的动作特性圆圆周上时，向量 $Z_r + Z_{set}$ 超前向量 $Z_r - Z_{set}$ 的角度 $\theta = 90°$，阻抗继电器处于临界动作状态，如图 6-6a 所示；当测量阻抗 Z_r 落在阻抗继电器的动作特性圆圆外时，向量 $Z_r + Z_{set}$ 超前向量 $Z_r - Z_{set}$ 的角度 $\theta < 90°$，阻抗继电器不动作，如图 6-6b 所示；当测量阻抗 Z_r 落在阻抗继电器的动作特性圆圆内时，向量 $Z_r + Z_{set}$ 超前向量 $Z_r - Z_{set}$ 的角度 $\theta > 90°$，阻抗继电器动作，如图 6-6c 所示。所以阻抗继电器的动作方程也可表示为

$$-90° \leq \arg \frac{Z_r + Z_{set}}{Z_r - Z_{set}} \leq 90°$$

当测量阻抗 Z_r 超前整定阻抗 Z_{set} 时，向量 $Z_r + Z_{set}$ 滞后向量 $Z_r - Z_{set}$，此时 θ 为负值。当 Z_r 落在圆上时，$\theta = -90°$；当 Z_r 落在圆内时，$\theta > -90°$；当 Z_r 落在圆外时，$\theta < -90°$。上式仍满足。以下分析与具有圆特性的其他阻抗继电器的情况相同。

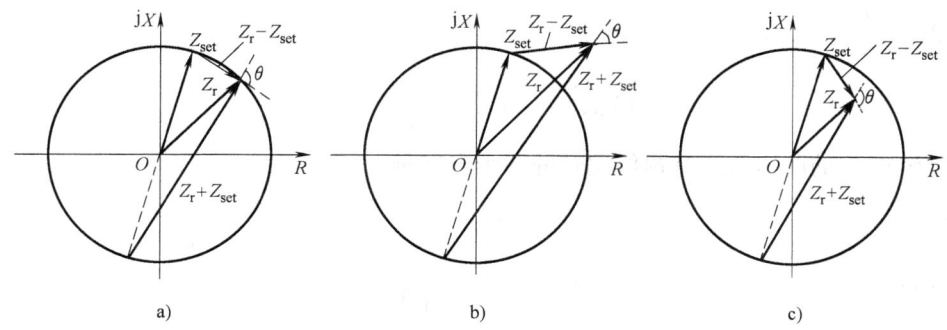

图 6-6 全阻抗继电器相位比较的动作特性
a) $\theta = 90°$ b) $\theta < 90°$ c) $\theta > 90°$

将上式的两个向量分别乘以阻抗继电器的输入电流 $\dot{I}_r$,由于 $\dot{U}_r = Z_r \dot{I}_r$,则得

$$-90° \leqslant \arg \frac{\dot{U}_r + \dot{I}_r Z_{set}}{\dot{U}_r - \dot{I}_r Z_{set}} \leqslant 90° \tag{6-7}$$

以 $Z_{set} = \dfrac{K_I}{K_U}$ 代入式(6-7),可得

$$-90° \leqslant \arg \frac{K_U \dot{U}_r + K_I \dot{I}_r}{K_U \dot{U}_r - K_I \dot{I}_r} \leqslant 90° \tag{6-8}$$

由式(6-8)可得到阻抗继电器进行相位比较的两个电气量:

$$\dot{U}_C = K_U \dot{U}_r + K_I \dot{I}_r$$

$$\dot{U}_D = K_U \dot{U}_r - K_I \dot{I}_r$$

(二)方向阻抗继电器

在距离保护中若采用全阻抗继电器作为测量元件,则为了判别故障的方向还必须加一个方向元件——功率方向继电器。方向阻抗继电器即能测量阻抗,也具有判别故障点方向的作用,因而使用比较方便。

方向阻抗继电器的动作特性圆以继电器的整定阻抗 Z_{set} 为直径,圆周经过坐标原点的圆,如图 6-7 所示,圆内为动作区,圆外为非动作区,第三象限没有动作区。当保护安装处正方向故障时,测量阻抗 Z_r 位于第一象限,只要 Z_r 落在圆内,继电器就会动作。而保护安装处反方向故障时,Z_r 位于第三象限,不可能落在圆内,继电器不能动作,故该继电器的动作具有方向性。

1. 方向阻抗继电器幅值比较的动作方程

方向阻抗继电器幅值比较的动作特性可用图 6-7a 分析。根据图 6-7a,Z_r 落在圆内时继电器动作,可以得到幅值比较的阻抗继电器动作方程为

$$\left| Z_r - \frac{1}{2} Z_{set} \right| \leqslant \left| \frac{1}{2} Z_{set} \right| \tag{6-9}$$

在式(6-9)两边同时乘以阻抗继电器的输入电流 $\dot{I}_r$,由于 $\dot{U}_r = Z_r \dot{I}_r$,所以上式可转化为

$$\left| \dot{U}_r - \frac{1}{2} \dot{I}_r Z_{set} \right| \leqslant \left| \frac{1}{2} \dot{I}_r Z_{set} \right| \tag{6-10}$$

以 $Z_{set} = \dfrac{K_I}{K_U}$ 代入式 (6-10)，可得

$$\left| K_U \dot{U}_r - \dfrac{1}{2} K_I \dot{I}_r \right| \leqslant \left| \dfrac{1}{2} K_I \dot{I}_r \right| \tag{6-11}$$

式 (6-11) 的两边为进行幅值比较的两个电气量：

动作量 $\quad\quad\quad\quad\quad\quad\quad\quad \dot{U}_A = \dfrac{1}{2} K_I \dot{I}_r$

制动量 $\quad\quad\quad\quad\quad\quad\quad\quad \dot{U}_B = K_U \dot{U}_r - \dfrac{1}{2} K_I \dot{I}_r$

2. 方向阻抗继电器相位比较的动作方程

方向阻抗继电器用相位比较方式分析如图 6-7b 所示，当 Z_r 位于圆周上时，阻抗 Z_r 与 $Z_r - Z_{set}$ 之间的相位差 $\theta = 90°$，类似于对全阻抗继电器的分析，同样可以证明继电器的动作条件为

$$-90° \leqslant \arg \dfrac{Z_r}{Z_r - Z_{set}} \leqslant 90°$$

将上面的两个向量分别乘以阻抗继电器的输入电流 $\dot{I}_r$，由于 $\dot{U}_r = Z_r \dot{I}_r$，则得

$$-90° \leqslant \arg \dfrac{\dot{U}_r}{\dot{U}_r - \dot{I}_r Z_{set}} \leqslant 90° \tag{6-12}$$

以 $Z_{set} = \dfrac{K_I}{K_U}$ 代入式 (6-12)，可得

$$-90° \leqslant \arg \dfrac{K_U \dot{U}_r}{K_U \dot{U}_r - K_I \dot{I}_r} \leqslant 90° \tag{6-13}$$

由式 (6-13) 可得到进行相位比较的两个电气量：

$$\dot{U}_C = K_U \dot{U}_r$$

$$\dot{U}_D = K_U \dot{U}_r - K_I \dot{I}_r$$

图 6-7 所示的方向阻抗继电器在实际应用中性能是不完善的，突出的问题是在保护安装处正方向附近发生金属性短路时，由于 $\dot{U}_r \approx 0$，不等式 $\left| Z_r - \dfrac{1}{2} Z_{set} \right| < \left| \dfrac{1}{2} Z_{set} \right|$ 不能成立，故继电器不能动作。由于短路时加在继电器上的残余电压太低，使继电器不能动作的区域称为

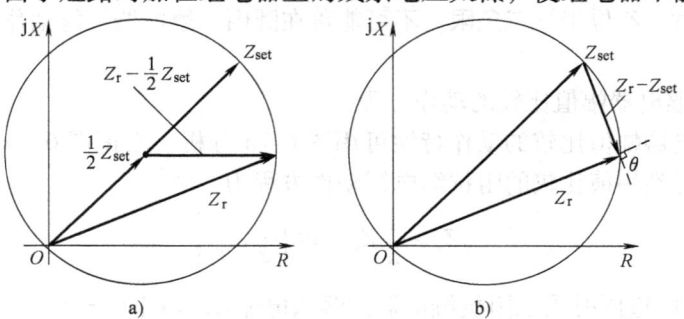

图 6-7 方向阻抗继电器的动作特性
a) 幅值比较　b) 相位比较

"电压死区"。方向阻抗继电器具有电压死区，是其最大的缺点。

（三）偏移阻抗继电器

为了消除方向阻抗继电器的电压死区而且又具有一定的方向性，还常采用一种动作特性介于全阻抗继电器和方向阻抗继电器之间的偏移阻抗继电器，如图 6-8 所示。该继电器正方向的整定阻抗仍为 Z_{set}，但特性圆不再经过坐标原点，它向反方向（第三象限）偏移 $|\alpha Z_{set}|$，用阻抗的向量表示为 $-\alpha Z_{set}$，这样就将原点包括在动作特性圆内，从而消除了方向阻抗继电器的电压死区。α 称为偏移度，其值在 0~1 之间，并常以百分数表示。偏移阻抗继电器特性圆的直径为 $|Z_{set} + \alpha Z_{set}|$，圆心坐标为 $Z_0 = \frac{1}{2}(Z_{set} - \alpha Z_{set})$，圆的半径为 $|Z_{set} - Z_0| = \left|\frac{1}{2}(Z_{set} + \alpha Z_{set})\right|$。偏移阻抗继电器的动作阻抗 Z_{op} 既与 φ_r 有关，但又无完全的方向性。

偏移阻抗继电器的动作特性介于方向阻抗继电器和全阻抗继电器之间，当 $\alpha = 0$ 时，即为方向阻抗继电器；当 $\alpha = 1$ 时，即为全阻抗继电器。实际应用中，常取 $\alpha = 10\% \sim 20\%$，用以消除电压死区。α 不宜过大，否则反方向保护范围太长，不好配合。一般反方向保护范围不超过反方向断路器上所装保护装置距离保护 I 段的保护范围，同时使保护的动作时限大于反方向距离保护 I 段的动作时限一个时间阶梯，这必然使动作时限延长，不能满足距离保护 I 段的瞬时动作要求，因此偏移阻抗继电器不能作距离保护 I 段的测量元件。

1. 偏移阻抗继电器幅值比较的动作方程

偏移阻抗继电器幅值比较的动作特性可用图 6-8a 分析。根据图 6-8a，Z_r 落在圆内时继电器动作，可以得到幅值比较的阻抗继电器动作方程为

$$|Z_r - Z_0| \leq |Z_{set} - Z_0|$$

将 $Z_0 = \frac{1}{2}(Z_{set} - \alpha Z_{set}) = \frac{1-\alpha}{2}Z_{set}$ 代入上式得

$$\left|Z_r - \frac{1-\alpha}{2}Z_{set}\right| \leq \left|Z_{set} - \frac{1-\alpha}{2}Z_{set}\right| \tag{6-14}$$

在式（6-14）两边同时乘以阻抗继电器的输入电流 $\dot{I}_r$，由于 $\dot{U}_r = Z_r \dot{I}_r$，上式可转化为

$$\left|\dot{U}_r - \frac{1-\alpha}{2}\dot{I}_r Z_{set}\right| \leq \left|\frac{1+\alpha}{2}\dot{I}_r Z_{set}\right| \tag{6-15}$$

以 $Z_{set} = \frac{K_I}{K_U}$ 代入式（6-15），可得

$$\left|K_U \dot{U}_r - \frac{1-\alpha}{2}K_I \dot{I}_r\right| \leq \left|\frac{1+\alpha}{2}K_I \dot{I}_r\right| \tag{6-16}$$

式（6-16）的两边为进行幅值比较的两个电气量：

动作量 $\quad\quad\quad\quad\quad\quad\quad\quad \dot{U}_A = \frac{1+\alpha}{2}K_I \dot{I}_r$

制动量 $\quad\quad\quad\quad\quad\quad\quad\quad \dot{U}_B = K_U \dot{U}_r - \frac{1-\alpha}{2}K_I \dot{I}_r$

2. 偏移阻抗继电器相位比较的动作方程

偏移阻抗继电器用相位比较方式分析如图 6-8b 所示，当 Z_r 位于圆周上时，向量 $Z_r +$

αZ_{set} 与 $Z_r - Z_{\text{set}}$ 之间的相位差 $\theta = 90°$，同样可以证明继电器的动作条件为

$$-90° \leqslant \arg \frac{Z_r + \alpha Z_{\text{set}}}{Z_r - Z_{\text{set}}} \leqslant 90°$$

将上面的两个相量分别乘以阻抗继电器的输入电流 $\dot{I}_r$，由于 $\dot{U}_r = Z_r \dot{I}_r$，则得

$$-90° \leqslant \arg \frac{\dot{U}_r + \alpha \dot{I}_r Z_{\text{set}}}{\dot{U}_r - \dot{I}_r Z_{\text{set}}} \leqslant 90° \tag{6-17}$$

以 $Z_{\text{set}} = \dfrac{K_I}{K_U}$ 代入式（6-17），可得

$$-90° \leqslant \arg \frac{K_U \dot{U}_r + \alpha K_I \dot{I}_r}{K_U \dot{U}_r - K_I \dot{I}_r} \leqslant 90° \tag{6-18}$$

由式（6-18）可得到进行相位比较的两个电气量：

$$\dot{U}_C = K_U \dot{U}_r + \alpha K_I \dot{I}_r$$

$$\dot{U}_D = K_U \dot{U}_r - K_I \dot{I}_r$$

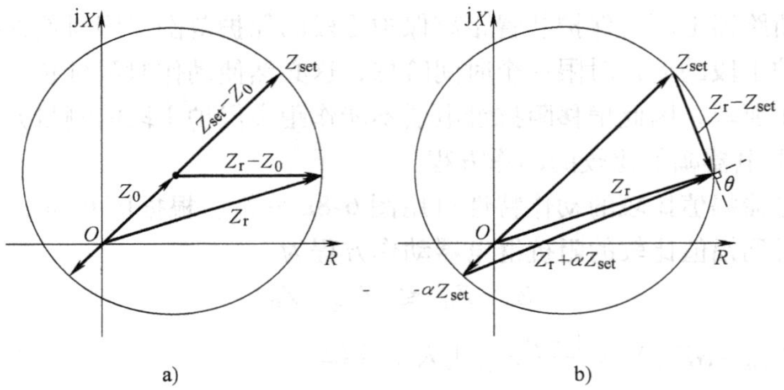

图 6-8 偏移阻抗继电器的动作特性
a）幅值比较　b）相位比较

第三节　阻抗继电器的接线形式

为了使阻抗继电器的测量阻抗正比于短路时母线到短路点之间的线路阻抗，必须正确地确定引入阻抗继电器的电流和电压。简单地说，应取短路环路的电流和该环路在母线处的残余电压，以符合阻抗继电器的测量原理。当接线方式不同时，阻抗继电器的测量阻抗也不同，为了正确反映不同类型故障时的测量阻抗，阻抗继电器的接线方式应满足以下要求：

（1）阻抗继电器的测量阻抗 Z_r 应与保护安装处到短路点之间的距离成正比，而与系统运行方式无关。

（2）阻抗继电器的测量阻抗 Z_r 应与短路形式无关，即在同一点发生不同类型短路时，应有相同的测量阻抗。

到目前为止，还没有一种接线方式能完全满足第（2）项要求。通常将接线方式分为两种，一种为反映相间短路故障的接线方式，它在各种相间短路情况下能满足第（1）项和第

（2）项要求；另一种为反映接地短路故障的接线方式，它在各类接地短路情况下能满足第（1）项和第（2）项要求。

为便于讨论，假定短路故障为金属性短路，忽略线路中的负荷电流并假定电流、电压互感器的变比为 1。

一、反映相间短路故障的 0° 接线方式

反映相间短路故障的阻抗继电器的接线方式，目前通常采用线电压和两相电流差的接线方式，这种接线方式称为 0° 接线。所谓 0° 接线，就是在线路三相对称时，且输电线路在功率因数 $\cos\varphi = 1$ 的条件下，加到继电器上的电压与电流同相位。

采用 0° 接线时，其原理接线如图 6-9 所示，加到各相上阻抗继电器的电压和电流见表 6-1。

表 6-1　反映相间短路时阻抗继电器的
　　　　　输入电压和电流

阻抗继电器相别	输入电压	输入电流
AB	$\dot{U}_{AB}$	$\dot{I}_A - \dot{I}_B$
BC	$\dot{U}_{BC}$	$\dot{I}_B - \dot{I}_C$
CA	$\dot{U}_{CA}$	$\dot{I}_C - \dot{I}_A$

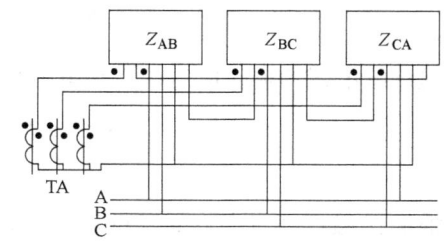

图 6-9　反映相间短路故障的 0° 接线方式

各种相间短路故障时，阻抗继电器所感受的测量阻抗与保护安装处至故障点的距离之间的关系分析如下：

（一）三相短路时

发生三相短路时线路是对称的，如图 6-10a 所示，三个阻抗继电器的工作状况是一样的，取 AB 相的阻抗继电器为例进行分析。当发生三相短路时，保护安装处到故障点的距离为 l，A、B 两相的短路电流分别为 $\dot{I}_A$、$\dot{I}_B$，则母线上的残余对地相电压 $\dot{U}_A$ 和 $\dot{U}_B$ 分别为

$$\dot{U}_A = \dot{I}_A Z_1 l$$

$$\dot{U}_B = \dot{I}_B Z_1 l$$

阻抗继电器的输入电压 $\dot{U}_r^{(3)}$ 和电流 $\dot{I}_r^{(3)}$ 分别为

$$\dot{U}_r^{(3)} = \dot{U}_{AB} = \dot{U}_A - \dot{U}_B = (\dot{I}_A - \dot{I}_B) Z_1 l$$

$$\dot{I}_r^{(3)} = \dot{I}_A - \dot{I}_B$$

根据 0° 接线要求，此时继电器的测量阻抗 Z_r 为

$$Z_r = \frac{\dot{U}_r^{(3)}}{\dot{I}_r^{(3)}} = \frac{(\dot{I}_A - \dot{I}_B) Z_1 l}{\dot{I}_A - \dot{I}_B} = Z_1 l \tag{6-19}$$

式（6-19）表明，三相短路情况下，采用 0° 接线时，阻抗继电器的测量阻抗与保护安装处至短路点的距离成正比。

（二）两相短路时

如图 6-10b 所示，以 A、B 两相短路时为例进行分析。保护安装处到故障点的距离为 l，A、B 两相的短路电流 $\dot{I}_A = -\dot{I}_B$，则母线上的残余对地相电压 $\dot{U}_A$ 和 $\dot{U}_B$ 分别为

$$\dot{U}_A = \dot{I}_A Z_1 l$$
$$\dot{U}_B = -\dot{I}_A Z_1 l$$

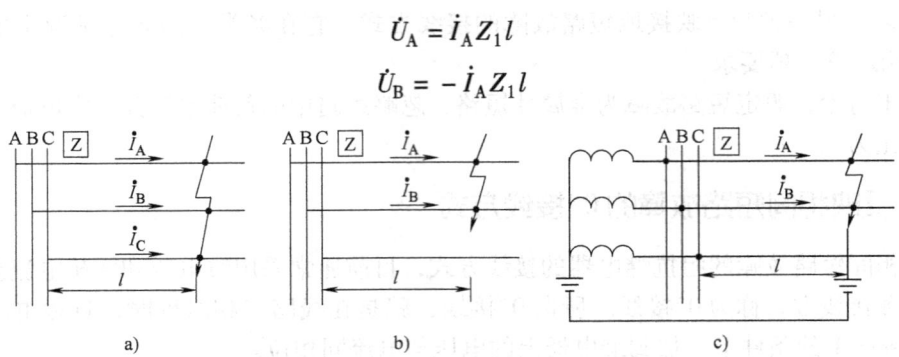

图 6-10 各种相间短路故障时，阻抗继电器所感受的测量阻抗分析图
a) 三相短路 b) 两相短路 c) 两相短路接地

阻抗继电器的输入电压 $\dot{U}_r^{(2)}$ 和电流 $\dot{I}_r^{(2)}$ 分别为

$$\dot{U}_r^{(2)} = \dot{U}_{AB} = \dot{U}_A - \dot{U}_B = 2\dot{I}_A Z_1 l$$
$$\dot{I}_r^{(2)} = \dot{I}_A - \dot{I}_B = 2\dot{I}_A$$

根据 0°接线要求，此时继电器的测量阻抗 Z_r 为

$$Z_r = \frac{\dot{U}_r^{(2)}}{\dot{I}_r^{(2)}} = \frac{2\dot{I}_A Z_1 l}{2\dot{I}_A} = Z_1 l \tag{6-20}$$

式（6-20）表明，两相短路情况下，采用 0°接线时，故障相上的阻抗继电器的测量阻抗与保护安装处至短路点的距离成正比，与三相短路时相同。但对 BC、CA 两个继电器来说，其输入电压为故障相和非故障相的相间电压，数值比故障相之间的相间电压要大，而电流却只为一相上的故障电流，数值较小，所以其测量阻抗较大，不能反映保护安装处至故障点之间的距离。因此必须装设三个继电器，分别反映 AB、BC、CA 的两相短路故障。

（三）两相短路接地时

图 6-10c 所示为中性点直接接地电网，以 A、B 两相短路接地时为例进行分析。保护安装处到故障点的距离为 l，A、B 两相的短路电流分别为 $\dot{I}_A$、$\dot{I}_B$，并以大地和中性点形成回路。设线路的单位长度自感阻抗为 Z_L，线路的单位长度互感阻抗为 Z_M，则母线上的残余对地相电压 $\dot{U}_A$ 和 $\dot{U}_B$ 分别为

$$\dot{U}_A = \dot{I}_A Z_L l + \dot{I}_B Z_M l$$
$$\dot{U}_B = \dot{I}_B Z_L l + \dot{I}_A Z_M l$$

阻抗继电器的输入电压 $\dot{U}_r^{(1,1)}$ 和输入电流 $\dot{I}_r^{(1,1)}$ 分别为

$$\dot{U}_r^{(1,1)} = \dot{U}_{AB} = \dot{U}_A - \dot{U}_B = (\dot{I}_A - \dot{I}_B)(Z_L - Z_M)l$$
$$\dot{I}_r^{(1,1)} = \dot{I}_A - \dot{I}_B$$

根据 0°接线要求，此时继电器的测量阻抗 Z_r 为

$$Z_r = \frac{\dot{U}_r^{(1,1)}}{\dot{I}_r^{(1,1)}} = \frac{(\dot{I}_A - \dot{I}_B)(Z_L - Z_M)l}{\dot{I}_A - \dot{I}_B} = (Z_L - Z_M)l = Z_1 l \tag{6-21}$$

式（6-21）表明，两相短路接地情况下，采用 0° 接线时，故障相上的阻抗继电器的测量阻抗与保护安装处至短路点的距离成正比，与三相短路时相同。同两相短路分析一样，故障相上的测量阻抗继电器最为灵敏，而其他两个继电器的测量阻抗不能反映保护安装处至故障点之间的距离。因此必须装设三个继电器，分别反映 AB、BC、CA 的两相短路接地故障。

二、反映接地短路故障的带零序电流补偿接线方式

发生单相接地短路时，只有故障相的电压和电流起变化，用 0° 接线方式不能完全正确地反映保护安装处至接地点的距离，因此一般都采用所谓带零序电流补偿的接线方式，此种接线方式各继电器所加电压和电流见表 6-2，接线方式如图 6-11 所示。

表 6-2　反映接地短路故障时阻抗继电器的输入电压和电流

阻抗继电器相别	输入电压	输入电流
AB	$\dot{U}_A$	$\dot{I}_A + 3K_0\dot{I}_0$
BC	$\dot{U}_B$	$\dot{I}_B + 3K_0\dot{I}_0$
CA	$\dot{U}_C$	$\dot{I}_C + 3K_0\dot{I}_0$

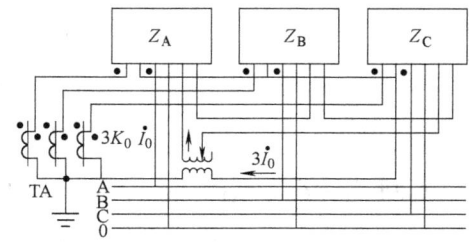

图 6-11　反映接地短路故障的带零序电流补偿接线方式

下面分析在接地短路时，阻抗继电器的测量阻抗。

（一）两相接地短路时

以 A、B 两相接地短路为例，故障 A、B 两相的短路电流分别为 $\dot{I}_A$、$\dot{I}_B$，非故障 C 相上的短路电流 $\dot{I}_C=0$，保护安装处至故障点的距离为 l，则 A、B 两相母线的残余相电压 $\dot{U}_A$ 和 $\dot{U}_B$ 可表示为

$$\dot{U}_A = \dot{I}_A Z_L l + \dot{I}_B Z_M l \tag{6-22}$$

$$\dot{U}_B = \dot{I}_B Z_L l + \dot{I}_A Z_M l \tag{6-23}$$

将式（6-22）等号右边加上并减去 $\dot{I}_A Z_M l$，整理后得

$$\dot{U}_A = \dot{I}_A (Z_L - Z_M) l + (\dot{I}_A + \dot{I}_B) Z_M l$$

将 $3\dot{I}_0 = \dot{I}_A + \dot{I}_B + \dot{I}_C = \dot{I}_A + \dot{I}_B$、$Z_L - Z_M = Z_1$ 及 $K_0 = Z_M/Z_1$ 代入上式，则

$$\dot{U}_A = \dot{I}_A Z_1 l + 3\dot{I}_0 Z_M l = (\dot{I}_A + 3K_0 \dot{I}_0) Z_1 l$$

同理可得

$$\dot{U}_B = (\dot{I}_B + 3K_0 \dot{I}_0) Z_1 l$$

阻抗继电器的输入电压和电流分别为 $\dot{U}_r^{(1,1)}$、$\dot{I}_r^{(1,1)}$，根据带零序电流补偿接线方式要求，此时故障相 A、B 上的继电器的测量阻抗 Z_{rA}、Z_{rB} 分别为

$$Z_{rA} = \frac{\dot{U}_r^{(1,1)}}{\dot{I}_r^{(1,1)}} = \frac{(\dot{I}_A + 3K_0 \dot{I}_0) Z_1 l}{\dot{I}_A + 3K_0 \dot{I}_0} = Z_1 l \tag{6-24}$$

$$Z_{rB} = \frac{\dot{U}_r^{(1,1)}}{\dot{I}_r^{(1,1)}} = Z_1 l \tag{6-25}$$

（二）单相接地短路时

以 A 单相接地短路为例，设 A 相的短路电流为 $\dot{I}_A$，用对称分量可表示为

$$\dot{I}_A = \dot{I}_{A1} + \dot{I}_{A2} + \dot{I}_{A0}$$

注意到短路点处的对地电压为零，即 $\dot{U}_{KA} = \dot{U}_{KA1} + \dot{U}_{KA2} + \dot{U}_{KA0} = 0$，保护安装处到故障点的距离为 l，则根据各序网图，保护安装处母线上各相序分量与短路点各相序分量之间的关系为

$$\dot{U}_{A1} = \dot{U}_{KA1} + \dot{I}_{A1} Z_1 l$$
$$\dot{U}_{A2} = \dot{U}_{KA1} + \dot{I}_{A2} Z_2 l$$
$$\dot{U}_{A0} = \dot{U}_{KA0} + \dot{I}_{A0} Z_0 l$$

注意到 $Z_1 = Z_2$、$\dot{I}_{A0} = \dot{I}_{B0} = \dot{I}_{C0} = \dot{I}_0$，则母线上 A 相的残余电压 $\dot{U}_A$ 为

$$\dot{U}_A = \dot{U}_{A1} + \dot{U}_{A2} + \dot{U}_{A0} = (\dot{U}_{KA1} + \dot{U}_{KA2} + \dot{U}_{KA0}) + Z_1 l \left(\dot{I}_{A1} + \dot{I}_{A2} + \frac{Z_0}{Z_1} \dot{I}_{A0} \right)$$
$$= Z_1 l \left(\dot{I}_A - \dot{I}_{A0} + \frac{Z_0}{Z_1} \dot{I}_{A0} \right) = Z_1 l \left(\dot{I}_A + \frac{Z_0 - Z_1}{Z_1} \dot{I}_0 \right) = Z_1 l (\dot{I}_A + 3K_0 \dot{I}_0)$$

式中，$K_0 = \frac{Z_0 - Z_1}{3Z_1}$。又因为 $Z_1 = Z_2 = Z_L - Z_M$、$Z_0 = Z_L + 2Z_M$，则 $K_0 = \frac{Z_L + 2Z_M - Z_L + Z_M}{3Z_1} = \frac{Z_M}{Z_1}$，此参数与两相接地短路相同。

阻抗继电器的输入电压和电流分别为 $\dot{U}_r^{(1)}$、$\dot{I}_r^{(1)}$，根据带零序电流补偿接线方式要求，故障相 A 上的继电器的测量阻抗 Z_r 为

$$Z_r = \frac{\dot{U}_r^{(1)}}{\dot{I}_r^{(1)}} = \frac{Z_1 l (\dot{I}_A + 3K_0 \dot{I}_0)}{\dot{I}_A + 3K_0 \dot{I}_0} = Z_1 l$$

以上分析表明，不论是单相还是两相接地短路，故障相阻抗继电器都能正确测量短路点至保护安装处之间的线路阻抗。所以这种接线方式被用于中性点直接接地电网，作为接地距离保护中测量元件阻抗继电器的接线方式；也广泛用于单相自动重合闸中，作为故障相的选项元件阻抗继电器的接线方式。

第四节　影响距离保护正确动作的因素

阻抗继电器测量阻抗的正确性对距离保护的动作正确性起着关键性作用，正确分析影响阻抗继电器测量阻抗正确性的因素并研究相应的解决办法是非常必要的。影响阻抗继电器测量阻抗正确与否的因素主要有

① 电力系统发生振荡；

② 电压互感器二次断线；

③ 短路点的过渡电阻；
④ 保护至故障点间的分支电流；
⑤ 线路串联电容补偿；
⑥ 输电线路非全相运行；
⑦ 电压互感器和电流互感器的稳态误差；
⑧ 短路中的暂态分量及互感器的过渡过程等。

电压互感器和电流互感器的稳态误差对阻抗继电器测量阻抗正确性的影响可在整定计算中用可靠系数进行修正；关于短路过程中非周期和周期性的暂态分量，可以用滤波器和带气隙的变换器来消除非周期分量的影响，而用模拟或数字滤波器来消除周期分量的影响，在此不作详细讨论。本节只讨论①~⑥条因素对阻抗继电器的影响及相应的解决办法。

一、距离保护的振荡闭锁

并列运行的系统或发电厂失去同步时，系统的稳定运行将遭到破坏，于是就出现了系统振荡。系统振荡时电流、电压会产生周期性的变化，阻抗继电器的测量阻抗也会变化，当测量阻抗小于继电器的整定值时就会动作，从而引起距离保护的误动作。因此，在电力系统振荡时，并非出现了短路故障，距离保护不应动作。对受振荡影响可能误动作的距离保护要实现闭锁，所谓闭锁，就是不开放保护。

系统振荡有同期振荡和非同期振荡。当系统受干扰后引起并列运行的各发电机的电动势相位差 δ 的变化，但经过若干时间后，δ 变化过渡过程结束，δ 又重新恢复到原来数值或在新的数值下稳定运行，系统仍保持同步运行。这种不引起各并列运行的发电机失去同步运行的相位差 δ 的变化，称为同期振荡，同期振荡时的 δ 最大值不大于 120°。

系统受干扰后，引起并列运行的各发电机间的相位差 δ 从 0°~360° 范围内不断变化，使系统并列运行中各发电机失去同步，进入失步运行状态，这种情况称为非同期振荡。

（一）电力系统振荡时电压、电流的变化

电力系统发生振荡时最大的特点是，出现周期随时间变化的振荡电流，同时，电网中各点电压也随时间而波动。系统振荡时三相总是对称的，所以可以用其中的一相为例进行讨论，图 6-12a 示出了两侧电源的振荡状况，其有关参数在图中标出。

M 侧电源电动势为 $\dot{E}_M$，系统阻抗为 $Z_{\varphi M}$；N 侧电源电动势为 $\dot{E}_N$，系统阻抗为 $Z_{\varphi N}$。为简化分析，在讨论电力系统振荡时，假定两侧电源电动势的幅值相等，即 $E_M = E_N$。以 $\dot{E}_M$ 为参考相量，其相位角为零，N 侧电动势 $\dot{E}_N$ 滞后 M 侧电动势 $\dot{E}_M$ 的相位角为 δ，δ 在 0°~360° 之间变化，则 $\dot{E}_N = \dot{E}_M e^{-j\delta} = E_M e^{-j\delta}$。$Z_L$ 为线路阻抗，则振荡回路总阻抗为 $Z_\Sigma = Z_{\varphi M} + Z_L + Z_{\varphi N}$，并设 M 侧系统阻抗与回路总阻抗之比为 $m = Z_{\varphi M}/Z_\Sigma$。注意到 $e^{-j\delta} = \cos\delta - j\sin\delta$，则由 M 侧流向 N 侧的振荡电流为

$$\dot{I} = \frac{\dot{E}_M - \dot{E}_N}{Z_\Sigma} = \frac{E_M - E_M e^{-j\delta}}{Z_\Sigma} = \frac{E_M}{Z_\Sigma}(1 - e^{-j\delta}) = \frac{E_M}{Z_\Sigma}[1 - (\cos\delta - j\sin\delta)] \quad (6-26)$$

则振荡电流的有效值可表示为

$$I = \frac{E_M}{Z_\Sigma}\sqrt{(1-\cos\delta)^2 + \sin^2\delta} = \frac{E_M}{Z_\Sigma}\sqrt{1 + 2\cos\delta} = \frac{E_M}{Z_\Sigma}\sin\frac{\delta}{2} \quad (6-27)$$

该振荡电流落后于电动势差 ($\dot{E}_M - \dot{E}_N$) 的相位角为系统的总阻抗角，即

$$\varphi_L = \arctan \frac{X_{\varphi M} + X_L + X_{\varphi N}}{R_{\varphi M} + R_L + R_{\varphi N}} \tag{6-28}$$

振荡时，线路两侧母线电压为

$$\dot{U}_M = \dot{E}_M - \dot{I} Z_M = \dot{E}_M [1 - m(1 - e^{-j\delta})] \tag{6-29}$$

$$\dot{U}_N = \dot{E}_N + \dot{I} Z_{\varphi N} \tag{6-30}$$

由式（6-29）、式（6-30）可画出如图 6-12b 所示的相量图。

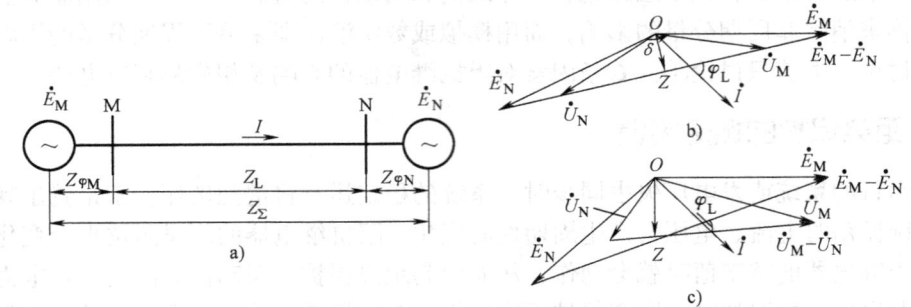

图 6-12 两侧电源系统的振荡状况
a）系统接线 b）系统阻抗角和线路阻抗角相等的相量图 c）阻抗角不相等时的相量图

以 $\dot{E}_M$ 为实轴，$\dot{E}_N$ 落后于 $\dot{E}_M$ 的相位角为 δ。连接 $\dot{E}_M$ 和 $\dot{E}_N$ 相量得到电动势差 ($\dot{E}_M - \dot{E}_N$)。振荡电流 $\dot{I}$ 落后电动势差 ($\dot{E}_M - \dot{E}_N$) 的相位角为 φ_L。$\dot{E}_N$ 加上电压降 $\dot{I} Z_{\varphi N}$ 得到 N 点的电压 $\dot{U}_N$，从 $\dot{E}_M$ 减去电压降 $\dot{I} Z_{\varphi M}$ 得到 M 点的电压 $\dot{U}_M$。假定系统阻抗角、线路阻抗角和系统总的阻抗角均相等，$\dot{U}_M$ 和 $\dot{U}_N$ 的端点必然落在直线 ($\dot{E}_M - \dot{E}_N$) 上。相量 ($\dot{U}_M - \dot{U}_N$) 表示输电线上的电压降。从原点与此直线上任一点连线所做成的相量即表示输电线上在该点的电压。从原点作直线 ($\dot{U}_M - \dot{U}_N$) 的垂线，垂足 Z 所代表输电线上那一点在振荡角度 δ 下的电压最低，该点称为振荡中心。当系统阻抗角和线路阻抗角相等，且两侧电动势幅值相等时，振荡中心不随 δ 的变化而移动，始终位于系统总阻抗 ($Z_{\varphi M} + Z_L + Z_{\varphi N}$) 的中点。有时，当系统阻抗很大时，振荡中心可能落在系统或发电机内部。

当 $\delta = 180°$ 时，振荡中心的电压降为零。从电压和电流的数值来看，这和在该点发生三相短路时相同。但是，在这种情况下，电力系统处于不正常运行状态，并非说明该输电线路真正发生了三相短路故障，所以继电保护装置不应当动作，因此，继电保护装置必须具备区别三相短路和系统振荡的能力，才能保证距离保护在系统振荡状态下正确地工作。

图 6-12c 所示为系统阻抗角与线路阻抗角不相等的情况。在这种情况下，电压相量 $\dot{U}_M$ 和 $\dot{U}_N$ 的端点不会落在直线 $\dot{E}_M - \dot{E}_N$ 上。相量 $\dot{U}_M - \dot{U}_N$ 表示输电线上的电压降。从原点作直线 $\dot{U}_M - \dot{U}_N$ 的垂线，即可找到振荡中心的位置与振荡中心的电压。由此可见，振荡中心的位置随着 δ 的变化而移动。

由式（6-27）、式（6-29）、式（6-30）可见，在系统振荡时，振荡电流和系统各点电压将发生变化，如图 6-13 所示。由 $I = f(\varphi)$ 曲线可见，当 $\delta = 180°$，$m = 1/2$ 时，振荡电压

$\dot{U}_Z$ 可降至零。

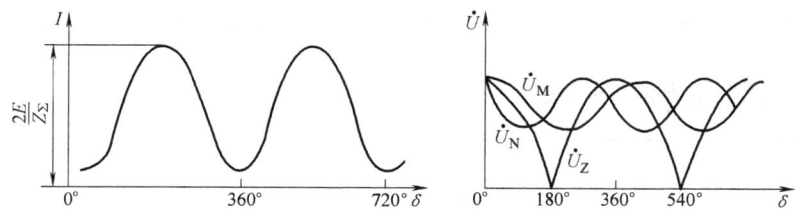

图 6-13 振荡时，振荡电流和各点电压的变化情况

（二）系统振荡对阻抗继电器工作的影响

同期振荡时，电网中任一固定点的电压和流经线路的电流将随两侧电源电动势的变化而变化。随着振荡电流的增大，母线电压降低，阻抗继电器的测量阻抗也将随着电流、电压的变化而改变，当测量阻抗低于其整定值时动作，这样就会引起距离保护误动作。而且由于电流、电压的周期变化，阻抗继电器将重复地短时间动作，距离保护也会重复误动作，这是绝对不允许的。

如上面介绍，输电母线 M 侧的阻抗继电器的输入电流 $\dot{I}_r$ 为系统的振荡电流 $\dot{i}$，输入电压 $\dot{U}_r$ 为母线上的振荡电压 $\dot{U}_M$，如式（6-29）、式（6-26）所示，由此可得继电器的测量阻抗 Z_r 为

$$Z_r = \frac{\dot{U}_r}{\dot{I}_r} = \frac{\dot{U}_M}{\dot{i}} = \frac{\dot{E}_M - \dot{i}Z_{\varphi M}}{\dot{i}} = \frac{\dot{E}_M}{\dot{i}} - Z_{\varphi M} = \frac{Z_\Sigma}{1 - e^{-j\delta}} - Z_{\varphi M} \tag{6-31}$$

因为

$$1 - e^{-j\delta} = 1 - \cos\delta + \sin\delta = 2\sin^2\frac{\delta}{2} + j2\sin\frac{\delta}{2}\cos\frac{\delta}{2} = \frac{2}{1 - j\cot\frac{\delta}{2}}$$

所以

$$Z_r = Z_\Sigma \left[\frac{1 - j\cot\frac{\delta}{2}}{2} - \frac{Z_{\varphi M}}{Z_\Sigma} \right] = \left[\left(\frac{1}{2} - m\right) - j\frac{1}{2}\cot\frac{\delta}{2} \right] Z_\Sigma \tag{6-32}$$

图 6-14 所示为系统振荡时阻抗继电器的测量阻抗随 δ 变化的轨迹。在 $R-X$ 复平面上，式（6-32）是直线方程。轨迹以 M 为坐标原点，先固定一个 m 值，改变 δ，可得到一条与系统总阻抗向量 Z_Σ 垂直的直线 $\overline{OO'}$。得到此轨迹的方法是先做出向量 $\left(\frac{1}{2} - m\right) Z_\Sigma$，再做向量 $-j\frac{Z_\Sigma}{2}\cot\frac{\delta}{2}$。在不同的 δ 时，此向量可能滞后或超前向量 Z_Σ 的相位角为 90°，其计算结果见表 6-3。

当 $\delta = 0°$ 时，$Z_r = -\infty$；当 $\delta = 180°$ 时，$Z_r = \left(\frac{1}{2} - m\right) Z_{\varphi M}$；当 $\delta = 360°$ 时，$Z_r = +\infty$。由此可见，当 δ 改变时，Z_r 的轨迹将在垂直于 Z_Σ 的直线 $\overline{OO'}$ 上移动。当电力系统振荡时，为了说明不同安装处的阻抗继电器测量阻抗的变化规律，用 $m = Z_{\varphi M}/Z_\Sigma$ 作为变量，m 为小于 1 的变数。当 $m < \frac{1}{2}$ 时，意味着 M 侧电源阻抗占系统总阻抗 Z_Σ 的比例较小，则直线 $\overline{OO'}$ 与 R 和 jX 轴相交，相当于振荡中心位于保护范围正方向；当 $m > \frac{1}{2}$ 时，意味着 M 侧电源阻

抗值较大,则直线 $\overline{OO'}$ 与 $-R$ 和 $-jX$ 轴相交,相当于振荡中心位于保护范围反方向;当 $m = \frac{1}{2}$ 时,直线 $\overline{OO'}$ 通过坐标原点,相当于振荡中心位于阻抗继电器的安装处,如图 6-15 所示。

表 6-3 $j\frac{Z_\Sigma}{2}\cot\frac{\delta}{2}$ 的计算结果

δ	$\cot\frac{\delta}{2}$	$j\frac{Z_\Sigma}{2}\cot\frac{\delta}{2}$
0°	∞	j∞
90°	1	$j\frac{Z_\Sigma}{2}$
180°	0	0
270°	-1	$-j\frac{Z_\Sigma}{2}$
360°	-∞	-j∞

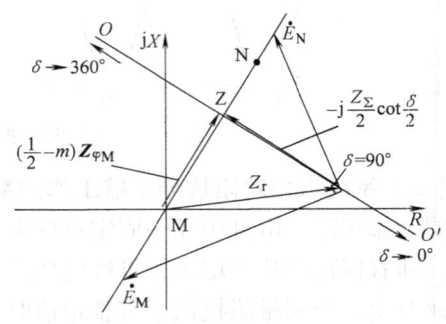

图 6-14 系统振荡时测量阻抗的变化

当电力系统两侧电动势幅值不相等时,即 $E_M \ne E_N$,按式(6-23)分析结果表示,继电器测量阻抗的变化将有更复杂的形式,对于某个 E_N/E_M 值其轨迹就是位于直线 $\overline{OO'}$ 某侧的一个圆,如图 6-16 所示。当 $E_M > E_N$ 时,其轨迹是位于 $\overline{OO'}$ 上面的圆周 1;当 $E_M < E_N$ 时,其轨迹是位于 $\overline{OO'}$ 下面的圆周 2。

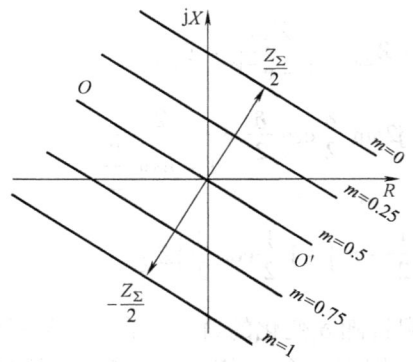

图 6-15 系统振荡时,不同安装处距离保护测量阻抗的变化

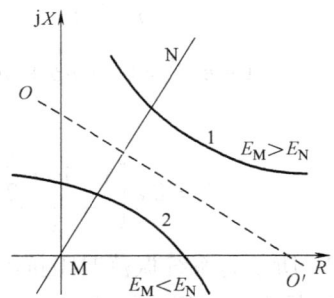

图 6-16 两侧电源电动势 $E_M \ne E_N$ 时,测量阻抗的变化

通过上述分析,可以看出系统振荡时对阻抗继电器的影响。图 6-17 所示为 M 侧的距离保护,图中也示出各种阻抗继电器的动作特性,其中有全阻抗继电器动作特性 1、方向阻抗继电器动作特性 2、椭圆阻抗继电器动作特性 3,这三种继电器的整定阻抗 Z_{set} 是相同的。当系统振荡时,继电器测量阻抗的变化轨迹为 $\overline{OO'}$;当测量阻抗进入特性圆时,继电器就会误动作。对于全阻抗继电器,当两侧电源电动势相位差 $\Delta\delta_a = \delta_6 - \delta_1$ 时,发生误动作;对于方向阻抗继电器和椭圆阻抗继电器,继电器误动作的相位差分别为 $\Delta\delta_b = \delta_5 - \delta_2$、$\Delta\delta_c = \delta_4 - \delta_3$。由此可见,在相同整定值的条件下,全阻抗继电器受振荡的影响最大,而椭圆继电器所受的影响最小。一般来说,继电器的动作特性在阻抗平面上沿 $\overline{OO'}$ 方向所占的面积越大,振荡的影响越大。

此外,距离保护受振荡的影响还与保护安装地点有关。保护安装地点越靠近振荡中心，受到的影响就越大；而振荡中心在保护范围以外或位于保护的反方向时，在振荡的影响下距离保护不会误动作。

在构成原理上，不受振荡影响的保护有零序电流和负序电流保护，还有多相补偿阻抗继电器。但是，它们都不能反映三相短路。对于在系统振荡时可能误动作的距离保护，则应该设置振荡闭锁回路，以防止系统振荡时距离保护误动作。

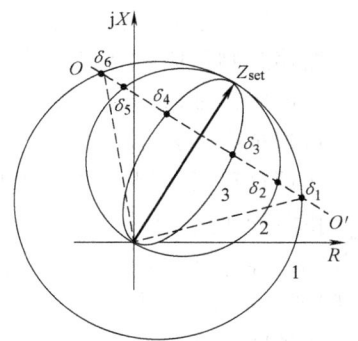

图 6-17　阻抗继电器受振荡影响的分析

（三）振荡闭锁装置的构成

距离保护受系统振荡而误动作的情况比较严重，为了防止保护装置误动作，距离保护中普遍采用振荡闭锁装置，它能够在系统故障时，用很短的时间运行保护装置并切除故障，故障切除后将保护装置再次闭锁起来。所以，为了实现振荡闭锁，保护必须具有区分系统振荡和短路故障的能力。区分这两种情况是根据系统振荡和短路时电气不同的特点来进行的。

（1）系统振荡时，振荡电流和系统中各点电压幅值均为周期性变化，而且变化的速度较慢；在短路瞬间，电流突然增大，电压突然降低，变化速度很快，而且在短路进入稳态后，不计衰减时，短路电流和各点电压是不变的。所以可利用电气量的变化速度，区别短路故障与系统振荡，构成振荡闭锁装置。

（2）系统振荡时，三相完全对称，电力系统中没有负序分量出现；短路时，总要长期（在不对称短路过程中）或瞬间（在三相短路时）出现负序分量。可以利用系统中是否出现负序分量来构成振荡闭锁装置。

（3）系统振荡时，振荡电流和各点电压之间的相位关系随 δ 的变化而改变；短路时，电流和电压之间的相位关系是不变的。所以可以利用电流和电压的相位是否改变来构成振荡闭锁装置。

距离保护中，振荡闭锁装置常用两种原理来构成，一种是根据是否出现负序分量来构成；另一种是根据电压、电流或者阻抗继电器测量阻抗的变化速度的不同来构成。振荡闭锁装置必须满足下列基本要求：

（1）系统发生振荡而没有出现短路故障时，应能可靠地将保护装置闭锁，且振荡不停息，闭锁不解除。

（2）在系统中保护范围内发生故障时，保护装置应当不被闭锁而能可靠动作；当在保护范围外部发生故障引起振荡时，应可靠闭锁保护装置。

（3）在振荡的过程中发生故障时，保护装置应能正确地动作。

（4）先故障而后又发生振荡时，保护装置不致无选择性的动作。

现对反映测量阻抗变化速率的振荡闭锁装置的工作原理说明如下：

电力系统短路和振荡时的电气量变化速度是不同的。振荡时，电气量是逐渐变化的，而短路时，电气量是突变的。在三段式距离保护中，当Ⅰ、Ⅱ段采用方向阻抗继电器，Ⅲ段采用偏移阻抗继电器时，如图 6-18 所示。根据其整定值配合，必然存在着 $Z_Ⅰ < Z_Ⅱ < Z_Ⅲ$ 的关系。

当系统发生振荡且振荡中心位于保护范围以内时，由于振荡时测量阻抗逐渐减小，因此 $Z_{Ⅲ}$ 先起动，$Z_{Ⅱ}$ 次之，最后是 $Z_{Ⅰ}$ 起动。如果在保护范围内故障时，由于测量阻抗突然减小，因此，$Z_{Ⅰ}$、$Z_{Ⅱ}$、$Z_{Ⅲ}$ 将同时起动。实现这种振荡闭锁回路的基本原则是当 $Z_{Ⅰ}$、$Z_{Ⅱ}$、$Z_{Ⅲ}$ 同时起动时，允许 $Z_{Ⅰ}$、$Z_{Ⅱ}$ 动作于跳闸；而当 $Z_{Ⅲ}$ 先起动，经 t_0 延时后，$Z_{Ⅰ}$、$Z_{Ⅱ}$ 才起动时，则将 $Z_{Ⅰ}$ 和 $Z_{Ⅱ}$ 闭锁，不允许它们动作于跳闸。按上述原则构成的振荡闭锁回路框图如图 6-19 所示。其工作原理如下：

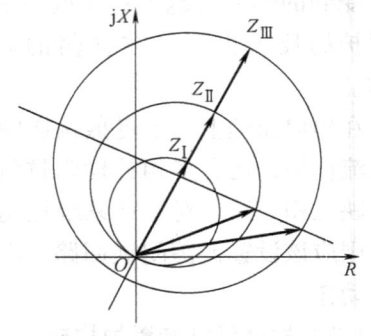

图 6-18 三段式距离保护的动作特性

当系统振荡时，$Z_{Ⅲ}$ 执行回路先起动，随即起动时间元件 t_0（30ms）延时回路，其延时到达后，通过记忆作用的时间元件 t_1（0.5~1s），同时经 "1" 和 "2" 回路将 $Z_{Ⅰ}$ 和 $Z_{Ⅱ}$ 闭锁，这样就可防止在振荡过程中 $Z_{Ⅰ}$ 和 $Z_{Ⅱ}$ 的误动作。对于Ⅲ段本身，由于 $t_{Ⅲ}$ 延时较大，可以从时间上躲过振荡的影响。

如果在被保护范围内发生故障时，$Z_{Ⅰ}$、$Z_{Ⅱ}$、$Z_{Ⅲ}$ 同时起动，则在 t_0 的延时以内，$Z_{Ⅰ}$ 和 $Z_{Ⅱ}$ 将通过 "3" 和 "4" 回路实现反闭锁，停止时间元件 t_0 延时回路。这样，即可保证在 $Z_{Ⅲ}$ 起动以后也不再闭锁 $Z_{Ⅰ}$ 和 $Z_{Ⅱ}$，从而保证 $Z_{Ⅰ}$ 和 $Z_{Ⅱ}$ 能可靠动作。

二、电压回路断线闭锁装置

电力系统运行实践说明：距离保护由于电压回路失去电压造成误动作的占 50% 以上，造成距离保护失压的原因很多，除了由于电压互感器二次断线故障或者过载使电压回路熔断器（或断路器）断开外，还有人为的误操作及阻抗继电器内部电压回路断线等原因。距离保护失去电压后，在负荷电流的作用下，阻抗继电器的测量阻抗变为零，就可能发生误动作。为此，距离保护应设有电压回路断线闭锁装置。

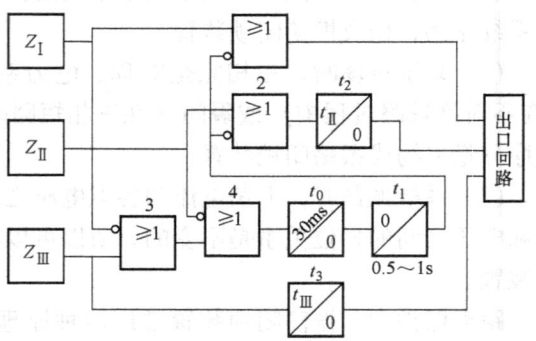

图 6-19 反映测量阻抗变化速度的振荡回路框图

对断线闭锁装置的要求是，当电压回路出现可能使距离保护误动作的故障时，它能可靠地将距离保护闭锁并发出信号；当被保护线路发生故障时，不因故障电压的畸变错误地将保护闭锁，以保证保护可靠的动作，为此应使闭锁装置能够有效地区分以上两种情况的电压变化。下面讨论反映零序电压磁平衡原理的断线闭锁装置和用负序（零序）电流增量元件兼作的断线闭锁装置。

（一）零序电压磁平衡原理构成的断线闭锁装置

图 6-20 所示为按电压互感器二次回路断线时产生的零序电压构成的断线闭锁装置原理接线图。由电容器 C_A、C_B、C_C 组成零序电压滤过器；断线闭锁继电器 KL 采用瞬时动作的磁平衡继电器，它有两个绕组 W_1 和 W_2。W_1 接于由 C_A、C_B、C_C 组成的零序电压滤过器的中性线上，W_2 则接在电压互感器的开口三角形绕组上。

系统正常运行时，W_1 和 W_2 上的零序电压都为零，KL 不动作。当发生接地短路时，绕组 W_1 和 W_2 上都存在零序电压，选择参数使 W_1 和 W_2 上产生的磁通大小相等，方向相反，互相抵消，在这种情况下 KL 不动作，保护装置不闭锁。当电压互感器的二次回路发生一相或两相断线时，在 KL 的 W_1 上有零序电压，W_2 却因一次系统对称而没有零序电压，W_1 和 W_2 中所产生的合成磁通不为零，KL 动作将距离保护闭锁。

当电压互感器二次回路发生带有接地的非对称短路时，绕组 W_1 在电压互感器二次回路熔断器熔断以前即出现零序电压，而绕组 W_2 不出现零序电压，合成磁通不为零，KL 动作。但当电压互感器二次回路相间短路而熔断器没有熔断时，在短路过程中 W_1 没有零序电压，所以 KL 不动作，只有熔断器熔断后才出现零序电压，这是断线闭锁装置的缺点。

断线闭锁继电器 KL 的触点接于距离保护的总闭锁回路中。

此外，当电压互感器二次回路三相同时断线时，若 KL 不动作，这是不允许的。为此，目前常用的措施是在一相熔断器（或断路器）两端并联一个电容器 C。这时，当三相熔断器同时熔断时，在有并联电容器的那一相电压仍可通过电容器而接入，造成不对称的三相电压，KL 动作并发出信号。

运行经验表明，上述并联电容器的方法其效果不是理想的。所以目前已采用负序（零序）电流元件或增量元件作为保护的起动元件，它们也兼作断线闭锁的作用，这是解决由于电压回路断线而引起保护误动作问题的一种有效方法。

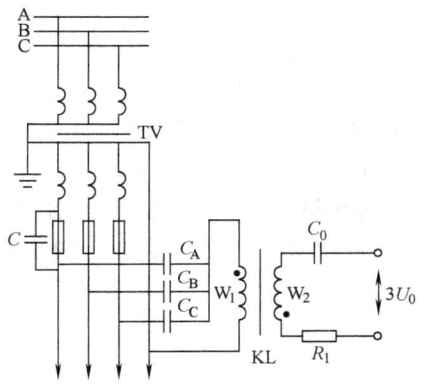

图 6-20 零序电压磁平衡原理的断线闭锁装置原理接线图

（二）用负序（零序）电流增量元件构成的距离保护起动元件来兼作断线闭锁装置

采用这种断线闭锁装置，就不需要增加任何设备，它的优点是接线简单、灵敏度高，目前已在电力系统中大量应用。由于采用负序（零序）电流增量元件构成保护的起动元件，因此不论由哪种原因使距离保护失去电压，负序（零序）电流增量元件都不会动作，即起动元件不动作，从而能够可靠地将保护闭锁。

三、短路点的过渡电阻对测量阻抗的影响

当短路点存在过渡电阻时，必然直接影响阻抗继电器的测量阻抗。例如，对图 6-21a 所示的单电源网络，当线路 WL_2 的出口端通过电阻 R 短路时，保护 2 的测量阻抗为 $Z_{r2} = R$，保护 1 的测量阻抗为 $Z_{r1} = Z_{WL1} + R$。由图 6-21b 可见，在这种情况下，过渡电阻会使测量阻抗增大，且增大的数值是不同的。对保护 2，测量阻抗增大的数值就等于过渡电阻 R，而对保护 1，测量阻抗 Z_{r1} 却等于 Z_{WL1} 和 R 的向量和。显然，后者增加得小些，一般来说，短路点距保护安装处越远，过渡电阻的影响也越小，反之影响越大。

当过渡电阻 R 较大，使 Z_{r2} 落在保护 2 的距离保护 Ⅱ 段的保护范围内，而 Z_{r1} 仍在保护 1 的距离保护 Ⅱ 段的保护范围内时，保护 1 和保护 2 都将同时以距离保护 Ⅱ 段的时限动作，造成保护失去选择性而误动作。

但是，对如图 6-22a 所示的双侧电源网络，短路点的过渡电阻可能使测量阻抗增大，也

可能使测量阻抗减小。

设 $\dot{I}'_K$ 和 $\dot{I}''_K$ 分别为两侧电源供给的短路电流，在线路 WL_2 出口处短路时，流经过渡电阻 R 的电流为 $\dot{I}_K = \dot{I}'_K + \dot{I}''_K$。

保护 2 的测量阻抗为

$$Z_{r2} = \frac{\dot{U}_B}{\dot{I}'_K} = \frac{\dot{I}_K R}{\dot{I}'_K} = \frac{I_K R}{I'_K} e^{j\alpha} \tag{6-33}$$

保护 1 的测量阻抗为

$$Z_{r1} = \frac{\dot{U}_A}{\dot{I}'_K} = \frac{\dot{I}_K R + \dot{I}'_K Z_{WL1}}{\dot{I}'_K} = Z_{WL1} + \frac{I_K R}{I'_K} e^{j\alpha} \tag{6-34}$$

式中，α 为 $\dot{I}_K$ 超前 $\dot{I}'_K$ 的相位角。

由此可见，当 α 为正时，测量阻抗的电抗部分将增大；当 α 为负时，测量阻抗的电抗部分将减小，如图 6-22b 所示。显然，在这种情况下，也可能导致保护无选择性的动作。为了使阻抗继电器能正确工作，必须采取措施消除或减小过渡电阻的影响。

经验证明，短路点的过渡电阻主要是纯电阻性的电弧电阻 R_g，且电弧的长度和电流的大小都随时间而变化，短路开始瞬间，电弧电流 I_g 很大，电弧的长度 l_g 很短，R_g 很小。随着 I_g 的衰减和 l_g 的增长，R_g 随着增大，大约经 0.1～0.15s 后，R_g 剧烈增大。

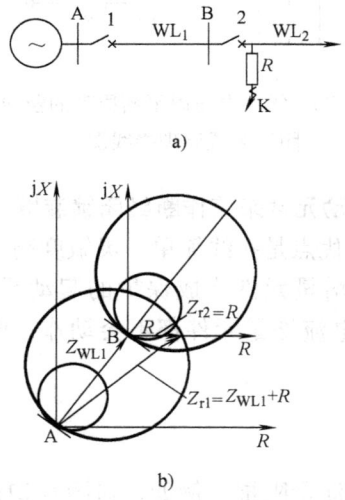

图 6-21 单侧电源网络测量阻抗受过渡电阻影响的情况
a) 系统图 b) 向量图

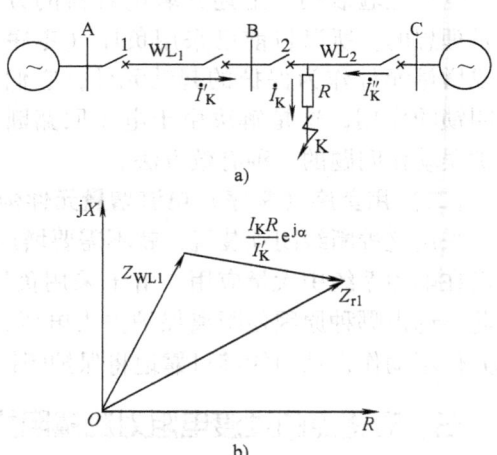

图 6-22 双侧电源线路经过渡电阻短路时，对测量阻抗的影响
a) 系统图 b) 向量图

根据电弧电阻的变化规律，为了减小过渡电阻对距离保护 II 段的影响，通常采用瞬时测定装置和应用承受过渡电阻能力强的阻抗继电器。

（一）应用承受过渡电阻能力强的阻抗继电器

由图 6-23 可见，在具有相同保护范围（具有相同的整定值）的条件下，阻抗继电器动作特性在 +R 轴方向所占面积越大，受过渡电阻的影响越小，因此，可采用如四边形继电器（图 6-23 中的 3）、电抗继电器（图 6-23 中的 4）、偏移阻抗继电器和苹果形阻抗继电器等。

(二) 采用瞬时测定装置

所谓"瞬时测定"就是把距离元件的最初动作状态，通过起动元件的动作而固定下来，当电弧电阻增大时，距离元件不会因为电弧电阻的增大而返回，仍以预定的动作时限跳闸。

"瞬时测定"的原理可用图 6-24 来说明。在短路瞬间，电流起动元件 KA 和阻抗测量元件 KR 均动作，中间继电器 KM 起动，并通过自己的触点自保持。此后 KM 的动作与 KR 的动作与否无关。等到时间继电器 KT 的整定延时到达后，控制电源经 KT 的延时闭合触点及 KM 的常开触点加到跳闸回路实现跳闸。这样，即使电弧电阻再增大，使 KR 返回，保护仍能以预定的延时跳闸。

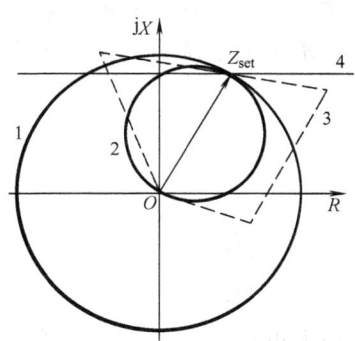

图 6-23 过渡电阻对不同特性阻抗继电器的影响

经验证明，使用瞬时测定装置是防止过渡电阻影响的有效措施之一。此装置已得到广泛应用。但是，必须指出，在某些情况下，"瞬时测定装置"是不能采用的。如图 6-25 所示的网络，在保护 3 出口处 K 点短路时，保护 3 以距离保护 I 段的时限跳闸，保护 5 以距离保护 II 段的时限跳闸。因短路点在保护 1 距离保护 II 段范围内，其起动元件和测量元件都动作，若保护 1 采用"瞬时测定"，那么当保护 3 跳闸后，由于故障仍然存在，保护 1 并不返回，而是以距离保护 II 段的预定延时跳闸，此时限与保护 5 距离保护 II 段的动作时限相同，因此，造成无选择跳闸。故"瞬时测定"在图 6-25 所示保护 1 的距离保护 II 段不能采用，只在单电源辐射形电网中的带时限的距离保护 II 段上采用。对于距离保护 I 段，因动作时间短，过渡电阻在短路后的很短时间内的数值很小，不会影响距离保护 I 段的测量阻抗，所以没有必要采用。

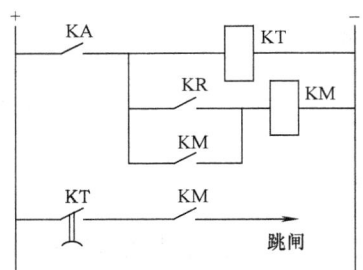

图 6-24 瞬时测定装置的原理

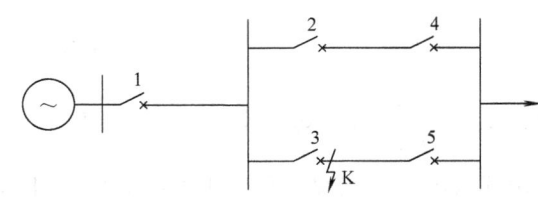

图 6-25 采用瞬时测定装置可能出现无选择动作的说明

四、分支电流对测量阻抗的影响

当保护安装处与短路点之间有分支线路时，分支电流对阻抗继电器的测量阻抗有影响，因此，必须重视并采取相应的措施加以减小。分支电流分为助增电流和外汲电流两种，下面分别讨论这两种电流对阻抗继电器测量阻抗的影响。

(一) 助增电流对测量阻抗的影响

如图 6-26 所示网络 K 点短路时，电源 $\dot{E}_M$ 和 $\dot{E}_N$ 向短路点提供的短路电流分别为 $\dot{I}_{AB}$ 和

$\dot{I}_{CB}$。故障线路 BD 上的短路电流 $\dot{I}_{BK} = \dot{I}_{AB} + \dot{I}_{CB}$，若 K 点在保护 1 的距离保护 Ⅱ 段范围内，此时，阻抗继电器的测量阻抗 Z_{r1} 为

$$Z_{r1} = \frac{\dot{I}_{BK}Z_{BK} + \dot{I}_{AB}Z_{AB}}{\dot{I}_{AB}} = \frac{\dot{I}_{BK}Z_{BK}}{\dot{I}_{AB}} + Z_{AB}$$
$$= Z_{AB} + K_b Z_{BK} \tag{6-35}$$

式中，$K_b = \left|\dfrac{\dot{I}_{BK}}{\dot{I}_{AB}}\right|$ 为分支系数，因 $|\dot{I}_{BK}| > |\dot{I}_{AB}|$，故 $K_b > 1$。

由上可见，由于电流 $\dot{I}_{CB}$ 的存在，使保护 1 的距离保护 Ⅱ 段测量阻抗增大了，这种使测量阻抗增大的分支电流 $\dot{I}_{CB}$ 称为助增电流。当助增电流使测量阻抗值增大较多时，保护 1 的距离保护 Ⅱ 段可能不动作。因此，助增电流的影响，实际上是降低了保护 1 的距离保护 Ⅱ 段的灵敏度，对保护 1 的距离保护 Ⅰ 段没有影响。

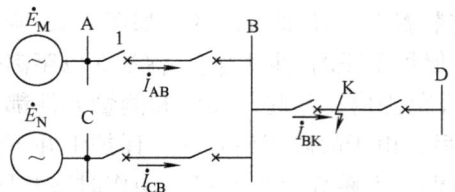

图 6-26 助增电流对测量阻抗的影响

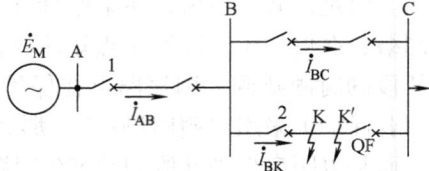

图 6-27 外汲电流对测量阻抗的影响

（二）外汲电流对测量阻抗的影响

如图 6-27 所示的网络，当在平行线路 BC 上的 K 点发生相间短路时，流向短路点的电流 $\dot{I}_{BK} = \dot{I}_{AB} - \dot{I}_{BC}$。此时，保护 1 的距离保护 Ⅱ 段的测量阻抗为

$$Z_{r1} = \frac{\dot{I}_{BK}Z_{BK} + \dot{I}_{AB}Z_{AB}}{\dot{I}_{AB}} = \frac{\dot{I}_{BK}Z_{BK}}{\dot{I}_{AB}} + Z_{AB}$$
$$= Z_{AB} + K_b Z_{BK} \tag{6-36}$$

式中，$K_b = \left|\dfrac{\dot{I}_{BK}}{\dot{I}_{AB}}\right|$ 为分支系数，因 $|\dot{I}_{BK}| < |\dot{I}_{AB}|$，故 $K_b < 1$。

由式（6-36）可见，保护 1 的距离保护 Ⅱ 段的测量阻抗减小了。这种使测量阻抗减小的分支电流 $\dot{I}_{BC}$ 称为外汲电流。由于外汲电流的存在，可能造成保护的无选择动作。例如，若在 BC 上的 K' 点短路，且此点位于保护 1 的距离保护 Ⅲ 段及保护 2 的距离保护 Ⅱ 段时，由于外汲电流的影响，保护 1 的测量阻抗将减小，当其值小于距离保护 Ⅱ 段的整定阻抗时，保护 1 以距离保护 Ⅱ 段的延时跳闸，而这时，保护 2 也以距离保护 Ⅱ 段的延时跳闸，这就造成了无选择性地动作。为了防止外汲电流引起的无选择动作，必须降低保护 1 的距离保护 Ⅱ 段的整定阻抗。

五、串联电容补偿对距离保护的影响

高压输电线路上经常使用串联电容补偿（简称串补电容）。由于串补电容的容抗补偿了

输电线路的部分电抗,可以大大缩短其所连接的两电力系统间的电气距离,因而有效地提高了输电线路的输送功率,也提高了电力系统的稳定性。但是,具有串补电容的输电线路也给距离保护带来许多特殊问题,如当在电容器后面发生短路时,继电器测量阻抗会突然减小,而且相位也会变化,使距离保护的正常工作受到影响。此外,具有串补电容的线路上发生短路时,其暂态过程中会出现低频分量的电流,也将影响继电器的工作。总之,对距离保护的影响取决于串补电容在输电线上装设的位置以及对输电线路电感的补偿度。串补电容的容抗占被保护线路电抗的百分数称为补偿度,从已运行的串补装置来看,补偿度以在30%~50%范围内的最多。补偿度越大对距离保护的影响越大。

此外,当线路短路时,由于有很大的短路电流流过电容器,因此就会在电容器两端产生很高的电压。为了防止电容器击穿损坏,在电容器两端装设保护间隙。当出现危险的过电压时,保护间隙击穿放电,电容器就被短接。这种情况相当于没有串补电容的输电线路。因此,距离保护必须能适应串联电容的存在及保护间隙被击穿的两种情况。

串补电容对距离保护的影响

串补电容对距离保护的影响,主要表现在串补电容安装位置和补偿度大小对阻抗继电器测量阻抗的影响,因此可以用测量阻抗分析其动作特性。为了保证阻抗继电器动作的选择性,其特性整定(距离保护Ⅰ段)可按下式进行,即

$$Z_{set} = K_K(Z_L - jX_C)$$

式中,Z_L为被保护线路的阻抗值;X_C为串补电容的容抗值;K_K为可靠系数,取0.8~0.85。

1. 串补电容装于线路的一侧

图6-28a所示为串补电容装设于线路M侧始端的电力系统图;图6-28b所示为M侧方向阻抗继电器距离保护Ⅰ段动作特性圆和在电容器后出口K_1点、保护范围内K_2点、保护范围末端K_3点、对端母线上K_4点短路时的测量阻抗。

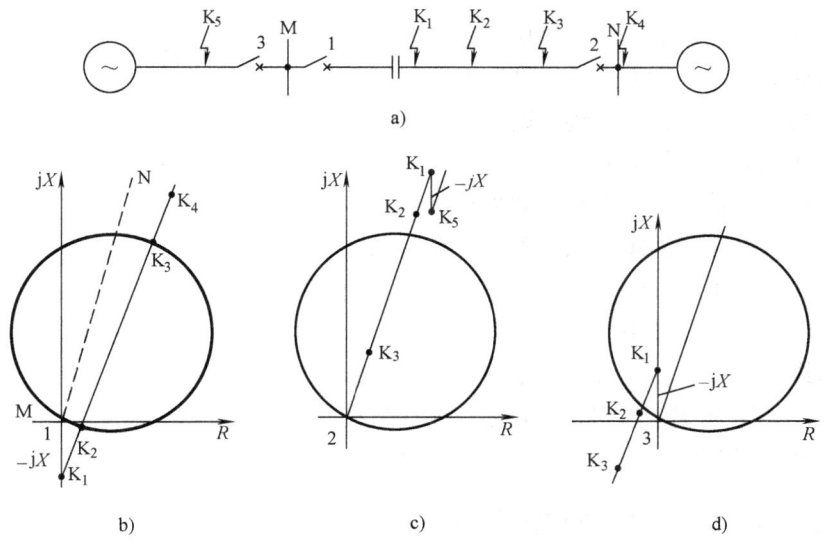

图6-28 串补电容装的于线路一端对距离保护的影响

a) 具有串补电容的电力系统图 b) 阻抗继电器1的特性圆及测量阻抗 c) 阻抗继电器2的特性圆及测量阻抗 d) 阻抗继电器3在反方向故障时的特性圆及测量阻抗

由图 6-28b 可见，当在 K_1 至 K_2 点范围内短路时，由于阻抗继电器 1 的测量阻抗包括容抗（$-jX_C$）而进入第四象限，保护将拒动。当在 K_2 至 K_3 点范围内短路时，测量阻抗为感性阻抗且位于阻抗继电器动作特性圆内，保护能正确动作。由此可见，当串补电容未被短接时，测量阻抗位于 K_1、K_2、K_3 连线的直线上，在 $K_1 \sim K_2$ 范围内短路时继电器将拒动。如果短路电流增大导致电容两端产生高电压使串补电容短接时，测量阻抗将位于直线 MN' 上，在这种条件下距离保护的保护范围将大大缩短。

图 6-28c 所示为 N 侧方向阻抗继电器 2 的动作特性和测量阻抗。在 N 侧阻抗继电器 2 保护正方向一定距离外有串补电容时，K_1、K_2、K_3 各点短路时与没有串补电容时测量阻抗相同。只有 K_5 点短路时，由于增加了容抗（$-jX_C$），使测量阻抗减小。为了保证 N 侧保护动作的选择性，将使保护范围大大缩短，补偿度越大时，X_C 越大，则保护范围越短。

图 6-28d 所示为 M 侧方向阻抗继电器 3 的动作特性和测量阻抗。在 K_1 点短路，对阻抗继电器 3 来说是反方向具有串补电容短路的情况，由于经过容抗（$-jX_C$）测量阻抗进入第二象限，阻抗继电器将要误动。直至反方向距离较远处（如 K_3 点）短路时，测量阻抗才进入第三限，阻抗继电器不会误动。

总之，只有当串补电容位于阻抗继电器安装处和短路点之间时，对阻抗继电器的测量阻抗才有影响。

2. 串补电容装于线路中点

如图 6-29 所示，为了保证阻抗继电器 1 和 2 动作的选择性，如果装于线路中点串补电容的补偿度小于 50%，即 $X_C < X_1/2$，则方向阻抗继电器可以保护线路的大部分，如果电容器前后的 K_1 和 K_2 短路时，串补电容两侧的阻抗继电器 1 和 2 的测量阻抗都将位于圆内，阻抗继电器能够动作。如果保护范围末端 G 点正好位于圆周上，N 点位于圆外，可以保证保护动作的选择性。当短路时电容被短接，则测量阻抗将沿 MG' 变化，保护范围将大大缩短。反方向故障时，继电器测量阻抗不受串补电容的影响。如果在多数运行方式下，电容两侧短路时的短路电流不足以使间隙放电，则串补电容设置于线路中点对保护工作有利，而且影响最小。但从一次设备来看，由于补偿电容远离变电所，因而维护不便，在经济上是不可取的。如果补偿大于 50%，在串补电容附近短路时，测量阻抗将落在圆外，继电器会拒动。

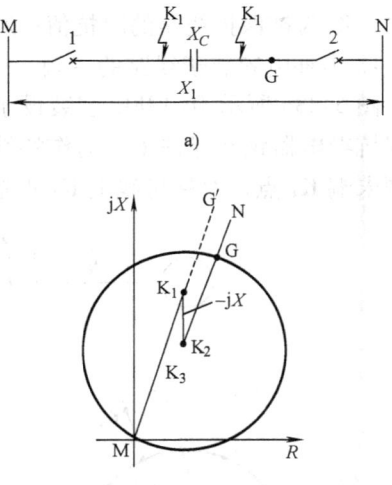

图 6-29 串补电容装于线路中点对距离保护的影响

六、输电线路非全相运行对距离保护的影响

当输电线路出现断线和采用单相重合闸时，线路会处于短时间非全相运行状态，有时这种运行状态甚至会维持数个小时。这种运行状态不仅会使系统中出现负序分量，而且将使线路两侧电流大小和相位发生变化。例如，A 相断线而 BC 运行又发生振荡（非全相振荡）

时,0°接线阻抗元件尤其是健全相的阻抗元件($\dot{U}_r = \dot{U}_{BC}$,$\dot{I}_r = \dot{I}_B - \dot{I}_C$)可能误动作。另外,非全相运行对反映两侧电流相位及大小而动作的保护及负序分量有关的方向高频保护、相差保护等均会产生不良的影响。

第五节 距离保护的整定计算

电力系统中的相间距离保护多采用三段式阶梯时限特性,在进行整定计算时,要计算各段的动作阻抗、动作时限并进行灵敏性校验,同时还应计算振荡闭锁装置的起动数值。

一、距离保护各段的整定计算

以图6-30所示电网为例,说明相间距离保护整定计算的原则。设线路AB、BC均装有三段式距离保护,对保护1的各段距离保护进行整定计算。

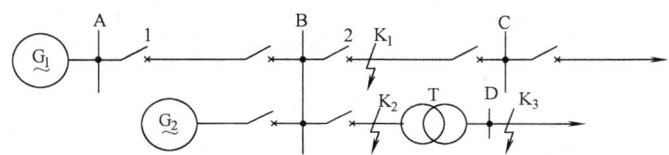

图6-30 距离保护整定计算网络

(一)距离保护Ⅰ段

(1)保护1的距离保护Ⅰ段的动作阻抗,按躲过本线路末端短路故障条件进行整定:

$$Z_{op1}^{I} \leqslant K_{rel}^{I} Z_{AB} \tag{6-37}$$

式中,Z_{op1}^{I}为距离保护Ⅰ段的动作阻抗;K_{rel}^{I}为距离保护Ⅰ段的可靠系数,取$K_{rel}^{I} = 0.8 \sim 0.85$;$Z_{AB}$为被保护线路的正序阻抗。

(2)对于线路—变压器线路,保护1的距离保护Ⅰ段的动作阻抗按躲过变压器低压侧短路的条件进行整定:

$$Z_{op1}^{I} \leqslant K_{rel}^{I} Z_{AB} + K_{rel,T} Z_T \tag{6-38}$$

式中,$K_{rel,T}$为可靠系数,取$K_{rel,T} \leqslant 0.7$;Z_T为变压器T的等效正序阻抗。

距离保护Ⅰ段的动作时限$t_1^{I} = 0s$,实际上t_1^{I}取决于保护的固有动作时限,一般不超过0.1s,应大于避雷器的放电时间;距离保护Ⅰ段的灵敏系数用保护范围表示,要求不小于线路全长的80%~85%。

(二)距离保护Ⅱ段

(1)保护1的距离保护Ⅱ段的动作阻抗与相邻线路BC保护2的距离保护Ⅰ段整定值进行配合,即躲过相邻线路距离保护Ⅰ段的整定值,并考虑电流分支系数:

$$Z_{op1}^{II} = K_{rel}^{II} Z_{AB} + K'^{II}_{rel} K_{b,min} Z_{op2}^{I} \tag{6-39}$$

式中,K_{rel}^{II}为距离保护Ⅱ段的可靠系数,一般取0.8~0.85;K'^{II}_{rel}为可靠系数,取$K'^{II}_{rel} \leqslant 0.8$;$K_{b,min}$为分支系数最小值,是相邻线路距离保护Ⅰ段的保护范围末端发生短路故障时流过故障线路的电流与流过被保护线路的电流之比的最小值;Z_{op2}^{I}为相邻线路距离保护Ⅰ段的动作阻抗。

距离保护 II 段的灵敏系数按下式校验：

$$K_{\text{sen}}^{\text{II}} = \frac{Z_{\text{op1}}^{\text{II}}}{Z_{\text{AB}}} \geq 1.3 \sim 1.5 \qquad (6\text{-}40)$$

距离保护 II 段的动作时限比相邻线路保护 2 的距离保护 I 段大一个时间阶梯，即

$$t_1^{\text{II}} = t_2^{\text{I}} + \Delta t \qquad (6\text{-}41)$$

（2）当灵敏系数校验不能满足要求时，可按与相邻线路距离保护 II 段相配合的条件进行整定，即

$$Z_{\text{op1}}^{\text{II}} = K_{\text{rel}}^{\text{II}} Z_{\text{AB}} + K_{\text{rel}}'^{\text{II}} K_{\text{b,min}} Z_{\text{op2}}^{\text{II}} \qquad (6\text{-}42)$$

式中，$Z_{\text{op2}}^{\text{II}}$ 为相邻线路距离保护 II 段的动作阻抗。

此时，距离保护 II 段的动作时限比相邻线路保护 2 的距离保护 II 段大一个时间阶梯，即

$$t_1^{\text{II}} = t_2^{\text{II}} + \Delta t \qquad (6\text{-}43)$$

（3）对于线路—变压器线路，保护 1 的距离保护 II 段的动作阻抗与相邻变压器纵联差动保护配合，即躲过线路末端变压器后 K_3 点短路时的线路阻抗，有

$$Z_{\text{op1}}^{\text{II}} = K_{\text{rel}}^{\text{II}} Z_{\text{AB}} + K_{\text{rel,T}}^{\text{II}} K_{\text{b,min}} Z_{\text{T}} \qquad (6\text{-}44)$$

式中，$K_{\text{rel,T}}^{\text{II}}$ 为可靠系数，$K_{\text{rel,T}}^{\text{II}} \leq 0.7$；$K_{\text{b,min}}$ 为相邻变压器另侧母线，如图 6-30 中母线 D 短路时，流过变压器的短路电流与流过被保护线路的电流之比值。

（三）距离保护 III 段

（1）电力系统正常运行时，距离保护不应该动作，所以保护 1 的距离保护 III 段的动作阻抗按躲过被保护线路最小负荷阻抗进行整定，最小负荷阻抗 $Z_{\text{L,min}}$ 按下式计算：

$$Z_{\text{L,min}} = \frac{(0.9 \sim 0.95) U_{\text{N}}/\sqrt{3}}{I_{\text{L,max}}} \qquad (6\text{-}45)$$

式中，U_{N} 为被保护线路的额定电压；$I_{\text{L,max}}$ 为被保护线路的最大负荷电流。

采用不同阻抗继电器时，其动作阻抗整定方法不同：

1）采用全阻抗继电器作测量元件时其动作阻抗为

$$Z_{\text{op1}}^{\text{III}} = \frac{Z_{\text{L,min}}}{K_{\text{rel}}^{\text{III}} K_{\text{re}} K_{\text{ss}}} \qquad (6\text{-}46)$$

2）采用方向阻抗继电器作测量元件时其动作阻抗为

$$Z_{\text{op1}}^{\text{III}} = \frac{Z_{\text{L,min}}}{K_{\text{rel}}^{\text{III}} K_{\text{re}} K_{\text{ss}} \cos(\varphi_{\text{m}} - \varphi_{\text{Loa}})} \qquad (6\text{-}47)$$

式中，$K_{\text{rel}}^{\text{III}}$ 为距离保护 III 段的可靠系数，取 $1.2 \sim 1.3$；K_{re} 为阻抗继电器的返回系数，一般取 $1.1 \sim 1.15$；K_{ss} 为线路自起动系数，由负荷性质决定，一般取 $1.5 \sim 3$；φ_{m} 为阻抗继电器最大灵敏角，取 $60° \sim 85°$；φ_{Loa} 为线路负荷阻抗角。

距离保护 III 段的动作时限应大于系统的振荡周期，且与相邻线路距离保护 III 段的动作时限之间按时间阶梯原则配合，即

$$t_1^{\text{III}} = t_{2,\text{max}}^{\text{III}} + \Delta t \qquad (6\text{-}48)$$

（2）与相邻线路距离保护 II 段进行配合，即

$$Z_{\text{op1}}^{\text{III}} = K_{\text{rel}}^{\text{III}} Z_{\text{AB}} + K'^{\text{III}}_{\text{rel}} K_{\text{b,min}} Z_{\text{op2}}^{\text{II}} \tag{6-49}$$

式中，$K_{\text{rel}}^{\text{III}}$ 为距离保护Ⅲ段的可靠系数，一般取 0.8~0.85；$K'^{\text{III}}_{\text{rel}}$ 为可靠系数，取 $K_{\text{rel,T}} \leq 0.8$；动作阻抗取按（1）、（2）计算时得到的值最小的一个。

动作时限整定：

1）距离保护Ⅲ段的保护范围不超过相邻变压器另侧母线时，与相邻线路距离保护Ⅱ段的时限进行配合，即

$$t_1^{\text{III}} = t_2^{\text{II}} + \Delta t \tag{6-50}$$

2）距离保护Ⅲ段的保护范围超过相邻变压器另侧母线时，与相邻线路距离保护Ⅲ段的时限进行配合，即

$$t_1^{\text{III}} = t_2^{\text{III}} + \Delta t \tag{6-51}$$

距离保护Ⅲ段的灵敏系数：

1）作为本线路近后备保护时，距离保护Ⅲ段的灵敏系数为

$$K_{\text{sen}}^{\text{III}} = \frac{Z_{\text{op1}}^{\text{III}}}{Z_{\text{AB}}} \geq 1.3 \sim 1.5 \tag{6-52}$$

2）作为相邻线路远后备保护时，距离保护Ⅲ段的灵敏系数为

$$K_{\text{sen}}^{\text{III}} = \frac{Z_{\text{op1}}^{\text{III}}}{Z_{\text{AB}} + K_{\text{b,max}} Z_{\text{BC}}} \geq 1.2 \tag{6-53}$$

式中，$K_{\text{b,max}}$ 为相邻线路末端短路时，实际可能最大的分支系数。

（3）当灵敏系数不满足要求时如下：

1）若相邻线路为线路时，与相邻线路距离保护Ⅲ段的动作阻抗相配合，即

$$Z_{\text{op1}}^{\text{III}} = K_{\text{rel}}^{\text{III}} Z_{\text{AB}} + K'^{\text{III}}_{\text{rel}} K_{\text{b,min}} Z_{\text{op2}}^{\text{III}} \tag{6-54}$$

式中，$Z_{\text{op2}}^{\text{III}}$ 为相邻线路距离保护Ⅲ段的动作阻抗。

2）若相邻线路为变压器时，与变压器相间短路的后备保护相配合，即

$$Z_{\text{op1}}^{\text{III}} = K_{\text{rel}}^{\text{III}} Z_{\text{AB}} + K'^{\text{III}}_{\text{rel}} K_{\text{b,min}} Z_{\text{op,T}}^{\text{III}} \tag{6-55}$$

式中，$Z_{\text{op,T}}^{\text{III}}$ 变压器相间短路时后备保护最小动作范围对应的阻抗值。$Z_{\text{op,T}}^{\text{III}}$ 要根据后备保护的类型进行计算，若后备保护为电流保护，则

$$Z_{\text{op,T}}^{\text{III}} = \frac{\sqrt{3} E_{\text{ph}}}{2 I_{\text{op}}^{\text{III}}} - Z_{\text{s,max}} \tag{6-56}$$

若后备保护为电压保护，则

$$Z_{\text{op,T}}^{\text{III}} = \frac{U_{\text{op}}^{\text{III}}}{\sqrt{3} E_{\text{ph}} - U_{\text{op}}^{\text{III}}} Z_{\text{s,min}} \tag{6-57}$$

式中，$Z_{\text{s,max}}$ 为归算至保护安装处的最大电源阻抗；$Z_{\text{s,min}}$ 为归算至保护安装处的最小电源阻抗；E_{ph} 为保护安装处等效电源的相电动势；$I_{\text{op}}^{\text{III}}$ 为变压器相间电流保护动作值；$U_{\text{op}}^{\text{III}}$ 为变压器相间电压保护动作值。

此时，距离保护Ⅲ段的动作时限为

$$t_1^{\text{III}} = t_{\text{T}}^{\text{III}} + \Delta t \tag{6-58}$$

式中，$t_{\text{T}}^{\text{III}}$ 为变压器后备保护的动作时限。

当灵敏系数不满足要求时，可采用具有四边形动作特性的方向阻抗继电器或具有直线动作特性的阻抗继电器。

二、距离保护整定计算实例

【例 6-1】 电网参数如图 6-31 所示，已知：

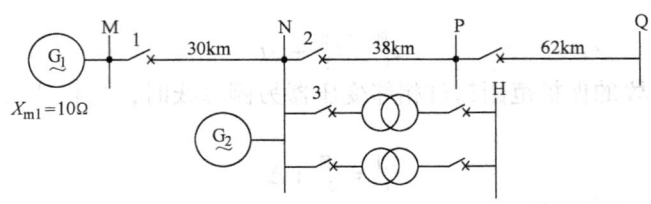

图 6-31 例 6-1 网络接线图

（1）电网中线路的单位长度正序阻抗 $Z_1 = 0.45\Omega/\text{km}$，线路阻抗角 $\varphi_L = 65°$；

（2）线路上采用三段式距离保护，阻抗元件均采用方向阻抗继电器，继电器的最大灵敏角为 65°；

（3）保护 2、3 的距离保护 Ⅲ 段最长动作时限为 2s；

（4）线路 MN、NP 的最大负荷电流 $I_{L,\max} = 400\text{A}$，负荷自起动系数为 2，负荷功率因数为 $\cos\varphi = 0.9$；

（5）变压器采用差动保护，两台变压器容量相等，容量 $S_N = 15\text{MV} \cdot \text{A}$，短路电压 $U_K\% = 10.5$，线电压比 110kV/10.5kV；

（6）电源 N 的系统最小阻抗 $Z_{N,\min} = 30\Omega$，最大阻抗 $Z_{N,\max} = \infty$。

试求保护 1 的距离保护各段动作阻抗、灵敏度及动作时限。

解：（1）保护 1 的距离保护 Ⅰ 段的动作阻抗
$$Z_{\text{op1}}^{\text{I}} = K_{\text{rel}}^{\text{I}} Z_{\text{MN}} = 0.85 \times 0.45 \times 30\Omega = 11.48\Omega$$

（2）保护 1 的距离保护 Ⅱ 段的动作阻抗

1）与保护 2 的距离保护 Ⅰ 段配合，即
$$Z_{\text{op2}}^{\text{I}} = K_{\text{rel}}^{\text{I}} Z_{\text{NP}} = 0.85 \times 0.45 \times 38\Omega = 14.54\Omega$$

$K_{b,\min}$ 最小值的情况下是，$Z_{B,\min} = \infty$ 时，即电源 G_2 断开，$K_{b,\min} = 1$；
$$Z_{\text{op1}}^{\text{II}} = K_{\text{rel}}^{\text{II}}(Z_{\text{MN}} + K_{b,\min} Z_{\text{op2}}^{\text{I}})$$
$$= 0.85 \times (0.45 \times 30 + 1 \times 14.54)\Omega = 23.83\Omega$$

2）与变电所 N 降压变压器速动保护配合，即
$$Z_{\text{op1}}^{\text{II}} = K_{\text{rel}}^{\text{II}}(Z_{\text{MN}} + K_{b,\min} Z_T)$$

由于
$$Z_T = \frac{U_K U_N^2}{S_N} = \frac{0.105 \times 110^2}{15}\Omega = 84.7\Omega$$

所以
$$Z_{T,\min} = \frac{Z_T}{2} = \frac{84.7}{2}\Omega = 42.35\Omega$$

$$Z_{\text{op1}}^{\text{II}} = 0.85 \times (0.45 \times 30 + 42.35)\Omega = 39.09\Omega$$

取二者较小值为保护 1 的距离保护 Ⅱ 段的动作阻抗，即

$$Z_{op1}^{II} = 23.83\Omega$$

灵敏系数校验：

$$K_{sen}^{II} = \frac{Z_{op1}^{II}}{Z_{MN}} = \frac{23.83}{0.45 \times 30} = 1.77 > 1.5$$

保护 1 的距离保护 II 段的动作时限与下一段线路保护 2 的距离保护 I 段的动作时限相配合，即

$$t_1^{II} = t_2^{I} + \Delta t = 0 + 0.5\text{s} = 0.5\text{s}$$

（3）保护 1 的距离保护 III 段的动作阻抗

线路负荷阻抗角 $\varphi_{Loa} = \arccos 0.9 = 26°$

$$Z_{op1}^{III} = \frac{Z_{L,min}}{K_{rel}^{III} K_{re} K_{ss} \cos(\varphi_m - \varphi_L)} = \frac{0.9 U_N}{\sqrt{3} K_{rel}^{III} K_{re} K_{ss} I_{L,min} \cos(\varphi_m - \varphi_L)}$$

$$= \frac{0.9 \times 110}{\sqrt{3} \times 1.25 \times 1.15 \times 2 \times 0.4 \times \cos(65° - 26°)}\Omega = 63.96\Omega$$

灵敏系数校验，近后备保护：

$$K_{sen}^{III} = \frac{Z_{op1}^{III}}{Z_{MN}} \times 100\% = \frac{63.96}{0.45 \times 30} = 4.73 > 1.5$$

远后备保护：

$$K_{b,max} = \frac{X_{m1} + Z_{MN} + X_{N,min}}{X_{N,min}} = \frac{10 + 30 + 0.45 \times 30}{30} = 1.78$$

$$K_{sen}^{III} = \frac{Z_{op1}^{III}}{Z_{MN} + K_{b,max} Z_{NP}} \times 100\% = \frac{63.96}{0.45 \times 30 + 1.78 \times 0.45 \times 38} = 1.46 > 1.2$$

动作时限整定：

$$t_1^{III} = t_{2,max}^{III} + \Delta t = (2 + 0.5)\text{s} = 2.5\text{s}$$

【例 6-2】 电网如图 6-32 所示，已知：电网中线路的单位长度正序阻抗 $Z_1 = 0.4\Omega/\text{km}$，线路阻抗角 $\varphi_L = 60°$，M、N 变电站装有反映相间短路的二段式距离保护，它的 I、II 段测量元件均采用方向阻抗继电器。

试求 M 变电站距离保护的动作值（I、II 段可靠系数取 0.8）。并分析：

（1）线路 MN 距 M 侧 55km 和 65km 处发生相间金属性短路时，M 变电站各段的动作情况。

（2）线路 MN 距 M 侧 30km 处发生 $R = 12\Omega$ 相间弧光短路时，M 变电站各段的动作情况。

（3）若 M 站的电压为 115kV，通过变电站的负荷功率因数为 0.9，问送多少负荷电流时，M 变电站距离保护 II 段才会误动作？

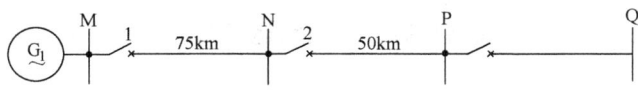

图 6-32 例 6-2 网络接线图

解：（1）保护 1 动作分析

1）保护 1 的距离保护 I 段整定值：

$$Z_{op1}^{I} = K_{rel}^{I} Z_{MN} = 0.8 \times 0.4 \times 75 \Omega = 24 \Omega$$

2）保护 1 的距离保护 Ⅱ 段整定值：

$$Z_{op2}^{I} = K_{rel}^{I} Z_{NP} = 0.8 \times 0.4 \times 50 \Omega = 16 \Omega$$

$$Z_{op1}^{II} = K_{rel}^{II} (Z_{MN} + Z_{op2}^{I}) = 0.8 \times (0.4 \times 75 + 16) \Omega = 36.8 \Omega$$

3）在 55km 处短路时，保护 1 的测量阻抗：

$$Z_r = 0.4 \times 55 \Omega = 22 \Omega$$

测量阻抗小于距离保护 Ⅰ、Ⅱ 段整定阻抗，所以保护 1 的距离保护 Ⅰ、Ⅱ 段均能动作。

4）在 65km 处短路时，保护 1 的测量阻抗：

$$Z_r = 0.4 \times 65 \Omega = 26 \Omega$$

测量阻抗小于距离保护 Ⅱ 段整定阻抗，而大于距离保护 Ⅰ 段整定阻抗，所以保护 1 的距离保护 Ⅰ 段不能动作，Ⅱ 段能动作。

（2）在 30km 处发生 $R = 12\Omega$ 相间弧光短路时，保护 1 至故障点的测量阻抗为

$$Z = Z_1 l_{MN} + 0.5R = 30 \times 0.4 \angle 65° + 0.5 \times 12 = 15.55 \angle 44.6°$$

保护 1 的动作阻抗：

$$Z_r^{I} = Z_{op1}^{I} \cos(\varphi_m - \varphi_L) = 24\cos(65° - 44.6°)\Omega = 22.5\Omega > 15.55\Omega$$

$$Z_r^{II} = Z_{op1}^{II} \cos(\varphi_m - \varphi_L) = 36.8\cos(65° - 44.6°)\Omega = 34.5\Omega > 15.55\Omega$$

所以保护 1 的距离保护 Ⅰ、Ⅱ 段均动作。

（3）负荷阻抗角：

$$\varphi_L = \arccos 0.9 = 25.8°$$

此时负荷阻抗为 $36.8\cos(65° - 25.8°) = 28.5\Omega$ 时，方向阻抗继电器就会误动作。

$$I_L = \frac{110}{\sqrt{3} \times 28.5} kA = 2.32 kA$$

【例 6-3】 电网如图 6-33 所示，已知：线路单位长度的正序阻抗 $Z_1 = 0.45 \Omega/km$，平行线路长度为 70km，MN 线路为 40km，距离保护 Ⅰ 段可靠系数取 0.85。M 侧电源最大、最小等效阻抗分别为 $Z_{M,max} = 25\Omega$，$Z_{M,min} = 20\Omega$；N 侧电源最大、最小等效阻抗分别为 $Z_{N,max} = 25\Omega$，$Z_{N,min} = 15\Omega$，试求 MN 线路 M 侧距离保护的最大、最小分支系数。

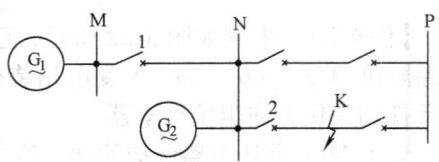

图 6-33 例 6-3 电网接线图

解：（1）最大分支系数

1）最大助增系数为

$$K_{b,max} = \frac{Z_{M,max} + Z_{MN} + Z_{N,min}}{Z_{N,min}} = \frac{25 + 40 \times 0.45 + 15}{15} = 3.93$$

2）最大汲出系数，当平行线路只有一条回路运行时，汲出系数为 1。

总的最大分支系数为

$$K_{b\Sigma} = 3.93 \times 1 = 3.93$$

（2）最小分支系数

1）最小助增系数为

$$K_{b,\max} = \frac{Z_{M,\min} + Z_{MN} + Z_{N,\max}}{Z_{N,\max}} = \frac{20 + 40 \times 0.45 + 25}{25} = 2.52$$

2）最小汲出系数，平行线路的阻抗可化为长度进行计算，则

$$K_{b,\max} = \frac{Z_{NP1} - Z_{set} + Z_{NP2}}{Z_{NP1} + Z_{NP2}} = \frac{140 - 70 \times 0.45}{140} = 0.575$$

总的最小分支系数为

$$K_{b\Sigma} = 2.52 \times 0.575 = 1.35$$

第六节 距离保护的评价和应用

对距离保护的评价，应根据继电保护的四个基本要求来评定。

1. 选择性

根据距离保护的动作原理可知，距离保护在单电源或多电源复杂网络中可以保证动作的选择性。

2. 快速性

距离保护Ⅰ段是瞬时动作的，但它只能保护线路全长的 80%～85%，尚有 15%～20% 线路上的故障，要以带 0.5s 的动作时限的距离保护Ⅱ段来切除。在系统稳定要求很严的线路上，这种带时限切除故障的情况通常是不允许的。

3. 灵敏性

距离保护不但反映故障时电流的增大，同时反映故障时电压的降低，因此灵敏度比电流、电压保护高。更主要的是，距离保护Ⅰ段的保护范围不受系统运行方式改变的影响，而其他两段的保护范围受系统运行方式改变的影响也较小，这是电流、电压保护无法相比的。

4. 可靠性

成套距离保护装置是比较复杂的保护装置之一。它包括较复杂的阻抗继电器和大量的辅助继电器以及它们的串联触点，使距离保护装置的调试运行维护复杂化，这样在一定程度上影响了保护装置的可靠性。但目前应用较多的整流型距离保护，由于阻抗继电器部分已大为简化，整套装置的调试也较感应型距离保护简单，因此可靠性有所提高。

距离保护目前应用得较多的是用来保护电网中的相间短路。对于大接地电流电网中的接地故障可由简单的阶段型零序电流保护装置来切除。当然，有时也采用接地距离保护。

在系统稳定性允许的情况下，可由距离保护作为 110kV 和 220kV 线路的相间故障的主保护。在稳定性要求很严格的线路上，距离保护只能用来作为快速切除全线路故障的主保护的后备保护，如作高频保护、纵联差动保护的后备保护。

复习思考题

6-1 什么叫距离保护？它较简单的电流、电压保护有什么优势？画图说明三段式距离保护的时限特性和构成原理。

6-2 什么叫做阻抗继电器的测量阻抗、整定阻抗以及动作特性？画出全阻抗继电器、方向阻抗继电器及偏移特性阻抗继电器的动作特性，说明这些继电器的特点和动作条件。并

以方向阻抗继电器为例，说明测量阻抗 Z_r、整定阻抗 Z_{set} 和动作阻抗 Z_{op} 之间的关系和区别。

6-3 说明整流型偏移特性阻抗继电路的构成原理。

6-4 对阻抗继电器的接线方式有何要求？反映相间故障的阻抗继电器常采用哪些接线方式？画出接线图，分析其工作特点。

6-5 反映接地故障的阻抗继电器为什么要采用零序电流补偿？画出其接线图并加以说明。

6-6 短路点过渡电阻对阻抗继电器的工作有何影响？如何消除？

6-7 何为助增电流和汲出电流，它们对距离保护的工作有何影响？

6-8 系统振荡对距离保护有何影响？说明利用负序、零序电流增量元件构成的振荡闭锁装置的构成和工作原理。

6-9 距离保护中为什么要装设电压回路断线闭锁装置？画出断线闭锁继电器 KL 的接线图，说明其工作原理。

6-10 试述三段式距离保护装置整定计算的原则，并说明为什么在整定距离保护Ⅱ段的动作阻抗时，要考虑分支系数？为什么在整定距离保护Ⅲ段的动作阻抗时，要考虑返回系数？为什么采用方向阻抗继电器作为距离保护Ⅲ段的测量元件时，其灵敏度要比采用全阻抗继电器时高？

6-11 什么是阻抗继电器的 0°接线？

6-12 在图 6-34 所示网络中，各线路首端均装设有距离保护装置，其网络参数如图 6-34 所示，线路的单位长度正序阻抗为 $Z_1 = 0.4\Omega/\text{km}$。试求保护 1 的距离保护Ⅰ、Ⅱ段的动作阻抗和Ⅰ段的动作时限，并校验Ⅰ段的灵敏度。

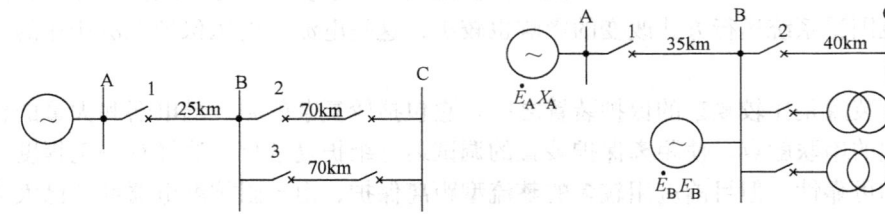

图 6-34 题 6-12 的计算网络　　　　图 6-35 题 6-13 的计算网络

6-13 在图 6-35 所示网络中，采用三段式距离保护，各段测量元件均采用方向阻抗继电器，而且均采用 0°接线方式。已知线路单位长度的正序阻抗 $Z_1 = 0.4\Omega/\text{km}$，线路阻抗角 $\varphi_L = 70°$，线路 AB、BC 最大负荷电流 $I_{L,\max} = 450\text{A}$，负荷的功率因数 $\cos\varphi = 0.8$，负荷自起动系数 $K_{ss} = 1.5$；保护 2 的距离保护Ⅲ段的动作时限 $t_2^{\text{Ⅲ}} = 1.5\text{s}$；变压器装有差动保护。

已知 $E_A = E_B = 115/\sqrt{3}\,\text{kV}$，$X_{B,\max} = \infty$，$X_{B,\min} = 30\Omega$，$X_A = 10\Omega$，变压器参数为 $2 \times 115\text{MV}\cdot\text{A}$，$110\text{kV}/6.6\text{kV}$，$U_K\% = 10.5$。

试求保护 1 的距离保护Ⅰ、Ⅱ、Ⅲ段的动作阻抗、灵敏系数与动作时限，求各段阻抗继电器的动作阻抗。

第七章 电力变压器的保护

第一节 电力变压器的故障、异常工作状态及保护方式

电力变压器是电力系统中重要的电力设备之一，与发电机和高压输电线路相比，它的故障概率相对较低。但一旦出现故障，它将对系统的供电可靠性和运行安全性带来严重的影响。另外，大容量变压器也是非常昂贵的电力设备。为保证变压器的安全运行，防止事故扩大，应根据变压器的容量、结构及故障类型装设相应可靠、快速、灵敏和选择性好的保护。

变压器的故障可分为油箱内部故障和油箱外部故障。油箱内部故障有绕组的相间短路、匝间短路、直接接地系统侧绕组的接地短路。变压器发生油箱内部故障是非常危险的，故障时产生的大电流往往会引起铁心严重发热，情况严重时甚至会使变压器整体报废。此外，故障点的高温电弧不仅会烧毁铁心和绕组的绝缘，还可能使绝缘物和油在电弧作用下急剧汽化引起油箱爆炸。油箱的外部故障有套管及引出线上发生相间短路和直接接地系统侧的接地短路。

变压器的异常工作状态是指变压器本体没有发生故障，但外部环境变化后引起的变压器的非正常工作状态。主要有过负荷、过电流、零序过电流、油面降低及因过电压或频率降低引起的过励磁、外部接地短路引起的中性点过电压、通风设备故障、变压器油温升高等。

对于上述的故障和不正常运行状态，根据《电力系统继电保护及自动装置技术规程》的规定，对变压器应装设以下保护装置：

（1）瓦斯保护。为反映油箱内部故障和油面降低，容量在 0.8MV·A 及以上的油浸式变压器和 0.4MV·A 及以上的车间内变压器应装设瓦斯保护。当油箱内部故障产生轻微瓦斯或油面下降时，应瞬时动作于信号；当产生大量瓦斯时，应动作于断开变压器各侧断路器，当变压器安装处电源侧无断路器或短路开关时，可作用于信号。

（2）纵联差动保护或电流速断保护。用于反映变压器绕组、套管及引出线相间短路；直接接地系统侧绕组、套管和引出线的接地短路以及绕组匝间短路。容量在 10MV·A 及以上单独运行的变压器和 6.3MV·A 及以上并列运行的变压器，以及 6.3MV·A 及以上的厂用变压器应装设纵联差动保护；10MV·A 以下的变压器可装设电流速断保护和过电流保护；2MV·A 及以上的变压器当电流速断保护灵敏度系数不符合要求时，宜装设纵联差动保护。

（3）过电流保护。对由外部相间短路引起的过电流，应装设相应的保护装置。例如，复合电压启动过电流保护装置或负序过电流保护装置，适用于升压变压器；过电流保护适用于降压变压器。

（4）零序电流保护。中性点直接接地的 110kV 电网中，当低压侧有电源的变压器中性点直接接地运行时，对外部单相接地引起的过电流应装设零序电流保护。

（5）过负荷保护。反映变压器的过负荷状态。对 400kV·A 以上的变压器，当数台并列运行，或单独运行并作为其他负荷的备用电源时，应根据可能过负荷的情况，装设过负荷保

护。变压器在过负荷时，应利用过负荷保护发出信号，在无人值班的变电所内也可将其作用于跳闸装置或自动减负荷装置。

（6）过励磁保护。高压侧电压为500kV及以上的变压器，频率降低和电压升高而引起的变压器励磁电流的升高，应装设过励磁保护，反映变压器的过励磁状态。在变压器允许的过励磁范围内，保护作用于信号，当过励磁超过允许值时，可动作于跳闸装置。过励磁保护反映于实际工作磁通密度和额定工作磁通密度之比（称为过励磁倍数）而动作。

（7）后备保护。如阻抗保护、复合电压启动的过电流保护装置、欠电压启动的过电流保护装置等都能反映变压器的过电流状态，但它们的灵敏度不一样，阻抗保护的灵敏度最高，过电流保护的灵敏度最低。

第二节 变压器的纵联差动保护

变压器的纵联差动保护被用于反映变压器绕组、套管和引出线上的各种短路故障的主保护，能正确区分被保护元件保护区内、外的故障，并能瞬时切除保护区内的故障。变压器纵联差动保护原理如图7-1所示。

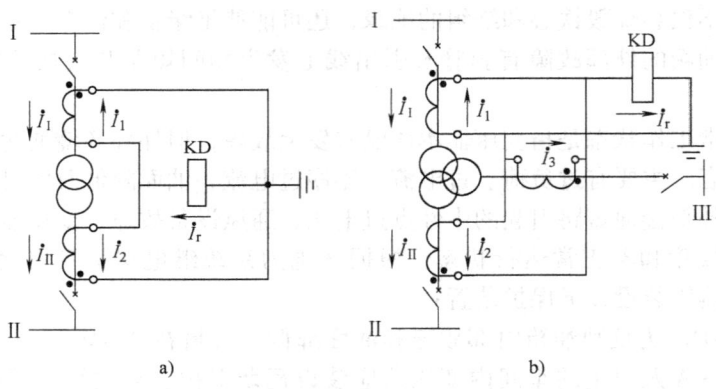

图7-1 变压器纵联差动保护单相原理接线图
a) 双绕组变压器 b) 三绕组变压器

由于变压器在结构和运行上的特点，在保护范围内没有故障时，继电器中仍有较大的不平衡电流流过。差动保护装置为获得动作的选择性，差动继电器的动作电流必须大于差动回路中出现的最大不平衡电流。在变压器的纵联差动保护中，应采取各种措施尽量减少或消除不平衡电流，从而提高保护的灵敏系数。

一、变压器纵联差动保护不平衡电流产生的原因及其减小的措施

1. 变压器的励磁涌流引起的不平衡电流

在变压器正常运行时，其励磁电流很小，约为额定电流的3%~5%。当变压器空载投入或外部故障切除后电压恢复时，可能出现数值很大的励磁电流，变压器的这种电流称为励磁涌流，如图7-2所示。

正常工作时，铁心中的磁通Φ_m比外加电压u滞后90°，如图7-2a所示。若变压器空载

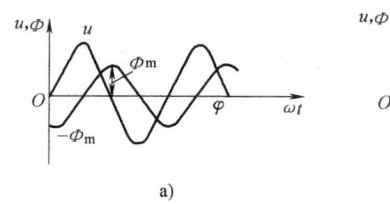
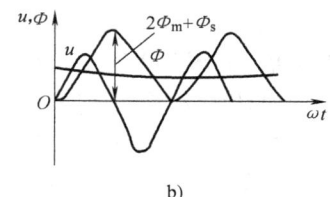

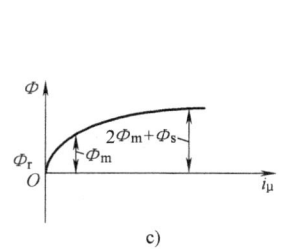
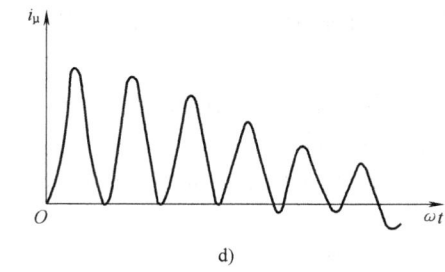

图 7-2 变压器励磁涌流的产生及变化曲线
a）稳态情况下，磁通与电压的关系 b）在 $u=0$ 瞬间空载时，磁通与电压的关系
c）变压器铁心的磁化曲线 d）励磁涌流的波形

合闸初瞬（$t=0$），正好在电压 $u=0$ 时接通电路，则铁心中具有磁通 $-\Phi_m$。由于磁通不能突变，铁心中将出现一个非周期分量的磁通，其幅值为 Φ_m，经过半个周期以后，铁心中的磁通就达到 $2\Phi_m$。若铁心中原来剩余磁通为 Φ_s，则总磁通为 $2\Phi_m+\Phi_s$，总磁通与电压的关系如图 7-2b 所示。此时变压器的铁心严重饱和，励磁电流 i_μ 将剧烈增大，变压器铁心的磁化曲线如图 7-2c 所示。此电流就是励磁涌流，可能达到变压器额定电流的 6～8 倍，同时包含有大量的非周期分量和谐波分量，如图 7-2d 所示。励磁涌流的大小和衰减时间与外加电压的相位、铁心中剩磁的大小和方向、电源容量的大小、回路的阻抗以及变压器容量的大小和铁心性质等都有关系。例如，正好在电压瞬时值为最大时合闸，就不会出现励磁涌流，而只有正常时的励磁电流。对于三相变压器而言，无论在任何瞬间合闸，至少两相要出现程度不同的励磁涌流。表 7-1 给出了几次励磁涌流实验数据。

表 7-1 励磁涌流实验数据

励磁涌流实验数据(%)				
实验次数	1	2	3	4
基波	100	100	100	100
2 次谐波	36	31	50	23
3 次谐波	7	6.9	3.4	10
4 次谐波	9	6.2	5.4	—
5 次谐波	5	—	—	—
直流	66	80	62	73

从表 7-1 中可以看出，励磁涌流有以下一些特点：
1）包含有很大分量的非周期分量，往往使涌流偏于时间轴的一侧。

2）包含有大量的谐波，而且以 2 次谐波为主。
3）波形之间出现间断，如图 7-3 所示，在一个周期中间断角为 α，α 可达 80°以上。

根据以上特点，当此电流流入差动回路时，将会引起保护误动，若通过提高保护的动作电流来躲过该电流，则当变压器发生短路故障时，保护的灵敏度将不够。因此，应识别差动回路中的电流是励磁涌流还是短路电流。

在变压器纵联差动保护中，防止励磁涌流引起保护误动的措施如下：

1）采用带速饱和变流器的差动继电器。
2）利用 2 次谐波制动原理。
3）利用鉴别波形间断角的大小或比较励磁涌流与短路电流的变化率原理。
4）利用波形对称原理。
5）采用差动电流速断保护
6）采用变压器分侧差动保护。

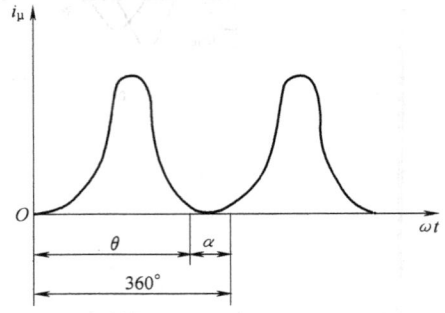

图 7-3　励磁涌流的波形

2. 变压器各侧绕组的联结方式不同引起的不平衡电流

电力系统中，变压器联结方式主要采用 Yd11 和 Yy0 两种。当变压器两侧绕组按 Yd11 方式联结时，变压器两侧电流有 30°的相位差。因此，即使变压器两侧电流互感器的二次电流 $\dot{I}_1$ 和 $\dot{I}_2$ 在数值上相等，差动回路中仍有很大的不平衡电流流过，如图 7-4 所示。

因此，必须补偿由于两侧电流相位不同而引起的不平衡电流。在变压器的微机保护中，可通过程序自动校正变压器各侧电流的相位差。而在传统的变压器保护中，是通过相位补偿法来消除这一不平衡电流的。

补偿措施如下：

将 Yd11 联结的变压器星形侧的三个 TA 接成三角形，三角形侧的三个 TA 接成星形，使连接臂上的电流 $\dot{I}_{AB2}$ 和 $\dot{I}_{ab2}$ 相位一致，如图 7-5a 所示，变压器 Yd11 联结的电流相量如图 7-5b 所示。按图 7-5a 所示的接线进行相位补偿后，高压侧保护臂中的电流是该侧互感器二次电流的 $\sqrt{3}$ 倍，为使正常负荷时两

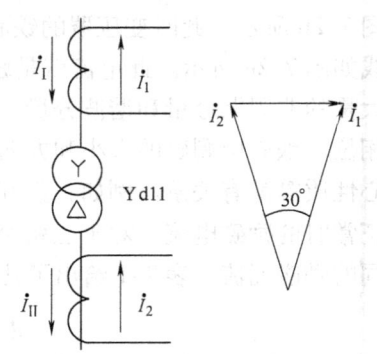

图 7-4　变压器为 Yd11
联结时差动回路中
的不平衡电流

侧保护臂中的电流接近相等，故高压侧电流互感器的电流比应增大到原来的 $\sqrt{3}$ 倍。

值得注意的是，在实际接线中，必须严格注意变压器与两侧电流互感器的极性要求，防止发生差动继电器的电流相别接错、极性接反的现象。在变压器差动保护投入前要做一次接线检查，在运行后，测得不平衡电流值过大不合理时，应在变压器带负荷时，测量互感器一、二次侧电流相位关系，判别接线是否正确。另外，对中性点直接接地系统的变压器，当其星形侧发生单相接地短路时，流过变压器的短路电流可分解为正序、负序和零序分量。其

第七章 电力变压器的保护

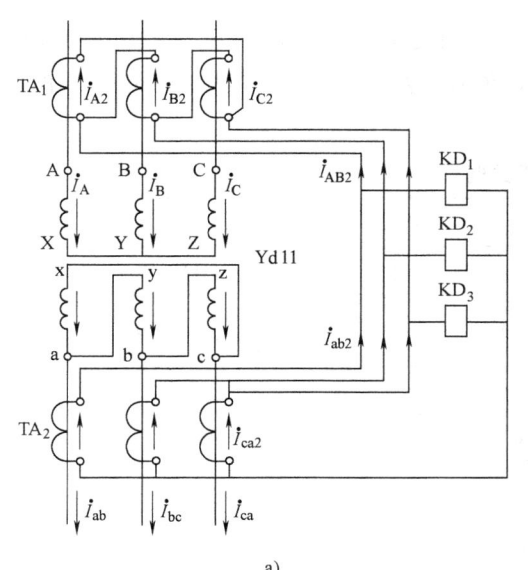

图 7-5 Yd11 联结的变压器两侧电流互感器的接线及电流相量图

中,正序电流的补偿同正常运行时相同;负序电流虽变成三角形侧比星形侧滞后 30°,这个相位差同样可以得到补偿;由于零序电流只能在变压器星形侧的三个 TA 的二次侧形成环流,而变压器三角形侧的三个 TA 的一次侧又没有零序电流流出,故零序电流不会流进差动回路,这样,当接地故障发生在纵联差动保护的保护范围内时,保护的灵敏度降低。因此,相关规程规定,当纵联差动保护不能满足单相接地故障的灵敏度要求时,可增设一套零序差动保护。当接地故障发生在纵联差动保护的保护范围之外时,上述补偿接线同样可防止保护误动。

3. 电流互感器的计算电流比与实际电流比不同引起的不平衡电流

由于变压器高压侧和低压侧的额定电流不同,在实现纵联差动保护时所选用的电流互感器的电流比也不同,一般只能选择一个接近并稍大于计算电流比的标准电流比,称为实际电流比。由于电流互感器的计算电流比与实际电流比不同,在差动回路中将引起不平衡电流。如图 7-5 中变压器两侧电流加以相位补偿后,为使差动回路中不平衡电流为零,则两侧电流互感器流入连接臂中的电流必须相等,而且在正常运行时,应等于二次额定电流 5A,可按下式求出电流互感器的电流比。

变压器星形侧按三角形联结的电流互感器电流比为

$$K_{TAd} = \frac{I_{TN,y}}{5} \times \sqrt{3} \tag{7-1}$$

变压器三角形侧按星形联结的电流互感器电流比为

$$K_{TAy} = \frac{I_{TN,d}}{5} \tag{7-2}$$

式中,$I_{TN,y}$ 为变压器星形联结侧的额定电流;$I_{TN,d}$ 为变压器三角形联结侧的额定电流。

在选取电流互感器的电流比时,应按式(7-1)和式(7-2)的计算值选取相邻的且较大的标准电流比。

【例 7-1】 一台 Yd11 联结降压变压器，容量为 31.5MV·A，电压比为 110kV/11kV，其两侧电流相位采用相位补偿法校正，计算在额定负荷下差动保护中各电压侧保护臂中的电流。计算数据见表 7-2。

表 7-2 计算数据

参 数	数 值	
电压侧	110kV	11kV
额定电流	$\frac{31500}{\sqrt{3}\times110}\text{A}=165\text{A}$	$\frac{31500}{\sqrt{3}\times11}\text{A}=1650\text{A}$
电流互感器的联结方式	三角形联结	星形联结
电流互感器的计算电流比	$\sqrt{3}\times\frac{165}{5}=\frac{286}{5}$	$\frac{1650}{5}=330$
电流互感器的标准电流比	$\frac{300}{5}$	$\frac{2000}{5}$
保护臂中的电流	$\frac{165}{300/5}\times\sqrt{3}\text{A}=4.76\text{A}$	$\frac{1650}{200/5}\text{A}=4.13\text{A}$
不平衡电流	4.76A − 4.13A = 0.63A	

由以上的算例可见，在变压器正常额定运行时，由于 TA 的计算电流比与标准电流比不同所产生的不平衡电流为 0.63A，占额定负荷的 13%，在区外故障时，该不平衡电流将更大，当不平衡电流大于 5% 时，应采取补偿措施，常用的补偿措施如下：

(1) 利用自耦变流器 UT 来变换保护臂中的电流。通常自耦变流器接在互感器二次电流较小的一侧，通过改变其电流比，可消除不平衡电流，如图 7-6 所示。UT 的电流比为

$$K_{UT}=\frac{I_{\triangle(2)}}{I_{Y(2)}}=\frac{K_T K_{TAd}}{\sqrt{3}K_{TAy}} \tag{7-3}$$

式中，K_{TAd} 为变压器星形侧电流互感器的标准电流比；K_{TAy} 为变压器三角形侧电流互感器的标准电流比；K_T 为变压器的电压比；$I_{\triangle(2)}$ 为变压器星形侧保护臂中的电流；$I_{Y(2)}$ 为变压器三角形侧保护臂中的电流，且 $I_{Y(2)} > I_{\triangle(2)}$。

(2) 采用具有速饱和电流变换器 UA 的差动继电器，利用其平衡绕组 W_b 进行磁动势补偿，以消除不平衡电流的影响。其原理如图 7-7a 所示，W_b 为平衡绕组，W_2 为二次绕组，W_d 为差动绕组。通常将平衡绕组 W_b 接在二次电流较小的一侧，适当选取平衡绕组的匝数，使 $I_{\triangle(2)} N_b = (I_{Y(2)} - I_{\triangle(2)}) N_d$，即差动绕组中的不平衡电流 $I_{Y(2)} - I_{\triangle(2)}$ 在 UA 铁心中产生的磁动势被平衡绕组中的电流所产生的磁动势补偿，即两个绕组在铁心中产生的磁动势大小相等、方向相反，相互抵消，使铁心中没有磁通；二次绕组 W_2 接执行元件，继电器不动作，从而消除了不平衡电流的影响。

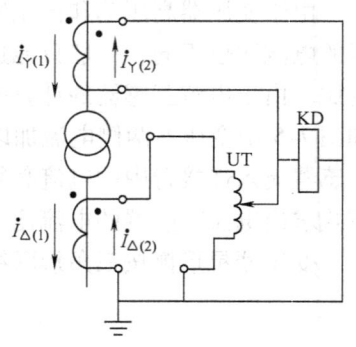

图 7-6 用自耦变流器改变差动臂中的电流

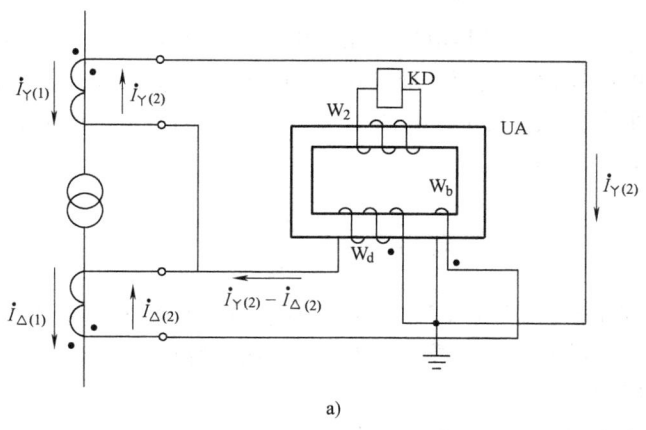

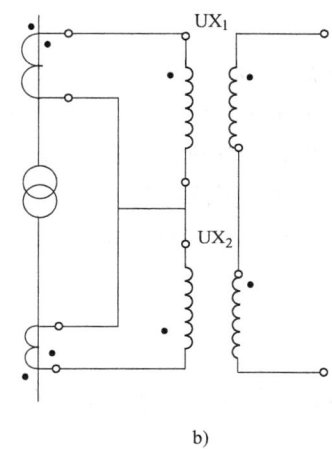

图 7-7 消除不平衡电流影响的方法

a) 用速饱和电流变换器进行磁动势补偿　b) 用改变电抗变换器绕组抽头和铁心气隙大小调节平衡

（3）如果差动继电器由电抗变换器 UX_1 和 UX_2 接入各侧保护臂中，电抗变换器的二次绕组串接差动输出时，通过调节 UX 绕组的抽头和铁心气隙的大小也可以消除这一不平衡电流的影响，如图 7-7b 所示。

以上的这些措施中，无论是采用自耦变流器、速饱和电流变换器还是电抗变换器，其绕组的匝数都不能连续调节，选用的匝数一般与计算匝数不会完全相等，因此，实际上还会有残留的小部分不平衡电流，在整定计算时还应考虑躲过此电流。

4. 由两侧电流互感器的励磁特性不同引起的不平衡电流

在变压器纵联差动保护中，两侧差动电流互感器的电流比不同、型号不同，因而它们的励磁特性不一致，将产生较大的不平衡电流。可合理选用互感器二次连接导线截面积以减小二次负荷，并尽量使各侧差动保护臂阻抗接近，以减小不平衡电流；选用高饱和倍数差动保护专用的 D 级电流互感器，并在外部短路的最大短路电流下按 10% 误差曲线校验互感器的二次负荷；采用铁心具有较小气隙的电流互感器等方法，以减小不平衡电流。

5. 运行中变压器调压引起的不平衡电流

在电力系统运行过程中，为满足电能质量中电压指标的要求，需要调节变压器分接头的位置，以改变变压器的电压比，从而改变变压器的输出电压。当变压器的电压比改变时，改变了差动保护原有的平衡关系，在差动回路中会产生很大的不平衡电流，其大小与调压范围及变压器的一次电流有关，即

$$I_{\mathrm{unb}} = \pm \Delta U \frac{\sqrt{3} I_{\mathrm{Y}(1)}}{K_{\mathrm{TAd}}} \tag{7-4}$$

对于无励磁调压变压器，$\Delta U = \pm 5\%$；对于有载调压变压器，最大 $\Delta U = \pm 15\%$。由于运行中不可能在变压器分接头改变时重新调整继电器的参数，因此由此产生的不平衡电流只能在整定计算时考虑躲过。

由上述可见，不平衡电流主要是由变压器本身的结构及运行特点决定的。为躲过不平衡电流产生的影响，差动保护的动作值应大于各种情况下所产生的最大不平衡电流的和，最大不平衡电流的和为

$$I_{\mathrm{unb,max}} = (K_{\mathrm{np}} K_{\mathrm{st}} K_{\mathrm{err}} + \Delta U + \Delta f) I_{\mathrm{K2,max}} \tag{7-5}$$

式中，K_{np} 为非周期分量的影响系数，取 1.5~2.0，当采用速饱和电流变换器时，取 1；K_{st} 为电流互感器的同型系数，取 1；K_{err} 为电流互感器允许的最大相对误差，取 0.1；ΔU 为改变变压器分接头调压引起的相对误差，取调压范围的一半；Δf 为因电流互感器电流比或平衡绕组匝数与计算值不等时引起的相对误差，初步计算时取 0.05；$I_{\mathrm{K2,max}}$ 为最大运行方式下，区外短路时短路电流的二次值。

二、变压器的差动保护

（一）采用 BCH-2 型差动继电器构成的变压器纵联差动保护

1. 工作原理

变压器励磁涌流带有大量的非周期分量，BCH-2 型差动继电器具有带短路绕组的速饱和电流变换器，能有效地躲过变压器励磁涌流的影响。BCH-2 型差动继电器的结构如图7-8所示，内部电路如图 7-9 所示。

BCH-2 型差动继电器由带短路绕组的三柱式速饱和电流变换器和作为执行元件的 DL-11/0.2 型电流继电器 KA 组合而成。速饱和变流器有三个铁心柱，中间铁心柱 B 的截面面积是两侧铁心柱 A、C 截面面积的两倍。中间柱 B 上绕有差动绕组 W_{d}，两个平衡绕组 W_{bI}、W_{bII} 以及短路绕组的一部分 W'_{K}；左侧铁心柱 A 上绕有短路绕组 W''_{K}，且与 W'_{K} 同向串联；

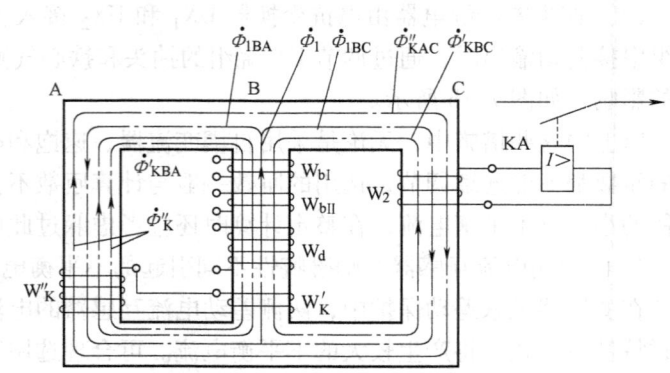

图 7-8 BCH-2 型差动继电器的结构

右侧铁心柱 C 上绕有二次组 W_2，与执行元件相接。差动绕组 W_{d} 接入保护的差动回路，

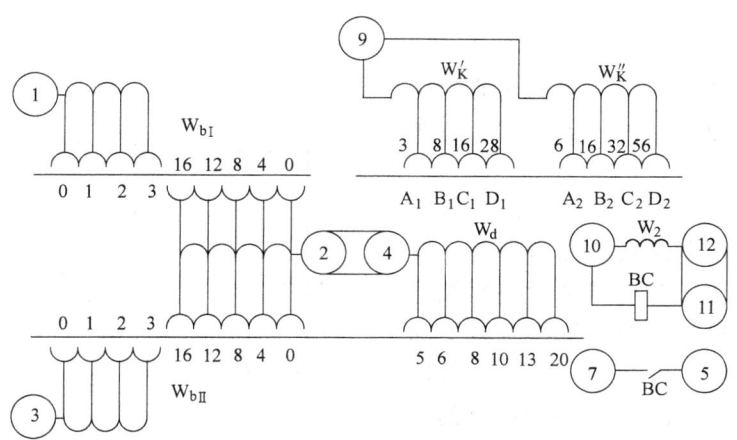

图 7-9　BCH-2 型差动继电器的内部电路

短路绕组 W'_K、W''_K 用于消除励磁涌流的影响，它的作用原理如下：

当差动保护区发生内部故障时，差动电流流入差动绕组 W_d，在柱 B 上产生交变磁通 $\dot{\Phi}_1$，经过两侧铁心柱 A、C 构成回路，并分别分成 $\dot{\Phi}_{1BA}$、$\dot{\Phi}_{1BC}$。$\dot{\Phi}_1$ 在中间柱 B 的短路绕组 W'_K 中产生感应电动势，形成感应电流 $\dot{I}_K$，该电流流过 W'_K 和 W''_K 时分别产生 $\dot{\Phi}'_K$ 和 $\dot{\Phi}''_K$，$\dot{\Phi}'_K$ 通过右侧铁心柱 C 的磁通 $\dot{\Phi}'_{KBC}$ 与 $\dot{\Phi}_{1BC}$ 方向相反，在右侧铁心柱 C 中起去磁作用，$\dot{\Phi}''_K$ 通过 C 柱的磁通 $\dot{\Phi}''_{KAC}$ 与 $\dot{\Phi}_{1BC}$ 方向相同，在右侧铁心柱 C 中起增磁作用，于是在右侧铁心柱 C 中合成磁通 $\dot{\Phi}_C = \dot{\Phi}_{1BC} + \dot{\Phi}''_{KAC} - \dot{\Phi}'_{KBC}$，即起去磁作用的磁通与起增磁作用的磁通和 $\dot{\Phi}_{1BC}$ 在二次绕组中产生感应电动势，形成感应电流，当此电流达到执行元件 BC 的动作电流时，BC 动作。可见，继电器 BC 的动作条件取决于磁通 $\dot{\Phi}_{1BC}$、$\dot{\Phi}''_{KAC}$ 和 $\dot{\Phi}'_{KBC}$ 三者之间的关系，其中 $\dot{\Phi}''_{KAC}$ 和 $\dot{\Phi}'_{KBC}$ 都是由短路绕组产生的。

如果将差动绕组中通入周期分量电流，并且维持 $N''_K = 2N'_K$，因中间铁心柱 B 的截面积为左侧铁心柱 A 的两倍，即 $S_B = 2S_A$，则 $\dot{\Phi}''_{KAC} = \dot{\Phi}'_{KBC}$，即短路绕组在右侧铁心柱 C 上产生的增磁作用和去磁作用相互抵消，相当于在保护区内部故障时，短路绕组不起作用，不影响差动绕组中交变电流向二次绕组 W_2 的传递，继电器的动作磁动势与无短路绕组时相同。短路绕组的接线只需要选取相同标号的抽头即可，如图 7-9 中 A_1—A_2、B_1—B_2 等。当保持 $N''_K = 2N'_K$，N'_K 和 N''_K 成比例增大时，$\dot{\Phi}''_{KAC}$ 和 $\dot{\Phi}'_{KBC}$ 也相应增大，$\dot{\Phi}'_{KBC}$ 的去磁作用相对 $\dot{\Phi}''_{KAC}$ 的增磁作用更为显著，当短路绕组的插孔由 A_1—A_2 移向 B_1—B_2 时，去磁作用越来越强，即直流增磁特性曲线越来越陡，躲过非周期分量的性能越来越好，原理如图 7-10 所示。

如果将差动绕组中通入非周期分量电流时，非周期分量电流使铁心迅速饱和，会造成电流变换器传变能力变差，$\dot{\Phi}'_{KBC}$ 的去磁作用更显著。BCH-2 型差动继电器的直流增磁作用如图 7-10 所示，横轴为偏移系数 $K = I_{DC}/I_{ac,DC}$，表示通入继电器的直流分量电流 I_{DC} 占有直流分量时的交流动作电流 $I_{ac,DC}$ 的比例；ε 为相对动作电流系数，且有

$$\varepsilon = \frac{I_{ac,DC}}{I_{ac}} \quad (7-6)$$

式中，$I_{ac,DC}$为有直流时继电器的交流动作电流；I_{ac}为无直流时继电器的交流动作电流。

从图7-10可见，通入继电器的直流成分越多，交流动作电流被提高得越大，继电器越不容易动作，躲过励磁涌流的性能就越好。图中还反映了短路绕组匝数不同时的直流增磁特性，当W_K'和W_K''的匝数比增大时，ε也增大，即继电器躲过励磁涌流和区外短路时产生的暂态不平衡电流的能力较好。但在内部短路时，由于短路电流

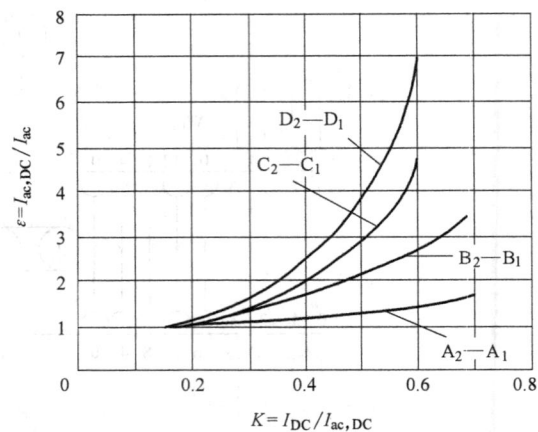

图7-10 BCH-2型差动继电器的直流增磁特性曲线

中也含有非周期分量，只有在非周期分量衰减到一定程度时，差动继电器才能动作，因而将会延缓继电器动作。因此，短路绕组匝数的选取不是越多越好，应根据具体情况而定。对于大型变压器，励磁涌流的倍数较小，内部故障时非周期分量衰减较慢，一般选取较少匝数的抽头，如A_1—A_2或B_1—B_2；对于中、小型变压器，励磁涌流倍数较大，内部故障时非周期分量衰减较快，一般选取较多匝数的抽头，如C_1—C_2或D_1—D_2。最终抽头的选择以空载试投入不误动作为准。

图7-11所示为双绕组变压器采用BCH-2型差动继电器构成的变压器纵联差动保护单相原理接线图。

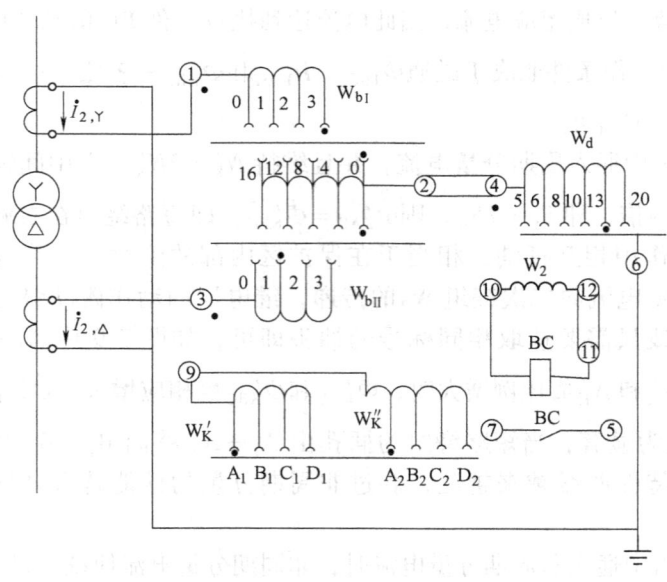

图7-11 变压器纵联差动保护单相原理接线

图7-12所示为采用BCH-2型差动继电器构成的三绕组变压器纵联差动保护单相原理接线。

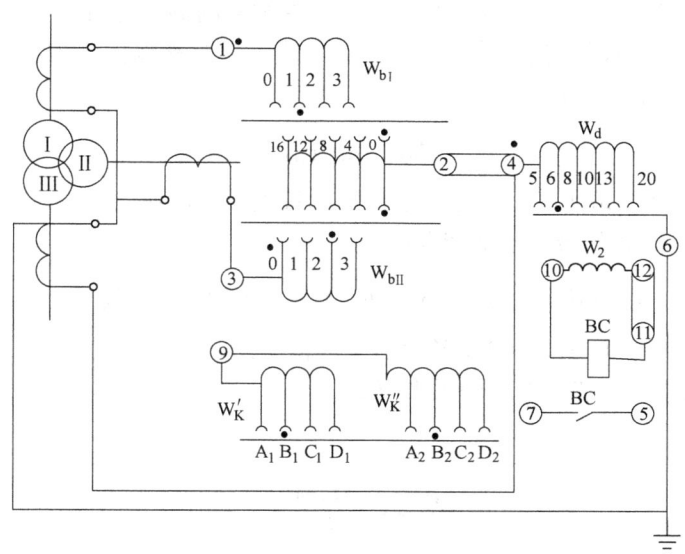

图 7-12 三绕组变压器纵联差动保护单相原理接线

图 7-13 所示为采用 BCH-2 型差动继电器构成的变压器纵联差动保护三相电路。

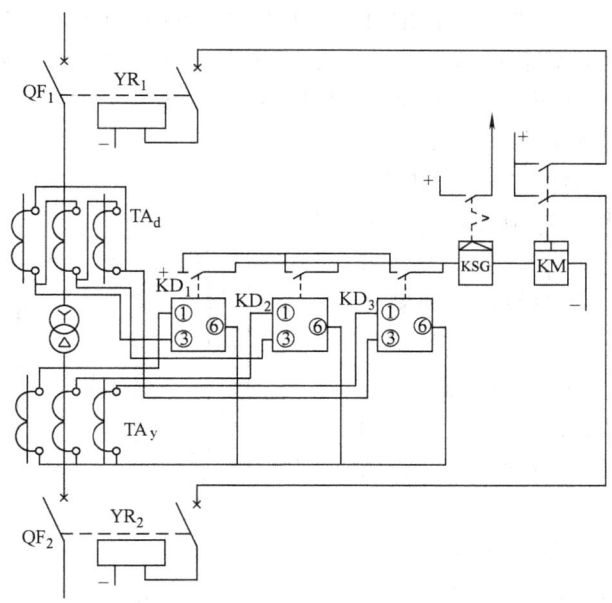

图 7-13 BCH-2 型差动继电器构成的变压器纵联差动保护三相电路
$KD_1 \sim KD_3$-BCH-2 型差动继电器　KM-DZ 型出口中间继电器
KSG – DX 型信号继电器　TA_d、TA_y—电流互感器

2. 整定计算

1）躲过变压器的励磁涌流：

$$I_{op} = K_{rel}I_{TN} \tag{7-7}$$

式中，K_{rel} 为可靠系数，取 1.3；I_{TN} 为变压器差动保护侧的额定电流。

2）为防止正常运行时电流互感器二次回路断线引起差动保护误动作，保护的动作电流应大于变压器的最大负荷电流，即

$$I_{op} = K_{rel}I_{L,max} \tag{7-8}$$

式中，K_{rel} 为可靠系数，取 1.3；$I_{L,max}$ 为变压器的最大负荷电流。

3）躲过区外短路时的最大不平衡电流

$$I_{op} = K_{rel}I_{unb,max} = K_{rel}(K_{np}K_{st}K_{err} + \Delta U + \Delta f)I_{K2,max} \tag{7-9}$$

式中，K_{rel} 为可靠系数，取 1.3；其他符号含义同前所述。

保护的动作电流取上述三者中的最大值。

3. 灵敏度校验

$$K_{s,min} = \frac{I_{K,min}}{I_{op}} \geq 2 \tag{7-10}$$

式中，$I_{K,min}$ 为区内短路时，流过保护的最小短路电流的一次值。

（二）采用 BCH-1 型差动继电器构成的变压器纵联差动保护

BCH-1 型差动继电器是具有带制动特性速饱和的差动继电器，制动特性较好，在躲过外部故障时不平衡电流的性能优于 BCH-2，但躲过励磁涌流的能力不如 BCH-2。在变压器区外短路时，由于穿越性短路电流越大，在变压器差动回路中产生的稳态不平衡电流也越大，可采用 BCH-1 型差动继电器以弥补 BCH-2 型差动继电器灵敏度不满足要求的缺点。

BCH-1 型差动继电器的结构如图 7-14 所示。

BCH-1 型差动继电器的结构与 BCH-2 型差动继电器类似，具有速饱和铁心、差动绕组 W_d、平衡绕组 W_{bI} 和 W_{bII} 及执行元件，不同的是它没有短路绕组，匝数相同的两个制动绕组 W_{res1} 和 W_{res2} 代替了原短路绕组 W_K' 和 W_K''，分别绕于两侧铁心柱 A、C 上，且反向串联，故制动绕组的电流在铁心柱中产生的合成磁通为零，仅流过两侧铁心柱。二次绕组分成 W_{21} 和 W_{22} 两部分，也分别绕于两侧铁心柱 A、C 上，同向串联后接执行元件 DL-11/0.2 型电流继电器 BC。在制动磁通的作用下，两个

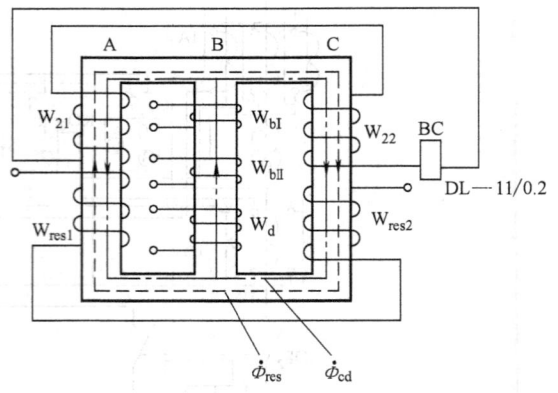

图 7-14 BCH-1 型差动继电器的结构

二次绕组的感应电动势相反，在差动绕组中产生的磁通作用下，加在执行元件的电压为两个二次绕组的感应电动势之和。差动绕组接入差动电流回路，制动绕组接入差动保护臂中。制动绕组接入的原则是：在区内发生短路故障时，制动作用最小，保证保护动作灵敏性；在区外发生短路故障时，制动作用最大，保证继电器可靠不动作。因此，对于单侧电源的双绕组变压器，制动绕组接于负荷侧；对于双侧电源的双绕组变压器，制动绕组应接于小容量电源侧；对于双侧电源的三绕组变压器，制动绕组应接于负荷侧；对于单侧和三侧电源的三绕组

变压器,制动绕组接于哪一侧应视具体情况而定。

在差动保护区外部短路时,制动绕组只对两铁心柱起增磁作用,使铁心柱饱和,差动绕组的电流难以转换到二次绕组中,起到了制动作用。

当制动绕组中没有电流流过时,若差动绕组中通入的电流刚好能使继电器动作,这个电流称为继电器的最小动作电流,用 $I_{\text{op,r,min}}$ 表示。制动绕组中通入的制动电流 I_{res} 越大、制动绕组匝数越多,继电器的动作电流 $I_{\text{op,r}}$ 也越大,这种继电器动作电流随制动电流的增大而增大的特性称为继电器的制动特性,其关系曲线如图 7-15 所示。

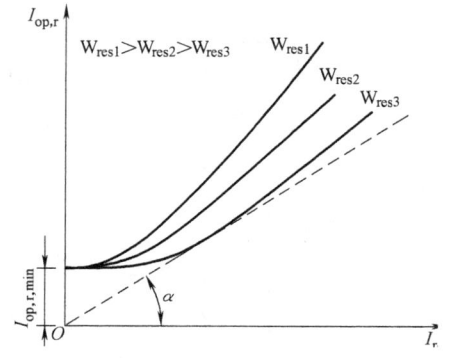

图 7-15 BCH-1 型差动继电器制动特性曲线

当制动电流 $I_{\text{res}} = 0$ 时,继电器有一最小动作电流 $I_{\text{op,r,min}}$;当制动电流较小时,由于铁心未饱和,继电器动作电流 $I_{\text{op,r}}$ 增加较平缓;当制动电流增大到铁心开始饱和后,继电器动作电流迅速增大,使制动特性曲线上翘,而且制动绕组匝数越多,上翘得越多。从原点画特性曲线的切线,若切线与横轴的夹角为 α,则其斜率 $\tan\alpha = K_{\text{res}} = I_{\text{op,r}}/I_{\text{res}}$,称为继电器的制动系数。$K_{\text{res}}$ 是差动保护设计整定时的重要参数,随 I_{res} 变化,为保证内部故障时继电器可靠动作,制动系数 $K_{\text{res}} = 0.5 \sim 0.6$。

图 7-16 所示为 BCH-1 型差动继电器用于双绕组变压器差动保护的单相原理接线图。图中平衡绕组 W_{bI} 接入 B 侧差动臂,制动绕组及不平衡绕组 W_{bII} 接入 A 侧差动臂,差动绕组 W_d 接入差动回路。

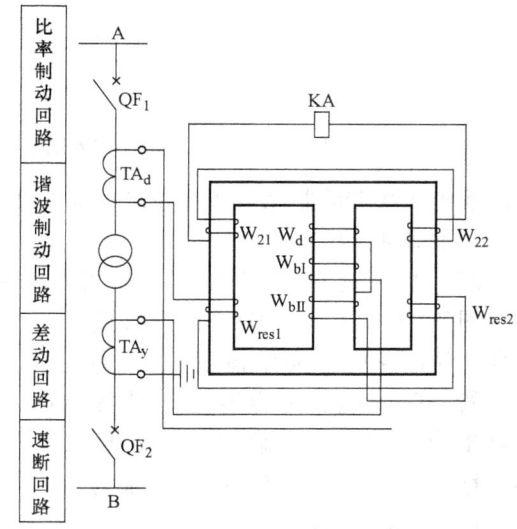

图 7-16 BCH-1 型差动继电器用于双绕组变压器差动保护的单相原理接线

(三) 利用 2 次谐波制动原理构成的变压器纵联差动保护

变压器的励磁涌流中含有大量的 2 次谐波分量,利用 2 次谐波分量制动,可以有效地躲过励磁涌流的影响。在差动保护区内故障时,如果短路电流很大,由于电流互感器严重饱和,二次侧出现谐波分量电流,可能造成 2 次谐波制动保护拒动。因此,可以引起差动电流速断加速动作。为躲过差动保护区外短路不平衡电流的影响,比较好的方法是采用比率制动特性。基于上述原因,2 次谐波制动原理构成的变压器纵联差动保护通常由 2 次谐波制动回路、比率制动回路和差动电流速断回路及极化继电器组成。图 7-17 所示为由 LCD-15 型差动继电器构成的变压器差动保护原理接线。

1. 2 次谐波制动回路

2 次谐波制动回路由电抗变换器 UX_2、电容器 C_2、电感 L、电容器 C_3 和电阻 R_2 组成。由电抗变换器 UX_2 的二次绕组与电容器 C_2 组成 2 次谐波谐振电路,提高输出电压,增大 2 次谐波的制动能力。L 和 C_3 组成 50Hz 并联谐振回路,阻止工频电流通过整流器 UR_2,经

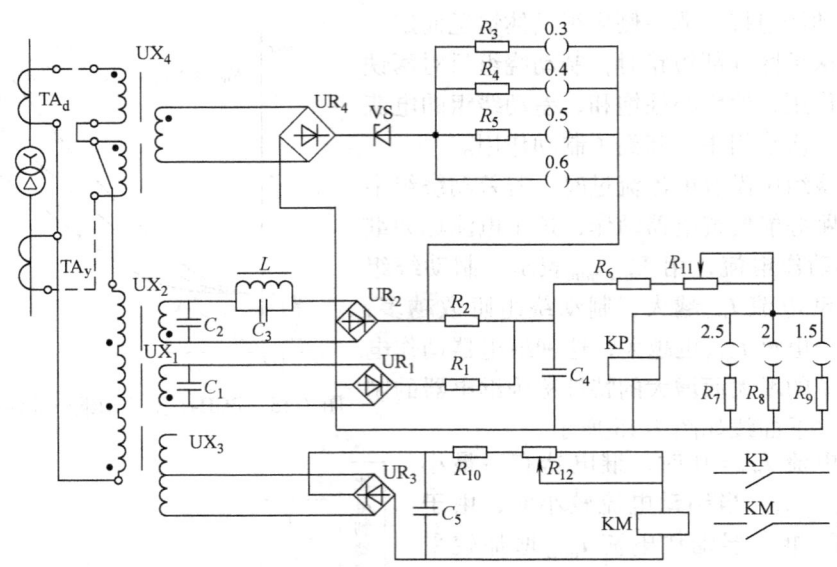

图 7-17 由 LCD-15 型差动继电器构成的变压器差动保护原理接线

UR_2 输出 2 次谐波制动电压加在极化继电器上。

2. 比率制动回路

图 7-17 中比率制动回路部分如图 7-18 所示。

图 7-17 中 $UX_1 \sim UX_4$ 为电抗变换器，$UR_1 \sim UR_4$ 为整流器，VS 为稳压管，$C_1 \sim C_4$ 为电容器，KP 为极化继电器。UX_1 一次侧接于差动回路，称为差动绕组，流过的电流为 $\dot{I}_d$；其二次侧与电容器 C_1 组成工频串联谐振电路，若差动回路中流入基波电流，则电容器 C_1 输出高电压。当 UX_1 一次侧流过差动电流 $\dot{I}_d$ 时，在电抗变换器二次侧产生相应的交流电压，再经 UR_1 整流后得到直流输出电压 $\dot{U}_1$，称为工作电压。UX_2 的二次绕组与 UX_1 的二次绕组匝数相同。UX_4 有两个一次绕组 W_{res1} 和 W_{res2}，且其匝数相同，分别接在差动回路的

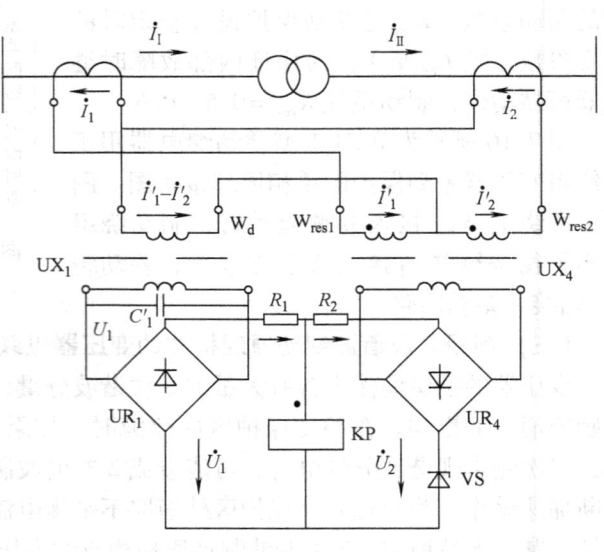

图 7-18 整流型比率制动式差动继电器

两个臂中，用于取得制动电压，称为制动绕组，流过的电流为 $\dot{I}_{res}$。差动绕组与制动绕组的匝数关系为 $N_d = 2N_{res1} = 2N_{res2}$。

当正常运行或外部短路时，流过差动绕组 W_d 的电流为数值很小的不平衡电流，即 $\dot{I}_{unb} = \dot{I}_d = \dot{I}'_1 - \dot{I}'_2$，流过制动绕组 W_{res} 的电流为 $\dot{I}_{res} = \dot{I}'_1 + \dot{I}'_2$，由于 $|\dot{I}_d| < |\dot{I}_{res}|$，继电器

不动作。

当发生内部故障时,流过差动绕组中的电流为短路电流 $\dot{I}_d = \dot{I}'_1 + \dot{I}'_2$,制动绕组中的电流 $|\dot{I}_{res}| < |\dot{I}_d|$,继电器能灵敏动作。当 UX$_4$ 的一次侧流过 $\dot{I}_{res}$ 时,在其二次侧产生的交流电压经 UR$_4$ 整流后,输出的直流电压 U_2 称为制动电压。

当变压器空载投入时,由于变压器一次侧出现励磁涌流,流经 UX$_4$ 一次绕组的一半和 UX$_1$、UX$_2$ 的一次侧。励磁涌流中的 2 次谐波分量在 2 次谐波制动回路中产生很大的制动电压,且大于差动电压,使保护不动作。双侧电源供电变压器发生区内短路时,在 UX$_4$ 两个一次绕组上流过方向相反的短路电流,输出的制动电压很低,而差动回路中流过保护区内总的短路电流,差动电压很高,保护回路能灵敏动作。

UX$_4$ 一次侧制动绕组接入方式遵循的原则是在变压器外部短路出现最大不平衡电流时,继电器能可靠制动;在内部故障时,具有较高的灵敏性。

对于单侧电源的双绕组变压器,应将 UX$_4$ 的两个一次绕组同向串联,或只用其中一个绕组接在负荷侧的差动臂中,保证在发生外部短路时保护回路能可靠动作,在发生内部短路时,无制动作用,具有较高的灵敏性。

对于单侧电源的三绕组变压器,应将 UX$_4$ 的两个一次绕组分别接在两负荷侧的差动臂中。

对于双侧电源的双绕组变压器,UX$_4$ 的两个一次绕组分别接在两负荷侧的差动臂中,连接方式应能保证正常运行时产生的总磁动势为两侧磁动势之和。在发生外部故障时,制动作用最大;发生内部故障时,制动作用最小。

对于双侧电源的三绕组变压器,应将 UX$_4$ 的两个一次绕组接于负荷侧和小容量电源侧的差动臂中。

对于多侧电源的三绕组变压器,各侧都应接入制动绕组,并采用 LCD-11 型继电器。

3. 差动电流速断回路

差动电流速断回路由接在差动回路的电抗变换器 UX$_3$、整流器 UR$_3$、电容器 C_5 和执行元件 KM 组成。UX$_3$ 二次侧输出一个与差动电流 $|\dot{I}_d|$ 成正比的电压,经 UR$_3$ 整流、C_5 滤波后加在执行元件 KM 上,当输出电压达到整定值时,中间继电器 KM 动作接通跳闸回路。若区内故障短路电流很大,电流互感器严重饱和时,2 次谐波制动部分的保护回路可能拒动,此时也由继电器 KM 直接动作于跳闸,其动作值可以通过 UX$_3$ 的二次绕组分接头改变。

2 次谐波制动原理构成的变压器差动保护,由于利用励磁涌流中的 2 次谐波分量制动,故有很好的躲过变压器励磁涌流的能力;在变压器内部发生故障时,保护回路不会因为非周期分量而延时动作;因比率制动回路的存在,可利用外部故障时的穿越性短路电流制动,躲过外部故障的不平衡电流的性能也较好,因而得到了广泛的应用。

(四)鉴别波形间断角原理的变压器纵联差动保护

由于变压器励磁涌流的数值很大,且偏于时间轴的一侧,波形有较大的间断角,而在变压器内部发生短路故障时,短路电流基本上是正弦波形,根据以上两种电流波形的差别,可以利用鉴别波形间断角的大小来躲过励磁涌流的影响。保护的原理框图如图 7-19 所示。

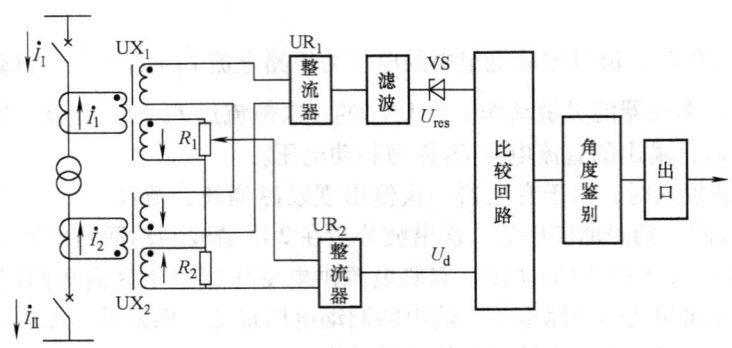

图 7-19 鉴别波形间断角原理的差动保护原理框图

该保护由电抗变换器 UX_1 和 UX_2、整流器 UR_1 和 UR_2、滤波回路、比较回路及角度鉴别回路构成。UX_1 和 UX_2 的一次绕组分别接于变压器两侧的电流互感器的二次侧，两个电抗变换器各有两个二次绕组，如图 7-19 所示。上面的一组反极性串联，构成制动回路；下面的一组顺极性串联，构成差动回路。制动回路的输出电压经整流器 UR_1 整流，滤波后形成直流制动电压 U_{res}。差动回路的输出电压经 UR_2 整流后，形成差动电压 U_d，与上述制动回路不同的是中间没有滤波过程。

角度鉴别回路的作用是采用时间电路鉴别差动电压 U_d 波形的间断角大小，并判断是否动作，如图 7-20 所示。

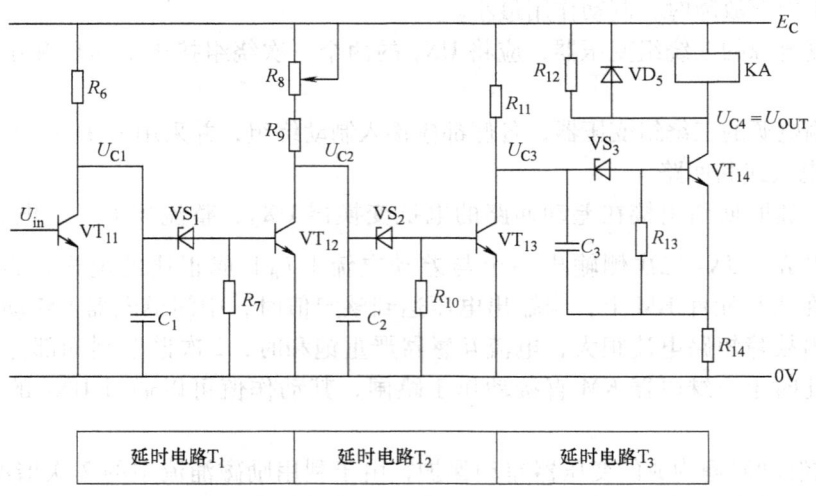

图 7-20 鉴别间断角的电路

时间电路包括延时电路 T_1、T_2 和 T_3。延时电路 T_1 段用于抗干扰和躲过不平衡电流中的谐波分量，延时约为 6.6ms；延时电路 T_2 段用于判别间断角的大小，延时约为 10ms；延时电路 T_3 段用于防止出现励磁涌流时保护误动作，并作为 T_2 电路的展宽，延时约为 20ms。

保护的工作情况如下：

当变压器正常运行时，负荷电流产生的制动电压低于稳压管的反向击穿电压，所以比较回路中无制动电压。在正常负荷时，差动电压 U_d 较小，调整比较回路中的门槛电压 U_m，使

$U_m > U_d$，如图 7-21a 所示。

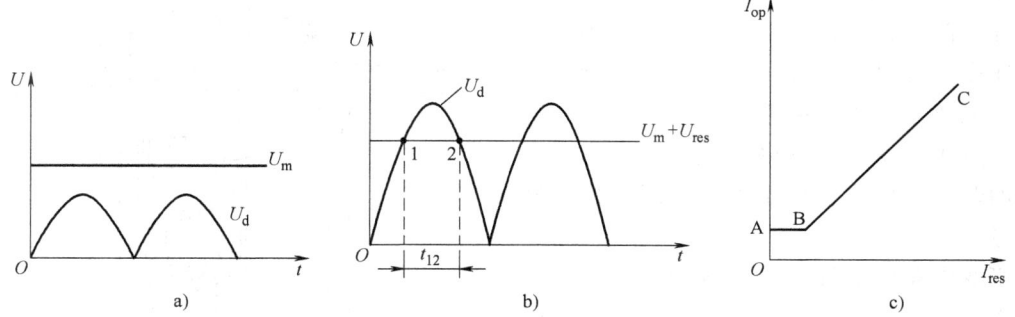

图 7-21 各种情况下差动电压与制动电压的比较
a) 正常运行时　b) 外部短路时　c) 继电器的比率制动特性

此时，输入电压 $U_{in} = U_m - U_d > 0$，因此，VT_{11} 导通、VT_{12} 截止、VT_{13} 导通、VT_{14} 截止，U_{out} 为 "1"，继电器不动作。

当内部故障时，如图 7-21b 所示，差动电压 U_d 较大，大于制动回路中的电压，由于 $U_d < U_{res} + U_m$ 的时间很短，使 C_2 充电电压来不及使 VS_2 击穿，VT_{13} 不导通，C_3 一直处于充电状态，当其充电电压达到使电容器充电需要足够的时间，充电时间太短其电压不能使 VS_2 击穿，VS_3 反向击穿时，VT_{14} 导通，中间继电器 KA 动作，保护切除故障。

当外部故障时，差动电压 U_d 较小，为不平衡电压，随着不平衡电流增大，U_d 也增大。制动电压 U_{res} 较大，如图 7-21b 所示，在 1、2 之间，$U_d > U_{res}$，但由于 $U_d > U_{res} + U_m$ 的时间很短，电容器 C_2 仍有足够的时间充电到使稳压管 VS_2 击穿，因此继电器不动作。此外，由于制动电压 U_{res} 随外部故障穿越性短路电流增大而成比例增大，因此保护也具有比率制动特性，如图 7-21c 所示。

第三节　变压器的瓦斯保护

变压器的瓦斯保护主要用于反映变压器内部的各种故障，如变压器的油面降低、匝间短路等。它是反映油箱内部所产生气体的数量或油流动速度而动作的保护。轻瓦斯保护动作于信号，重瓦斯保护动作于跳开变压器各电源侧的断路器。

变压器瓦斯保护的工作原理为在油浸式变压器油箱内部发生故障时，故障点的电弧会使变压器油及其他绝缘物分解产生大量气体，这些气体从油箱流向储油柜上部，故障越严重，产生的气体越多，变压器箱体内压力相应增大，迫使大量油、气体冲入储油柜中，气体继电器安装在变压器本体和储油柜之间的管路上，冲入储油柜的油和气体使气体继电器动作。

开口挡板式气体继电器的结构如图 7-22 所示。该继电器的上部有一个附带永久磁铁 4 的开口杯 5，下部有一块附带永久磁铁 11 的挡板 10。在正常状况下，继电器充满油，开口杯在油的浮力和重锤 6 的作用下，处于上翘位置，永久磁铁 4 远离干簧触点 15，干簧触点 15 断开；挡板 10 在弹簧 9 的作用下，处于正常位置，其附带的永久磁铁 11 远离干簧触点 13，干簧触点 13 可靠断开。

当变压器内部发生轻微故障时,油箱内气体缓慢地产生,汇集在气体继电器上部,迫使油面降低,开口杯露出油面。由于物体在气体中比在油中所受的浮力小,因此,开口杯绕轴落下,永久磁铁 4 随之下落,接通干簧触点 15,发出"轻瓦斯信号"。当变压器漏油时,同样也会由于油面下降发出同样的信号。

当变压器内部发生严重故障时,油箱内产生大量的气体,变压器油箱和储油柜之间连接导管中出现强烈的油流,冲击挡板 10,使永久磁铁 11 靠近干簧触点 13,干簧触点 13 闭合。重瓦斯动作,发出跳闸脉冲,断开变压器各电源侧断路器。

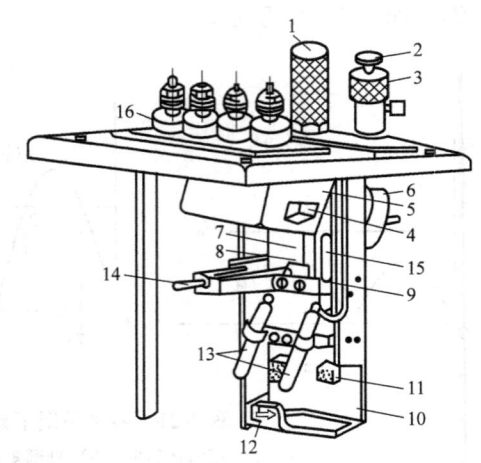

图 7-22 开口杯挡板式气体继电器结构
1—罩 2—顶针 3—气塞 4—永久磁铁 5—开口杯
6—重锤 7—探针 8—开口销 9—弹簧 10—挡板
11—永久磁铁 12—螺杆 13—干簧触点
(重瓦斯用) 14—调节杆 15—干簧
触点(轻瓦斯用) 16—套管

瓦斯保护逻辑如图 7-23 所示,当瓦斯保护触点闭合后,经延时动作于保护出口。

变压器瓦斯保护的原理接线如图 7-24 所示。

出口中间继电器具有自保持功能,这是考虑到挡板在油流冲击下偏转可能不稳定,为了保证可靠地动作于跳闸,利用 KA 的第三对触点进行自锁,自保持到断路器跳开为止。按钮 SB 用于解除自锁,或用 QF_1 的辅助动合触头实现自动解除自锁,但后者只有出口中间继电器 KA 与高压配电室的断路器

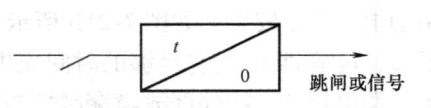

图 7-23 变压器瓦斯保护逻辑图

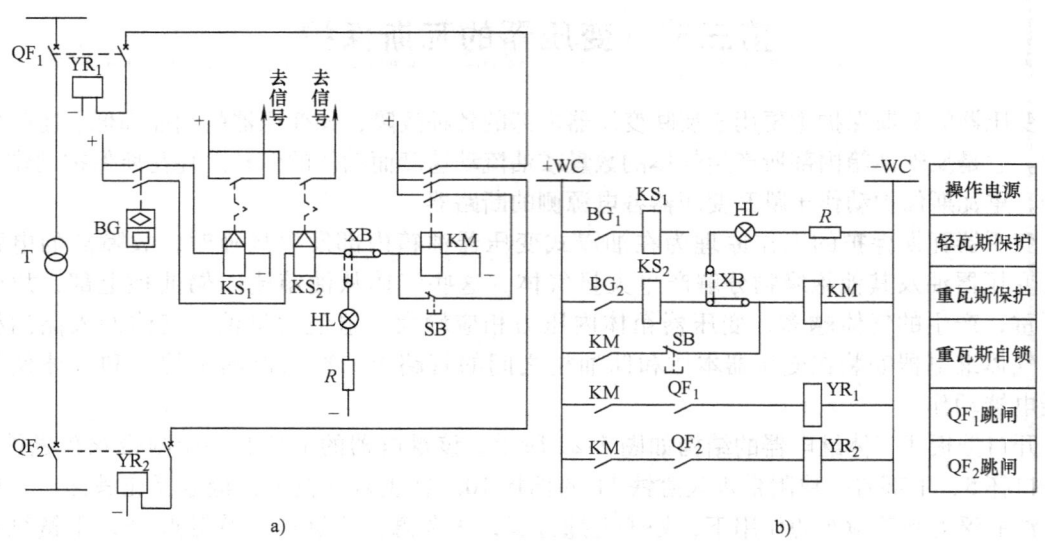

图 7-24 变压器瓦斯保护的原理接线

距离较近时才可用,否则线路太长,不经济。

瓦斯保护的主要优点是动作迅速、灵敏度高、接线安装简单、能反映变压器油箱内部各种类型的故障。气体继电器运行比较稳定,可靠性比较高,所以气体继电器是变压器的主保护元件之一。其缺点是只能反映油箱内部故障,不能反映变压器油箱外引出线和套管上的故障。因此瓦斯保护不能单独作为变压器的主保护。

第四节 变压器的电流速断保护

对于容量较小的变压器,若过电流保护的时限大于 0.5s 时,可以在其电源侧装设电流速断保护,它与瓦斯保护相配合,作为电源侧部分绕组和套管及引出线故障的主保护。

电流速断保护的原理接线图如图 7-25 所示。电源侧为直接接地系统时,保护采用完全星形联结,若非直接接地系统,则采用两相不完全星形联结,保护动作于跳开两侧断路器。

保护的动作电流按以下两个条件计算,并取其中较大者作为保护的动作电流。

（1）按躲过变压器负荷侧母线 K_1 点短路时的最大短路电流整定,即

$$I_{op} = K_{rel} I_{K1,max} \quad (7-11)$$

式中,K_{rel} 为可靠系数,对于 DL-10 型继电器,取 1.3~1.4；$I_{K1,max}$ 为 K_1 点短路时,流过保护的最大三相短路电流。

（2）保护的动作电流还应按躲过变压器空载投入时的励磁涌流计算,通常取

$$I_{op} = (3 \sim 5) I_{TN} \quad (7-12)$$

式中,I_{TN} 为保护安装侧变压器的额定电流。

另外,保护的灵敏度系数按保护安装处 K_2 点最小两相短路电流校验,即

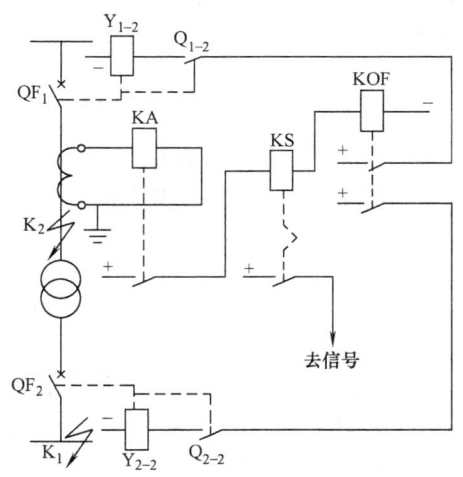

图 7-25 变压器电流速断保护单相原理接线图

$$K_{s,min} = I^{(2)}_{K2,min} / I_{op} \geq 2 \quad (7-13)$$

第五节 变压器相间短路的后备保护和过负荷保护

变压器相间短路的后备保护既是变压器主保护的后备保护,又是相邻母线或线路的后备保护,为满足灵敏度的要求,可装设过电流保护、欠电压起动的过电流保护、复合电压起动的过电流保护、负序过电流保护,甚至阻抗保护等。

一、变压器的过电流保护

为了反映变压器外部短路引起的过电流,变压器还需要安装过电流保护。对于单侧电源

的变压器，过电流保护的电流互感器应安装在电源侧，这样才能作变压器相间短路的后备保护。保护动作后，作用于变压器两侧的断路器跳闸。原理接线如图 7-26 所示。

保护装置的动作电流按躲过变压器可能出现的最大负荷电流来整定，具体问题如下：

（1）对并列运行的变压器，应考虑突然切除一台变压器后所出现的过负荷。当各台变压器容量相同时，可按下式计算：

$$I_{L,max} = \frac{n}{n-1} I_{TN} \quad (7-14)$$

式中，n 为并列运行变压器的最少台数；I_{TN} 为每台变压器的额定电流；$I_{L,max}$ 为变压器的最大负荷电流。

此时，保护装置的动作电流 I_{op} 应整定为

$$I_{op} = \frac{K_{rel}}{K_{re}} I_{L,max} \quad (7-15)$$

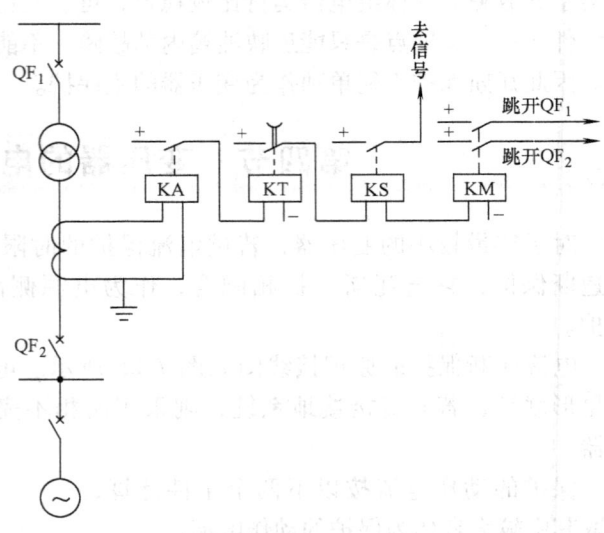

图 7-26 变压器过电流保护的单相原理接线图

式中，I_{op} 为保护装置的动作电流；K_{rel} 为可靠系数，取 1.2~1.3；K_{re} 为返回系数，取 0.85。

（2）对降压变压器，应考虑低压侧负荷电动机自起动时的最大电流，自起动电流应整定为

$$I_{op} = \frac{K_{rel} K_{ss}}{K_{re}} I_{TN} \quad (7-16)$$

式中，K_{ss} 为自起动系数，其值与负荷性质、用户与电源间的电气距离有关，110kV 降压变电站的 6~110kV 侧，$K_{ss} = 1.5 \sim 2.5$；110kV 降压变电站的 35kV 侧，$K_{ss} = 1.5 \sim 2.0$。

保护装置的灵敏度系数按下式校验：

$$K_{s,min} = \frac{I_{K,min}^{(2)}}{I_{op}} \quad (7-17)$$

式中，$K_{s,min}$ 为最小灵敏度系数；$I_{K,min}^{(2)}$ 为最小运行方式下，在灵敏度系数校验点发生两相短路时，流过保护装置的最小两相短路电流。

作为变压器的近后备保护，取变压器低压侧母线作为校验点，要求 $K_{s,min} \geq 1.5$；远后备保护，取相邻线路末端为校验点，要求 $K_{s,min} \geq 1.2$。

当变压器过电流保护不满足灵敏度要求时，为了提高过电流保护的灵敏性，可采用欠电压起动的过电流保护，或采用复合电压起动的过电流保护。

二、欠电压起动的过电流保护

欠电压起动的过电流保护原理接线图如图 7-27 所示。保护起动元件由电流继电器和欠电压继电器构成。只有电压起动元件和电流起动元件同时动作后才能起动时间继电器，经预

定的延时后，起动出口中间继电器动作于跳闸。

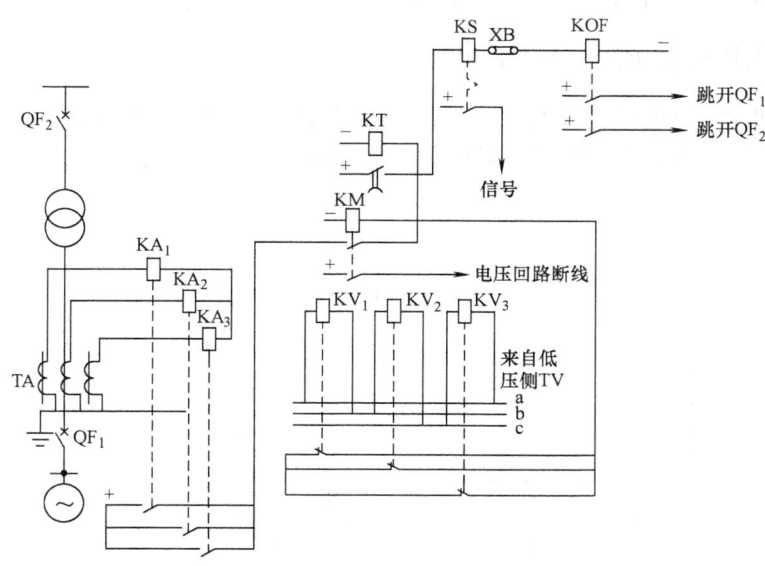

图 7-27 变压器欠电压起动的过电流保护原理接线图

正常时，欠电压继电器的触点全部断开，由于中间继电器线圈中无电流，所以中间继电器的触点断开。当某路电压回路断线时，中间继电器触点闭合，因跳闸回路无信号通过中间继电器的另一头，故只发出电压回路断线指示。

电压起动元件的作用是保证外部故障切除后电动机自起动时不动作。因而电流起动元件 $KA_1 \sim KA_3$ 的整定值按躲过变压器的额定电流整定，不再考虑自起动系数，即

$$I_{op} = \frac{K_{rel}}{K_{re}} I_{TN} \tag{7-18}$$

由式（7-18）可见，其动作电流比过电流保护的动作电流小，因此提高了保护的灵敏性。

欠电压继电器的动作电压应小于正常运行时的最低工作电压，同时，外部故障切除后，电动机自起动过程中，它必须返回。据运行经验，欠电压继电器的动作电压为

$$U_{op} = 0.7 U_{TN}$$

式中，U_{TN} 为变压器的额定电压。

电流起动元件的灵敏度系数按式 $K_{s,min} = \dfrac{I_{K,min}^{(2)}}{I_{op}}$ 校验，电压起动元件的灵敏度系数按下式校验：

$$K_{s,min} = \frac{U_{op}}{U_{K,max}} \tag{7-19}$$

式中，$U_{K,max}$ 为最大运行方式下，灵敏度系数校验点短路时，保护安装处的最大线电压。

对于升压变压器，如果欠电压继电器只接在一侧的电压互感器上，当另一侧出现故障时，往往不能满足灵敏度的要求，此时可采用两套电压起动元件分别接在变压器两侧的电压

互感器上，两组欠电压继电器的节点并联。为防止电压互感器二次侧断线欠电压继电器误动，应加装检测电压回路断线的信号装置，以便及时发出断线信号，由运行人员加以处理。

三、复合电压起动的过电流保护

复合电压起动的过电流保护是欠电压起动过电流保护的一个发展，一般用于升压变压器、系统联络变压器及过电流保护灵敏度系数达不到要求的降压变压器，其原理接线图如图7-28所示。

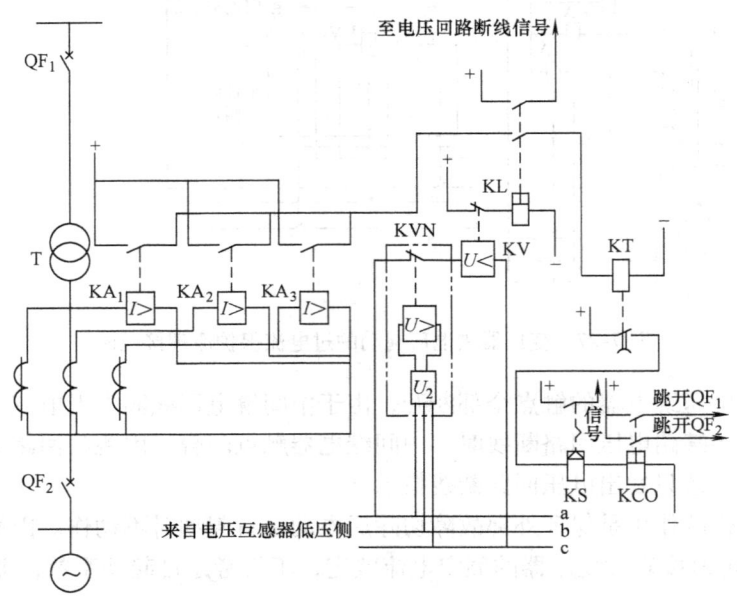

图7-28 复合电压起动的过电流保护原理接线图

电流起动元件由接于相电流的继电器 $KA_1 \sim KA_3$ 构成，电压起动元件由反映不对称短路的负序电压继电器 KVN 和反映对称短路接于相间电压的欠电压继电器 KV 构成。只有电流起动元件和电压起动元件都动作时才能起动时间继电器 KT。

正常时，电流起动元件和电压起动元件都不动作，故保护装置不动作。

当发生各种不对称短路时，故障相电流继电器动作。同时出现负序电压，负序电压继电器 KVN 动作，其常闭触点打开，切断欠电压继电器 KV 的电压回路，使加于欠电压继电器线圈上的电压变为零，KV 常闭触点闭合，使闭锁中间继电器 KL 动作，起动时间继电器，经预定延时，其触点闭合，起动出口继电器 KCO，使变压器各侧断路器跳闸。

当发生三相对称短路时，由于短路瞬间会短时出现负序电压，使负序电压继电器 KVN 起动，欠电压继电器 KV 动作，当负序电压消失后，KV 接于相间电压上。因此，只有母线电压高于 KV 的返回电压才可使 KV 返回，若母线电压低于欠电压继电器的返回电压，则欠电压继电器不会返回。由此可见，复合电压起动的过电流保护在不对称短路时欠电压闭锁灵敏度较高，在三相对称短路时，将其灵敏度提高一个欠电压继电器的返回系数，一般为 1.15~1.2 倍。

电流继电器的动作电流按式 $I_{op} = \dfrac{K_{rel}}{K_{re}} I_{TN}$ 整定，各参数的含义同上。

负序电压继电器的一次动作电压按躲过正常运行时的不平衡电压整定，根据运行经验为

$$U_{op2} = (0.06 \sim 0.12) U_N \tag{7-20}$$

式中，U_N 为电源额定电压。

接在相间电压上的欠电压继电器的一次动作电压，按躲过电动机自起动的条件整定。对于火力发电厂的升压变压器，还应考虑能躲过发电机失磁运行时的最低运行电压，一般可取 $U_{op2} = (0.5 \sim 0.6) U_N$。

灵敏度按后备保护范围末端两相金属性短路情况下校验，要求灵敏度系数不小于 1.2。

综上所述，与欠电压起动的过电流保护相比，复合电压起动的过电流保护具有以下优点：

（1）由于负序电压继电器的整定值小，复合电压起动的过电流保护在不对称短路时，欠电压闭锁灵敏度较高。

（2）三相短路时，电压起动元件的灵敏度可以提高为原来的 1.15～1.2 倍。因为即使是对称短路，在短路初始瞬间，也会出现负序电压使欠电压继电器失压而动作，负序电压消失后，加在欠电压继电器的电压又为线电压，但此时只要欠电压继电器不返回，保护装置就能保持起动状态。因欠电压继电器的返回电压是动作电压的 1.15～1.2 倍，所以实际上也提高了对称短路时电压起动元件的灵敏度。

（3）当经过变压器后发生不对称短路时，电压起动元件的工作情况与变压器采用的接线方式无关。

复合电压起动的过电流保护具有灵敏度高、接线简单的优点，故而得到了广泛的应用，但对于大容量的变压器和发电机组，由于其额定电流很大，而在相邻元件末端发生两相短路时的短路电流可能较小，因此采用复合电压起动的过电流保护往往不能满足作为相邻元件后备保护时对灵敏度系数的要求，为此可选用负序电流保护及单相式欠电压起动的过电流保护。

四、负序电流保护

对于大型发电机-变压器组，其额定电流很大，而在相邻元件末端发生两相短路时的短路电流可能较小，因此采用复合电压起动的过电流保护往往不能满足作为相邻元件后备保护时对灵敏度系数的要求。此时，采用负序电流保护作为后备保护，就可以提高不对称短路时的灵敏性，其原理接线图如图 7-29 所示。

它由反映对称短路的欠电压起动的过电流保护和反映不对称短路的负序电流保护组成。负序滤过器 I_2 及负序电流继电器 KAN 组成负序电流保护，反映不对称短路。电流继电器 KA 和欠电压继电器 KV 组成单相式欠电压起动的过电流保护，反映对称短路即三相短路。

负序电流继电器的动作电流按以下条件选择：

1）躲过变压器正常运行时负序电流滤过器出口的最大不平衡电流，其值为 $I_{op} = (0.1 \sim 0.2) I_{TN}$。

2）躲过线路一相断线时引起的负序电流。

3）与相邻元件的负序电流保护在灵敏度上相配合。

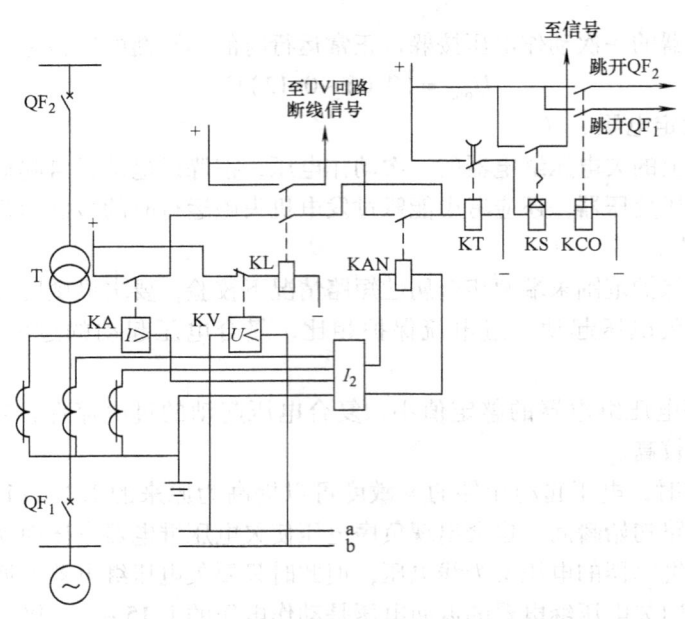

图 7-29 负序电流保护及单相式欠电压起动的过电流保护原理接线图

负序电流保护的灵敏度较高，且在 Y/D 联结的变压器另一侧发生不对称短路时，灵敏度不受影响。接线较简单，但在整定计算时比较复杂，通常用于 63MV·A 及以上的升压变压器。

五、三绕组变压器后备保护的配置原则

对于三绕组变压器的后备保护，当变压器油箱内部故障时，应断开各侧断路器；当油箱外部故障时，只断开近故障点侧的变压器断路器，使变压器的其余两侧继续运行。

（1）对于单侧电源的三绕组变压器，应设置两套后备保护，分别装于主电源侧和负荷侧。负荷侧保护的动作时限 t_1 按比该侧母线所连接的元件保护的动作时限大一个阶梯时限 Δt 选择。电源侧保护带两级时限，以较小的时限 $t_2'(t_2' = t_1 + \Delta t)$ 断开变压器本侧断路器，以较大的时限 $t_2(t_2 = t_2' + \Delta t)$ 断开变压器各侧断路器。

（2）对于多侧电源的三绕组变压器，应在三侧都装设后备保护。对于动作时限最小的保护，应加方向元件，动作功率方向取为由变压器指向母线。各侧保护均动作于断开本侧断路器。在装有方向性保护的一侧，加装一套不带方向的后备保护，其时限比三侧保护最大的时限大一个阶梯时限 Δt，保护动作后，断开三侧断路器，作为内部故障的后备保护。

六、变压器的过负荷保护

变压器的过负荷保护反映变压器对称过负荷引起的过电流。过负荷电流三相对称，过负荷保护装置只采用一个电流继电器接于一相电流上，过负荷保护的安装侧应根据保护能反映变压器各侧绕组可能过负荷的情况来选择。

对于双绕组升压变压器，过负荷保护应装于发电机电压侧；对于双绕组降压变压器，过

负荷保护应装于高压侧。

对于三绕组变压器，分以下情况讨论：

1) 对于一侧无电源的三绕组升压变压器，装于发电机电压侧和无电源侧。

2) 对于仅有一侧电源的三绕组降压变压器，若三侧容量相等，只装于电源侧，若容量不等，则装于电源侧及容量较小侧。

3) 对于两侧有电源的三绕组降压变压器，三侧均装设，装于各侧的过负荷保护均检测一相电流的大小，并经相同的延时动作于信号。过负荷保护的动作电流，应按躲过变压器的额定电流整定，即

$$I_{\text{op}} = \frac{K_{\text{rel}}}{K_{\text{re}}} I_{\text{TN}} \tag{7-21}$$

式中，K_{rel} 为可靠系数，一般取 1.05；K_{re} 为返回系数，一般取 0.85；I_{TN} 为变压器相应侧的额定电流。

为了防止过负荷保护在外部短路时误动作，其动作时限应比变压器过电流保护时限大一个 Δt，一般取 10s。

4) 对于三侧有电源的三绕组升压变压器，三侧均应装设。

第六节 变压器的零序保护

在电力系统中，接地故障是最常见的故障形式，在 110kV 及以上的中性点直接接地电网中，当发生接地故障时，中性点将出现零序电流，母线上将出现零序电压。因此，对中性点直接接地电网中的变压器，在其高压侧应装设零序保护（又叫接地保护），用来反映接地故障，并作为变压器的主保护和相邻元件接地保护的后备保护。

在电力系统中发生接地故障时，零序电流的大小和分布与系统中变压器中性点接地的位置和数量有关，为了使整个系统在各种运行方式下零序电流的大小和分布基本不变，对中性点绝缘水平较高的分级绝缘变压器和全绝缘变压器，可安排一部分变压器中性点接地运行，另一部分中性点不接地运行，以保证在各种运行方式下，变压器中性点接地的数目和位置尽量不变，零序保护范围稳定且具有足够的灵敏性。

一、中性点直接接地变压器的零序电流保护

当变压器的中性点采用直接接地的运行方式时，其接地保护一般采用零序电流保护，其原理接线图如图 7-30 所示。

保护用零序电流互感器 TAN 接于中性点引出线上。通常在中性点处配置两段式零序电流保护，每段各带两级时限。变压器零序电流保护 Ⅰ 段与出线零序电流保护 Ⅰ 段配合，以较短延时（t_1）作用于跳开母联断路器或分段断路器 QF_1，以较长延时（t_2）作用于跳开变压器各侧断路器 QF_2，其逻辑图如图 7-31 所示。

(1) 零序电流保护 Ⅰ 段动作电流为

$$I_{\text{op0}}^{\text{I}} = K_{\text{co}} K_{\text{b}} I_{\text{op,ol}}^{\text{I}} \tag{7-22}$$

式中，K_{co} 为配合系数，一般取 1.1~1.2；K_{b} 为零序电流分支系数，即在最大运行方式下，相邻元件零序电流保护 Ⅰ 段保护范围内末端发生接地短路时，流过本保护的零序电流与流过

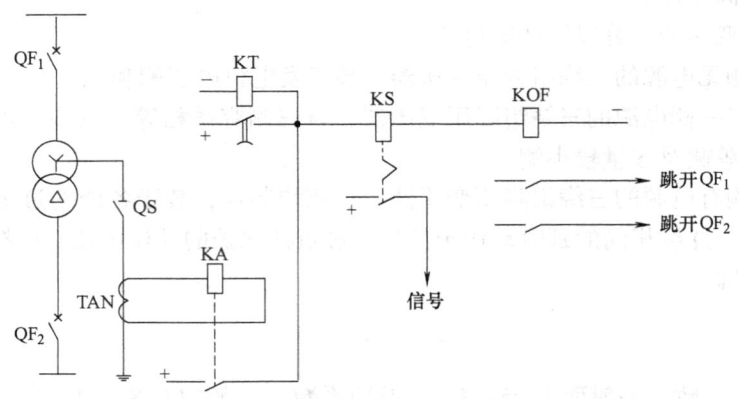

图 7-30 变压器零序电流保护原理接线图

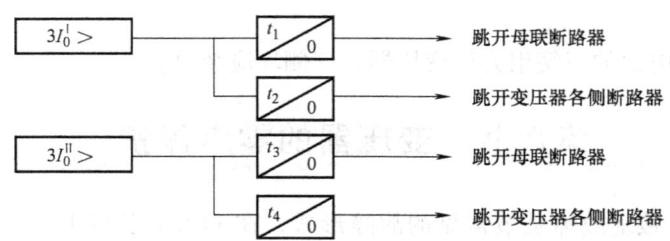

图 7-31 变压器零序电流保护逻辑图

相邻元件保护的零序电流之比；$I_{op,ol}^{I}$ 为相邻元件零序电流保护 I 段动作值。

零序电流保护 I 段的短时限 $t_1 = 0.5 \sim 1s$，长时限 $t_2 = t_1 + \Delta t$。

（2）零序电流保护 II 段作为引出线接地故障的后备保护，其动作电流和时限应与相邻元件零序电流保护的后备段相配合，第一级短延时（t_3）与引出线零序电流保护后备段动作延时配合，第二级长延时（t_4）比第一级长一个阶梯时限 Δt。

$$I_{op0}^{II} = K_{co}K_{b}I_{op,ol}^{II} \tag{7-23}$$

式中，$I_{op,ol}^{II}$ 为相邻元件零序电流保护 II 段动作值。

第一级延时时间 t_3 应比相邻元件零序电流保护后备段最大时限大一个 Δt，即 $t_3 = t_3' + \Delta t$（t_3' 为相邻元件零序电流保护后备段最大时限），第二级延时时间 $t_4 = t_3 + \Delta t$。

对于三绕组变压器，往往由两侧中性点直接接地，应在两侧的中性点上装设零序电流保护，各侧的零序电流保护作为本侧相邻元件的后备保护和变压器主保护的后备保护。对于自耦变压器和高、中压侧及中性点都直接接地的三绕组变压器，其高、中压侧均应装设零序电流保护。当有选择性要求时，应增设功率方向元件。

二、并列运行变压器部分中性点接地时的零序保护

当变电所中有多台变压器并列运行时，通常采取这样的接地方式，即只有一部分变压器中性点接地，另一部分变压器中性点不接地的运行方式。这样可以将接地故障电流水平限制

在合理的范围内，同时也使整个电力系统零序电流的大小和分布情况尽量不受运行方式的影响。如 110kV 及以上中性点接地电网中，低压侧有电源的变压器中性点可能接地运行或不接地运行。对外部单相接地短路引起的过电流，以及失去接地中性点引起电压升高应按变压器绝缘情况装设相应的保护。

1. 全绝缘变压器的接地保护

全绝缘变压器零序电流保护原理框图如图 7-32 所示。

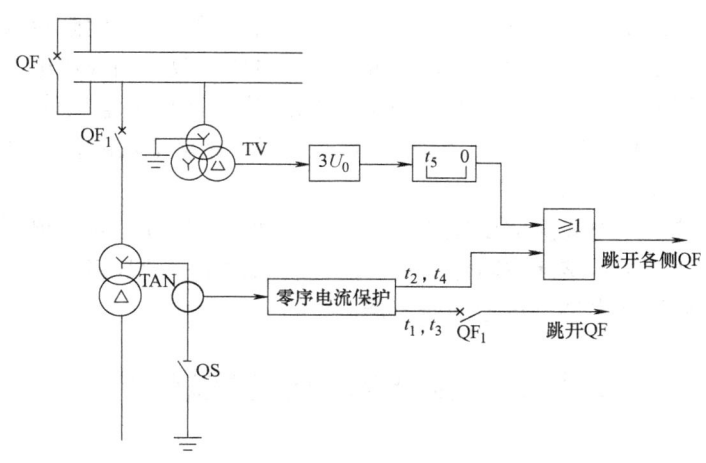

图 7-32 全绝缘变压器零序电流保护原理框图

全绝缘变压器应装设零序电流保护作为中性点直接接地运行时的保护，还应装设零序电压保护，作为变压器中性点不接地运行时的保护，如图 7-33 所示。

变压器 T_1 的中性点接地运行，变压器 T_2 的中性点不接地运行。若在高压母线上发生接地短路，T_1 的零序电流保护动作将该变压器切除；T_2 中性点未接地，零序电流保护不会动作。T_1 切除后，T_2 仍带接地故障点运行，而且是中性点不接地系统，将会产生危险的过电压。因此，当有几台变压器在高压母线上并列运行时，当发生接地故障后，中性点接地运行的变压器由其零序电流保护动作先被切除；当电网失去中性点时，零序电压保护作为中性点不接地运行时的接地保护，零序电压取自电压互感器的二次侧开口三角形绕组，如图 7-32 所示。

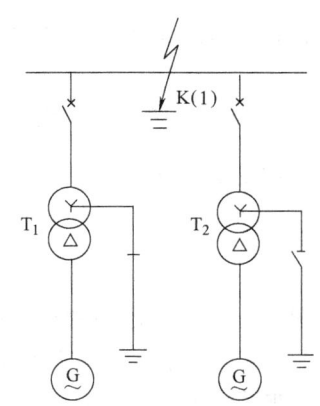

图 7-33 并列运行变压器部分中性点接地时接地故障分析

整定零序电压保护的动作电压要求考虑以下两方面的因素：

1) 按躲过部分接地电网发生单相接地短路时，保护安装处可能出现的最大零序电压整定。

2) 在发生单相接地且失去接地中性点时具有足够的灵敏度，且尽量减少故障影响范围。

综合上述两方面的因素，动作电压为 $3U_0$，一般取 $1.8U_N$。

由于零序电压保护是变压器中性点接地全部断开后才动作的，因此保护动作时限不需要与其他接地元件相配合，其动作时限只需躲过暂态电压的时间，通常 $t_5=0.3\sim0.5\text{s}$ 的延时。

2. 分级绝缘变压器的接地保护

对于中性点装设放电间隙的分级变压器来说，除了装设上述的零序电流、零序电压保护外，还需要装设瞬间动作的零序电流、零序电压保护。零序电流保护反映间隙回路中的零序电流。若变压器中性点不接地运行，即接地隔离开关断开时，放电间隙投入工作。若系统发生接地故障，且失去中性点，则中性点将出现工频过电压，放电间隙放电，间隙零序保护动作，跳开变压器各侧断路器，从而保护中性点绝缘。若中性点过电压值不致使放电间隙击穿，则可由零序电压元件延时 $0.3\sim0.5\text{s}$ 用以躲过电网单相接地短路暂态过程的影响，将中性点不接地运行的变压器切除。

对于中性点未装设放电间隙的变压器，为防止中性点绝缘在工频过电压下损坏，不允许在无接地中性点的情况下带接地故障点运行。因此，当发生接地故障时，应先切除中性点不接地的变压器，然后切除中性点接地的变压器。

第七节 变压器的过励磁保护

一、变压器过励磁产生的原因及其危害

当电源频率为 f，变压器绕组的匝数为 N，变压器铁心截面积为 S，铁心的工作磁通密度为 B 时，变压器的感应电动势 E 为

$$E = 4.44fNSB \times 10^{-4} \tag{7-24}$$

若忽略绕组漏阻抗上的电压降，电源电压 U_1 为

$$U_1 \approx E_1 = 4.44fN_1SB \times 10^{-4} \tag{7-25}$$

式中，N_1 为变压器一次绕组匝数。

运行中的变压器一次绕组匝数 N_1 和铁心截面积 S 为常数，若令 $K=\dfrac{10^4}{4.44N_1S}$，则磁通密度 B 为

$$B = KU_1/f \tag{7-26}$$

现代大型变压器的额定工作磁通密度 $B_N=(1.7\sim1.8)\text{T}$，而饱和磁通密度 $B_S=(1.9\sim2.0)\text{T}$，两者相差不多，因此变压器极易饱和。所谓的变压器过励磁是指铁心中的磁通密度 B 超过额定磁通密度 B_N，铁心饱和后会出现励磁电流急剧增大的异常情况。造成变压器过励磁的原因有很多，如发电机铁磁谐振过电压；发电机组起动时，机组切除过程中的误操作；正常运行情况下突然甩负荷等都会引起变压器过励磁。

过励磁是威胁变压器运行安全的一种常见的异常工况。变压器过励磁后，励磁电流急剧增加，使铁心饱和。一方面，励磁电流在绕组中产生的铜损、主磁通在铁心中产生的铁损增加；另一方面，漏磁通增加，导致靠近铁心的绕组导体、油箱壁及其他金属构件的涡流损耗增大，使变压器局部严重过热。励磁电流的剧增还可能导致变压器纵联差动保护误动作。总

之，过励磁运行将使变压器的损耗增大，温度升高，绝缘老化，甚至局部变形。过励磁的倍数越大，持续的时间越长，对变压器的损伤就越严重。在现代大型变压器中，近年来已普遍装设过励磁保护。

二、变压器的过励磁保护

变压器的过励磁保护原理如图 7-34 所示。

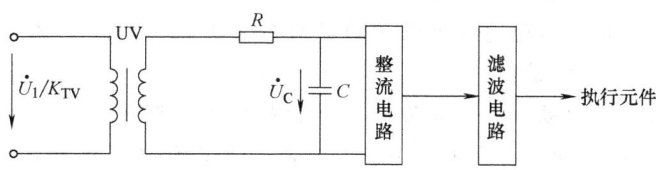

图 7-34　变压器过励磁保护原理图

图 7-34 中 UV 为中间电压变换器，其输入端接电压互感器的二次侧；输出端接 R、C 串联回路。电容 C 两端的电压 $\dot{U}_C$ 经整流、滤波后，接执行元件。电容两端电压的有效值 U_C 为

$$U_C = \frac{U_1}{K_{TV}K_{UV}\sqrt{(2\pi fRC)^2+1}} \tag{7-27}$$

式中，K_{TV} 为电压互感器的电压比；K_{UV} 为电压变换器的电压比。

选择 R、C 的数值，使 $(2\pi fRC)^2 \geq 1$，并令 $K' = \frac{1}{K_{TV}K_{UV}2\pi RC}$，则式（7-27）可表示为

$$U_C = K'\frac{U_1}{f} = \frac{K'}{K}B \tag{7-28}$$

式（7-28）表明 U_C 反映了工作磁通密度 B 随电压频率比 U_1/f 而变化，当 U_C 达到整定值时，执行元件动作。过励磁保护可以按饱和的磁通密度 B_{sat} 整定。

第八节　变压器的其他保护

一、变压器温度保护

变压器在运行过程中，铜损、铁损、介质损耗等使变压器各部分温度升高，绕组温度过高时会加速绝缘的老化，缩短变压器的使用寿命。绕组的温度越高，持续的时间越长，绝缘老化的速度越快，使用期限越短。因此，大型的变压器都装有冷却系统，保证在规定的环境温度下按额定容量运行时，使变压器的温度不超过极限值。变压器温度保护在冷却系统发生故障或其他原因引起变压器温度超过极限值时，发出报警信号，或延时作用于跳闸。温度保护整定值与绝缘材料级别有关，一般可整定为 75℃。

二、冷却器故障保护

当冷却器故障引起变压器温度超过安全限值时，常允许变压器运行一段时间，以便处理

冷却器故障。若在规定的时间内温度不能降至正常水平，才切除变压器，这段时间内，变压器降负荷运行。

复习思考题

7-1 变压器可能出现哪些故障和不正常运行状态？一般应设哪些保护？

7-2 变压器的后备保护可采取哪些方案？各有什么特点。

7-3 为什么复合电压起动过电流保护的灵敏度系数比一般过电流保护高？为什么大容量变压器上采用负序电流保护？

7-4 何为变压器的励磁涌流？励磁涌流有哪些特点？变压器励磁涌流产生的原因是什么？如何减小和消除励磁涌流带来的影响。目前在纵联差动保护中采取了哪些措施？

7-5 对变压器中性点可能接地或不接地运行时，为什么要装设两套零序保护？它们是如何配合工作的？

7-6 试比较 BCH-1 型和 BCH-2 型差动继电器的异同点。

7-7 在变压器的纵联差动保护中，比率制动特性的差动继电器制动绕组接入的原则是什么？举例说明。

7-8 二次谐波制动原理的变压器差动保护中为什么要设置差动电流速断元件？

7-9 什么叫复合电压起动的过电流保护？

7-10 变压器相间短路的后备保护有哪些？比较其优缺点，并说明其应用场合。

7-11 为什么要装设变压器的过励磁保护？试说明如何测定变压器的过励磁倍数？

7-12 一台双绕组降压变压器，容量为 15MV·A，电压比为 $35kV \pm 2 \times 2.5\%/6.6kV$，短路电压百分数 $U_K\% = 8$，Yd11 联结，差动保护采用 BCH-2 型差动继电器，求 BCH-2 型差动继电器差动保护的整定值。已知，6.6kV 侧最大负荷电流为 1000A，6.6kV 侧外部短路时最大三相短路电流为 9420A，最小三相短路电流为 7300A（已归算到 6.6kV 侧）；35kV 侧电流互感器的电流比为 600/5，6.6kV 侧电流互感器的电流比为 1500/5；可靠系数 $K_{rel} = 1.3$。

第八章 同步发电机的继电保护

第一节 同步发电机的故障、不正常运行状态及保护方式

同步发电机是电力系统中十分重要而且贵重的电力设备，它的安全运行对保证电力系统的正常工作和用户不间断供电起着决定性的作用。因此，在发电机上应针对各种故障和不正常运行状态设置性能良好的继电保护装置。

发电机的主要故障类型如下：

(1) 定子绕组相间短路。定子绕组发生两相或三相短路时，会引起很大的短路电流，约为发电机额定电流的 5~10 倍，巨大的短路电流产生的热效应会造成绕组过热。故障点产生的电弧将绝缘破坏，烧毁铁心和绕组，严重时，甚至能烧毁机组。

(2) 定子绕组匝间短路。定子绕组匝间短路时，将产生很大的环流，被短路的各匝将有短路电流流过，引起故障处的温度升高，破坏绕组的绝缘，并可能发展成为单相接地或相间短路故障。

(3) 定子绕组单相接地。发电机定子绕组单相接地故障一般是由于绝缘破坏引起的绕组一相碰壳。发电机中性点一般为不接地运行，单相接地后，发电机电压系统电容电流的总和流经定子铁心，造成铁心烧伤。当此电流较大时，如超过 5A，将使绕组接地处铁心局部熔化，给发电机的检修带来很大的困难，还有可能扩大成为相间短路或匝间短路。

(4) 励磁回路一点或两点接地短路。发电机励磁回路一点接地时，由于没有形成通路，对发电机并无直接的危害。但如果再发生另一点接地，就会造成励磁回路两点接地短路，可能烧坏励磁绕组和铁心，还会因转子磁通的对称性被破坏，使机组产生剧烈振动，对于凸极转子的水轮发电机和同步调相机，振动将更为严重。

发电机的不正常运行状态如下：

(1) 励磁电流急剧下降或消失。发电机励磁系统故障或自动灭磁开关误跳闸，引起励磁电流急剧下降或消失。此时，发电机将从系统吸收大量的无功功率，可能与系统失去同步转入异步运行状态。系统无功功率储备不足将引起系统电压下降和定子电流增加，并引起定子过电流、机组过热和振动，威胁发电机的安全运行，甚至导致系统崩溃。

(2) 定子绕组过电流。发电机外部三相短路、失磁、系统振荡等都会引起定子绕组过电流，过电流会导致发电机温度升高，加速绝缘老化，缩短机组寿命。长期过热可能引起发电机的内部故障。

(3) 负荷超过发电机额定容量或负荷不对称引起的过负荷，同样会导致发电机定子、转子温度升高，绝缘老化，寿命降低。

(4) 定子绕组过电压。调速系统惯性较大的发电机（如水轮发电机）因突然甩负荷，电枢反映消失，转速急剧上升，发电机电压迅速升高，造成定子绕组过电压，使绝缘击穿。

(5) 转子表层过热。电力系统发生不对称短路或发电机三相负荷不对称时，将有负序

电流流过定子绕组，从而在转子中感应出倍频电流，造成转子局部灼伤，严重时使保护环受热松脱。

（6）发电机逆功率和频率降低。当汽轮发电机主汽门突然关闭而出口断路器未断开时，汽轮机的尾部叶片将在汽缸内与剩余气体摩擦而过热，频率降低，可能导致叶片共振，使叶片断裂。另外，频率降低后用电设备的出力降低。

（7）发电机失步。发电机失步运行时，发电机与系统之间产生振荡，当振荡中心落在发电机-变压器组内时，由于母线电压大幅度波动，将间接影响厂用电的安全。此外，振荡时还使定子绕组过电流。

针对上述故障类型及不正常运行状态，发电机应装设以下继电保护装置：

（1）纵联差动保护。反映1MW以上发电机定子绕组及其引出线相间短路，应装设纵联差动保护。

（2）定子绕组匝间短路保护。定子绕组为双星形联结且中性点引出六个端子的发电机，通常装设单元件式横差保护，作为匝间短路保护。对于中性点只有三个引出端子的大功率发电机的匝间短路保护，一般采用零序电压式或转子二次谐波电流式保护装置。

（3）定子绕组的接地保护。对于直接接于母线的发电机定子绕组的单相接地故障，当发电机电压系统的接地电容电流（未经消弧线圈补偿）大于或等于5A时，应装设零序电流保护，保护应动作于跳闸；当接地电容电流小于5A时，应装设接地保护，保护应动作于信号。对于100MW及以上的发电机，应装设保护区为100%的定子接地保护；对于100MW以下的发电机，应装设保护区不小于90%的定子接地保护。

（4）相间短路的后备保护。为了反映发电机外部短路引起的定子绕组过电流，并作为发电机内部故障的后备保护，一般应装设欠电压起动的过电流保护或复合电压起动的过电流保护。对于1MW及以下的小型发电机，采用过电流保护；对于1MW以上的发电机，采用复合电压起动的过电流保护；对于500MW及以上的发电机，采用负序过电流保护及单相式欠电压起动的过电流保护。负序过电流保护同时作为外部不对称短路或不对称负荷引起的负序过电流的保护。当上述保护不能满足要求时，可采用低阻抗保护。

（5）过电压保护。对于水轮发电机及某些大容量汽轮发电机，为了反映突然甩负荷时发电机定子绕组出现的过电压，应装设过电压保护。水轮发电机的动作电压为1.5倍额定电压，动作时限可取为0.5s。对于200MW及以上的汽轮发电机，一般情况下动作电压可取为1.3倍额定电压，动作时限可取为0.5s。

（6）定子绕组过负荷保护。为了反映发电机因过负荷引起三相对称电流增大，应装设接于一相电流的过负荷保护，保护通常作用于信号。对于定子绕组非直接冷却的发电机，应装设定时限过负荷保护。对于大型发电机的定子绕组的过负荷保护，一般由定时限和反时限两部分组成。

（7）励磁回路过负荷保护。当发电机励磁回路过负荷时，对容量为100MW及以上的并采用半导体励磁的发电机，可装设励磁回路过负荷保护。

（8）励磁回路一点及两点接地保护。水轮发电机一般只装设励磁回路一点接地保护，小容量机组可采用定期检测装置。100MW以下的汽轮发电机，对于一点接地故障，可以采用定期检测装置；对于两点接地故障，应装设两点接地保护装置。对于转子水内冷发电机和1000MW及以上的汽轮发电机，应装设励磁回路一点接地和两点接地保护装置。

(9) 失磁保护。对于发电机的励磁消失,当发电机不允许失磁运行时,应在自动灭磁开关断开时,利用其辅助触点连跳发电机断路器。对于采用半导体励磁以及 100MW 及以上的发电机,应装设专用的失磁保护。

(10) 逆功率保护。当汽轮发电机主汽门突然关闭时,为防止汽轮机遭到破坏,对于大容量的发电机组可考虑装设逆功率保护。

(11) 其他保护。如当电力系统振荡影响机组安全运行时,在 300MW 机组上,宜装设失步保护;当汽轮机低频运行会造成机械振动,叶片损伤,对汽轮机危害极其大时,可装设低频保护;当水冷发电机断水时,可装设断水保护等。一般而言,发电机的容量越大,配置的保护种类越多。与变压器保护相比,发电机保护的配置要复杂得多。

值得注意的是,发电机保护在作用于跳开发电机出口断路器的同时,还必须作用于自动灭磁开关。仅仅断开发电机出口断路器,并不能消除定子绕组的故障,因为由发电机本身供给的那部分短路电流并未消失,必须同时采取灭磁措施,使转子磁通消失,消除发电机电动势,短路电流才能消失,故障才能消除。

第二节 发电机的纵联差动保护

发电机定子绕组相间短路是发电机内部最严重的故障,要求装设快速动作的保护装置。当发电机中性点侧有分相引出线时,可装设纵联差动保护作为发电机定子绕组及其引出线相间短路的主保护。它应能快速而灵敏地切除内部所发生的故障。同时,在正常运行及外部故障时,又应保证其动作的选择性和工作的可靠性。一般中、小型机组的纵联差动保护采用带速饱和变流器的电磁型差动继电器,大容量的发电机采用带比率制动特性的差动继电器。

一、发电机纵联差动保护的工作原理

发电机纵联差动保护是利用比较发电机中性点侧和引出线侧电流的幅值和相位构成的。因此,在发电机中性点侧与引出线侧各装设一组型号、电流比和特性完全相同的电流互感器,两组电流互感器之间为纵联差动保护的范围。电流互感器的二次绕组按照循环电流法接线。发电机纵联差动保护的单相原理接线图如图 8-1 所示。

当保护范围内部短路时(如短路点在 K_1 点),如图 8-1a 所示,流过差动继电器的电流为短路点短路电流的二次值,以 $\dot{I}_d$ 表示,$\dot{I}_d = \dot{I}_2' + \dot{I}_2''$,当差动电流大于继电器的动作电流时,保护动作,瞬时跳开发电机出口断路器。

当正常运行及外部故障时(如短路点在 K_2 点),如图 8-1b 所示,流入差动继电器的电流 $\dot{I}_d = \dot{I}_2' - \dot{I}_2''$,此电流为不平衡电流。在理想情况下,即两侧电流互感器特性完全一致、铁心剩磁相同、循环电流回路两臂引线阻抗相同时 $\dot{I}_2' = \dot{I}_2''$,流过差动继电器的电流 $\dot{I}_d$ 为零。实际上,该不平衡电流非常小,差动继电器不会动作。

可见,纵联差动保护不反映负荷电流与外部短路电流,故不必与相邻元件保护进行时限配合,可以瞬时跳闸。

发电机纵联差动保护的整定计算如下:

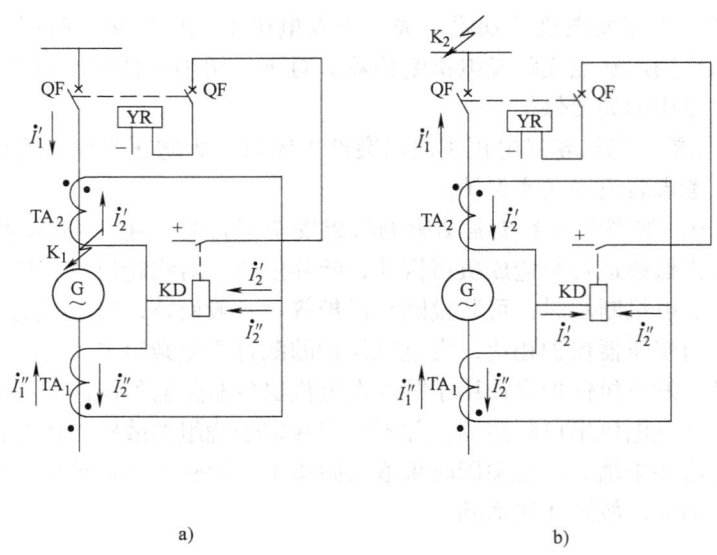

图 8-1 发电机纵联差动保护的单相原理接线图

1. 动作电流整定

动作电流按以下两个原则进行整定,取其中较大者。

(1) 正常情况下,电流互感器二次回路断线时保护不应误动作。发电机中性点侧的电流互感器二次回路,由于受到发电机运转时振动的影响,其接线端子容易松动而造成二次回路断线。若电流互感器二次回路断线,则 $\dot{I}_2' = 0$,流入差动继电器的电流为 $\dot{I}_2''$,若发电机在额定容量下运行,$\dot{I}_2''$ 即为发电机额定电流变换到二次侧的数值,用 I_{NG}/K_{TA} 表示,其中 K_{TA} 为电流互感器的电流比。为防止由此引发的保护装置误动作,保护的动作电流应大于发电机的额定电流,引入可靠系数 K_{rel}(取 $K_{rel}=1.3$)。

保护装置的动作电流为

$$I_{op} = K_{rel}I_{NG} \tag{8-1}$$

式中,K_{rel} 为可靠系数,取 1.3;I_{NG} 为发电机的额定电流。

继电器的动作电流为

$$I_{op,r} = K_{rel}I_{NG}/K_{TA} \tag{8-2}$$

值得注意的是,如上整定后,在正常情况下任一相电流互感器二次回路断线时,保护将不会误动作。但如果断线后发生了外部短路,则继电器中要流过短路电流,保护仍然要误动作,为防止这种情况发生,在纵联差动保护中一般装设断线监视器,当断线后,监视器发出信号,运行人员根据信号将纵联差动保护退出工作。断线监视继电器的动作电流按躲过正常运行时的不平衡电流整定,根据运行经验,通常选择为 $I_{op,r}=0.2I_{NG}/K_{TA}$。带断线监视器的发电机纵联差动保护原理接线图如图 8-2 所示。

保护采用三相式接线,$KD_1 \sim KD_3$ 为差动继电器,在差动回路的中性线上接有断线监视用的电流继电器 KA,KS 为信号继电器,KM 为保护跳闸出口中间继电器,KT 为时间继电器。为防止外部故障时断线监视装置由于不平衡电流的影响而误发信号,断线监视装置应带有一定延时,其延时应大于发电机后备保护时限。电流互感器二次回路断线由 KA 加以监视。正常情况下，KA 中仅流过数值很小的不平衡电流，KA 不动作；当任何一相电流互感器的二次回路断线时，KA 中流过发电机负荷电流的二次值，KA 动作，经过时间继电器 KT 延时，发出信号。为使纵联差动保护的范围能包括发电机引出线，使用的电流互感器应安装在靠近断路器的地方。

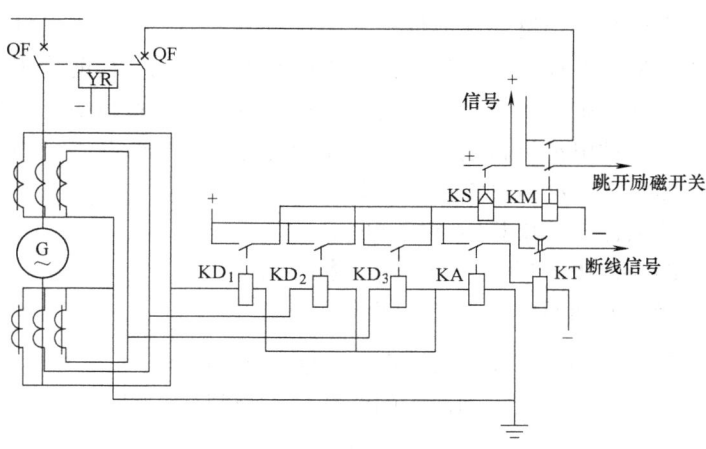

图 8-2 带断线监视的发电机纵联差动保护原理接线图

（2）外部故障时，保护装置的动作电流按躲过最大不平衡电流整定。继电器的动作电流为

$$I_{op,r} = K_{rel} I_{unb,max} = K_{rel} K_{np} K_{sm} f_i I_{K,max} / K_{TA} \tag{8-3}$$

式中，K_{rel} 为可靠系数，取 1.3；K_{np} 为考虑非周期分量影响的系数，当采用具有速饱和铁心的差动继电器时，K_{np} 取 1；K_{sm} 为电流互感器的同型系数，型号相同时，K_{sm} 取 0.5，不同时取 1；f_i 为电流互感器的最大相对误差，按 10% 的要求，f_i 取 0.1；$I_{K,max}$ 为外部故障时的最大短路电流。

对于汽轮发电机，出口处发生三相短路的最大电流 $I_{K,max} \approx 8 I_{NG}$，差动继电器的动作电流 $I_{op,r} = (0.5 \sim 0.6) I_{NG} / K_{TA}$；对于水轮发电机，由于其电抗数值比汽轮发电机大，出口处发生三相短路的最大电流 $I_{K,max} \approx 5 I_{NG}$，差动继电器的动作电流 $I_{op,r} = (0.3 \sim 0.4) I_{NG} / K_{TA}$。

由式（8-2）和式（8-3）计算出两个值，取其中较大者作为纵联差动保护的动作电流。由上述可见，继电器的动作电流，按照躲过电流互感器二次回路断线进行整定的整定值远大于躲过不平衡电流的整定值。因此，保护的灵敏性较高，但可靠性较差，因为当发生电流互感器二次回路断线时，在负荷电流的作用下，纵联差动保护可能误动作。目前，对于纵联差动保护的整定值是否需要考虑电流互感器的二次回路断线还存在争议。运行经验表明，只要加强对差动回路的维护和检查，在运行中防止电流互感器二次回路断线还是可能的。

2. 灵敏度校验

发电机纵联差动保护的灵敏度校验按下式进行：

$$K_s = \frac{I_{K,min}}{I_{op}} \geq 2 \tag{8-4}$$

式中，$I_{K,min}$ 为内部故障时流过保护的最小短路电流，取单机运行或系统最小运行方式下自同期并列时，发电机机端两相短路的短路电流。

由于机端短路电流较大，该保护一般都能满足灵敏度的要求。但在中性点附近经过渡电阻相间短路时，仍存在一定的死区。死区的大小与动作电流 I_{op} 有关。设法降低动作电流，即可减小死区。

二、发电机比率制动式纵联差动保护

对于大容量的发电机，其短路电流水平较低，且定子绕组采用新的冷却方式，其中性点附近发生相间短路的可能性较大,这就要求进一步减小发电机纵联差动保护的死区,将动作电流降低,并保证在区外短路时不误动作。为此,目前采用性能更好的比率制动式纵联差动保护。该保护的动作电流只需要躲过发电机最大负荷情况下的不平衡电流,在外部故障时则利用穿越性电流进行制动,能可靠地躲过外部故障时不平衡电流的影响。

图 8-3 所示为发电机整流型比率制动式纵联差动保护的单相原理接线图。

图 8-3 中,UX$_1$、UX$_2$ 为电抗变换器。UX$_1$ 接入差动回路,为工作绕组,其输出电动势 $\dot{E}_1$ 为动作量;UX$_2$ 的两个匝数相等的一次绕组分别接入差动保护的两臂中,为制动绕组,其输出电动势 $\dot{E}_2$ 为制动量。

正常运行及外部故障时,UX$_1$ 反映发电机定子绕组两侧电流之差,E_1 很小;UX$_2$ 反映发电机定子绕组两侧电流之和,E_2 较大。加于执行元件 KP 两端的电压 $U_{mn}<0$,保护不会动作。

内部故障时,UX$_1$ 反映发电机两侧短路电流之和,UX$_2$ 反映两侧短路电流之差,前

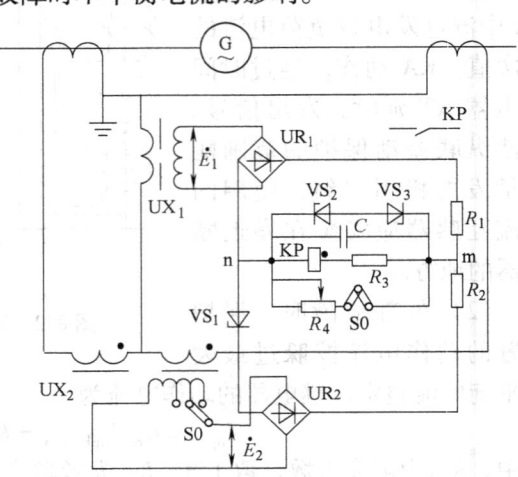

图 8-3 发电机整流型比率制动式纵联差动保护的单相原理接线图

者大于后者,即 $|\dot{E}_1|>|\dot{E}_2|$,$U_{mn}>0$,执行元件 KP 起动,保护动作。

这种继电器的制动特性如图 8-4 所示。

制动线 QS 已不再经过原点,从而能够更好地拟合 TA 的误差特性,进一步提高差动保护的灵敏度。OP 表示制动电流为零时,继电器开始动作的最小动作电流 $I_{op,r,min}$,此后随着制动电流的增大,继电器的动作电流 $I_{op,r}$ 也随之增大。在最大的外部短路电流 $I_{K,max}$ 下,制动电流 $I_{res}=\dfrac{I_{K,max}}{K_{TA}}$。图 8-4 中虚线 OT 表示在不同的外部短路电流下差动回路的不平衡电流,OT 低于 PQS 制动特性曲线,以保证继电器在穿越性短路时不误动。定义动作电流 $I_{op,r}$ 与制动电流 I_{res} 之比为制动系数,记为 K_{res},则

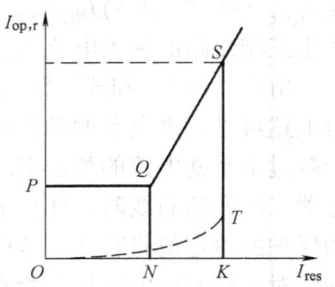

图 8-4 比率制动式差动继电器的制动特性

$$K_{res}=\frac{I_{op,r}}{I_{res}} \tag{8-5}$$

这一比率系数决定着继电器的制动特性,故称为比率制动式差动继电器。当差动电流大于继电器动作电流时,继电器动作。

发电机比率制动式纵联差动保护的出口逻辑框图如图 8-5 所示。

工作原理如下:

(1) 当 U、V、W 中两相或两相以上纵联差动保护同时动作时,判为内部故障,动作于跳闸。

（2）当只有一相纵联差动保护动作，同时有负序电压存在时，认为发生了一点在区内、一点在区外的短路故障。

（3）仅一相纵联差动保护动作，认为是 TA 断线，这样就不需另设 TA 断线闭锁环节。

比率制动式纵联差动保护的整定计算如下：

（1）继电器开始动作的最小动作电流 $I_{\mathrm{op,r,min}}$ 应大于最大负荷电流下的不平衡电流，可实测决定，一般取 $I_{\mathrm{op,r,min}} = (0.1 \sim 0.2) I_{\mathrm{NG}}/K_{\mathrm{TA}}$。

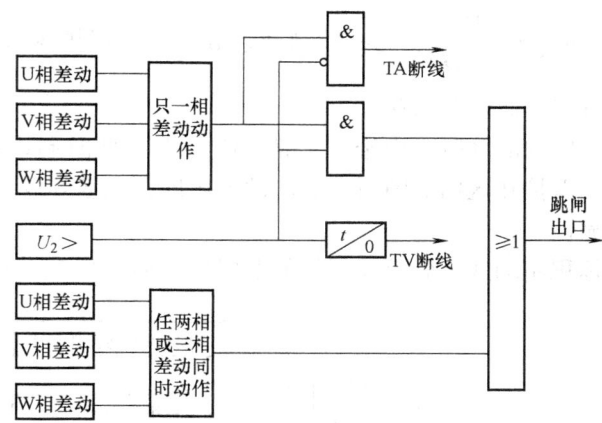

图 8-5　发电机比率制动式纵联差动保护的出口逻辑框图

（2）比率制动特性拐点 Q 处的值一般取发电机的额定电流 I_{NG}。

（3）比率制动特性最高点 S 处的值由最大外部短路电流的最大不平衡电流决定，一般取

$$I_{\mathrm{unb,max}} = (0.10 \sim 0.15) I_{\mathrm{K,max}}/K_{\mathrm{TA}} \tag{8-6}$$

P、Q、S 三点确定之后，连接 QS，其斜率即为制动系数。

（4）保护灵敏度系数校验。灵敏度系数为

$$K_{\mathrm{s,min}} = I_{\mathrm{K,min}}/(I_{\mathrm{op,r}} K_{\mathrm{TA}}) \tag{8-7}$$

式中，$I_{\mathrm{K,min}}$ 为单机孤立运行时的机端两相金属性短路周期分量短路电流。一般要求 $K_{\mathrm{s,min}} > 2$。

比率制动式纵联差动保护有灵敏度高，在区外发生短路或切除短路故障时，躲过不平衡电流的能力强，可靠性高的优点。其缺点是不能反映发电机内部匝间短路。

三、标积制动式纵联差动保护

标积制动是比率制动原理的另一种表达形式，以电流流入发电机为正方向，如图 8-6 所示。

令 $I_{\mathrm{d}} = |\dot{I}'_1 + \dot{I}'_2|$

$$I_{\mathrm{res}} = \begin{cases} \sqrt{|\dot{I}'_1 \dot{I}'_2 \cos(180° - \theta)|} & [\text{当} \cos(180° - \theta) \geq 0] \\ 0 & [\text{当} \cos(180° - \theta) < 0] \end{cases} \tag{8-8}$$

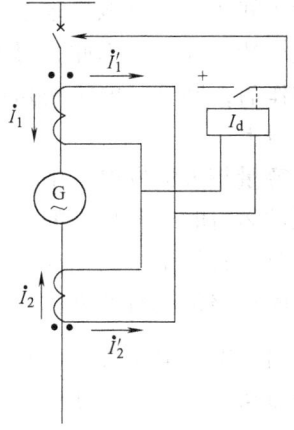

图 8-6　发电机纵联差动保护电流流向图

式中，I_{d} 为动作电流；I_{res} 为制动电流；θ 为 $\dot{I}'_1$ 和 $\dot{I}'_2$ 的夹角。

标积制动式纵联差动保护的动作判据为

$$(I_{\mathrm{d}} \geq K'_{\mathrm{res}} I_{\mathrm{res}}) \cap (I_{\mathrm{d}} \geq I_{\mathrm{d,min}}) \tag{8-9}$$

式中，$K'_{res} = \dfrac{4K_{res}^2}{1 - 4K_{res}^2}$ 为标积制动系数，为使保护灵敏动作，推荐选用标积制动系数 K'_{res} = 0.5~1.5，通常取 1.0。

在区内故障时，由于 θ 一般近似为 $0°$，此时制动量表现为零，从而使得标积制动式纵联差动保护在区内故障时有更高的灵敏度；在区外故障时有和比率制动纵联差动保护同等的可靠性。

标积制动式纵联差动保护的逻辑框图如图 8-7 所示。

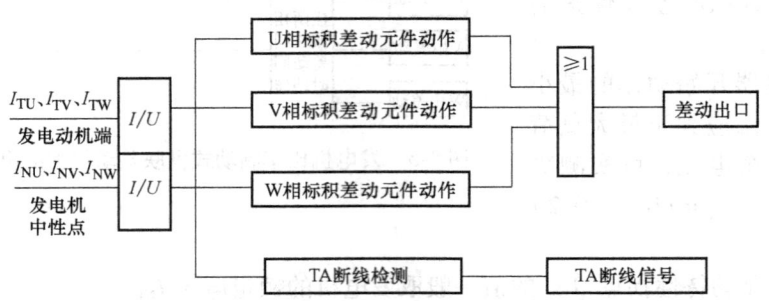

图 8-7　标积制动式纵联差动保护的逻辑框图

当任一相标积差动元件动作时，即通过或门动作于差动出口跳闸。

第三节　发电机定子绕组匝间短路保护

容量较大的发电机每相绕组都有两个或两个以上的并联支路。同一支路匝间短路或同相不同分支的绕组匝间短路都称为定子绕组的匝间短路。纵联差动保护不能反映发电机定子绕组一相匝间短路。发电机定子绕组一相匝间短路的短路环流很大，若不及时处理，将造成发电机绝缘严重损坏。因此，对发电机定子绕组的匝间短路，必须装设专用的匝间短路保护。保护动作后，断开发电机断路器和自动灭磁开关。横差保护只装设在定子绕组为双星形联结的发电机上。

在容量较大的发电机中，由于额定电流较大，其每相绕组都有两个或两个以上的并联支路。正常运行时，各分支的电动势相等，流入相等的负荷电流。当绕组的非等电位点发生匝间短路时，各绕组中的电动势不再相等，因而会因电动势差而在各绕组间产生环流。定子绕组的匝间短路情况有两种：一种如图 8-8a 所示，同相同分支绕组匝间短路，此时由于两个分支绕组的电动势不等，将有环流 $\dot{I}_K$ 产生，短路匝数越多环流越大；另一种是同相不同分支间的短路，如图 8-8b 所示，当两绕组在不同的电位点发生短路时，由于短路形成的两个回路中都存在电动势差，两个回路中将分别出现环流 $\dot{I}'_K$ 和 $\dot{I}''_K$，电动势差越大环流越大。两绕组的等电位点短路时，没有环流。

一、单继电器式横差保护

对于定子绕组每相有两个并联支路，且每一支路中性点侧都有引出端的发电机，可装设单继电器式横差保护，用以反映定子绕组的匝间短路，其原理接线图如图 8-9 所示。

发电机定子绕组每相的两并联分支分别接成星形，在两个星形联结的中性点 O_1 与 O_2 的连接线上接入一个电流互感器 TA，电流继电器 KA 经高次谐波滤波器 Z 接至电流互感器的二次侧。

正常运行时，由于每相的两个分支绕组感应电动势相等，各供应相电流的一半，故两组星形绕组的三相电流对称。两个中性点电位相等，故装在中性点连线上的电流互感器 TA 中没有电流流过，或仅有数值不大的不平衡电流通过，保护不动作。

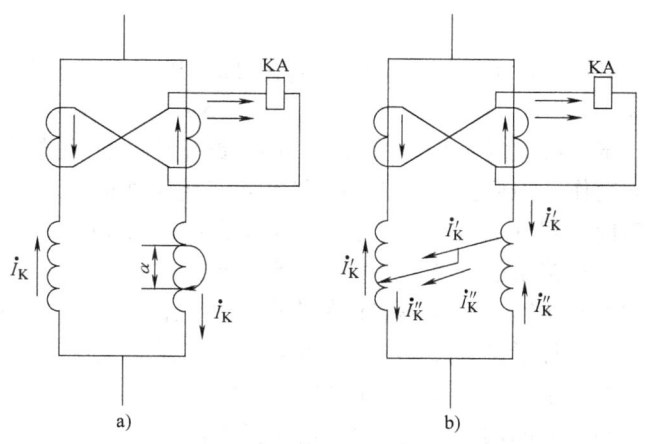

图 8-8 发电机定子绕组匝间短路电流分布示意图
a) 同一绕组内部的匝间短路时的电流分布 b) 同相的两个绕组间的匝间短路时的电流分布

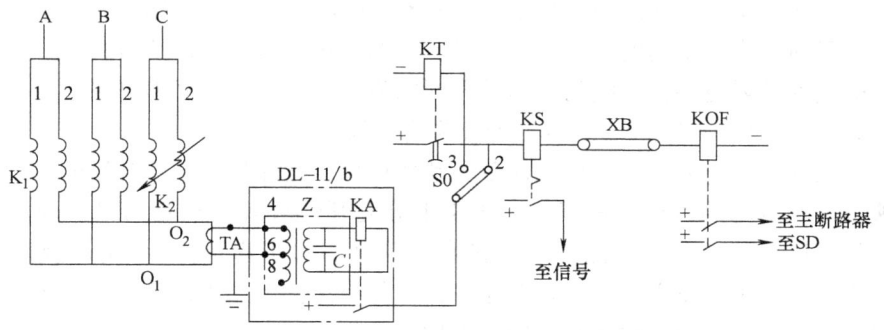

图 8-9 单继电器式横差保护的原理接线图

当同一支路绕组发生匝间短路（如图 8-8a 所示）或同相不同支路绕组间短路时，如图 8-8b 所示，两绕组电动势不相等，两并联支路产生环流，从而电流互感器 TA 的一次侧有电流流过，接于 TA 二次侧的电流继电器 KA 在电流超过其动作电流值时就会动作，使发电机断路器和励磁开关跳闸，并进行事故停机。若电流小于电流继电器的动作电流，就会出现保护死区。

由于三次谐波电压三相同电位，三相电压之和不为零，若三相电动势的波形中含有三次及 3 的倍数次谐波分量，当任一支路的三次谐波电动势与其他支路不相等时，将有以三次谐波为主的不平衡电流流过电流互感器，横差保护可能误动作。因此，采用了高次谐波滤过器 Z，使高次谐波电流不致流入电流继电器 KA。高次谐波滤波器由不饱和中间变流器和电容器 C 组成，当高次谐波传至中间变流器的二次侧时，由于继电器的阻抗大，电容器的阻抗小而被旁路，即所谓滤过，可使变流器二次侧的高次谐波分量大部分经过电容器 C 构成回路，从而克服三次谐波不平衡电流的影响，减小死区。采用中间变流器的原因是为了减轻电流互感器 TA 的负荷和减小电容器 C 的电容量。

横差保护的动作电流按躲过外部短路时的最大不平衡电流整定，根据运行经验可以整定为发电机额定电流 I_{NG} 的 20%~30%，即

$$I_{op} = (0.2 \sim 0.3)I_{NG} \tag{8-10}$$

电流互感器 TA 的电流比 K_{TA} 按照动稳定的要求进行选择，即

$$K_{TA} = 0.25I_{NG}/5 \tag{8-11}$$

定子绕组发生相间短路时，两支路中性点间有电流流过，如图 8-10 所示，横差保护也可能动作。但应指出，横差保护在定子绕组相间短路时，虽可能动作，但有死区（在中性点附近，可达绕组的 15%~20%），且不能反映引出线的相间短路，故它不能代替纵联差动保护。

运行经验表明，在转子回路两点接地故障时，上述单继电器式横差保护可能动作。因为发电机同一相的两个分支绕组不是位于同一定子槽中，当转子回路两点接地时，由于磁场的对称性被破坏，使同一相的两个分支绕组的感应电动势不相等，形成环流，其值大于保护动作值将引起

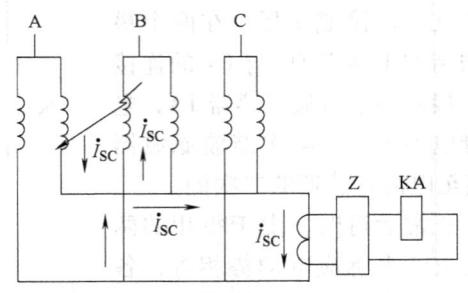

图 8-10 定子绕组发生相间短路时横差保护可能动作的示意图

横差保护动作。由于转子回路不允许持续两点接地，否则将导致发电机产生强烈振动，这时横差保护动作于跳闸是允许的。但如果出现偶然性的瞬间两点接地，则不允许保护装置瞬时切除发电机。目前，广泛采用的发电机横差保护如图 8-9 所示，在转子回路未发生接地故障的情况下，横差保护瞬时动作于跳闸。当转子回路发生一点接地时，用连接片 SO 将横差保护切换至延时回路，保护经过 0.5~1s 延时将发电机跳闸。

单继电器式横差保护的优点是接线简单、动作可靠，能保护发电机绕组的匝间短路，同时还能反映定子绕组的部分相间短路、定子绕组分支开焊事故及励磁回路的两点接地故障等，因而得到了广泛的应用；缺点是该保护存在死区，对于容量为 200MW 及以上的发电机，由于结构紧凑，中性点无法引出六个端子，只能引出三个端子，无法装设单继电器式横差保护，因此需采用其他原理构成匝间短路保护。

二、反映转子回路二次谐波电流的匝间短路保护

发电机正常对称运行时，转子电流无二次谐波成分。当发电机内部定子绕组发生匝间短路故障时，三相定子电流中出现负序分量，由负序电流分量建立的负序磁场将以同步速度沿着与转子相反的方向旋转，在发电机转子回路中产生感应二次谐波电动势、二次谐波电流。基于此可以利用转子二次谐波电流构成发电机定子绕组匝间短路保护。

二次谐波式匝间短路保护原理如图 8-11 所示。它由二次谐波滤波器和电流继电器组成。

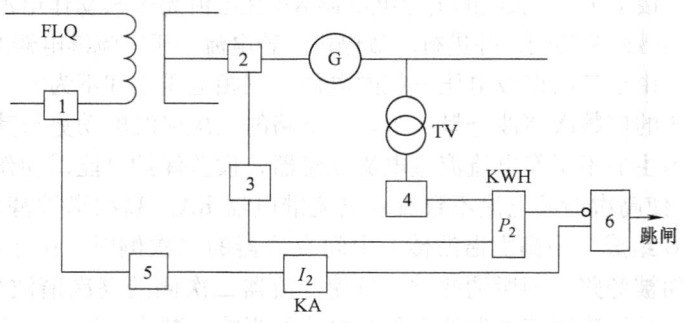

图 8-11 二次谐波式匝间短路保护原理图
1—电流变换器 2—电流互感器 3—负序电流滤过器 4—负序电压滤过器 5—二次谐波滤波器 6—闭锁门
KWH—负序功率方向继电器 KA—二次谐波电流继电器

转子回路中接入专用电流变换器 1 得到二次谐波电流，匝间短路保护继电器接到 1 的二次侧。

该保护是反映负序分量而动作的，因此在正常运行以及外部系统发生不对称工况（不对称短路、非全相运行、不对称负荷）时，该保护不动作。但是，当发电机内部或外部发生不对称短路时，三相定子电流中也有负序分量，转子绕组中也会出现二次谐波电流，为防止保护误动，采用了负序功率方向继电器 KWH 闭锁保护的出口电路，它由负序电压滤过器、负序电流滤过器和相敏元件等组成。

工作原理如下：

（1）定子绕组匝间短路后，负序功率由发电机流向系统，KWH 不动作，KWH 不发出闭锁信号。当转子的二次谐波电流大于保护装置的动作电流时，匝间短路保护继电器动作，保护无延时送出跳闸脉冲。

（2）发电机发生内部两相短路时，匝间短路保护继电器动作，KWH 不发出闭锁信号，此时匝间短路保护兼作内部两相短路保护。

（3）当发电机发生外部不对称短路时，负序功率的方向由外部流向发电机，此时转子回路也会出现二次谐波电流，为防止匝间短路保护继电器误动作，负序功率方向继电器 KWH 动作，发出闭锁信号，使保护闭锁。

该保护装置在结构上比较简单，灵敏度系数较高，一般用于大型机组的定子绕组匝间短路保护。保护的动作值只需按躲过与发电机正常负荷时允许的最大不对称度（一般取 5% 左右）相对应的在转子绕组中感应的二次谐波电流整定。

三、反映负序功率方向的匝间短路保护

根据运行资料统计显示，对于发电机定子绕组发生的各种短路、断线（开焊）故障，理论上描述的三相对称故障并不存在。对于大功率发电机，其机端引出线基本上都采用分相封闭式母线，也不会发生三相对称短路。所以，对于大功率发电机的内部故障，都可认为是不对称的。

发电机在不同的运行状态下，其内部的负序功率具有不同的特性，根据这个特点，可以采用发电机负序功率的方向，构成反映发电机内部故障包括定子绕组匝间短路的保护。

当正常运行时，发电机没有负序功率输出；当发电机内部不对称运行或不对称故障时，有负序功率输出，且方向为从发电机流入系统；当系统不对称运行或不对称故障时，负序功率则由系统流向发电机。

对于中性点侧不能引出六个端子的发电机，负序功率方向保护是最简单的定子绕组匝间短路保护，并且能兼作发电机内部相间故障及定子绕组开焊的保护；而且该保护不需要专用的电压互感器，也不需要增设外部故障闭锁元件。

负序功率方向的匝间短路保护的缺点是只能用于在发电机正常运行时负序电流很小的场合，且在发电机并网前，保护将失去作用。

四、反映定子绕组各相对中性点的零序电压的匝间短路保护

发电机正常运行时，三相电压对称，无零序电压。定子绕组单相接地时，故障相对地电压为零，中性点电位升高为 U_0，虽然一次系统出现了零序电压，但三相对中性点的电压仍然完全对称。若定子绕组匝间短路时，机端对中性点电压不对称，因而出现了零序电压，如

图 8-12 所示。

如图 8-12a 所示，A 相发生了匝间短路，若被短路的匝数与 A 相绕组总匝数的比值为 α，则故障相的电动势 $\dot{E}'_A = (1-\alpha)\dot{E}_A$，其他两相电动势不变，则机端对中性点的零序电压为 $\dot{E}_0 = \frac{1}{3}(\dot{E}_A + \dot{E}_B + \dot{E}_C) = -\frac{\alpha}{3}\dot{E}_A$，利用这个特点，可以实现零序电压保护，用来反映发电机定子绕组的匝间短路。

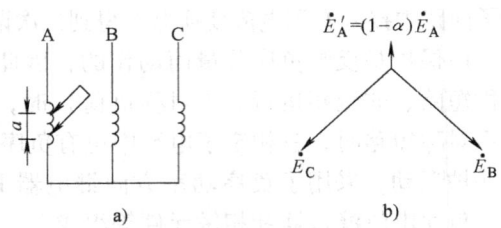

图 8-12 发电机定子绕组匝间短路及其相量图
a) 匝间短路　b) 三相电动势相量图

发电机机端的零序电压通过一组专用的电压互感器取得，如图 8-13 所示。

在发电机端装设一组专用的电压互感器 TVN，将 TVN 一次绕组的星形中性点和发电机的中性点直接连接，而不接地。TVN 的一组二次绕组接成开口三角形，开口三角形侧安装了具有三次谐波滤波器的高灵敏性过电压继电器，三次谐波滤波器的作用是抑制正常运行时发电机固有三次谐波电动势对保护的影响。开口三角形的开口端电压即发电机定子绕组三相对中性点零序电压 $3\dot{U}_0$。TVN 的二次绕组不能用来测量对地电压。

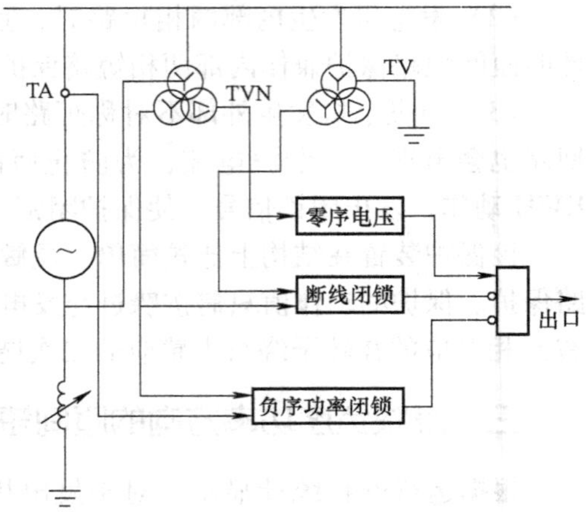

当发电机正常运行和外部相间短路时，TVN 的开口三角形绕组没有输出电压，即 $3\dot{U}_0 = 0$，保护不动作。

图 8-13 由负序功率闭锁的纵向零序电压匝间短路保护原理示意图

当发电机内部或外部发生单相接地短路时，系统三相对地电压不对称，出现三相对地零序电压，由于 TVN 一次侧中性点不接地，三相对中性点的电压仍然对称，因此，仍有 $3\dot{U}_0 = 0$，保护不动作。

当发电机发生匝间短路、分支绕组开焊、对中性点不对称的各种相间短路时，破坏了发电机三相电动势对中性点之间的平衡，产生了对中性点的零序电压，使 $3\dot{U}_0 \neq 0$，保护瞬时动作。

为准确反映内部匝间故障，同时防止低定值零序电压匝间短路保护在外部短路时误动，保护设有负序功率方向闭锁元件。当发电机内部相间短路以及定子绕组分支开焊时，负序功率源于发电机内部，负序功率从发电机流入系统；当系统发生各种不对称短路时，负序功率由系统流入发电机。利用负序功率的方向可以区别发电机匝间短路和外部短路。

该保护在电压互感器 TVN 的回路断线时将会误动作，故需要装设断线闭锁元件，断线时，保护退出运行并发出信号。

反映零序电压的发电机定子绕组匝间短路保护动作的逻辑框图如图 8-14 所示。

工作原理如下：

(1) $3\dot{U}_0 > \dot{U}_{0,\text{set}}$ 用来反映纵向零序电压大小并与动作值进行比较，瞬间动作于跳闸，构成次灵敏Ⅰ段,其动作值必须躲过任何外部故障时可能出现的基波不平衡量。运行经验 $U_{0,\text{set}} = 2.5 \sim 3\text{V}$,保护瞬时动作于出口跳闸。

(2) Ⅱ段为灵敏段,以纵向零序电压 ΔU_W 作为动作量,以零序电压中的三次谐波不平衡量 ΔU_{3W} 作为制动量,进行比较,决定保护是否动作,延时动作于跳闸。

Ⅱ段的动作值应可靠躲过正常运行时出现的最大基波不平衡量,即

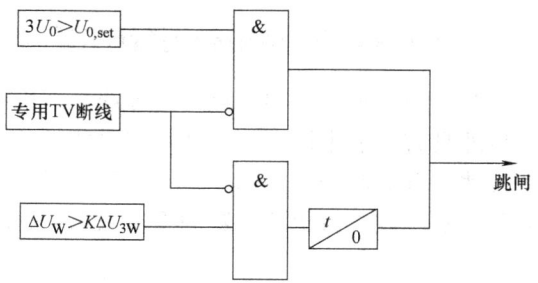

图 8-14 反映零序电压的发电机定子绕组匝间短路保护动作的逻辑框图

$$U_{\text{op}} = K_{\text{rel}} U_{0,\text{unb},N} \tag{8-12}$$

式中,U_{op} 为灵敏段保护的动作值;$U_{0,\text{unb},N}$ 为额定负荷下固有的零序电压基波不平衡量,由实测得到;K_{rel} 为可靠系数,一般取 $2 \sim 2.5$。

图 8-14 中,K 为灵敏段三次谐波制动系数,由经验决定,一般取 $0.3 \sim 0.5$;t 为保护动作时限,一般取 $0.1 \sim 0.2\text{s}$。

由于灵敏段动作值较低,为防止磁感应干扰专用互感器零序电压,应该用单独屏蔽导线接入。

由上述可见,该保护原理简单、灵敏性较高,但需要专门的电压互感器,使其中性点与发电机中性点相连而不直接接地,所以不能用于测量相对地的电压,也不能用于接地保护。另外,为了防止保护的误动作,采用了负序功率方向闭锁和电压断线闭锁,使装置比较复杂,一般只在不能装设单元件横差保护的情况下才采用此方案。

第四节 发电机定子绕组单相接地保护

为了保证安全,发电机的外壳和铁心都要接地。定子绕组的绝缘损坏时所发生的碰壳、碰心即为单相接地故障。定子绕组单相接地故障是发电机最常见的故障之一。单相接地故障带来的危害主要表现为故障点的电弧烧坏定子铁心,破坏绝缘,甚至发展为匝间短路和相间短路,使发电机受到严重破坏。由于发电机中性点不接地或经过高阻抗接地,定子绕组单相接地并不会引起大的故障电流,在表 8-1 所示的安全电流下定子接地保护动作只发出信号而不跳闸,但应及时处理,不得继续运行。否则,持续的接地电流产生的电弧将使定子铁心叠片烧结在一起,使发电机烧伤,破坏绕组的绝缘,扩大事故,造成匝间短路或相间短路故障,严重损坏发电机。

表 8-1 发电机接地电流允许值

发电机额定电压 /kV	发电机功率 /MW		接地电流允许值 /A
6.3 及以下	≤50		4
10.5	汽轮发电机	50 ~ 100	3
	水轮发电机	10 ~ 100	
13.8 ~ 15.75	汽轮发电机	125 ~ 200	2(氢冷发电机为 2.5)
	水轮发电机	40 ~ 225	
18 ~ 20	300 ~ 600		1

一、发电机定子绕组单相接地的特点

发电机通常都是按中性点不接地或经消弧线圈接地的方式运行的，因此发电机定子绕组单相接地具有一般中性点不接地系统单相接地的特点，不同的是系统的零序电压将随定子绕组的接地位置而改变。如图 8-15a 所示，假设 A 相接地发生在距中性点 α 处（α 为由中性点到故障点的匝数占每相总匝数的百分数），发电机端各相对地电压分别为

$$\dot{U}_{KA} = (1-\alpha)\dot{E}_A$$
$$\dot{U}_{KB} = \dot{E}_B - \alpha \dot{E}_A$$
$$\dot{U}_{KC} = \dot{E}_C - \alpha \dot{E}_A \tag{8-13}$$

各相对地电压以及零序电压相量图如图 8-15b 所示。

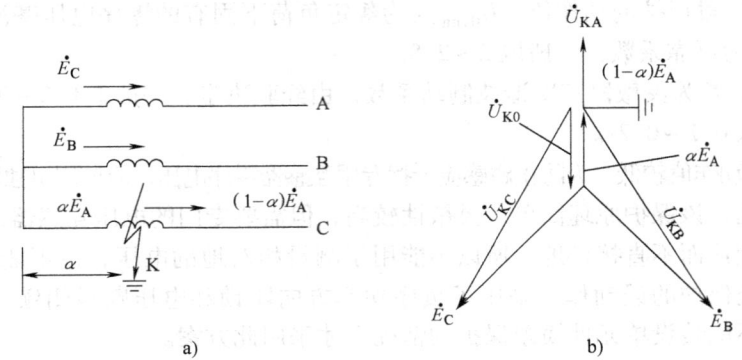

图 8-15 定子绕组单相接地电路及相量图
a）单相接地电路 b）各相对地电压以及零序电压相量图

机端的零序电压为

$$\dot{U}_{K0} = \frac{1}{3}(\dot{U}_{KA} + \dot{U}_{KB} + \dot{U}_{KC}) = -\alpha \dot{E}_A \tag{8-14}$$

当发电机内部单相接地时，实际并不能直接获得故障点的零序电压，只能借助机端电压互感器进行测量。当忽略各相电流在发电机内阻抗上的压降时，故障点零序电压与机端零序电压相等，其值将随故障点位置的不同而改变，即故障点零序电压 $\dot{U}_{K0(\alpha)} = \dot{U}_{K0} = -\alpha \dot{E}_A$。

发电机内部单相接地的零序等效网络如图 8-16 所示。

由图 8-16 可以求得发电机零序电容电流和网络的零序电容电流分别为

$$3\dot{I}_{0G} = j3\omega C_{0G} U_{K0(\alpha)} = -j3\omega C_{0G} \alpha \dot{E}_A$$
$$3\dot{I}_{0\Sigma} = j3\omega C_{0\Sigma} U_{K0(\alpha)} = -j3\omega C_{0\Sigma} \alpha \dot{E}_A \tag{8-15}$$

式中，C_{0G} 为发电机每相的对地电容；$C_{0\Sigma}$ 为发电机以外电压网络每相对地的等效电容；$\dot{I}_{0G}$ 为发电机的零序电容电流；$\dot{I}_{0\Sigma}$ 为网络的零序电容电流。

由上可得故障点总的接地电流为

$$3\dot{I}_{K(\alpha)} = -j3\omega(C_{0G} + C_{0\Sigma})\alpha \dot{E}_A \tag{8-16}$$

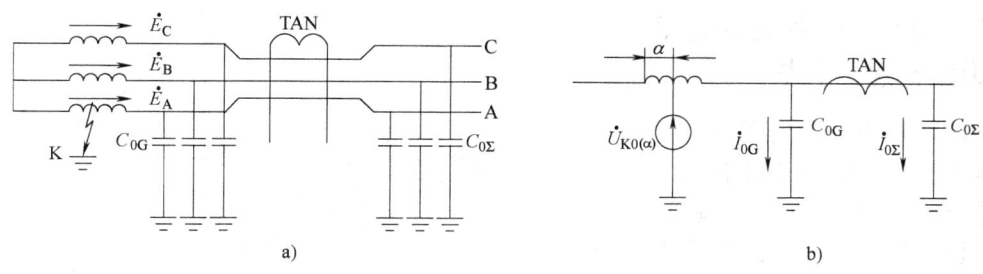

图 8-16 发电机内部单相接地的零序等效网络
a) 原始网络　b) 零序等效网络

式（8-16）的有效值为 $3\omega(C_{0G}+C_{0\Sigma})\alpha E_{ph}$（$E_{ph}$ 为发电机的相电动势），在计算时常用发电机网络的平均额定相电压 U_{ph} 代替 E_{ph}，即 $3\omega(C_{0G}+C_{0\Sigma})\alpha U_{ph}$。由此可见流经故障点的接地电流也与 α 成比例，当故障点位于发电机出线端子附近时，$\alpha \approx 1$，接地电流最大，为 $3\omega(C_{0G}+C_{0\Sigma})U_{ph}$。

当发电机内部单相接地时，此时零序电压与接地故障点位置有关，流经发电机电流互感器 TAN 一次侧的零序电流为发电机以外电压网络的对地电容电流 $3\omega C_{0\Sigma}\alpha U_{ph}$，如图 8-17 所示，出线越多，接地点越靠近机端，该电流越大，接地保护将灵敏地动作。

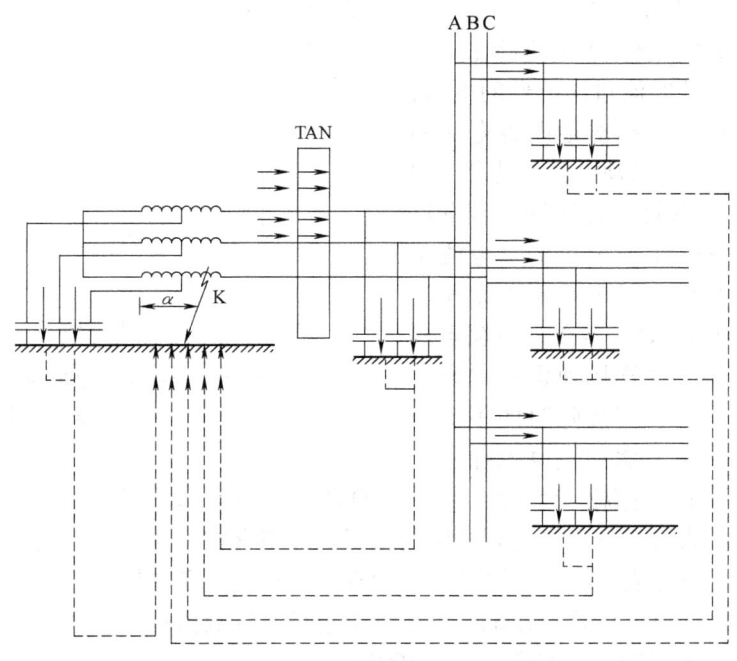

图 8-17 发电机内部单相接地时电容电流的分布

当发电机外部单相接地时，发电机接地保护用的零序电流互感器 TAN 装在发电机的出口，流过 TAN 的零序电流为发电机本身的对地电容电流，如图 8-18 所示，该电流数值不大，只要使保护的动作电流大于它，保护在外部单相接地故障时就不动作，从而保证了动作的选择性。

二、反映零序电流的定子绕组单相接地保护

反映零序电流的定子绕组单相接地保护，通常用于并联在发电机电压母线上运行的发电机。当发电机电压网络的接地电容电流大于表 8-1 中的允许值时，不论该网络是否装有消弧线圈，均应装设动作于跳闸的接地保护。当接地电容电流小于表 8-1 中的允许值时，则装设作用于信号的接地保护。

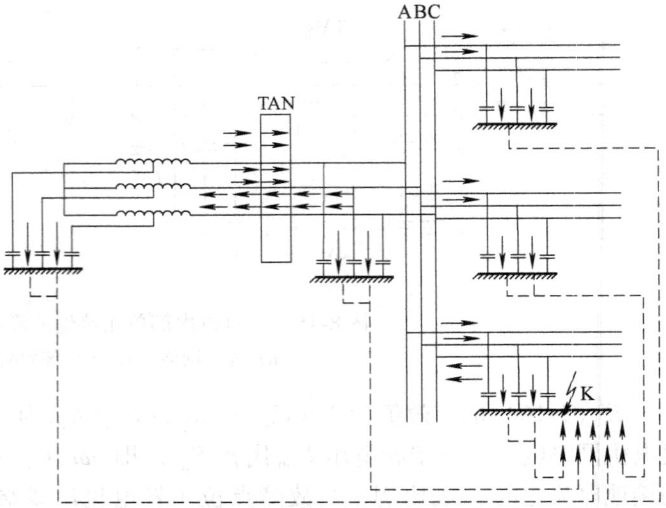

1. 工作原理

保护的原理接线图如图 8-19 所示。

图 8-19 中 TAN 为装在发电机定子绕组引出端的零序电流互感器，在实现接地保护时，当一次侧的接地电流（即零序电流）大于允许值时即动作于跳闸。其二次绕组与灵敏的电流继电器 KA 相连，KA 的动作电流应大于外部单相接地时流过继电器的电流，即应大于发电机定子绕组对地电容电流的二次值。KA 的触点与闭锁中间继电器 KM 的动断触点相串联来起动时间继电器 KT。闭锁中间继电器 KM 由发电机的过电流保护控制。当外部故障，过电流保护动作时起动闭锁中间继电器 KM，KM 动断触点断开将接地保护闭锁，这样接地保护的整定值可以不必躲过外部相间故障时的不平衡电流，但计算时必须考虑和过电流保护的

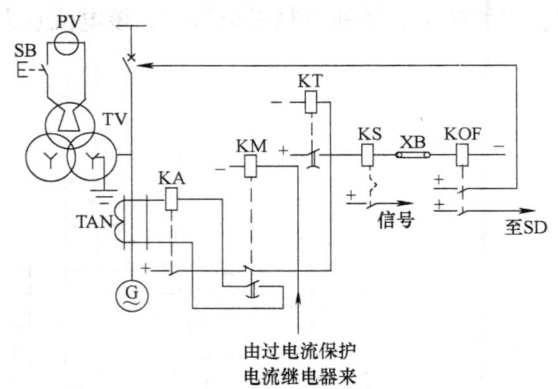

图 8-18 发电机外部单相接地时电容电流的分布

图 8-19 反映零序电流的定子绕组单相接地保护原理接线图

动作值相对应的不平衡电流。时间继电器 KT 的整定值为 1~2s，用以躲过外部单相接地时暂态过程的影响。为检查发电机接到母线前是否有故障存在，在发电机电压互感器的开口三角形绕组侧装设了电压表 PV，通过按钮 SB 检查发电机是否存在接地故障，根据电压表的读数可以大致判断接地点的位置，接地点离中性点越近，读数值越小。如当发电机出线端发生金属性接地时，电压表的指示值最大，为 100V。

2. 保护整定

接于零序电流互感器上的发电机零序电流保护，整定原则如下：

（1）躲过外部单相接地时，发电机本身的电容电流以及由于零序电流互感器一次侧导线排列不对称而在二次侧引起的不平衡电流。

（2）为防止外部相间短路产生的不平衡电流引起接地保护误动作，应该在相间保护动

作时将接地保护闭锁。

（3）保护装置的一次动作电流应小于发电机定子绕组单相接地故障电流的允许值。

（4）保护装置一般带有 1~2s 的时限，用以躲过外部单相接地瞬间，发电机暂态电容电流的影响。

当发电机在定子绕组的中性点附近接地时，由于接地电流很小，保护将不能动作，因此零序电流保护不可避免地存在一定的死区，为了减小死区的范围，就应该在满足发电机外部接地时动作选择性的前提下，尽量降低保护的动作电流。

三、反映零序电压的定子绕组单相接地保护

一般大功率发电机在电力系统中常采用发电机-变压器组的接线方式，由于所在系统的连接元件只有主变压器低压侧与厂用变压器高压侧，因此，在发电机内部和外部单相接地时，流过机端电流互感器的零序电流都比较小，且差别不大。当发电机单相接地后，接地电容电流一般小于允许值，对于大功率的发电机-变压器组，若接地后的电容电流大于允许值，则可以在发电机电压网络中装设消弧线圈，把接地电流补偿到很小，并且不会因运行方式的改变而变化。因此，可采用反映零序电压的接地保护，且保护动作于信号。其原理接线图如图 8-20 所示。

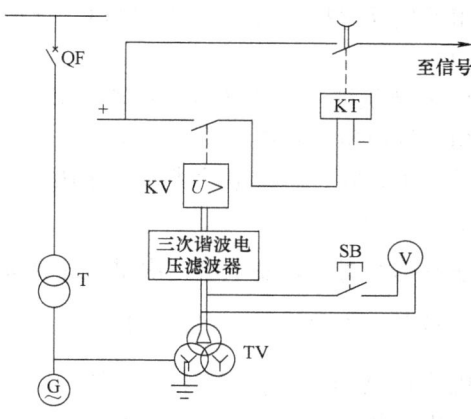

图 8-20　反映零序电压的发电机定子绕组接地保护

图 8-20 中，机端电压互感器 TV 接成开口三角形绕组，过电压继电器 KV 经过三次谐波滤波器连接于二次侧开口三角形绕组的输出电压上。零序电压从 TV 的二次开口三角形绕组取得。

零序电压保护用的电压继电器的整定值要躲过正常运行时的不平衡电压以及以三次谐波为主的不平衡电压。为此，往往需要装设三次谐波滤波器，消除三次谐波的影响，以提高灵敏度。对于变压器的高压侧不直接接地的系统，电压继电器的整定值还要躲过当高压侧发生单相接地短路时，高压侧的零序电压通过变压器高、低压绕组间的耦合电容传到发电机侧的零序电压值。根据运行经验，一般将电压继电器的动作电压整定为 15~30V。

按照以上条件进行整定，当在中性点附近接地时，有 15%~30% 的死区，保护不能反映。显然保护的死区太大，为了减少死区，可以采取如下一些措施来减小保护的动作电压：

（1）在保护中装设时间继电器 KT。当变压器高压侧中性点接地时，保护的时限应大于变压器高压侧接地保护的动作时限。

（2）在高压侧中性点非直接接地电网中，利用高压侧的零序电压将发电机接地保护闭锁或利用它对保护实现制动等。

（3）在图 8-20 中引入三次谐波滤过器。发电机正常运行时，由于电动势波形畸变，在发电机的感应电动势中含有三次及 3 的倍数次谐波分量，引入三次谐波滤过器后，可滤去正常运行时不平衡电压中的三次谐波电压分量，进一步抑制正常运行时发电机固有三次谐波电

压对保护的影响。

采取上述措施后，继电器的动作电压值可以整定为 5～10V，保护范围可达 90%，但在中性点附近仍有 5%～10% 的死区，而对于双水内冷的发电机及大型发电机，由于发生漏水或机械损伤等原因，在中性点附近发生接地故障的可能性较大，这样大的死区仍是不能允许的，所以在大型发电机上应装设能反映 100% 定子绕组接地的保护装置。

四、具有 100% 保护区的定子绕组单相接地保护

具有 100% 保护区的定子绕组单相接地保护种类很多，这里介绍双频式定子绕组接地保护。该保护由两部分构成，一部分是基波零序电压保护，它可以保护定子绕组的 90% 左右；另一部分由发电机的三次谐波电压保护构成，用来消除零序电压保护的死区，实现 100% 定子绕组的接地保护。由于基波零序电压保护已经讨论过，这里着重介绍三次谐波电压保护的构成原理。

1. 发电机的三次谐波电压及其分布

由于发电机气隙中的磁通非完全正弦分布且受铁磁饱和的影响，发电机定子绕组感应的相电动势中，除了基波电动势外，存在不超过基波电动势 10% 的三次谐波分量，水轮发电机的还会大一些。

正常运行时，若发电机三次谐波电动势为 $\dot{E}_3$，设发电机定子绕组每相对地电容为 C_g，以 $\frac{1}{2}C_g$ 等值地集中到发电机中性点 N 和机端 e，将与发电机相连的所有设备元件每相对地电容 C_e 也等值地放在机端，则等效网络如图 8-21a 所示。并将中性点三次谐波电压以 $\dot{U}_{N,3}$ 表示，机端三次谐波电压以 $\dot{U}_{e,3}$ 表示，则

$$\dot{U}_{N,3} = \frac{C_g + 2C_e}{2(C_g + C_e)}\dot{E}_3$$

$$\dot{U}_{e,3} = \frac{C_g}{2(C_g + C_e)}\dot{E}_3 \quad (8-17)$$

两者有效值之比为

$$\frac{U_{e,3}}{U_{N,3}} = \frac{C_g}{C_g + 2C_e} < 1 \quad (8-18)$$

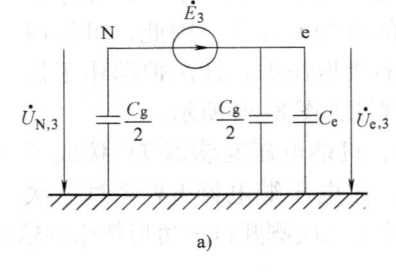

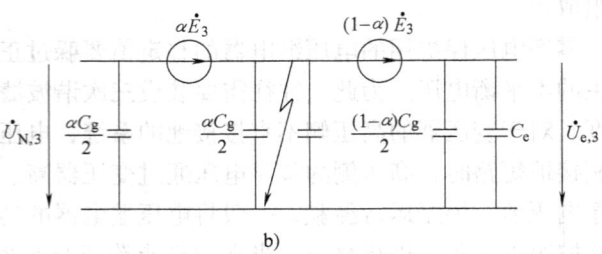

图 8-21 发电机机端和中性点三次谐波电压
a）正常运行时 b）定子绕组单相接地时

式（8-18）说明，正常运行时，发电机机端的三次谐波电压比发电机中性点的三次谐波电压小，若发电机中性点经消弧线圈接地，该结论也成立，这里不再赘述。当发电机机端开路时，即 $C_e = 0$，此时 $U_{N,3} = U_{e,3}$。

发电机定子绕组单相接地时，情况正好相反，设单相接地故障发生在距中性点 α 处，α 为故障点至中性点间绕组匝数占全部绕组匝数的百分数。等效电路如图 8-21b 所示。

此时不管中性点是否接有消弧线圈都有如下关系式成立：

$$U_{N,3} = \alpha E_3$$
$$U_{e,3} = (1-\alpha)E_3 \tag{8-19}$$

则
$$\frac{U_{e,3}}{U_{N,3}} = \frac{1-\alpha}{\alpha} \tag{8-20}$$

由式（8-20）可见，定子绕组发生单相接地时，中性点的三次谐波电压与机端三次谐波电压的比值随 α 值变化，变化曲线如图 8-22 所示。

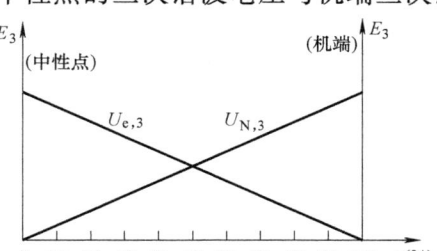

图 8-22 $U_{N,3}$、$U_{e,3}$ 随接地点位置变化的曲线

由图 8-22 可知，中性点的三次谐波电压随 α 的增大而减小，当定子绕组在 $\alpha = 50\%$ 时接地，$U_{N,3} = U_{e,3}$。当 $\alpha < 50\%$ 时，即当定子绕组中部与中性点之间的绕组发生单相接地时，$U_{e,3} > U_{N,3}$。三次谐波电压保护正是利用正常运行和接地故障时，发电机中性点和机端的三次谐波电压变化相反的特点构成的。

利用机端三次谐波电压 $U_{e,3}$ 作为动作量，中性点三次谐波电压 $U_{N,3}$ 作为制动量，构成定子接地保护，且当 $U_{e,3} \geq U_{N,3}$ 时为保护的动作条件，可以对靠近中性点 50% 的定子绕组实现接地保护，且接地点越接近中性点，保护越灵敏。

2. 具有 100% 保护区的定子绕组单相接地保护的构成

将利用三次谐波电压的接地保护和利用基波零序电压的接地保护结合起来就构成了 100% 定子绕组单相接地保护，其逻辑框图如图 8-23 所示。

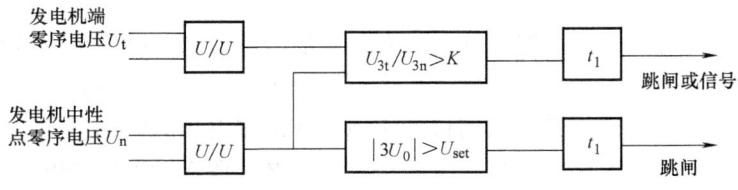

图 8-23 定子接地保护逻辑框图

基波零序电压保护和三次谐波电压保护各有独立出口回路，以满足不同的要求，或动作于跳闸，或动作于信号。原理接线图如图 8-24 所示。

图 8-24 中，UX_1 和 UX_2 为电抗变换器。UX_1 的一次绕组接在发电机端的电压互感器 TV_1 的开口三角形绕组侧，反映发电机端的三次谐波电压 $U_{e,3}$。UX_1 的一次绕组与电容器 C_1 组成三次谐波并联谐振电路，对谐振频率的电压起选频放大作用，能放大机端的三次谐波电压。电压互感器 TV_2 接在发电机中性点侧，其二次侧接 UX_2，由于其一次绕组和电容器 C_3 组成并联谐振电路，也能放大中性点侧的三次谐波电压 $U_{N,3}$。UX_1 和 UX_2 的二次电压分别反映 $U_{e,3}$ 和 $U_{N,3}$，经过整流滤波后即可进行绝对值比较。

零序电压保护部分由接在机端的电压互感器和开口三角形联结侧的三次谐波电压滤过器及零序电压元件组成。三次谐波电压保护区约为 30%，零序电压保护区约为 85%，为了保证可靠，两部分的保护区有一段重叠。两者结合就可以实现具有 100% 保护区的定子绕组单相接地保护。

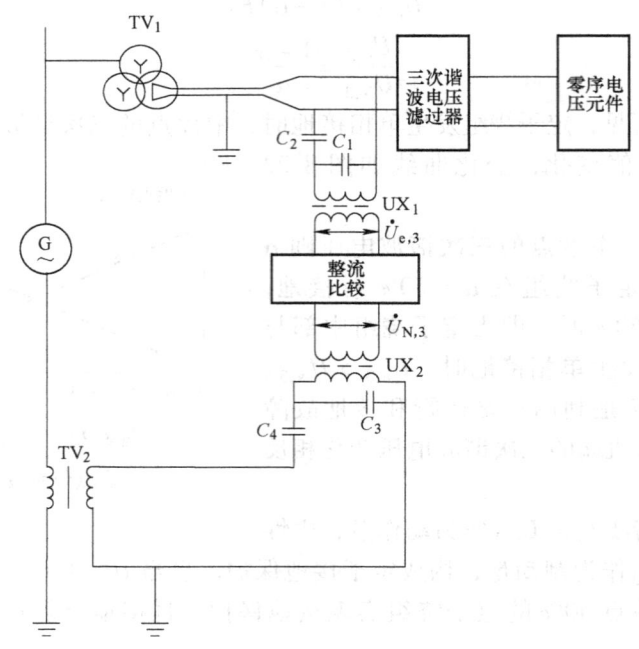

图 8-24 零序电压保护和三次谐波电压保护相结合构成100%定子接地保护的原理接线图

第五节 发电机励磁回路的接地保护

正常运行时，发电机励磁回路对地之间有一定的绝缘电阻，励磁绕组各部分的对地电压取决于绕组对地绝缘电阻的分布。在发电机运行过程中，由于发电机转子转速很高，承受的电负荷很重，励磁绕组必须承受很大的机械作用，在励磁电压的作用下，励磁绕组的绝缘容易受到破坏。当励磁绕组的绝缘严重下降和损坏时，就会造成励磁回路的接地故障。所谓励磁回路接地就是指励磁绕组与转子铁心之间的绝缘损坏或击穿。它包括励磁回路一点接地和两点接地故障。发电机励磁回路一点接地是比较常见的故障现象。发生一点接地故障时，由于没有形成电流回路，对发电机没有直接影响，但作用在励磁绕组对地绝缘介质上的电压将升高。在某些不利情况下，如果发电机继续运行，可能会在绝缘薄弱处导致第二点接地故障。

当励磁回路两点接地故障后，由于部分励磁绕组被短接，气隙磁通将失去平衡，会引起机组剧烈振动，对于凸极机和同步调相机尤为明显；另外，故障点的电弧将烧伤转子绕组和铁心，甚至引发火灾；可能使轴系和汽轮机汽缸磁化；励磁回路电阻减小，励磁电流增大，使励磁回路出现过电流。因此，发电机需装设一点、两点接地保护，一点接地保护发出信号后，及时投入两点接地保护，并立即跳闸。对于1MW以上的水轮发电机只装设励磁回路一点接地保护，并动作于信号。1MW以下的水轮发电机宜装设定期检测装置。100MW以下的汽轮发电机一点接地故障采用定期检测装置，发生一点接地后，再投入两点接地保护装置，带时限动作于停机。转子水内冷或100MW及以上的汽轮发电机应装设励磁回路一点接地保护装置（带时限动作于信号）和两点接地保护装置（带时限动作于停机）。

一、励磁回路一点接地保护

1. 绝缘检测装置

为了发现励磁回路一点接地，对于中小容量的发电机，最简单的方法就是测量励磁回路正、负极对地的绝缘。绝缘检测装置的接线如图 8-25 所示。

正常运行时，励磁绕组绝缘良好，电压表 PV_1、PV_2 的读数相等。若 PV_1 的读数小于 PV_2 的读数，表示励磁回路正极对地绝缘降低；反之，则负极对地绝缘降低。但当转子绕组中点接地时，PV_1 与 PV_2 的读数仍相等，说明该装置存在死区，不能发现励磁绕组中部接地的情况。

2. 叠加交流电压式励磁回路一点接地保护

励磁回路一点接地保护有很多种，如叠加交流电压式励磁回路一点接地保护、叠加直流电压式励磁回路一点接地保护、直流电桥式励磁回路一点接地保护和叠加交流电压测量励磁回路对地导纳的一点接地保护等。这里简要介绍叠加交流电压式励磁回路一点接地保护和叠加直流电压式励磁回路一点接地保护。

叠加交流电压式励磁回路一点接地保护的原理接线图如图 8-26 所示。

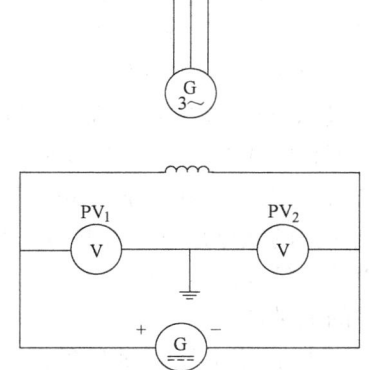

图 8-25 励磁回路绝缘检测装置的接线图

各元件符号及作用如下：TM 为中间变压器，其作用是将交流 220V 电压变换为保护所需要的工作电压，此外还有隔离作用，即将交流系统与励磁回路进行隔离；TM 的另一个二次绕组接信号灯 HL，用以监视交流电源工作是否正常。电容器 C_2 起隔离作用，将保护的接地点（经连接片 XB 和专用电刷接发电机轴）与励磁回路隔开。如果 C_2 击穿，应立即断开连接片 XB，将保护退出工作。KM_1 为中间继电器，FU_1、FU_2 为熔断器，SD 为灭磁开关触头，WE_G 为发电机励磁绕组，K 为接地点，SB 为按钮，KE 为接地继电器。KE 有两个线圈，工作线圈串联在交流回路内，以使继电器动作带有不大于 0.15s 的延时；将另一个线圈经电容器 C_1 短接，以防止励磁回路瞬间接地时误动作。

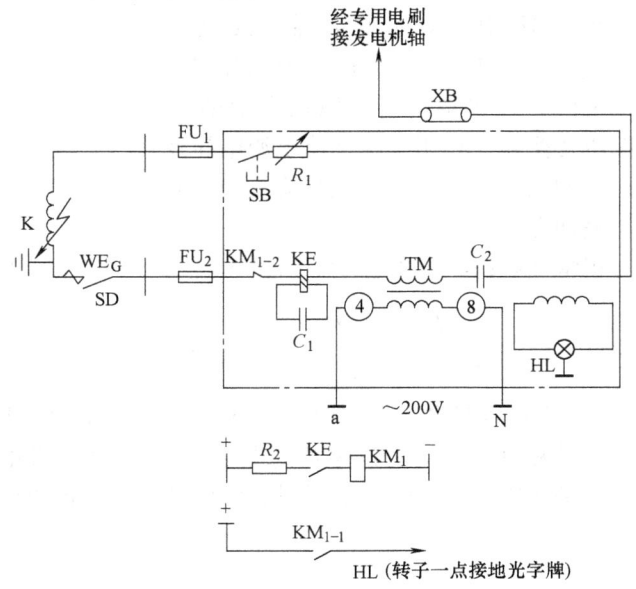

图 8-26 叠加交流电压式励磁回路一点接地保护的原理接线图

工作原理如下：

(1) 正常运行时，转子绕组的绝缘情况良好，虽然有交流电压，但是不构成交流电流回路，接地继电器 KE 线圈中无电流通过，保护不动作。

(2) 当励磁绕组中发生一点接地（实际是碰轴）时，如图 8-26 中所示的 K 点，则构成交流电流的通路如下：TM 的二次绕组—KE 绕组—KM_{1-2}—FU_2—SD（正常时接通）—WE_G—接地点 K—发电机轴—连接片 XB—C_2 构成完整的通路。

在上述通路接通的情况下，各元件的工作情况则有，KE 线圈得电—KE 触点闭合—KM_1 线圈得电—KM_{1-1} 闭合—发出转子一点接地信号，同时 KM_{1-2} 断开，切断 KE 线圈回路，防止电流长时间通过 KE 线圈。

按钮 SB 可以用来检查保护装置是否良好，原理如下：

按下 SB—TM 二次绕组—KE 绕组—KM_{1-2}—FU_2—SD—WE_G—FU_1—SB—R_1—C_2 构成完整的通路。因此有 KE 线圈得电—KE 触点闭合—KM_1 动作—发出信号，表示保护装置良好。

该保护的缺点是对于大型的发电机，由于转子绕组对地电容较大，故在正常运行时 KE 线圈中就有较大的电容电流流过，为避免保护误动作，就要提高 KE 的动作电流，从而降低了保护的灵敏性。

3. 叠加直流电压式励磁回路一点接地保护

叠加直流电压式励磁回路一点接地保护的原理接线图如图 8-27 所示。

图 8-27 中，K 为继电器，其电阻为 R_K；R_{mE} 为发电机正常运行时励磁绕组对地绝缘电阻，假设集中于励磁绕组中部；UV 为电压变换器，作用是将交流电源电压变换成适当的电压，再经过全波整流变换成直流电压叠加在励磁绕组回路上。

正常运行时，继电器中流过的电流为

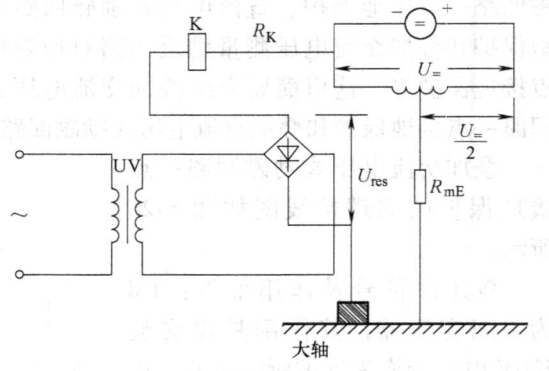

图 8-27 叠加直流电压式励磁回路一点接地保护的原理接线图

$$I_r = \frac{U_{res} + \frac{1}{2}U_=}{R_K + R_{mE}} \quad (8-21)$$

式中，I_r 为正常时继电器中流过的电流；U_{res} 为叠加在励磁绕组回路上的全波整流电压；$U_=$ 为工作励磁电压；R_K 为继电器的电阻；R_{mE} 为发电机正常运行时励磁绕组的对地绝缘电阻。

当励磁绕组对地绝缘降低时，继电器中流过的电流为

$$I'_r = \frac{U_{res} + \frac{1}{2}U_=}{R_K + R'_{mE}} \quad (8-22)$$

式中，I'_r 为励磁绕组对地绝缘降低时继电器中流过的电流；R'_{mE} 为励磁绕组的绝缘电阻；其他符号含义同上。

由于励磁绕组的绝缘电阻 R'_{mE} 比 R_{mE} 小，故有 $I'_r > I_r$，因此继电器将在励磁绕组的对地绝缘电阻降低到一定值时动作。

该保护的优点是不受励磁绕组对地电容和励磁电压中交流分量的影响，保护无死区，但对于励磁绕组的对地绝缘电阻 R_{mE} 本身就很低的发电机，如双水内冷发电机，由于 R_{mE} 太小，将使正常运行时流过继电器的电流大于保护的整定值，以致保护正常运行时就处于动作状态，因此对这类发电机不能应用这种保护。

二、励磁回路两点接地保护

发电机转子绕组发生两点接地故障是一种较严重的故障，励磁回路两点接地保护常动作于跳闸。励磁回路两点接地保护是利用直流电桥、高频阻抗和定子二次谐波电压等构成的。

1. 利用直流电桥原理的励磁回路两点接地保护

目前广泛采用的励磁回路两点接地保护是利用四臂电桥原理构成的，通常全长只装设一套，在发电机转子发生永久性一点接地时投入工作。其原理接线图如图 8-28 所示。

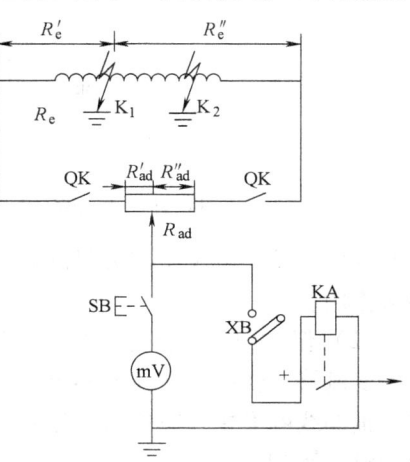

电桥由励磁绕组的电阻 R_e 和附加可调电阻 R_{ad} 组成。当励磁绕组的 K_1 点接地时，电桥的两个臂由已经发生一点接地的励磁绕组的两部分 R_e' 和 R_e'' 组成，另外两个臂由电位器滑动触头所分开的附加可调电阻的两部分 R_{ad}' 和 R_{ad}'' 组成。电流继电器则接在电桥的对角线上。

K_1 点接地后，合上刀开关 QK，按下按钮 SB，调节电位器的滑动触头使毫伏表指示为零，则电桥达到平衡状态，各臂电阻满足如下关系式：

图 8-28 电桥式励磁回路两点接地保护的原理接线图

$$\frac{R_e'}{R_e''} = \frac{R_{ad}'}{R_{ad}''} \tag{8-23}$$

在用毫伏表调好电桥的平衡后，接通连接片 XB，保护投入工作，此时因电桥处于平衡状态，电流继电器中没有电流流过，保护不动作。

当励磁回路中发生第二点 K_2 接地时，R_e'' 被短路掉一部分，电桥的平衡被破坏，在电桥对角线两端出现电位差，电流继电器中有电流流过，保护动作，作用于跳闸或信号。通过电流继电器的电流数值取决于电桥的不平衡程度，电桥的不平衡程度越大，保护的灵敏度越高；反之，电桥的不平衡程度越小，保护的灵敏度越低，甚至出现动作死区。即 K_2 点离 K_1 点越远，通过继电器的电流越大；K_2 点离 K_1 点越近，通过继电器的电流越小。当 K_2 点离 K_1 点近得使通过跨地区的电流小于继电器的动作电流时，继电器不动作，这个动作范围就是保护装置的死区，在保护死区发生两点接地时，可以用毫伏表来寻找接地故障。

以上的电桥平衡只对直流而言，由于发电机定子与转子绕组间气隙不均匀，使定子绕组对转子的电枢反映不同，相当于有一个脉动磁通在励磁绕组中变化，因而在励磁绕组中产生交流电动势。当保护装置投入后，由于励磁绕组的交流阻抗与直流电阻不同，电桥将失去平衡，因此继电器中有交流电流流过，可能造成保护误动作。为了消除交流分量的影响，通常采取以下措施，接线图如图 8-29 所示。

（1）在电流继电器回路中串入一个电抗线圈 4，用以增大回路的交流阻抗，限制交流电

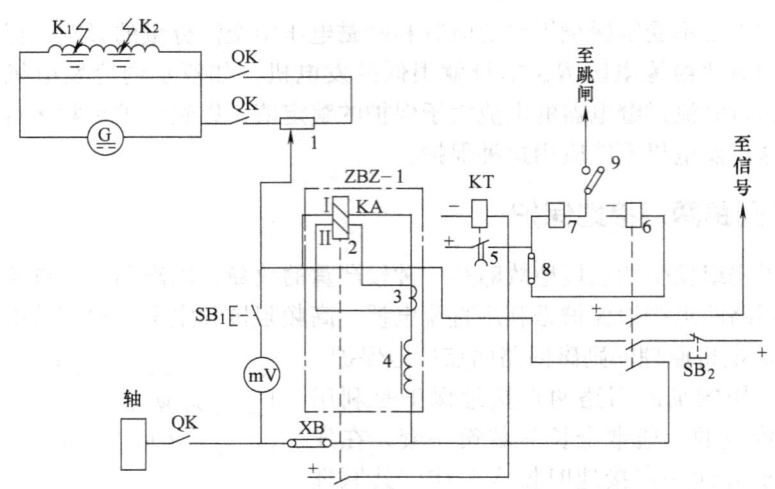

图 8-29　由 ZBZ—1 型继电器构成的励磁回路两点接地保护接线图

流的数值，从而减少交流分量的影响。由于电抗线圈的直流电阻很小，对于直流，电抗不起限流作用。

（2）保护用继电器为 ZBZ—1 型，它有两个线圈，工作线圈Ⅰ和辅助线圈Ⅱ。辅助线圈Ⅱ由变流器 3 供电，变流器不能传变直流电流，只有脉动交流电流通过继电器的工作线圈Ⅰ时，辅助线圈Ⅱ中才有电流。接线上应使两个线圈的交流磁动势互相抵消，从而大大减小交流分量的影响。

为了防止瞬间两点接地时引起保护动作，装设了时间继电器 5，动作时限整定为 1～1.5s。专用附加可调电阻 1 的阻值按额定励磁电压下约 5A 电流的条件选择。为了防止地中杂散电流流过继电器 2，保护装置接地用专用的电刷直接与发电机轴相连，从而使保护装置的接地与发电厂的其他接地回路分开。

该保护的优点是结构简单、价格低廉；缺点是当 K_2 点离 K_1 点很近时，保护存在死区，且死区范围较大，约为 10%，此时，保护可能不动作。另外，如果一开始就发生两点接地或一点接地后又发生第二点接地，保护将失去作用。此外，本保护装置只能在转子一点接地后投入，对于某些故障发展很快的发电机作用不大。

2. 反映定子回路二次谐波电压的励磁回路两点接地保护

正常稳定运行的两极发电机，其气隙磁通的空间分布对称于横轴，不存在偶次谐波分量，在由它产生的定子感应电动势中，也不包含偶次谐波分量。当励磁绕组两点接地时，由于部分绕组被短接，只要被短接的绕组不对称于横轴，气隙磁通对横轴的对称性就会被破坏，励磁回路中将会出现二次及以上的各种谐波电流，在定子回路中也会出现相应的偶次谐波电动势。根据上述特点，可利用定子回路的二次谐波电压，构成励磁回路的两点接地保护。

此种励磁回路的两点接地保护可以克服上述电桥式两点接地保护的缺点，但除励磁回路两点接地外，在发电机正常运行时，如果在定子及所在的系统发生短路故障的暂态过程中，励磁回路匝间短路及其他发电机励磁回路两点接地，则定子回路中也会出现二次谐波分量。因此，保护的动作电压应按照躲过正常运行时的二次谐波不平衡电压进行整定，并带有

0.5～1.5s 的延时，用以躲过外部故障暂态过程的影响。对于励磁回路的匝间短路故障，虽然它在引起机组振动、降低无功出力等方面的作用与两点接地故障时相同，但由于匝间短路的匝数较少，产生不利作用的程度比较轻，因此对匝间短路故障的处理应与两点接地时有差别。

第六节 发电机的失磁保护

发电机失磁故障是指发电机的励磁电流突然全部或部分消失。引起失磁的原因有励磁机故障、励磁绕组开路或短路、自动灭磁开关误跳闸、自动励磁调节装置故障以及误操作等。

一、发电机失磁运行及其产生的影响

当发电机完全失去励磁时，励磁电流将近似按照指数规律衰减至零。发电机的感应电动势随励磁电流的减小而减小，因此发电机的电磁转矩也将减小，当其小于原动机的转矩时，转子将加速，使发电机的功角增大。当功角增大到超过静态稳定极限角时，发电机将与系统失去同步而进入异步运行。发电机失磁后将从电力系统中吸收感性无功功率，供给转子励磁电流，在定子绕组中产生感应电动势。发电机转速超过同步转速后，在转子体表层和转子绕组中产生频率为 $f_G - f_s$ 的电流，其中，f_G 为对应于发电机转速的频率，f_s 为系统的频率。此电流产生异步转矩，当异步转矩与原动机的转矩达到新的平衡时，发电机进入稳定异步运行状态。

当发电机失磁后，对发电机将产生以下不利影响：

（1）使发电机转子过热。失磁后发电机的转速超过同步转速，在转子及励磁回路中将产生差频电流，引起附加损耗，使发电机槽楔与齿壁之间、齿与护环之间的接触面上产生局部高温，使转子过热。

（2）使发电机定子过热。失磁的发电机进入异步运行后，从机端观测，发电机的等效电抗降低，从电力系统中吸收的无功功率将增加。失磁前带有的有功功率越大，转差就越大，等效电抗越小，所吸收的无功功率也就越大。因此，在重负荷下失磁进入异步运行后，如果不采取措施，发电机将因过电流使定子过热。

（3）使发电机组振动。发电机的磁路越不对称，交变的异步转矩越大，发电机的振动越厉害。对水轮发电机而言，其纵轴和横轴很不对称，异步运行时，机组振动较大，一般不允许在失磁以后继续运行。此外，实际运行的转差率越大，振动也越厉害。

因此，对于水轮发电机，由于其异步转矩小，在异步运行时需要从电网吸收大量的无功功率；而且，水轮发电机的横轴与纵轴很不对称，在异步运行时会产生很大的振动；另外，水轮发电机调速器不够灵敏，时滞较大，可能在还未达到平衡以前就大大超速，从而使发电机与系统解列，因此，水轮发电机在失磁保护后不能继续运行，应装设动作于跳闸的失磁保护。而对于汽轮发电机，如果系统无功足够，失磁后将允许无励磁运行。此时，失磁保护应瞬时或短延时动作于信号和自动减负荷装置，或切换至备用励磁系统，并以发电机允许无励磁运行的时限切除发电机。如果系统无功不足，电压严重下降，失磁后，保护应立即动作于信号，而在临界失步或机端电压下降到临界值附近时，保护应使失磁发电机与系统解列。

发电机失磁，除了对发电机自身有很多不利的影响以外，对电力系统也有许多危害。

（1）造成系统无功缺额。失磁的发电机将从电力系统吸收大量的无功功率以建立发电机的磁场，这样将引起失磁发电机附近的电压下降，系统的无功储备越小，电压下降得越严重。如果系统的容量很小或无功功率储备不足，则可能导致电力系统电压崩溃或系统瓦解。

（2）造成其他发电机过电流。失磁的发电机从电力系统吸收无功功率时，其他的发电机为了供给失磁的发电机无功功率，可能造成其过电流。失磁的发电机容量与系统容量的比越大，过电流越严重。如果过电流的发电机保护动作于跳闸，会使无功缺额更大，造成系统电压进一步下降，严重时会导致系统电压崩溃或瓦解。

为此，在发电机上应装设失磁保护，以便及时发现失磁故障，并采取必要的措施，保证电力系统和发电机的安全。如不能在允许的时间里消除失磁因素，保护再动作于跳闸。如大型机组失磁危及到系统安全时，保护应尽快断开失磁发电机，以保证电力系统的安全。

二、发电机失磁后机端测量阻抗

阻抗继电器是失磁保护中的主要测量元件，因此，有必要将发电机失磁过程放在阻抗复平面上来分析。以汽轮发电机与无穷大系统的并列运行为例，其等效电路和正常运行时的相量图如图 8-30 所示。

图 8-30 中，$\dot{E}_d$ 为发电机的同步电动势；$\dot{U}_G$ 为发电机端的相电压；$\dot{U}_s$ 为无穷大系统的相电压；$\dot{I}$ 为发电机的定子电流；X_d 为发电机的同步电抗；X_s 为发电机与系统之间的联系电抗，$X_\Sigma = X_d + X_s$；φ 为受端的功率因数角；δ 为功角，即 $\dot{E}_d$ 与 $\dot{U}_s$ 之间的夹角。

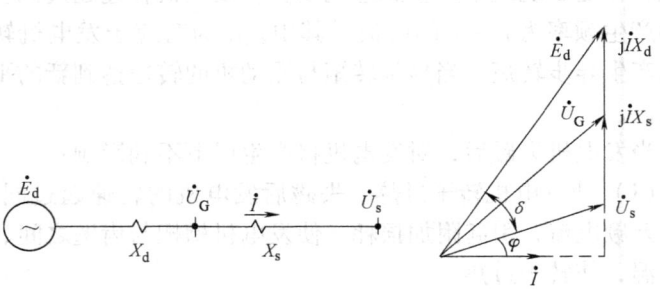

图 8-30 发电机与无穷大系统并列运行的等效电路及相量图

根据发电机的理论可知，正常运行时，发电机送到受端的有功功率和无功功率分别为

$$P = \frac{E_d U_s}{X_\Sigma} \sin\delta \tag{8-24}$$

$$Q = \frac{E_d U_s}{X_\Sigma} \cos\delta - \frac{U_s^2}{X_\Sigma} \tag{8-25}$$

由此可得受端的功率因数角为

$$\varphi = \arctan \frac{Q}{P} \tag{8-26}$$

正常运行时，$\delta < 90°$，当不考虑励磁调节器的影响时，$\delta = 90°$ 为静态稳定运行的极限，$\delta > 90°$ 后，发电机失步。发电机从失磁开始到稳定异步运行，通常分为三个阶段：失磁开始到失步前、临界失步点、失步后的异步运行状态。

1. 失磁开始到失步前

在这一阶段中，发电机的各个电气量的变化如下：发电机失磁后到失步前，励磁电流逐渐衰减，E_d 也随之减小，根据 $P = \dfrac{E_d U_s}{X_\Sigma} \sin\delta$ 可知，发电机的电磁功率开始减小；由于转子存在惯性，原动机的机械功率来不及变化，于是转子逐渐加速，使功角 δ 随之加大，从而使 P 回升。两方面互相补偿，基本上保持了电磁功率 P 不变。同时，无功功率 Q 将随着 E_d 的减小和 δ 的增大而迅速减小，甚至还会由正变为负，即发电机吸收感性无功功率。φ 角也由正变为负。

在这一阶段中，发电机的机端测量阻抗为

$$\begin{aligned}
Z_G &= \dfrac{\dot{U}_G}{\dot{I}} = \dfrac{\dot{U}_s + \dot{I} \mathrm{j} X_s}{\dot{I}} = \dfrac{\dot{U}_s \dot{U}_s^*}{\dot{I} \dot{U}_s^*} + \mathrm{j} X_s \\
&= \dfrac{U_s^2}{\dot{W}} + \mathrm{j} X_s \\
&= \dfrac{U_s^2}{2P} \times \left(\dfrac{P - \mathrm{j}Q + P + \mathrm{j}Q}{P - \mathrm{j}Q} \right) + \mathrm{j} X_s \\
&= \dfrac{U_s^2}{2P} \times \left(1 + \dfrac{P + \mathrm{j}Q}{P - \mathrm{j}Q} \right) + \mathrm{j} X_s \\
&= \dfrac{U_s^2}{2P} \times \left(1 + \dfrac{W \mathrm{e}^{\mathrm{j}\varphi}}{W \mathrm{e}^{-\mathrm{j}\varphi}} \right) + \mathrm{j} X_s \\
&= \left(\dfrac{U_s^2}{2P} + \mathrm{j} X_s \right) + \dfrac{U_s^2}{2P} \mathrm{e}^{\mathrm{j}2\varphi}
\end{aligned} \tag{8-27}$$

式中，U_s、X_s 为常数，失步前 P 近似为常数，Q、φ 为变量。因此在复平面上，它是一个圆的方程，圆心为 $\left(\dfrac{U_s^2}{2P}, X_s \right)$，半径为 $\dfrac{U_s^2}{2P}$。由于这个圆是在某有功功率不变的条件下做出的，因此该圆称为等有功阻抗圆。机端测量阻抗的轨迹与 P 有关，P 越大，圆的直径越小，表示在复数阻抗平面上如图 8-31 所示。

由此可见，发电机失磁以前，发电机向系统送出有功功率和无功功率，机端测量阻抗位于第一象限；失磁以后，随着无功功率的变化，φ 角由正变为负，机端测量阻抗的端点也沿着圆周向第四象限移动。

2. 临界失步点

对于汽轮发电机组，当 $\delta = 90°$ 时，发电机处于静态稳定极限，故称为临界失步点，此时输送到系统的无功功率为

$$Q = -\dfrac{U_s^2}{X_\Sigma} = -\dfrac{U_s^2}{X_d + X_s} = 常数$$

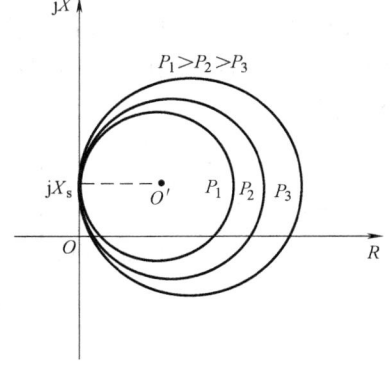

图 8-31 等有功阻抗圆

式中，Q 为负值，即发电机从系统吸收无功功率，且为一常数，故临界失步点也称为等无功点。此时机端测量阻抗为

$$Z_G = \frac{\dot{U}_G}{\dot{I}}$$

$$= \frac{U_s^2}{P - jQ} + jX_s$$

$$= \frac{U_s^2}{-j2Q} \cdot \frac{P - jQ - (P + jQ)}{P - jQ} + jX_s$$

$$= \frac{U_s^2}{-j2Q}(1 - e^{j2\varphi}) + jX_s \tag{8-28}$$

将 Q 的值代入上式并化简后可得

$$Z_G = \frac{X_d + X_s}{j2}(1 - e^{j2\varphi}) + jX_s$$

$$= -j\frac{X_d - X_s}{2} + j\frac{X_d + X_s}{2}e^{j2\varphi} \tag{8-29}$$

式中，Q 为常数，仅 φ 为变量。由上可知，临界失步时，尽管发电机输出不同的有功功率，但无功功率为常数，式（8-29）也是一个圆的方程，圆心坐标为 $\left(0, -\frac{X_d - X_s}{2}\right)$，半径为 $\frac{X_d + X_s}{2}$，这个圆称为临界失步阻抗圆，也称为等无功阻抗圆。该圆表示汽轮发电机失磁前带不同的有功功率 P，失磁后达临界失步时，机端测量阻抗的轨迹。临界失步阻抗圆的内部为失步区，如图 8-32 所示。

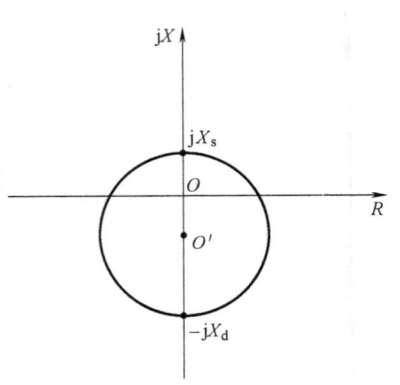

图 8-32 临界失步阻抗圆

3. 失步后的异步运行状态

失磁发电机进入稳定的异步运行状态时，等效电路如图 8-33 所示。

按图 8-33 中所规定的电流正方向，机端测量阻抗为

$$Z_G = -\left[jX_1 + \frac{jX_{ad}\left(\frac{R_2'}{s} + jX_2'\right)}{\frac{R_2'}{s} + jX_{ad} + jX_2'}\right] \tag{8-30}$$

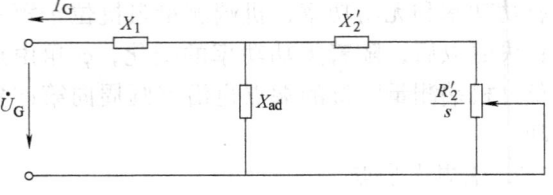

图 8-33 发电机异步运行时的等效电路

当发电机空载运行下失磁时，转差率 $s \approx 0$，$\frac{R_2'}{s} \approx \infty$，此时机端测量阻抗为最大：

$$Z_G = -jX_1 - jX_{ad} = -jX_d \tag{8-31}$$

发电机失磁前带有很大的有功功率，失磁后进入稳态异步时转差率很高，极限情况是，随着转差率的增大，Z_G 随之减小，并位于第四象限内。当 $s \to \infty$，$\dfrac{R_2'}{s} \to 0$，此时，Z_G 为最小值：

$$Z_G = -j\left(X_1 + \dfrac{X_2' X_{ad}}{X_2' + X_{ad}}\right) = -jX_d' \quad (8-32)$$

综上所述，当发电机在失磁前所带的有功功率较小时，失磁后转差率较低，Z_G 接近于 jX_d；当发电机在失磁前所带的有功功率较大时，失磁后转差率较高，Z_G 接近于 $-jX_d'$。

当一台发电机失磁前在过励磁状态下运行时，其机端测量阻抗位于复平面的第一象限（如图8-34

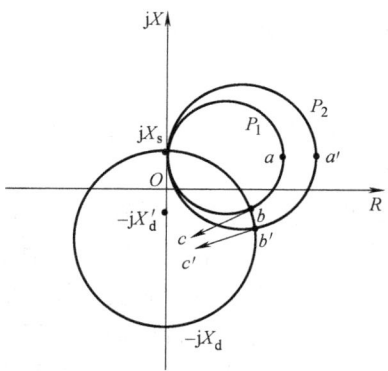

图 8-34　发电机的测量阻抗在失磁后的变化轨迹

中的 a 或 a' 点），失磁后，测量阻抗沿等有功阻抗圆向第四象限移动。当它与临界失步阻抗圆相交时（b 或 b' 点），表明机组运行处于静稳定的极限。越过 b（或 b'）点以后，转入异步运行，最后稳定运行于 c（或 c'）点，此时，平均异步功率与调节后的原动机输入功率相平衡。

三、发电机在其他运行方式下的机端测量阻抗

为了利用机端测量阻抗构成失磁保护，则必须鉴别和比较失磁情况下和其他运行方式下的机端测量阻抗，下面对发电机在以下几种运行情况下的机端测量阻抗进行简要说明。

1. 正常运行时发电机的机端测量阻抗

如图 8-35 所示，当发电机向外部输送有功和无功功率时，其机端测量阻抗 Z_G 位于第一象限（图中所示的 1 点），其与 R 轴的夹角 φ 为发电机运行时的功率因数角。若发电机只输出有功功率，测量阻抗位于如图中所示的 2 点。若发电机向外输出有功功率，同时从系统中吸收一部分无功功率，但仍保持同步并列运行，此时测量阻抗位于第四象限，如图中所示的 3 点。

2. 发电机外部故障情况下的机端测量阻抗

当采用 0° 接线方式时，故障相测量阻抗位于第一象限，其大小正比于短路点到保护安装地点之间的阻抗 Z_K，如图 8-35 中所示的 5 点。但当发电机经联结为 $Y_0/D-11$ 的升压变压器后发生单相接地或发电机机端发生两相短路时，有的相

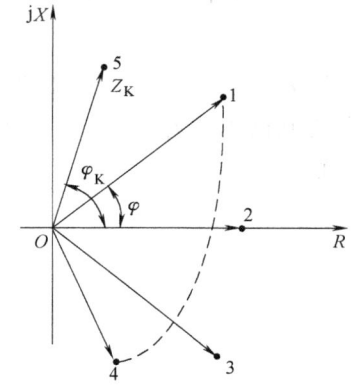

图 8-35　发电机在各种情况下的机端测量阻抗

的测量阻抗位于第四象限，有的不是。其测量阻抗的相位和大小需经具体分析后确定。

3. 发电机与系统间发生振荡时的机端测量阻抗

根据上述发电机—无穷大系统等效电路的分析可知，当 $E_d \approx U_s$ 时，振荡中心位于 $\dfrac{1}{2}X_\Sigma$ 处；当 $X_s \approx 0$ 时，振荡中心位于 $\dfrac{1}{2}X_d'$ 处，此时，机端测量阻抗的轨迹沿直线 $\overline{OO'}$ 变化；当

$\delta=180°$ 时,测量阻抗的最小值为 $Z_G = -\mathrm{j}\frac{1}{2}X'_d$,如图 8-36 所示。

4. 发电机自同步并列运行时的机端测量阻抗

当发电机接近于额定转速,进行同步并列运行时,在发电机断路器投入之后,励磁开关投入之前,与发电机空载运行时发生失磁的情况实质上是一样的,失磁保护将误动作。但自同步并列运行的方式是在断路器投入后立即给发电机加上励磁,即发电机无励磁运行的时间极短。对此,可以采取把保护闭锁或延时等措施以防止失磁保护误动作。

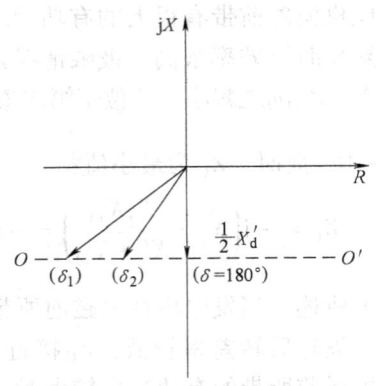

图 8-36 系统振荡时机端测量阻抗的变化轨迹

四、失磁保护的判据

失磁保护应能正确地反映发电机的失磁故障,以便及时采取有效措施,保证发电机组和系统的安全运行。

失磁保护的方式有多种,一般而言,由以下几种判据组成:

1. 静稳边界阻抗判据

发电机失磁后,机端测量阻抗的轨迹由阻抗复平面的第一象限进入第四象限。当机端测量阻抗的端点越过临界失步阻抗圆周时,对系统和机组的危害才表现出来。静稳边界阻抗判据是一个与阻抗扇形相匹配的发电机静稳边界圆。采用 0°接线方式,动作特性如图 8-37 所示。

图 8-37 中,X_s 为发电机机端至无穷大系统之间的联系电抗;X_d 为发电机电抗。静稳边界阻抗判据条件满足后(Z_G 落在动作区),经延时 1~1.5s 发失磁信号,经长延时 1~5s 动作于跳闸。

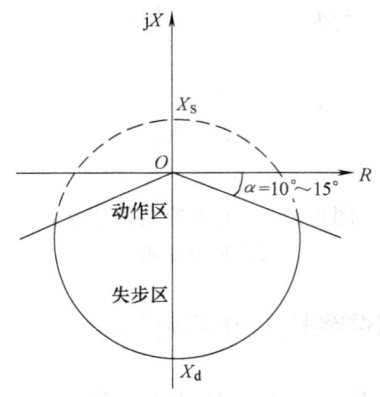

图 8-37 静稳边界阻抗扇形图

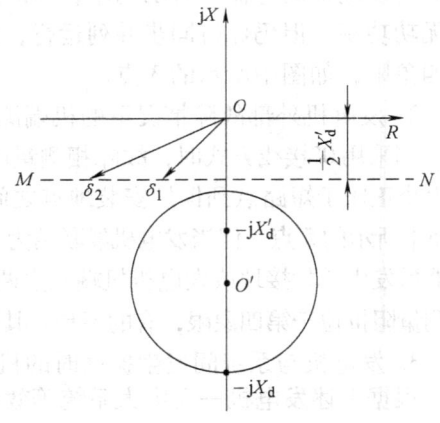

图 8-38 异步边界阻抗圆

2. 异步边界阻抗判据

当发电机与系统之间发生振荡时,在系统阻抗为零、电源电动势之间夹角 $\delta = 180°$ 的最严重的情况下,机端测量阻抗 $Z_G = -\frac{1}{2}jX'_d$,如图 8-38 所示。

在其他 δ 角时,机端测量阻抗的轨迹将沿直线 MN 变化。系统阻抗不为零时,MN 线将向上平移。另一方面,发电机失磁后进入稳态异步运行时,机端测量阻抗的端点落在 $-jX_d \sim -jX'_d$ 之间的范围内,也落在圆心 O',在 jX 轴上。在圆周过 $\frac{1}{2}jX'_d$ 和 $-jX_d$ 的异步边界阻抗圆内,而振荡时,机端测量阻抗的端点不会落在此圆内。

3. 静稳极限励磁电压判据

发电机在各种负荷状态下发生失磁故障时,发电机励磁电压可快速动作发出预告并使发电机减载。该判据比静稳边界阻抗判据提前 1s 左右,可预测失磁失步。

4. 机端电压判据

$$U_G \geq U_{G,set} \tag{8-33}$$

式中,$U_{G,set}$ 为发电机机端电压整定值,一般取 $(1.15 \sim 1.25)U_{NG}$。当机端电压高于整定值时,闭锁该判据。因为励磁系统不正常的发电机,其机端电压不会过高,故此判据不会误闭锁。该判据采用保持特性的时间元件,保持时间一般取 2~6s。

五、失磁保护的构成

失磁保护应能准确而迅速地反映发电机的失磁故障,而在发电机外部故障、电力系统振荡、发电机自同步并列运行以及发电机低励磁同步运行时不误动作。根据发电机容量和励磁方式的不同,失磁保护的方式有如下两种:

1. 利用自动灭磁开关联锁跳开发电机主回路断路器

此方式只能反映误跳自动灭磁开关引起失磁的情况,一般不能直接反映励磁系统的故障,也不考虑系统及发电机是否允许失磁运行等因素,因此是不完善的。对于容量在 100MW 以下带直流励磁机的水轮发电机和不允许失磁运行的汽轮发电机,一般采用此方法。

2. 利用失磁后发电机定子回路参数变化的特点构成失磁保护

定子回路的参数包括机端测量阻抗、无功功率的方向、机端电压、功角等。对于容量在 100MW 以上的发电机和采用半导体励磁的发电机,一般采用失磁后发电机定子回路参数变化的特点构成失磁保护。反映发电机定子参数变化的现象有机端测量阻抗由第一象限进入第四象限、机端电压下降、励磁电压降低等。

第七节 发电机相间短路的后备保护及过负荷保护

发电机相间短路的后备保护应在以下几种情况下动作:发电机外部故障,故障元件的保护或断路器拒动时;发电机电压母线上发生短路,而该母线又未安装专用保护或有保护而拒动时;发电机内部发生相间短路,纵联差动保护或其他主要保护拒动时。由于发电机的最大负荷电流较大,一般采用过电流保护。该保护是发电机外部短路和定子绕组短路的后备保护,但该保护动作电流值较大,在反映外部故障时灵敏度系数往往不能满足要求,因此过电流保护只能够用在容量小于 1000kW 的发电机上。为了提高灵敏性,可采用欠电压或复合电压起动的过电流保护或负序电流保护。当对灵敏度系数与时限的配合要求较高时,也可采用阻抗保护。

一、欠电压起动的过电流保护

(一) 工作原理

欠电压起动的过电流保护原理接线图如图 8-39 所示。

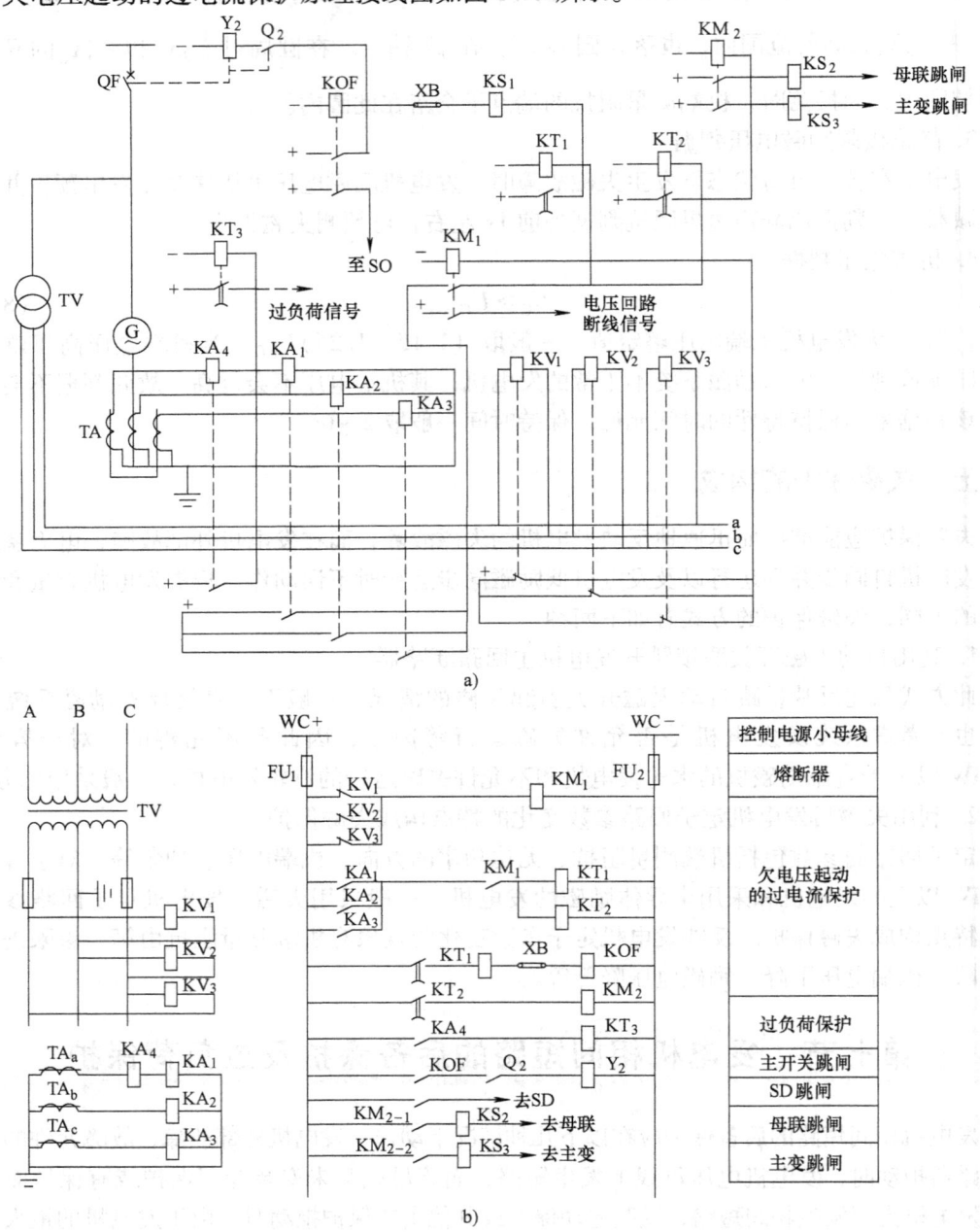

图 8-39 欠电压起动的过电流保护原理接线图
a) 原理图 b) 展开图

为了提高保护的可靠性，保护采用三相式接线，电流继电器 $KA_1 \sim KA_3$ 装设在发电机定子绕组中性点侧的各相引出线上。为保证发电机在并入系统前或系统解列以后发生短路时，保护仍能正确工作，欠电压继电器 $KV_1 \sim KV_3$ 的电压从装设在发电机出口处的电压互感器上取得。

正常运行时，如果系统中出现最大负荷电流，电流继电器可能会动作，但由于此时电压降低不大，所以欠电压继电器不会动作，整套保护装置不会动作。因此，保护的动作电流只需按照发电机的额定电流进行整定，不必按躲过最大负荷电流整定。

发生故障时，电流继电器和欠电压继电器都会动作，整套保护装置被起动。当电压回路发生断线故障时，电流继电器不动作，但欠电压继电器会动作，并通过中间继电器 KM_1 发出断线信号，通知运行人员，以防止出现最大负荷电流时误动作。

（二）整定计算

1. 保护装置的动作电流

欠电压起动的过电流保护的动作电流为

$$I_{\text{op}} = \frac{K_{\text{rel}}}{K_{\text{re}}} I_{\text{NG}} \tag{8-34}$$

式中，K_{rel} 为可靠系数，取 1.2；K_{re} 为返回系数，取 0.85；I_{NG} 为发电机的额定电流。

2. 保护装置的动作电压

保护装置的动作电压按正常运行时可能出现的最低工作电压整定，即

$$U_{\text{op}} = 0.7 U_{\text{NG}} \tag{8-35}$$

式中，U_{NG} 为发电机的额定电压。

3. 保护装置的动作时限

保护装置的动作时限 t 应比连接在发电机电压母线上其他元件的保护的最大时限 $t_{\max}$ 大一到两个时限级差 Δt，即

$$t = t_{\max} + \Delta t \tag{8-36}$$

欠电压起动的过电流保护主要用于容量为 3000kW 及以下的小型发电机上作后备保护。

二、复合电压起动的过电流保护

所谓复合电压起动是指由欠电压继电器和负序电压继电器共同起动。为了提高 Yd 联结变压器后面发生不对称短路时保护的灵敏性，对于容量为 3～50MW 的发电机，通常采用复合电压起动的过电流保护。

（一）工作原理

复合电压起动的过电流保护原理接线图如图 8-40 所示。

图 8-40 中，$KA_1 \sim KA_3$ 为过电流继电器，接于发电机中性点侧电流互感器的二次侧；Z 为负序电压滤过器，其输入端接于发电机出口的电压互感器二次侧，它只输出与输入端中所含有的负序分量成正比的负序电压；KV_1 为过电压继电器，接于负序电压滤过器的出口；KVN 为负序电压继电器，KV 为欠电压继电器，KVN 和 KV 共同组成复合电压元件。

当发生不对称短路时，由于出现负序电压，负序电压滤过器 Z 有输出，过电压继电器 KV_1 的常闭触点打开，欠电压继电器 KV 的常闭触点接通，中间继电器 KM 起动，同时起动时间继电器 KT，经预定的延时后，将发电机断路器和灭磁开关跳开。

当发生三相对称短路时，在短路开始瞬间，也有负序电压出现，KVN 动作，其常闭触

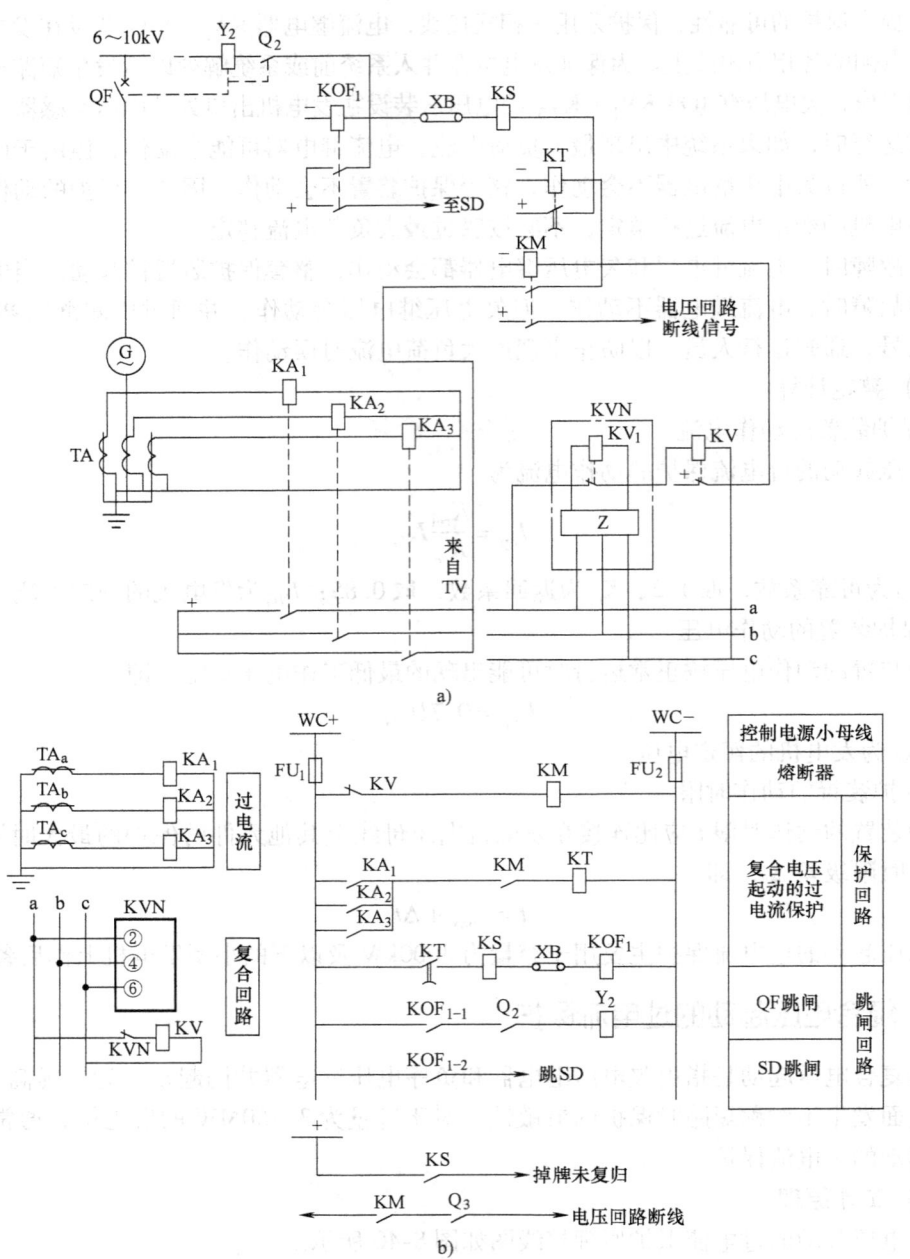

图 8-40 复合电压起动的过电流保护原理接线图
a) 原理图 b) 展开图

点打开,欠电压继电器 KV 因电压降低而闭合触点,负序电压消失后,KVN 的常闭触点闭合,与电流继电器一起使保护动作。

当电压回路断线时,负序电压滤过器 Z 输出负序电压,使 KV_1 的常闭触点打开,从而使 KV 因失去电压而闭合触点,起动中间继电器 KM,再由 KM 的常开触点通过发电机断路器的辅助触头给出电压回路断线信号。当发电机退出运行时,断线信号回路可以自动退出工作。电压回路断线时,由于发电机并不流过电流,电流继电器 KA$_1$~KA$_3$ 不会动作,因此整套保护不会动作。

(二) 整定计算

(1) 过电流保护的动作电流 I_{op} 按照躲过发电机的额定电流 I_{NG} 整定,即

$$I_{op} = (1.3 \sim 1.4) I_{NG} \tag{8-37}$$

(2) 负序电压继电器 KVN 的动作电压只需按躲过正常运行时负序电压滤过器输出的最大不平衡电压整定。根据运行经验,一般取

$$U_{2,op} = (0.06 \sim 0.12) U_{NG} \tag{8-38}$$

式中,$U_{2,op}$ 为负序电压继电器 KVN 的动作电压;U_{NG} 为发电机的额定电压。

(3) 欠电压继电器 KV 的动作电压 U_{op} 按照躲过电动机自起动或发电机失磁而出现非同步运行方式时的最低电压整定。根据运行经验,一般取

汽轮发电机欠电压继电器的动作电压: $U_{op} = 0.6 U_{NG}$

水轮发电机欠电压继电器的动作电压: $U_{op} = 0.7 U_{NG}$

式中,U_{NG} 为发电机的额定电压。

(4) 负序电压继电器在后备保护范围末端发生不对称短路时可靠动作,保护的动作时限应比发电机电压母线上所有出线保护中的最大时限大一个时限级差 Δt。

三、负序电流单相式欠电压起动的过电流保护

由于大容量机组的额定电流很大,在相邻元件末端发生两相短路时短路电流可能很小,即使采用欠电压起动或复合电压起动的过电流保护,电流元件的灵敏度系数往往不能满足要求。此外,当发电机发生不对称短路或非全相运行时,发电机定子绕组将流过负序电流,此电流产生负序旋转磁场,在转子部件中感应出两倍工频的交流电流,产生附加损耗,使转子过热。采用负序过电流保护,因正常时无负序电流,保护的动作值可以取得很小,不仅可以大大提高保护反映不对称短路时的灵敏性,还能防止转子过热。因此,对 50MW 及以上容量的发电机,通常装设负序过电流保护。由于负序过电流保护不能反映三相短路,因此在作为后备保护时,采用负序电流单相式欠电压起动的过电流保护。

(一) 工作原理

负序电流单相式欠电压起动的过电流保护原理接线图如图 8-41 所示。

图 8-41 中,Z 为负序电流滤过器;KAN$_1$、KAN$_2$ 为负序电流继电器,反映负序电流而动作。KAN$_1$ 具有较小的动作电流值,称为灵敏元件。当发电机的负序电流超过长期允许值时,KAN$_1$ 动作,起动时间继电器 KT$_1$,延时发出发电机不对称过负荷信号。KAN$_2$ 具有较大的动作电流,称为不灵敏元件。当发电机的负序电流超过转子的发热允许值时,起动时间继电器 KT$_2$,动作于发电机断路器和励磁开关跳闸,作为防止转子过热的保护和后备保护。由于三相短路时没有负序电流,因而负序过电流保护不反映三相短路。因此装设单相式欠电压过电流保护(由元件 KA、KV、KT$_2$ 组成),作为发电机外部和内部三相短路的后备保护。当发生三相短路时,三相电压和电流是对称的,任意相电流、电压都能反映三相短路。欠电压继电器 KV 和过电流继电器 KA 动作时,起动时间继电器 KT$_2$,动作于发电机断路器和励磁开关跳闸。

(二) 整定计算

(1) 负序电流继电器 KAN$_1$ 整定值按躲过发电机长期允许的负序电流和最大负荷下负

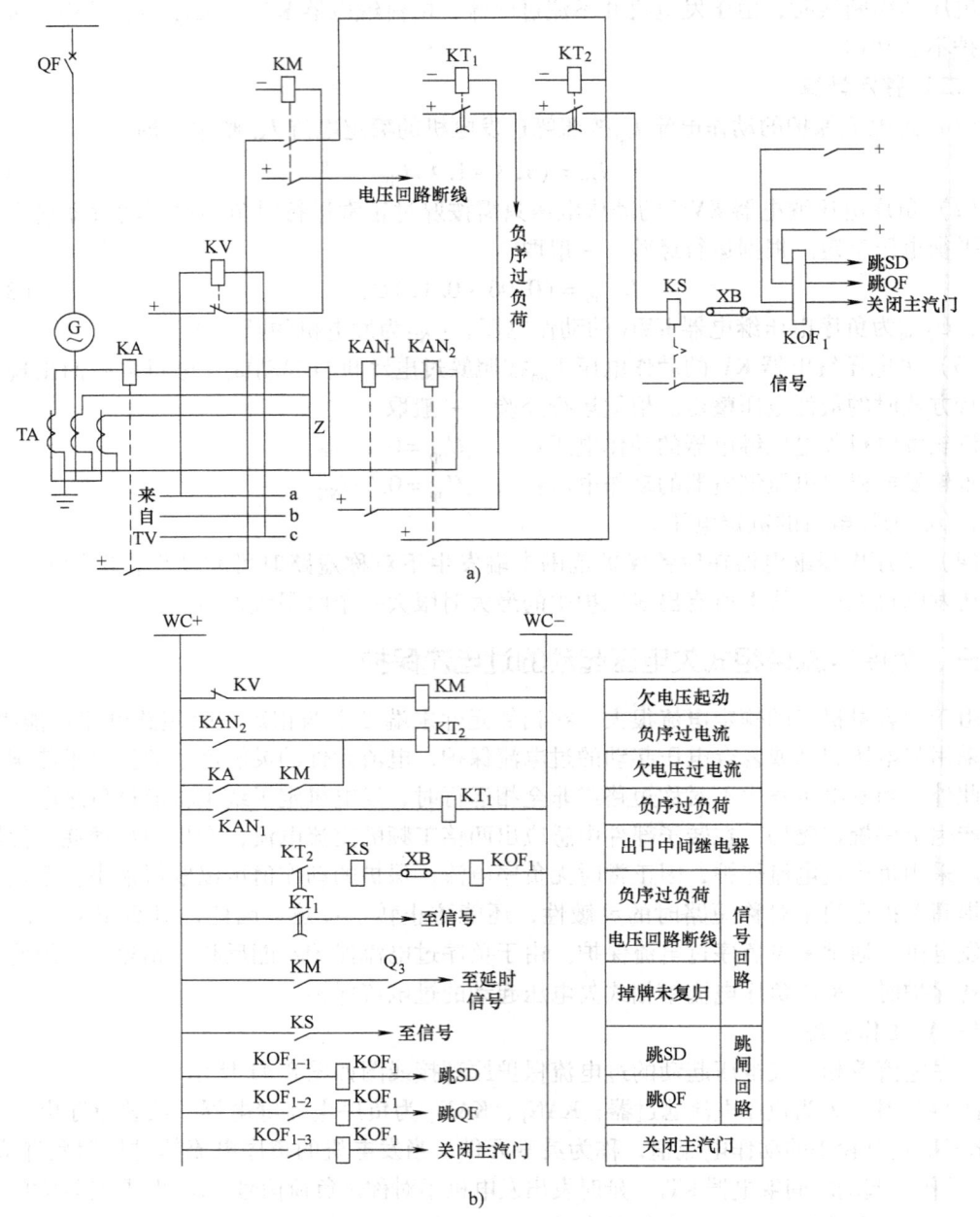

图 8-41 负序电流单相式欠电压起动的过电流保护原理接线图
a）原理图 b）展开图

序滤过器的不平衡电流来整定。一般情况下，负序过电流保护整定为

$$I_{2,\mathrm{op}} = 0.1 I_{\mathrm{NG}} \tag{8-39}$$

其动作时限应大于发电机后备保护的动作时限，一般取 5~10s。

（2）负序电流继电器 KAN_2 整定值按发电机短时间允许的负序电流来确定。对于表面冷却的发电机组为

$$I_{2,\text{op}} = (0.5 \sim 0.6)I_{\text{NG}} \tag{8-40}$$

KAN$_2$ 的动作电流还应与相邻元件的后备保护在灵敏度系数上相配合,动作电流为

$$I_{2,\text{op}} = K_{\text{co}}I_{2\text{c}} \tag{8-41}$$

式中,K_{co} 为配合系数,取 1.1;$I_{2\text{c}}$ 为在计算的运行方式下,发生外部不对称短路,流过变压器的负序电流正好等于变压器负序电流保护的动作电流时,流过发电机的负序电流。

保护的动作时限按照后备保护的时限阶梯特性整定,一般整定为 3~5s。

该保护的优点是接线简单,在保护范围内发生不对称短路故障时有较高的灵敏性,且在变压器后短路时,保护的灵敏性不受变压器绕组接线方式的影响。缺点是当负序电流很大时,该保护由于有定时,不能快速动作,使转子过热损坏;当负序电流比不灵敏元件的动作电流值大得不多时,发电机可以继续运行较长时间,而该保护将在发电机可以运行的时间内切除发电机,不能充分利用发电机承受负序电流的能力。

第八节 发电机的其他保护

发电机的保护除了前面介绍的几种外,还有以下几种保护:

一、发电机的失步保护

所谓发电机的失步是指发电机由于输出功率的巨大变化,或电力系统发生如负荷突变、短路等大的扰动引起的发电机与系统之间的振荡,当发电机与系统之间的功角 δ 大于静稳极限角时,使发电机与系统不再同步运行,即为失步。

当发电机与系统失步时,将出现发电机机械量、电气量与系统之间振荡,这种较长时间的振荡对发电机和系统将产生破坏性的影响。如巨大的振荡电流使大型机组烧伤,振荡电流产生的巨大机械力将使机组轴系产生扭伤,缩短发电机的使用寿命。

对于中小型机组,当发生失步振荡时,可以由值班人员处理,采取增加励磁电流、增大或减小原动机出力及局部解列等措施,故一般不装设失步保护。而对于大型机组,由于其惯性常数明显降低,更容易导致失步,且大型机组均采用单元接线,发电机-变压器组电抗较大,而系统规模的增大又使系统等效电抗减小。因此,振荡中心往往落在发电厂内,从而加重了振荡过程对机组的影响,机端电压和频率的周期性下降还将危及厂用电安全,严重时可能导致系统解列甚至瓦解,上述处理方法将不能保证机组安全。英国中央发电局和法国电力公司规定,发电机失步运行持续时间不得超过 3s。我国电力行业标准规定,对于失步运行,300MW 及以上的发电机宜装设失步保护,以便及时检查出失步情况,并根据具体情况采取措施。一般情况下,对于处于加速状态的发电机,应动作于快速减小原动机的输出功率,必要时再切除部分发电机;对于处在减速状态的发电机,则应在保证发电机不过负荷的条件下,快速增大原动机的输出功率,必要时再切除部分负荷。

发电机失步保护的构成方式较多,可以利用双阻抗元件构成发电机失步保护,或测量振荡中心电压构成发电机失步保护。前者便于实现,应用也较多。

二、发电机的过电压保护

发电机突然甩负荷,或带时限切除距离发电机较近的外部故障时,由于电枢反映突然消

失使转子转速上升及外部故障时强行励磁装置动作等原因引起的发电机机端电压升高即为发电机过电压。

发电机过电压的数值和时间超过一定值时，会直接威胁到主绝缘的安全，并引起变压器过励磁。因此，对于200MW以上的大型汽轮发电机都要求装设过电压保护。因为大型汽轮发电机承受过电压的能力低，在满负荷下突然甩去全部的负荷时，即使其调速系统和自动调整励磁装置都正确工作，但是由于惯性的存在，其机端电压在短时间内也会上升到1.3~1.5倍额定电压，并持续几秒钟。因此，为确保大型汽轮发电机组的安全，都装设过电压保护。而对于中小型汽轮发电机，由于装设有快速动作的调速器，在转子转速超过额定值的10%时，调速器将立即关闭主汽门，从而可有效防止由于机组转速升高而引起的过电压，因此，一般都不装设过电压保护。对于水轮发电机，由于其调速系统的惯性较大，动作迟缓，在突然甩负荷时，发电机机端电压最严重时可达到额定电压的1.8~2倍，为避免水轮发电机定子绕组绝缘遭到破坏，水轮发电机上都装设有单相式过电压保护。

目前，大型机组的过电压保护有以下几种形式：

（1）一段式定时限过电压保护。根据整定电压的大小而取相应的延时，然后动作于信号或跳闸。

（2）两段式定时限过电压保护。Ⅰ段的动作电压整定值按在长期允许的最高电压下能可靠返回的条件确定，经延时动作于信号。Ⅱ段的动作电压取较高的整定值，按允许的时间动作于跳闸。

（3）定时限和反时限过电压保护。定时限部分取较低的整定值，动作于信号。反时限部分的动作特性，按发电机允许过电压的能力确定。对于给定的电压值，经相应的时间动作于跳闸。

三、发电机的频率异常保护

发电机的频率异常包括频率偏高和偏低两种情况。频率偏高时，系统中的有功功率过剩；反之，偏低则有功不足。无论频率偏高还是偏低对发电机都将产生不良影响。频率异常保护主要用于保护汽轮发电机。汽轮发电机的叶片有一个自然振荡频率，当发电机的运行频率不在其额定运行值，而接近或等于叶片的自然振荡频率时，会导致叶片共振，使材料疲劳，当其累积到超过叶片的承受限度时，叶片就会断裂，造成严重事故。

频率偏高运行时，由于一般汽轮发电机允许的超速范围较小，在系统有功功率过剩时，可以通过各机组的调速器或功频调节装置的作用降低原动机的出力，必要时切除一部分机组，可使频率迅速恢复到额定值。

低频运行都发生在重负荷运行状态下，也会导致发电机的热损伤，当频率降低到一定值时，将会危及厂用电的安全。

因此，在汽轮发电机上应装设频率异常保护，为简化保护装置，一般只装设反映频率下降的部分，以监视频率状况和累计偏离额定值后在给定频率下运行的时间，达到整定值时，动作于信号，所以又称为低频保护。

四、发电机的非全相运行保护

220kV以上的高压断路器多为分相操作断路器，在发电机-变压器组接线时，其高压断路器一般也采用分相操作。当突然出现误操作或机械方面的原因使断路器三相不能同时合闸或跳闸，或当正常运行时突然一相跳闸，即出现非全相运行。

这种异常运行状态在发电机定子回路中会出现负序电流，发电机中反映负序电流构成的反时限保护会误动作。但由于动作时限较长，可能导致相邻线路对侧的保护首先动作，以致使影响范围扩大，甚至造成系统瓦解。

因此，对于大型发电机-变压器组，当其高压侧断路器采用分相操作，且非全相运行可能导致系统其他保护越级动作时，或在电力系统中占有重要地位的变压器，当220kV及以上电压侧断路器为分相操作时，应装设非全相运行保护。

五、发电机的起停机保护

在发电机的起动或停机过程中，若其励磁绕组加励磁电压，则定子回路就有相应的感应电动势，且频率很低，而发电机很多保护的动作特性与频率有关，低频运行下灵敏度大大降低，或根本不能动作。因此，为了给机组提供有效的保护，对低速下可能加励磁电压的发电机，通常装设电磁式继电器构成的能反映定子回路接地故障和相间短路故障的保护装置。

反映接地故障的电磁式电压继电器，可从机端，也可从中性点侧取得零序电压；反映相间短路的电磁式电流继电器，通常接入差动回路。这些保护一般统称为起停机保护，在发电机正常运行时，保护退出运行。

六、发电机的过负荷保护

发电机的过负荷保护分为定子过负荷保护、励磁绕组过负荷保护和转子表面负序过负荷保护。

关于定子过负荷保护，利用了发电机定子绕组通过的电流和允许电流的持续时间成反时限的关系，即电流 I 越大，允许时间 t 越短。因此，对于大型发电机的过负荷保护，应尽量采用反时限特性的继电器，以模拟定子的发热特性，反映定子的过负荷。为了正确反映定子绕组的温升情况，保护装置应采用三相式，动作于跳闸。

关于励磁绕组过负荷保护，励磁绕组过负荷保护应该具有反时限特性。

关于转子表面负序过负荷保护，行业标准规定：50MW及以上、$A \geqslant 10$ 的发电机（A 为发电机允许过热的时间常数），应装设定时限负序过负荷保护。保护装置的动作电流按躲过发电机长期允许的负序电流和最大负荷下负序电流滤过器的不平衡电流整定，保护带时限动作于信号。定时限负序过负荷保护可以和负序过电流保护组合在一起。

七、发电机的逆功率保护

发电机的逆功率保护主要用于保护汽轮发电机。当主汽门误关闭或机炉保护动作于主汽门关闭而发电机并未从系统解列时，发电机就变成了同步电动机运行，从电力系统吸收有功功率。这种工况，对发电机并无危险，但由于汽轮发电机的鼓风损失，其尾部叶片有可能过热，造成汽轮发电机故障。因此，发电机组不允许在这种工况下长期运行。

逆功率保护有两种实现方法：一种是反映逆功率大小的逆功率保护，当发现发电机处于逆功率运行时，该保护动作；另一种是习惯上称为程序跳闸的逆功率保护，程序跳闸的逆功率保护动作时，保护出口先关闭汽轮发电机的主汽门，然后由逆功率保护与主汽门触点联动跳开发电机-变压器组的主断路器。在发电机停机时，可利用该保护的程序跳闸功能，先将汽轮发电机中的剩余功率向系统送完后再跳闸，从而更能保证汽轮发电机的安全。逆功率保护反映发电机从系统吸收有功功率的大小而动作，以主汽门是否关闭为条件来决定动作时间。

第九节　发电机-变压器组的保护

一、发电机-变压器组保护的特点

把发电机和变压器直接连接，然后接至高压母线就形成了发电机-变压器组的单元接线方式。随着大容量机组和大型发电厂的出现，发电机-变压器组的接线方式在电力系统中获得了广泛的应用。在发电机和变压器上可能出现的故障和不正常运行状态，在发电机-变压器组上都可能出现。因此，发电机-变压器组的保护应能反映发电机和变压器单独运行时的故障和不正常状态，即发电机-变压器组装设的保护应与发电机和变压器分别装设的保护相似。但由于发电机-变压器组相当于一个工作元件，因此就有可能将发电机和变压器中某些性能相同的保护合并成一个公用的保护。如装设公用的纵联差动保护、过负荷保护等。下面讨论发电机-变压器组保护中的一些特点。

（1）当发电机与变压器之间没有断路器时，一般装设整组公用的纵联差动保护，如图8-42a所示。但在下述情况下，发电机应补充装设单独的纵联差动保护，如图8-42b所示。

1）容量为100MW及以上的发电机。

2）对于水轮发电机和绕组直接冷却的汽轮发电机，当公用的纵联差动保护整定值大于1.5倍发电机额定电流时。

3）对于阻抗较大的发电机（如水冷发电机），且无法装设横联差动保护时。

（2）当发电机与变压器之间有断路器时，发电机和变压器分别装设纵联差动保护。

（3）当发电机与变压器之间有分支线（如厂用电分支线）时，应把分支线也包含在差动保护范围内，如图8-42c所示。这时分支线上电流互感器的电流比应与发电机回路的相同。

（4）对于大型发电机-变压器组，为确保快速切除故障，可采用双重纵联差动保护，在发电机-变压器组高压侧加装一套后备保护，作为相邻母线保护的后备保护，其接线图如图8-42d所示。

二、发电机电压侧单相接地保护的特点

对于发电机-变压器组，由于发电机与系统之间还有一个变压器，没有直接连接，因此，发电机定子接地保护就可以简化。

由于发电机-变压器组中发电机的中性点一般不接地或经消弧线圈接地，发生单相接地的接地电容电流通常小于允许值，接地保护可以采用零序电压保护并动作于信号。

当发电机与变压器之间没有断路器时，零序电压取自发电机电压互感器二次绕组的开口三角形。当发电机与变压器之间有断路器时，零序电压取自变压器低压侧的电压互

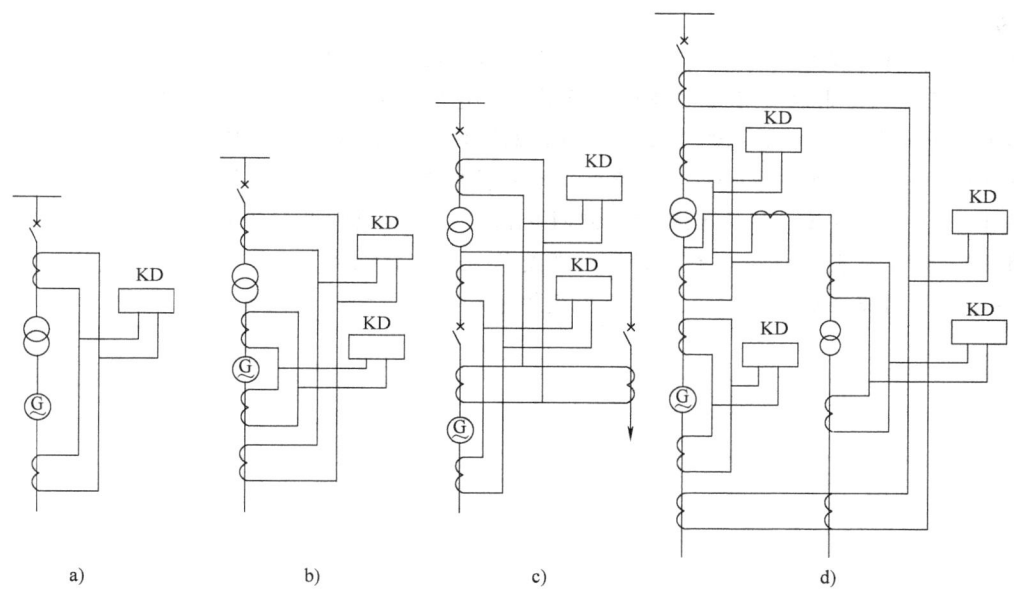

图 8-42 发电机-变压器组纵联差动保护的配置
a) 一套公共的纵联差动保护 b) 一套公共的纵联差动保护加一套发电机纵联差动保护
c) 发电机-变压器间有断路器时纵联差动保护配置 d) 双重化纵联差动保护

感器,以便当发电机回路的断路器断开且变压器低压侧发生接地短路时,保护装置仍能发出信号。

对 100MW 及以上的发电机应装设保护范围为 100% 的定子接地保护。

三、发电机-变压器组后备保护的特点

发电机-变压器组的后备保护,同时兼作防御相邻元件(母线和线路)短路的后备保护。当为实现远后备保护而使保护装置的接线复杂化时,可缩短对相邻线路后备保护的范围,但对变压器各侧母线上的三相短路应有足够的灵敏度。

采用后备保护装置的类型有欠电压起动的过电流保护、复合电压起动的过电流保护和负序电流保护,可根据具体情况,装设相应的保护装置。

复习思考题

8-1 发电机可能发生哪些不正常的运行状态?

8-2 发电机应装设哪些反映故障的保护?各保护有何作用?

8-3 与输电线路、变压器相比,发电机纵联差动保护有何特点?

8-4 为什么反映零序电压的定子绕组匝间短路保护要采用负序功率方向闭锁?

8-5 何为纵向零序电压?零序电压匝间短路保护能否反映发电机定子单相接地故障?为什么?

8-6 发电机失磁后,发电机机端测量阻抗如何变化?何为等有功阻抗圆?何为等无功

阻抗圆?

8-7 发电机失磁过程中,有功功率、功角和无功功率有哪些特点?

8-8 为什么发电机定子绕组单相接地的零序电流保护存在死区?如何减小死区?

8-9 为什么大功率发电机应采用负序电流保护?其动作值是如何整定的?

8-10 如何实现发电机100%定子绕组单相接地保护?各有哪些特点?

8-11 为什么要安装发电机励磁回路接地保护?一般有哪几种保护形式?

8-12 对大型发电机组后备保护的要求是什么?如何配置?

8-13 如何提高反映零序电压的定子绕组单相接地保护的灵敏性?

第九章 母线保护

第一节 母线故障及相应的保护方式

在发电厂和变电所中，户外和户内配电装置的母线是电能集中与分配的重要环节，是具有很多进线和出线的公共电气连接点，起着汇总和分配电能的作用，其安全运行对不间断供电具有极为重要的意义。运行经验表明，母线可能发生单相接地短路故障和各种相间短路故障。

引起母线故障的原因主要有母线绝缘子和断路器套管的污秽或闪络；装设在母线上的电压互感器及装设在断路器和母线之间的电流互感器发生故障；运行人员误操作，如带负荷拉隔离开关、带接地线合断路器等。这些都会使母线发生故障，其中单相接地故障占大多数。

由于母线上连接有很多的电气元件，母线故障会使这些元件短时间或长时间被迫停运，还可能造成大面积停电事故；枢纽变电所高压母线故障时，由于母线电压极度降低，若不快速切除故障，还可能破坏系统的稳定性，危及整个电力系统的安全运行。因此，母线故障是发电厂和变电所中电气设备最严重的故障之一。为切除母线上的短路故障，必须设置相应的保护，消除或减小母线故障造成的后果。

母线保护方式有两种：利用供电元件的保护切除母线故障和装设专用的母线保护。

在不太重要的较低电压的厂、站中可利用供电设备（发电机、线路、变压器）的保护Ⅱ段及Ⅲ段来反映并切除母线故障。当母线本身就属于被保护设备的单元部分，而且该保护能够保证系统要求的选择性与灵敏性，可不设专用的母线保护，在此情况下，母线上的故障可利用供电元件的保护切除。

当利用供电元件的保护装置切除母线故障时，故障切除时间较长，通常只用于不太重要的低压网络中，对于重要的母线，应装设专用的母线保护。

在 DL-400《继电保护和安全自动装置技术规程》中，母线保护的装设原则规定如下：

1. 非专用母线保护

对于发电厂和主要变电所的 3~10kV 分段母线及并列运行的双母线，一般可由发电机和变压器的后备保护实现对母线的保护。

（1）如图 9-1 所示，发电厂采用单母线接线，此时母线上的故障就可以利用发电机的过电流保护使发电机的断路器跳闸而予以切除。

（2）如图 9-2 所示的降压变电所，其低压侧的母线正常时分开运行，则低压母线上的故障就可以利用相应变压器的过电流保护使变压器的断路器跳闸而予以切除。

（3）如图 9-3 所示的双侧电源网络（或环形网络），当变电所母线 B 上 K 点短路时，则可以利用电源侧的保护Ⅰ段和Ⅱ段动作以切除。

2. 专用母线保护

（1）35~66kV 电网中，主要变电所的 35~66kV 双母线或分段母线需要快速而有选择

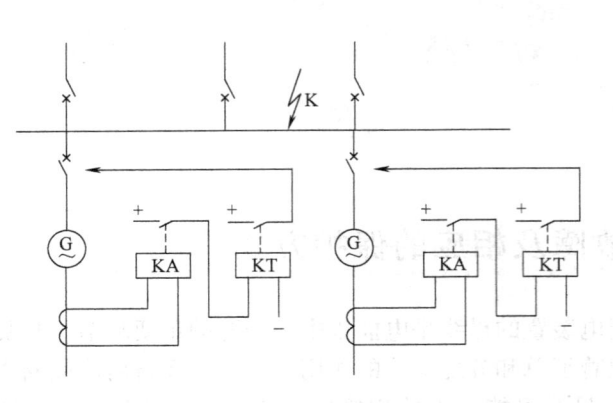
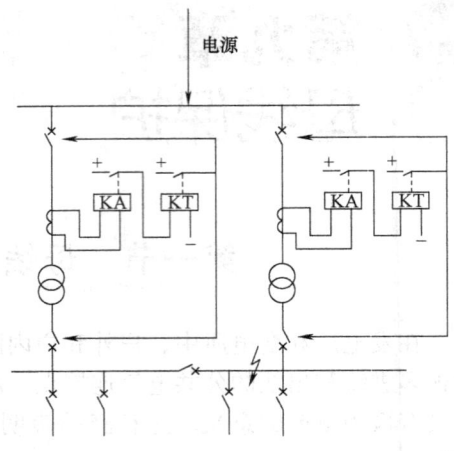

图 9-1 利用发电机的过电流保护切除母线故障

图 9-2 利用变压器的过电流保护切除低压母线故障

地切除一段或一组母线上的故障,以保证系统安全稳定运行和可靠供电时,应装设专用母线保护。

(2) 110kV 单母线、重要发电厂或 110kV 以上重要变电所的 35~66kV 母线,按 110kV 线路和 220kV 线路要求:110kV 线路采用远后备保护方式,220kV 线路采用近后备保护方式,需要快速切除母线上的故障时,应装设专用母线保护。

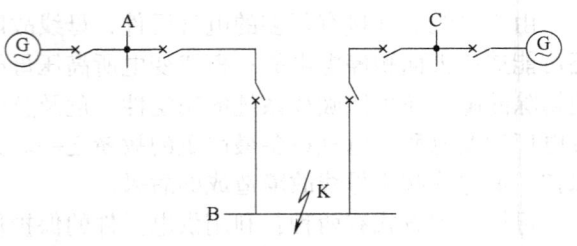

图 9-3 在双侧电源网络上利用电源侧的保护切除母线故障

(3) 对于 220~500kV 母线,应装设能快速有选择地切除故障的母线保护。对于一台半断路器接线,每组母线宜装设两套母线保护。

(4) 需要快速而有选择地切除一段或一组母线上的故障,以保证发电厂及电网安全运行和重要负荷的可靠供电时,应装设专用母线保护。

(5) 当线路断路器不允许切除线路电抗器前的短路时,应装设专用母线保护。

专用母线保护应能保证快速性和选择性,并应有足够的灵敏性和工作可靠性,且尽量简化其结构。对于中性点直接接地电网,母线保护采用三相式接线,以反映相间短路和单相接地短路;对于中性点非直接接地电网,母线保护采用两相式接线,只需反映相间短路。在电力系统中,采用差动保护原理构成的母线保护得到了广泛的应用。

第二节 母线电流差动保护

差动保护是母线的基本保护,能明确区分被保护元件的内、外部故障。由于其具有绝对选择性,可以实现快速保护,在发电机、变压器及输电线路上得到了广泛应用。母线的特点是其上连接有很多的电气元件,在实现母线的差动保护时依据如下:

1. 符合基本的电流定律

由于母线是各元件的公共电气连接点,所以各个元件的电流关系必须符合基尔霍夫电流定律,即正常运行或母线范围以外发生故障时,流入母线的电流等于流出母线的电流。

在母线上发生故障时,所有有电源的连接元件都向故障点供给短路电流,所有无电源的连接元件中的电流都为零。

2. 规定合理的正方向

在习惯规定的正方向下,流入母线的电流和流出母线的电流具有相反的相位。因此,在理想情况下,正常运行或外部故障时,至少有一个连接元件中的电流相位与其余连接元件中的电流相位相反;而母线上故障时,除电流为零的连接元件外,其他各连接元件的电流均具有相同的相位。

一、母线完全电流差动保护

(一) 工作原理

母线完全电流差动保护的原理接线图如图9-4所示,母线上的线路Ⅰ、Ⅱ与系统电源相连,线路Ⅲ接到负荷上。在母线所有连接元件上均装设型号、电流比和特性相同的电流互感器,其电流比按连接元件中最大负荷电流来选择,若变比不能一致,可采用补偿变流器,以降流方式进行补偿。将电流互感器二次绕组的同极性端互相连接,然后接入差动继电器。差动继电器的绕组和电流互感器的二次绕组并联。各电流互感器之间的一次电气设备,即为母线差动保护区。

正常运行及外部故障(如图9-4中的K点短路)时,在母线的所有连接元件中,流入母线的电流等于流出母线的电流,即

$$\dot{I}_\mathrm{I} + \dot{I}_\mathrm{II} = \dot{I}_\mathrm{III} \tag{9-1}$$

设各电流互感器相应的二次电流为$\dot{i}_1$、$\dot{i}_2$、$\dot{i}_3$,则流经差动继电器的电流为

$$\dot{i}_\mathrm{K} = \dot{i}_1 + \dot{i}_2 - \dot{i}_3 = \frac{\dot{I}_\mathrm{I}}{K_\mathrm{TA}} + \frac{\dot{I}_\mathrm{II}}{K_\mathrm{TA}} - \frac{\dot{I}_\mathrm{III}}{K_\mathrm{TA}} = 0 \tag{9-2}$$

式中,K_TA为电流互感器的电流比。

即正常运行及外部故障时,在理想情况下,流入差动继电器的电流为零。实际上,由于电流互感器的特性不完全一致,流入差动继电器的电流有不平衡电流。

当母线上发生短路故障时,如图9-5中K点短路时,所有带电源的连接元件送出的短路电流均流向故障点。

此时,母线上的短路电流$\dot{I}_\mathrm{sc} = \dot{I}_\mathrm{sc,I} + \dot{I}_\mathrm{sc,II}$。

流入差动继电器的电流$\dot{i}_\mathrm{K} = \dot{i}_1 + \dot{i}_2 = \frac{\dot{I}_\mathrm{sc,I}}{K_\mathrm{TA}} + \frac{\dot{I}_\mathrm{sc,II}}{K_\mathrm{TA}} = \frac{\dot{I}_\mathrm{sc}}{K_\mathrm{TA}}$,即为故障点的全部短路电流。该电流的数值很大,足以使差动继电器跳闸。

母线完全电流差动保护不反映负荷电流和外部短路电流,只反映各电流互感器之间的电气设备故障时的短路电流,故母线完全电流差动保护不必和其他保护作时限上的配合,因而可瞬时动作。

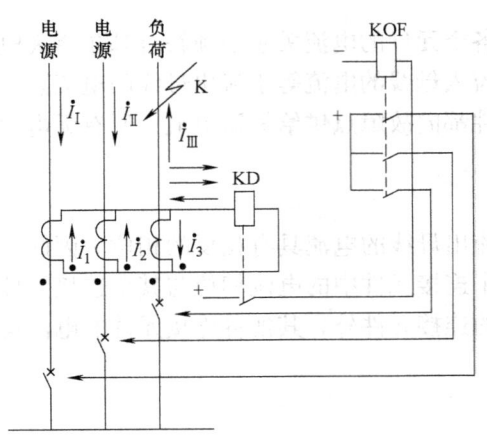

图 9-4 母线完全电流差动保护原理接线图

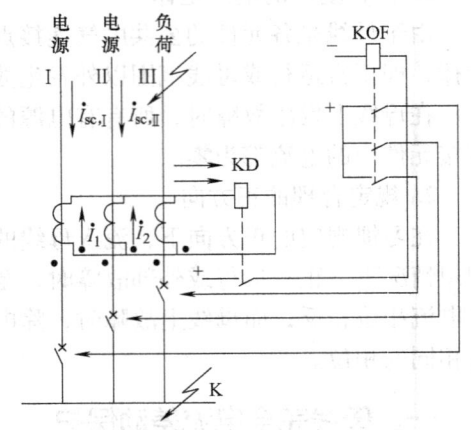

图 9-5 母线完全电流差动保护在内部故障时的电流分布

（二）差动继电器的整定计算

差动继电器的动作电流按以下两个条件进行整定，并选择其中较大者。

1. 按躲过外部故障时的最大不平衡电流整定

当所有的电流互感器均按 10% 误差曲线选择，且差动继电器采用具有速饱和铁心的继电器时，其动作电流可按下式计算：

$$I_{op,r} = K_{rel} \times 0.1 I_{K,max}/K_{TA} \tag{9-3}$$

式中，K_{rel} 为可靠系数，取 1.3~1.5；$I_{K,max}$ 为保护范围外部故障时，流过母线完全电流差动保护电流互感器的最大短路电流；K_{TA} 为母线完全电流差动保护电流互感器的电流比。

2. 按躲过电流互感器二次回路断线整定

由于母线完全电流差动保护的电流回路中连接的元件较多，接线复杂，因此，电流互感器二次回路断线的几率较大。为防止在正常运行情况下，任一电流互感器二次回路断线时，引起保护装置误动作，若不用电流互感器断线闭锁则动作电流应大于任一连接元件中最大的负荷电流 $I_{L,max}$，即

$$I_{op,r} = K_{rel} I_{L,max}/K_{TA} \tag{9-4}$$

式中，K_{rel} 为可靠系数，取 1.3；$I_{L,max}$ 为所有连接元件中最大的负荷电流。

当保护范围内部故障时，应采用下式进行保护装置的灵敏度校验：

$$K_{s,min} = \frac{I_{K,min}^{(2)}}{I_{op,r} K_{TA}} \geq 2 \tag{9-5}$$

式中，$I_{K,min}^{(2)}$ 为母线故障时，最小短路电流的二次值。

这种保护方式适用于单母线或双母线经常只有一组母线运行的情况。

二、电流比相式母线保护

1. 基本原理

电流比相式母线保护的基本原理是根据母线在内部故障和外部故障时，各连接元件的电流相位变化来实现的。如图 9-6 所示，为说明保护的工作原理，设母线上只有两个连接元

件。当母线正常运行及外部故障（如图 9-6 中 K_1 点短路）时，按规定的正方向有 $\dot{I}_1 = -\dot{I}_{II}$，即 $\dot{I}_1$ 和 $\dot{I}_{II}$ 大小相等，相位相差 180°；当母线内部故障（如图 9-6 中 K_2 点短路）时，$\dot{I}_1$ 和 $\dot{I}_{II}$ 都流向母线，在理想情况下，二者相位相同。也就是说，在母线正常运行或外部故障时，至少有一个元件的电流相位和其余元件的电流相位相反；而母线故障时，所有和电源连接的元件都向故障点供应短路电流，在理想条件下，所有供电元件的电流相位相同。根据母线连接元件中电流间相位的变化，利用相位比较元件就可以判断母线上是否发生故障，从而实现电流比相式母线保护。

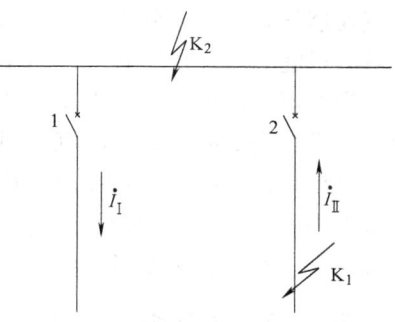

图 9-6 网络接线示意图

2. 电流比相式母线保护的构成及其作用原理

电流比相式母线保护的原理接线图如图 9-7 所示。

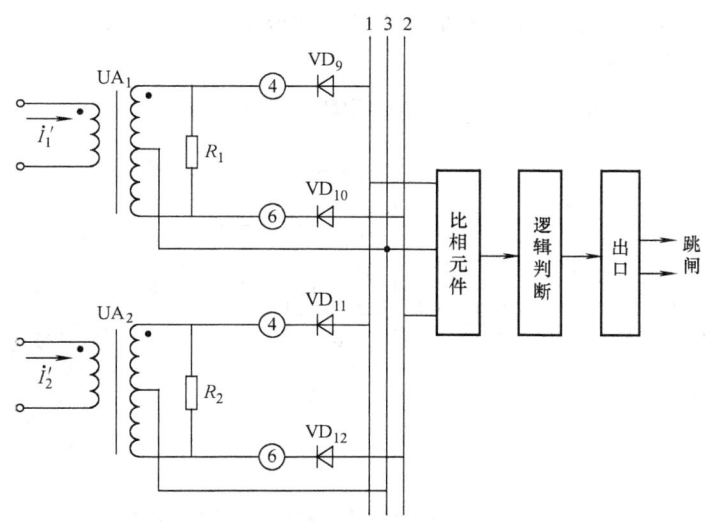

图 9-7 电流比相式母线保护的原理接线图

电流 $\dot{I}_1$ 和 $\dot{I}_2$ 经过电流互感器变换，二次输出的电流 $\dot{I}_1'$ 和 $\dot{I}_2'$ 接入电流变换器 UA_1 和 UA_2 的一次绕组，电流变换器的二次电流在其负荷电阻上的电压降落造成二次电压。电流变换器 UA_1 和 UA_2 的二次输出电压分为两组，分别经二极管 VD_9、VD_{10}、VD_{11}、VD_{12} 半波整流，接至小母线 1、2、3 上。小母线输出再接至比较元件。其工作情况如下：

（1）母线不带电时，小母线上无电压、相位比较，判别无输出。

（2）母线正常运行或外部故障时，按规定的正方向，电流相位相差 180°（即反相）。在此情况下，比相元件无输出，不跳闸。

（3）母线内部发生故障时，各连接元件的电流都流向母线，各电流变换器的一次电流基本上同相位，使开关跳闸。

（4）保护的闭锁角。在基本原理的分析中，认为内部故障时电流的相位差为 0°，外部故障时为 180°，这只是一个理想的情况。实际上，当外部故障时，由于电流互感器以及电流变换器误差等因素的影响，各电流之间的相位差可能是 180°±φ，φ 值最大可达 60°左右，这就有可能导致保护装置的误动作，因此需要对此情况进行闭锁。

当电流之间的相位差大于等于 180°±φ 时，保护装置应当闭锁，φ 角又称为保护闭锁角。当发生内部故障时，电流之间的相位差小于 180°±φ，保护装置才能够动作。

该母线保护的特点是保护装置的工作原理是基于相位比较的，与幅值无关。因此，不需要考虑不平衡电流的问题，提高了保护的灵敏性；当母线连接元件的电流互感器型号不同或电流比不一致时，仍然可以使用，放宽了母线保护的使用条件。

三、母线不完全电流差动保护

从前面的母线完全电流差动保护中可以看出，实现该保护必须将母线的所有连接元件上都装设电流比和特性相同的电流互感器。对于出线很多的线路，如 6~66kV 线路，要实现母线完全电流差动保护将会使设备费用大大增加，且接线变得非常复杂。因此，根据母线的重要程度，可以采用母线不完全电流差动保护。该保护不是在所有的母线连接元件上装设电流互感器，而是仅在有电源的连接元件上装设，即发电机、变压器、分段断路器及母联上，有时也在厂用变压器上装设。

母线不完全电流差动保护的原理接线图如图 9-8 所示。

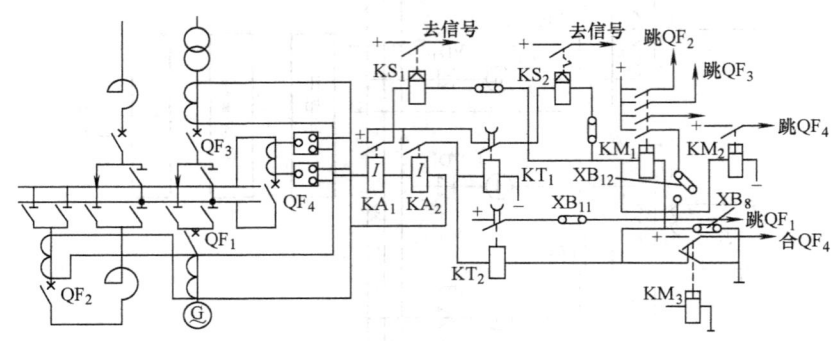

图 9-8 母线不完全电流差动保护的原理接线图

不完全电流差动保护只能用在出线带电抗器的母线上，并采用两段电流保护构成：第 I 段是电流速断保护，由电流继电器 KA_1 构成；第 II 段是过电流保护，由 KA_2 构成。KA_1 与 KA_2 和电流互感器二次绕组并联。工作过程如下：

当母线或线路在电抗器前发生短路故障时，KA_1 动作，使信号继电器 KS_1 接通，从而起动中间继电器 KM_1 和 KM_2，使 QF_2、QF_3、QF_4 均断开，即除发电机断路器外，所有供电元件的断路器都断开。这样，当故障发生在出线断路器和电抗器之间时，断开除发电机外所有供电元件的断路器，故障电流大大减小，而发电机仍可带着母线上的其他负荷运行，不仅可以提高供电可靠性，还能保证动作的选择性。另外，按图 9-8 所示的方式进行接线，也可以提高运行的灵活性。当运行要求发电机的断路器 QF_1 由速断保护切除时，只需要断开 XB_{11} 并且合上 XB_{12} 即可。

当出线在电抗器后发生短路故障时，KA_1 不动作，KA_2 可以动作。若出现保护或断路器拒动，电流继电器 KA_2 起动后，将起动时间继电器 KT_1 和 KT_2，经整定的时间延时后，KT_1

触点闭合,再经 KS_2 起动 KM_1、KM_2,使除发电机的断路器 QF_1 以外的所有供电元件的断路器跳闸。若故障仍未切除,则在 KT_2 的触点闭合后,将发电机的断路器断开。KT_1 和 KT_2 在时间上整定时,KT_2 比 KT_1 在时限上大一时限级差 Δt,以便尽量不断开发电机,使发电机能带着母线上的其他负荷继续运行,提高供电的可靠性。

当供电元件如发电机、变压器发生内部短路或变压器高压侧电网短路时,由于差动回路仅流过不平衡电流,KA_1 和 KA_2 都不会动作。

第三节 双母线同时运行时的母线差动保护

发电厂以及重要的变电所的高压母线,常常采用双母线同时运行（母联断路器投入),每组母线上固定连接一部分（大约一半）供电和受电元件。在这种运行方式下,当一组母线发生故障时,只影响一部分负荷的供电,而另一组非故障母线上连接的元件仍然能继续运行,从而提高了供电可靠性。对于这种同时运行的双母线,母线保护必须有选择故障母线的能力。广泛采用的母线保护方式主要有元件固定连接的双母线完全电流差动保护、母联电流相位比较式双母线完全差动保护及电流比相式母线差动保护。本节将详细介绍前两种保护。

一、元件固定连接的双母线完全电流差动保护

所谓元件固定连接的双母线是指双母线同时运行,母联断路器处于投入状态,按照一定的要求,每组母线上均固定连接有电源支路和输电线路,且供电和受电基本达到平衡。

元件固定连接的双母线完全电流差动保护单相原理接线图如图 9-9 所示。

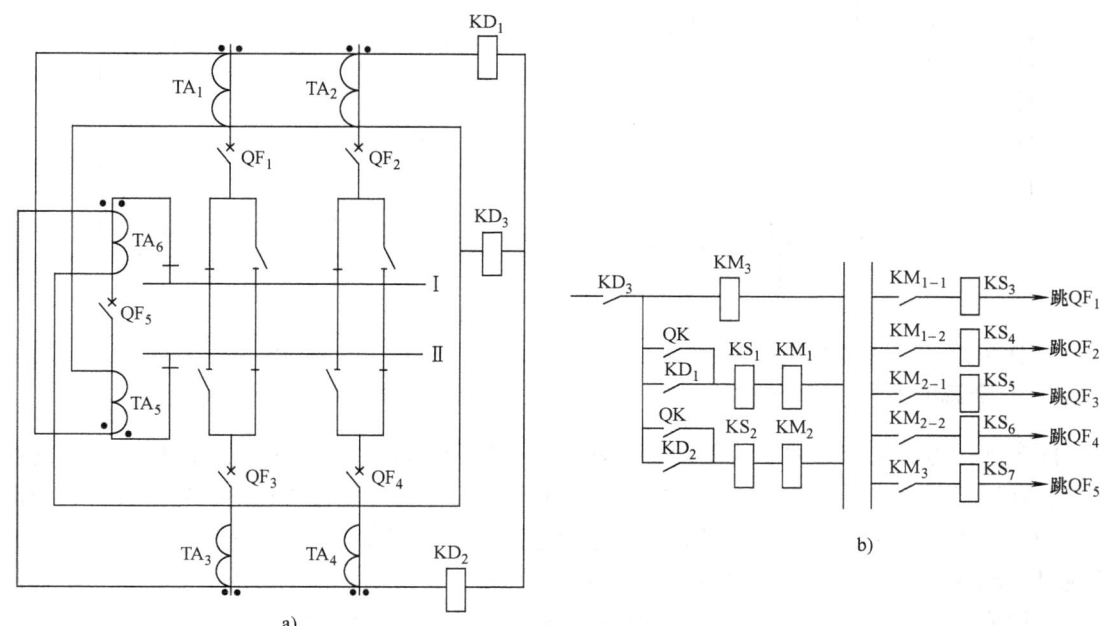

图 9-9 元件固定连接的双母线完全电流差动保护单相原理接线图

保护装置由两组选择元件和一组起动元件共三组差动元件构成。选择元件 KD_1 和 KD_2 用于区分发生故障的母线,起动元件用于起动保护装置,并在固定连接方式破坏的情况下,

防止外部故障时保护误动作。

第一组差动元件由接在电流互感器1、2、6上的差动继电器KD_1组成，KD_1反映母线Ⅰ上所有元件电流之和，是母线Ⅰ故障的选择元件，差动继电器KD_1动作时切除母线Ⅰ上的全部连接元件。第二组由接在电流互感器3、4、5上的差动继电器KD_2组成，KD_2反映母线Ⅱ上所有元件电流之和，是母线Ⅱ故障的选择元件。第三组由接在电流互感器1、2、3、4上的差动继电器KD_3组成，KD_3是整个保护的起动元件，当任一组母线上发生故障时，它都起动，而当母线外部故障时，它不动作。当固定连接方式被破坏后，可利用KD_3防止外部故障时保护装置误动作，其动作时直接作用于母联断路器跳闸并供给选择元件正电源。

当系统正常运行及母线外部故障时，如图9-10所示，流经差动继电器KD_1、KD_2和KD_3的电流为不平衡电流，通过对保护装置的整定，使其不动作。

当在元件固定连接方式下任一组母线发生故障时，如图9-11所示第Ⅰ组母线K点故障，差动继电器KD_1和KD_3上流过总故障电流，使KD_1和KD_3动作，而KD_2中为不平衡电流，因此，KD_2不动作。由图9-9b可知，KD_3动作后起动中间继电器KM_3，使母联断路器QF_5及与母线Ⅰ相连接的各元件的断路器均跳闸，从而切除故障母线。而KD_2没有动作，非故障母线Ⅱ仍可继续运行。同理可分析母线Ⅱ上出现故障时的情况。

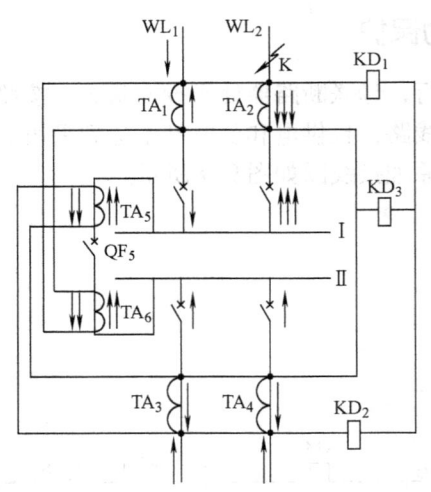 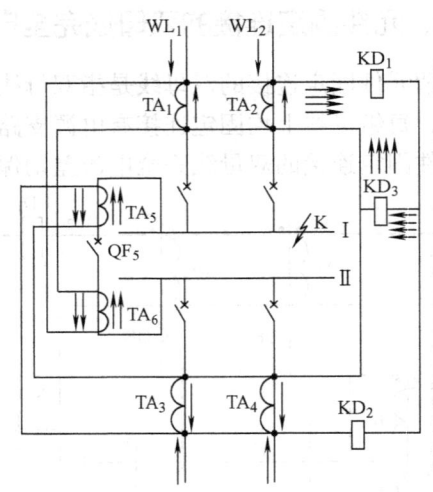

图9-10 元件固定连接的母线差动保护范围外部故障时的电流分布　　图9-11 元件固定连接的母线差动保护内部故障时的电流分布

固定连接方式的双母线电流差动保护具有选择性和速动性，提高了系统供电的可靠性。但在实际运行过程中，往往由于设备的检修、元件的故障等原因使母线的固定连接方式被破坏。当元件固定连接方式被破坏时，由于差动保护的二次回路不能随着一次元件进行切换，故流过差动继电器KD_1、KD_2、KD_3的电流随着变化。图9-12所示为线路2自母线Ⅰ经过倒闸操作切换到母线Ⅱ后发生外部故障时的电流分布。此时，KD_1、KD_2中都有流过故障元件的短路电流，KD_1、KD_2都可能会动作，但因起动元件KD_3中仅流过不平衡电流，KD_3不动作。由于KD_3作为起动元件和KD_1、KD_2构成"与"的关系，因此整套保护装置不会误动作。由此可见，在母线的固定连接方式破坏后，KD_3还起到防止外部短路时保护误动作的作用，这也是该保护采用起动元件的主要原因。

固定连接方式破坏后，保护范围内部故障时，电流分布如图 9-13 所示，KD_1、KD_2、KD_3 均流过短路电流，KD_3 中流过全部的短路电流，KD_1、KD_2 中流过部分故障电流，KD_1、KD_2、KD_3 都将起动，无选择性地将两组母线上的所有元件全部切除。由于元件固定连接方式破坏后，选择元件失去了应有的作用，故此时应将图 9-9b 中的刀开关 QK 合上，把选择元件 KD_1、KD_2 的触点短接，保证只要 KD_3 动作，保护即可跳闸，使保护变成两组母线的完全电流差动保护。

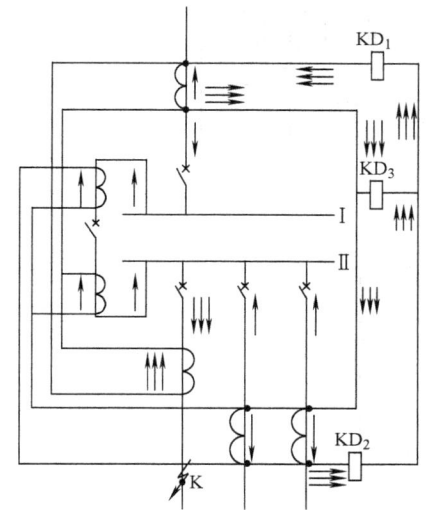

图 9-12　WL_2 固定连接破坏后外部故障时的电流分布

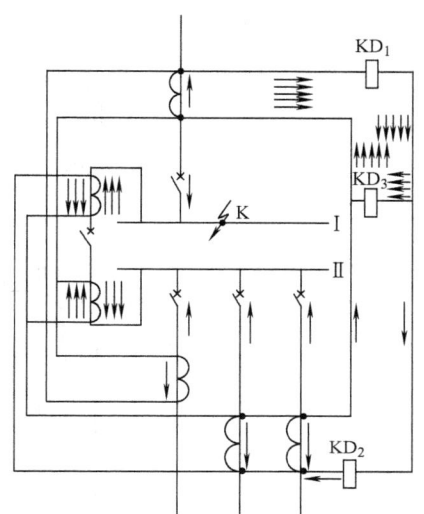

图 9-13　固定连接破坏后内部故障时的电流分布

元件固定连接的双母线完全电流差动保护的优点是在母线按照固定的连接方式运行时，可以保证有选择性地动作；缺点是在固定连接方式破坏后，内部故障时，保护不能正确地选择故障母线，会无选择性地动作，限制了母线运行的灵活性。在母线元件固定连接运行方式经常改变的情况下，应采用双母线同时运行的母联电流相位比较式母线差动保护。

二、母联电流相位比较式双母线完全差动保护

对于并列运行的双母线，按元件固定连接的双母线差动保护当固定连接方式被破坏后，就失去了有选择性地切除故障母线的能力。母联电流相位比较式双母线差动保护能克服这个缺点，它是通过比较差动回路电流与母联电流相位关系而选择故障母线的。在一定运行方式下，无论哪一组母线故障，流过差动回路的电流相位一定，而流过母线回路的电流，在母线 I 上短路时，与在母线 II 上短路时的相位有 180° 的变化。因此，比较母联电流与差动回路电流的相位就可以选择出故障母线。只要母联中有电流流过，选择元件就能正确动作，而与母线上的元件是否固定连接无关。

母联电流相位比较式双母线完全差动保护单相原理接线图如图 9-14 所示。

保护主要由总差动电流回路、相位比较回路和有关继电器组成。总差动电流回路由母线

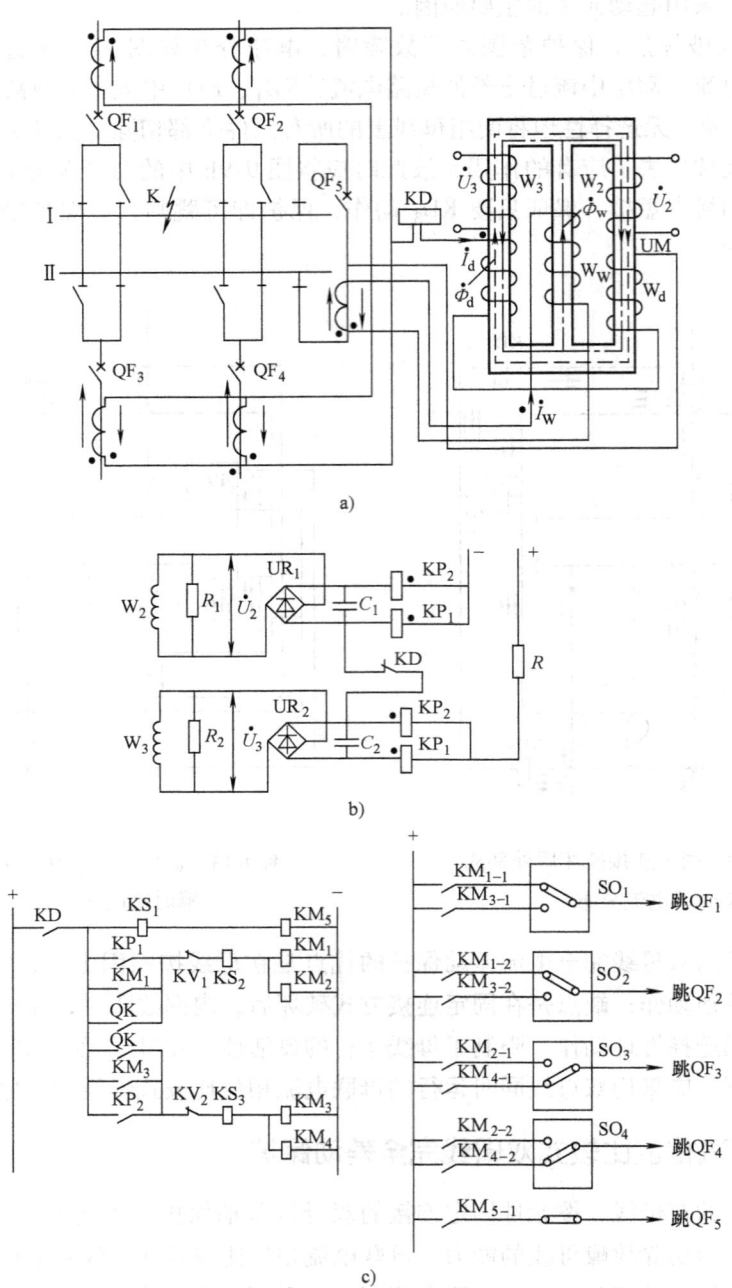

图9-14 母联电流相位比较式双母线完全差动保护单相原理接线图

上连接元件的电流互感器二次回路按环流法连接。差动继电器 KD 为保护的起动元件，接入总差动电流回路。母线正常运行或外部故障时，KD 中只流过不平衡电流，使保护闭锁；在母线保护范围内部故障时，KD 中流过总的短路电流，起动整套保护装置，使保护动作。相位比较回路中由电流相位比较器构成了故障母线的选择元件，它由中间变流器 UM，整流桥 UR_1、UR_2，滤波电容 C_1、C_2，以及极化继电器 KP_1 和 KP_2 组成。电流相位比较继电器按绝对值比较原理构成。根据相位比较与绝对值比较之间的关系，比较 $\dot{I}_\mathrm{d}$ 和 $\dot{I}_\mathrm{w}$ 的相位，可以转换为比较 $\dot{I}_\mathrm{d} + \dot{I}_\mathrm{w}$ 和 $\dot{I}_\mathrm{d} - \dot{I}_\mathrm{w}$ 的绝对值。为了取得 $\dot{I}_\mathrm{d} + \dot{I}_\mathrm{w}$ 和 $\dot{I}_\mathrm{d} - \dot{I}_\mathrm{w}$，采用了中间变流器 UM。由图 9-14a 可见，通过 UM 右边柱的磁通为 $\dot{\Phi}_\mathrm{d} + \dot{\Phi}_\mathrm{w}$，在 W_2 中感应出电压 $\dot{U}_2 = K(\dot{I}_\mathrm{d} + \dot{I}_\mathrm{w})$；在 UM 左边柱中，通过 $\dot{\Phi}_\mathrm{d} - \dot{\Phi}_\mathrm{w}$，在 W_3 中感应出电压 $\dot{U}_3 = K(\dot{I}_\mathrm{d} - \dot{I}_\mathrm{w})$。将 $\dot{U}_2$、$\dot{U}_3$ 分别经整流桥 UR_1、UR_2 整流后，即得到两个电压的绝对值。

相位比较继电器的执行元件是两个极化继电器 KP_1 和 KP_2，如图 9-14b 所示。正常情况下，通过起动元件 KD 的常闭触点给 KP_1 和 KP_2 加入适当的制动电流，以提高选择元件工作的可靠性，避免正常情况下误动。$|\dot{U}_2|$ 加在 KP_1 的工作线圈和 KP_2 的制动线圈上，$|\dot{U}_3|$ 加在 KP_2 的工作线圈和 KP_1 的制动线圈上。当母线 I 故障时，$\dot{I}_\mathrm{d}$ 和 $\dot{I}_\mathrm{w}$ 同相，$|\dot{I}_\mathrm{d} + \dot{I}_\mathrm{w}| > |\dot{I}_\mathrm{d} - \dot{I}_\mathrm{w}|$，即 $|\dot{U}_2| > |\dot{U}_3|$，对 KP_1 来说，工作线圈中的电流大于制动线圈中的电流，KP_1 动作，而对 KP_2 来说，制动线圈中的电流大于工作线圈中的电流，KP_2 不动作。当母线 II 故障时，$\dot{I}_\mathrm{d}$ 和 $\dot{I}_\mathrm{w}$ 相位相差 $180°$，$|\dot{I}_\mathrm{d} + \dot{I}_\mathrm{w}| < |\dot{I}_\mathrm{d} - \dot{I}_\mathrm{w}|$，即 $|\dot{U}_2| < |\dot{U}_3|$，$KP_1$ 不动作，KP_2 动作。

工作原理如下：

当正常运行或外部故障时，差动回路仅流过不平衡电流，起动元件 KD 不动作。由于 KD 的常闭触点闭合，给 KP_1、KP_2 加入制动电流，故选择元件处于闭锁状态，保护可靠不动作。

当母线故障时，差动回路通过短路点的总电流，起动元件 KD 动作，其常闭触点打开，切断 KP_1、KP_2 的制动电流，其常开触点闭合，经信号继电器 KS_1 起动中间继电器 KM_5，其触点 KM_{5-1} 接通，跳开母联断路器 QF_5。若故障发生在母线 I 上，KP_1 动作，其触点闭合，同时接于母线 I 上的电压互感器二次侧的欠电压继电器的触点 KV_1 因母线 I 电压降低而闭合。由图 9-14c 可见，KD、KP_1、KV_1 等触点闭合后，经信号继 KS_2 起动中间继电器 KM_1、KM_2，使母线 I 上连接元件的断路器 QF_1 和 QF_2 跳闸。若故障发生在母线 II 上，KP_2 动作，其触点闭合，经电压闭锁继电器的触点 KV_2 起动 KS_3 和 KM_3、KM_4，将母线 II 上连接元件的断路器 QF_3 和 QF_4 跳开。

该保护的主要优点是不要求元件固定连接于母线，大大提高了母线运行方式的灵活性。

这种保护也存在缺点，如正常运行时母联断路器必须投入运行；当母线故障，母线保护动作时，若母联断路器拒动，将造成由非故障母线的连接元件通过母联供给短路电流，使故障不能切除；两组母线相继发生故障时，只能切除先发生故障的母线，后发生故障的母线因此时母联断路器跳闸，选择元件无法进行相位比较而不能动作，因而不能切除等。

第四节 比率制动式母线差动保护

利用电流差动原理构成的母线保护由于其保护特性好，受到了广泛的应用，但是该保护的应用有其局限性。采用电流差动原理构成的母线保护差动回路的阻抗有低阻抗、中阻抗和高阻抗三种类型。一般而言，低阻抗为几欧姆，中阻抗为 200Ω 左右，高阻抗为几千欧姆以上。低阻抗型母线差动保护不能用于超高压母线保护中，因为超高压系统的短路容量大，系统的时间常数也较大，母线外部故障时，故障线路的电流互感器会因短路电流中的交流分量和直流分量过大而饱和，在差动元件中出现较大的不平衡电流，可能会引起母线差动保护的误动作。而高阻抗型母线差动保护在母线内部故障时不适用。这是因为在母线内部故障时，带有高阻抗负荷的电流互感器二次侧相当于在开路状态下工作，加速了电流互感器的饱和，而且在电流互感器的二次侧会产生很高的电压，这样会使电流互感器的负担过重，使差动元件不能可靠地工作。差动回路的阻抗为低阻抗和高阻抗型的上述特点，限制了其使用范围。

图 9-15 所示为具有比率制动特性的母线差动保护单相原理接线图，其起动元件和选择元件利用的是中阻抗型电流瞬时差动原理。$UA_1 \sim UA_3$ 为辅助电流变换器，将各电流互感器的二次电流变换为 $\dot{I}_1$、$\dot{I}_2$、$\dot{I}_3$，并且将电流互感器的不等电流比调整为相等。在电流互感器的二次侧还可以接入其他保护。$VD_3 \sim VD_8$ 构

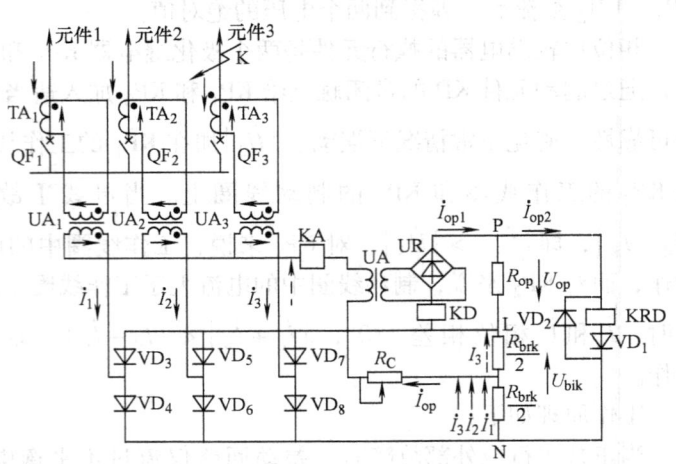

图 9-15　比率制动特性的母线差动保护单相原理接线

成全波整流电路。$\dot{I}_1$、$\dot{I}_2$、$\dot{I}_3$ 分别经全波整流电路后加在制动电阻 R_{brk} 上，制动电阻 R_{brk} 上的电压 U_{brk} 构成制动电压。差动电流 $\dot{I}_{op}$ 流经电位器 R_C、差动中间电流变换器 UA 和电流继电器 KA，回到辅助电流变换器的公共点。电流继电器 KA 为电流回路断线监视继电器。UA 的二次电流经整流桥 UR 全波整流后，流过继电器 KD 和电阻 R_{op}，KD 为不带制动特性的电流差动继电器，电阻 R_{op} 上的电压 U_{op} 构成动作电压。

当 $U_{op} > U_{brk}$ 时，P 点电位高于 N 点电位，电流 $\dot{I}_{op2}$ 流过比例差动回路的执行继电器 KRD，KRD 为一快速干簧继电器，其动作时间为 1ms。KRD 动作后，起动一个快速动作并自保持的中间继电器，接通母线保护出口继电器，保护动作。

当 $U_{op} < U_{brk}$ 时，N 点电位高于 P 点电位，二极管 VD_1 截止，KRD 中无电流通过，其线圈被二极管 VD_2 旁路，KRD 可靠不动作。保护的动作方程为

$$|\dot{I}_1 + \dot{I}_2 + \dot{I}_3| - K(|\dot{I}_1| + |\dot{I}_2| + |\dot{I}_3|) \geq I_{op,min} \tag{9-6}$$

式中，$I_{op,min}$ 为保护的最小动作电流；K 为制动系数。

式 (9-6) 中，左边第一项为动作电流，第二项为制动电流。动作电流随制动电流的增大而增大，因此，该保护为比率制动式母线差动保护。

保护的工作情况如下：

当正常运行时，若假设 $\dot{I}_1$、$\dot{I}_2$ 流入母线，$\dot{I}_3$ 流出母线（与参考方向相反），则流入差动回路的电流 $\dot{I}_{op} = \dot{I}_1 + \dot{I}_2 + \dot{I}_3 = 0$，因动作电压是 $\dot{I}_{op}$ 在 R_{op} 上的压降，因此动作电压 U_{op} 也为零。$\dot{I}_1$、$\dot{I}_2$ 和 $\dot{I}_3$ 分别流过电阻 $R_{brk}/2$，形成制动电压 U_{brk}，且 $U_{brk} = \dfrac{R_{brk}}{2}(|\dot{I}_1| + |\dot{I}_2| + |\dot{I}_3|)$。

由于 $U_{op} < U_{brk}$，N 点电位高于 P 点电位，保护可靠不动作。

当外部短路时，如图 9-15 中 K 点发生短路，在外部短路后几毫秒内，电流互感器还未饱和时，电流的分布情况与正常运行时相同，保护不动作；若电流互感器 TA_3 饱和，由于它的励磁阻抗很小，使 $\dot{i}_3$ 的值也很小，差动回路不平衡电流显著增大，不利于保护制动。在差动回路中串联电位器 R_C，使由于电流互感器的保护引起的不平衡电流强制流入饱和的电流互感器，以增大 $\dot{i}_3$。改变 R_C 的值，可以改变这种强制的程度。R_C 越大，强制程度越高，躲过外部短路而引起的电流互感器饱和时不平衡电流的能力越强。

当母线上短路时，所有短路电流都流入母线，$\dot{i}_1$ 和 $\dot{i}_2$ 不变，$\dot{i}_3$ 与外部故障时方向相反，此时，$\dot{i}_{op} = \dot{i}_1 + \dot{i}_2 + \dot{i}_3 = \dot{i}_K$，其中 $\dot{i}_K$ 为故障点短路电流经电流变换器变换后的相量。$U_{brk} = \dfrac{R_{brk}}{2}$ ($|\dot{i}_1| + |\dot{i}_2| + |\dot{i}_3|$)，$U_{op} > U_{brk}$，保护能灵敏动作。

总之，当母线外部故障时，由于起动元件和选择元件均具有很强的制动特性，不会因故障电流过大及电流互感器饱和而误动作；当母线内部故障时，保护的制动电压和动作电压分别是从电阻 R_{brk} 和 R_{op} 上取得的，而 R_{brk} 和 R_{op} 回路的时间常数非常小，约为零，即制动电压和动作电压是几乎同时且瞬时建立起来的，加以执行继电器的动作时限只有 1ms，保护装置能在 TA 饱和前可靠动作，因此保证了保护的快速性和可靠性。

该保护的特点是接线简单、性能良好，能利用快速动作来解决由于电流互感器饱和对母线保护带来的问题，具有快速、可靠的优点。

第五节 断路器失灵保护

电力系统中，当某元件发生故障时，该元件的继电保护动作发出跳闸信号后，断路器可能出现拒绝动作的情况，即为断路器失灵。为避免系统出现该情况，对于较为重要的高压电力系统，需要装设断路器失灵保护，以防止因断路器拒动而烧毁设备，扩大事故范围，甚至使系统的稳定运行遭到破坏的情况发生。

断路器失灵保护又称为后备接线，当系统发生故障时，故障元件的保护动作，而且断路器操动机构失灵拒绝跳闸时，通过故障元件的保护作用于同一变电所相邻元件断路器使之跳闸，切除故障的接线。它是防止因断路器拒动而扩大事故的一项有效措施。

根据 DL400—1991《继电保护和安全自动装置技术规程》规定：在 220～500kV 电力网以及 110kV 电力网的个别重要部分，可按下列规定装设断路器失灵保护。

1) 线路保护采用近后备方式，且断路器确有可能发生拒动时应装设断路器失灵保护；对 220～500kV 分相操作的断路器，可只考虑断路器单相拒绝动作的情况。

2) 线路保护采用远后备方式，且断路器确有可能拒动，如果由其他线路或变压器的后备保护切除故障，扩大了停电范围（如采用多角形联结，双母线或分段母线等接线时），并引起严重后果时，应装设断路器失灵保护。

3) 若断路器和电流互感器之间距离较长，在其间发生故障不能由该回路的主保护切除，而由其他线路或变压器的后备保护切除，又将扩大停电范围并引起严重后果时，应装设断路器失灵保护。

断路器失灵保护的构成原理如图 9-16 所示。

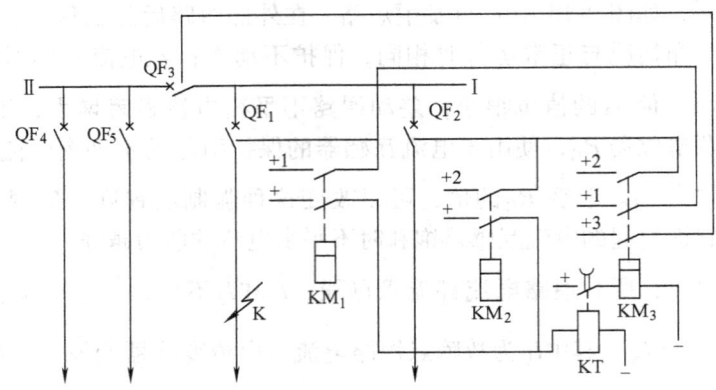

图 9-16 断路器失灵保护的构成原理

图 9-16 中，KM_1、KM_2 为连接在单母线分段 I 上的元件保护的中间继电器。当中间继电器 KM_1、KM_2 动作于跳开断路器的同时，也起动失灵保护中的公用时间继电器 KT。时间继电器的延时应大于故障元件的断路器跳闸时间与保护装置返回时间之和，因此断路器失灵保护并不妨碍它正常地切除故障。在故障元件保护正常跳闸时，断路器失灵保护不会跳闸，在故障切除后能自动返回；在故障元件的断路器拒动时，由时间继电器 KT 起动中间继电器 KM_3，使接在 I 段母线上所有带电源的断路器跳闸，从而代替故障处拒动的断路器切除故障。例如，图 9-16 中 K 点发生故障，KM_1 动作后，正常情况下，应由断路器 QF_1 跳闸，当 QF_1 拒动时，断路器失灵保护的时间继电器 KT 也起动并计时，经过整定的时间后，其常开延时闭合触点闭合接通，起动中间继电器 KM_3，使连接于 I 段母线上其他元件的断路器 QF_2、QF_3 均跳闸，从而切除 K 点的故障，起到了 QF_1 拒动时的后备保护作用。

从上面的例子中可以看出，当断路器失灵保护动作时，要切除一段母线上所有连接元件的断路器，而且保护接线中是将所有断路器的操作回路连接在一起，因此，保护的接线必须保证动作的可靠性，否则，保护误动作时将会引起严重的后果。断路器失灵保护必须同时具备以下条件才能起动。

1) 故障元件的保护出口继电器动作后不返回。

2) 在故障元件保护装置的保护范围内仍存在故障，失灵判别元件起动。当母线上连接的元件较多时，一般采用检查故障母线电压的方式以确定故障仍然没有切除；当母线上连接元件较少或一套保护动作于几个断路器以及采用单相合闸时，一般采用检查通过每个或每段断路器的故障电流的方式，作为判别断路器拒动且故障仍未消除之用。

由于断路器失灵保护是在故障元件的保护动作之后才开始计时的，因此它的动作时限无需与其他保护的动作时限配合，只需躲过断路器的跳闸时间与保护的返回时间之和即可，通常取 0.3 ~ 0.5s。

复习思考题

9-1 母线有哪几种保护方式？

9-2 简述母线保护的装设原则。

9-3 试述母线不完全差动保护的工作原理。

9-4 电流比相式母线保护当母线外部故障和内部故障时，小母线上的波形分别如何变化？保护如何动作？

9-5 母线完全差动保护为何在各连接元件上采用电流比相等的电流互感器？

9-6 断路器失灵保护的作用是什么？

第十章 电动机和电容器组的保护

第一节 电动机的故障、不正常运行状态和保护方式

电动机是电力生产过程中的一个重要设备。电动机的正常运行对整个电厂的安全、经济发电具有极为重要的意义。发电厂的许多厂用机械大多数都采用异步电动机拖动，只是在厂用大容量给水泵和低速磨煤机等设备上采用同步电动机。因此应根据电动机的类型、容量及其在生产中的作用，装设相应的保护装置。

电动机的故障形式有定子绕组的相间短路、单相接地故障及由其引起的一相绕组的匝间短路。

定子绕组的相间短路是电动机最严重的故障，它除了引起电动机本身的严重损坏外，还会使供电网络的电压显著降低，使其他用电设备不能正常工作。因此，对于一些大容量的电动机，如容量为2000kW及以上的电动机，或对于一些容量虽然小于2000kW，但有六个引出线的重要电动机，都应装设纵联差动保护；对于一般高压电动机则应装设两相式电流速断保护，以便尽快将故障电动机切除。

电动机的单相接地故障危害程度因供电网络的中性点接地方式不同而不同。工作在3～10kV中性点非直接接地的小接地电流系统中的电动机，当接地电容电流大于5～10A时，若发生单相接地故障就会烧坏电动机的绕组和铁心，因此应装设接地保护。当接地电流大于5A时，动作于信号；当接地电流大于10A时，动作于跳闸，切除故障。在380V/220V的三相四线制电网中，电源变压器中性点直接接地，故电动机单相接地是一种短路故障，可能产生很大的电流。它可借助电动机的具有三相式接线的相间短路保护装置无时限作用于跳闸。

电动机的一相绕组匝间短路，会破坏电动机的对称运行，使相电流增大，电流增大的程度与短路匝数有关，最严重的情况是电动机的一相绕组全部短接，此时，非故障相的两个绕组将直接承受线电压，使电动机损坏。但是，目前还没有简单又完善的方法来反映匝间短路，故电动机一般不装设专门的匝间短路保护。

电动机的异常运行状态主要包括各种形式的过负荷、电压短时消失或短路时电压降低、同步电动机异步状态和同步电动机的非同步冲击等。

电动机过负荷会引起过电流。引起过负荷的原因有电动机所带机械负荷过大、电源电压或频率下降而引起的转速下降、供电回路一相断线造成两相运行、电动机起动和自起动时间过长、电动机所带机械部分发生故障等。长时间的过负荷会使电动机绕组温升超过允许值，使绝缘老化速度加快，降低使用寿命，甚至使电动机烧毁。因此，应根据电动机的重要程度，对易于产生过负荷的电动机装设过负荷保护并作用于信号、自动减负荷或跳闸。

电压短时消失或短路时，电压降低将使电动机绕组电流增大而发热，甚至烧坏电动机。在此情况下，要求切除不重要和不允许自起动的电动机，以保证重要电动机的自起动，并加速电网电压的恢复过程。

同步电动机异步状态，由电机学原理可知，同步电动机的转矩 M 与电网电压 U、电动势 E_d、功角 δ 有关。在不计及定子和转子内部损耗时，有如下关系式：

$$M = K\left(\frac{E_\mathrm{d}U}{X_\mathrm{d}}\sin\delta + U^2 \cdot \frac{X_\mathrm{d} - X_\mathrm{q}}{2X_\mathrm{d}X_\mathrm{q}}\sin2\delta\right) \tag{10-1}$$

式中，X_d 为纵轴电抗；X_q 为横轴电抗。

如果同步电动机的转矩 M 小于机械负荷转矩，则同步电动机的工作稳定性被破坏，进而失去稳定性，转入异步运行状态。进入异步运行时，会引起定子、转子及起动绕组的发热，严重时还会引起机械共振和电气共振，使电动机遭受疲劳损伤，降低使用寿命。由式（10-1）可见，造成同步电动机失步的原因可能有电网电压下降、励磁电流减小和机械过负荷等。因此，同步电动机在异步运行状态时应装设失步保护，作用于再同步装置或断路器跳闸。

同步电动机的非同步冲击，即带有励磁的同步电动机在失电后，借助惯性作用转入发电状态，其端电压随转速的下降而逐渐衰减。如果此时恢复送电，则电网电压与同步电动机的电动势之间可能出现较大的相位差 δ，从而引起很大的冲击电流，称为非同步冲击。

由于实际运行的电动机大多数都是中小型电动机，因此对其装设的保护装置应本着简单、可靠的原则。

对于 380V/220V 的低压电动机，应装设低压熔断器进行保护，用于反映低压电动机的短路故障；低压断路器保护反映低压电动机的短路与过负荷；热继电器保护用于连续、断续与某些短时工作的电动机过负荷和断相保护。

对于 3~10kV 高压同步、异步电动机，应装设纵联差动保护或电流速断保护，用以反映电动机的相间短路故障；单相接地保护，用以反映单相接地故障；过负荷保护，保护应根据负荷特性带时限动作于信号、跳闸或自动减负荷；欠电压保护等，除了装设上述保护外，还应增设失步保护和防止非同步冲击保护。

第二节 电动机的相间短路保护、单相接地保护及过负荷保护

一、电动机的相间短路保护

发电厂的厂用电动机应用较多的是中小容量的电动机。对于容量在 2000kW 以下的电动机，一般装设电流速断保护作为其相间短路保护；容量在 2000kW 及以上的电动机，或容量虽小于 2000kW，但有六个引出线的重要电动机，当电流速断保护不能满足灵敏系数的要求时，都应该装设纵联差动保护作为其相间短路保护。

1. 电流速断保护

中小容量的电动机一般采用电流速断保护作为防御相间短路故障的主保护，构成电动机电流速断保护的电流继电器可以采用电磁型电流继电器和感应型电流继电器。

对于不易产生过负荷的电动机，如拖动给水泵、循环水泵、凝水泵的电动机，通常采用 DL—10 系列电磁型电流继电器组成的电流速断保护。因为电动机是供电网络的末端，故保护装置可以不带时限。保护装置的电流互感器装设在电动机的出线端，并通常采用两相式接线，如图 10-1a 所示，当灵敏度性能满足要求时，也可采用两相电流差的接线方式，如图 10-1b 所示。

对于容易产生过负荷的高压电动机及容量在100kW以上的低压电动机，如排粉机、碎煤机、磨煤机和灰浆泵等的拖动电动机，可采用GL—14系列感应型电流继电器来构成电流速断保护。其反时限部分用作过负荷保护，根据拖动机械的特点作用于信号或减负荷及跳闸；速断部分用作相间短路保护，作用于断路器跳闸。

保护装置的原理接线图如图10-2所示，保护装置可以采用接于两相电流差的单继电器接线方式，也可以采用两相两继电器接线方式。

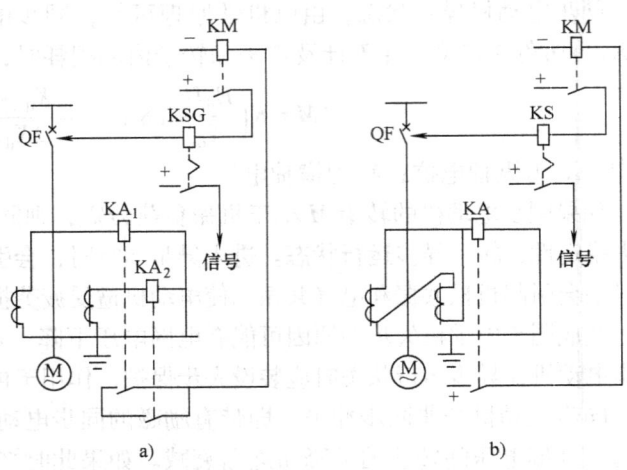

图10-1 由电磁型电流继电器构成的电动机电流速断保护
a）两相式接线 b）两相电流差接线

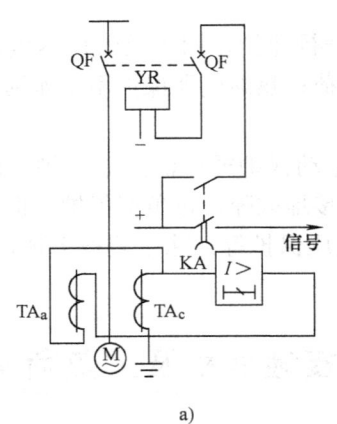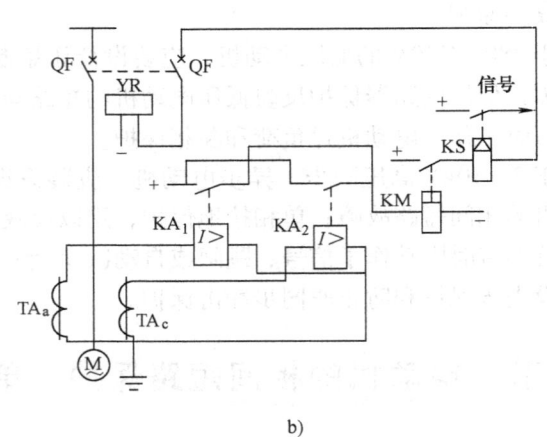

图10-2 电动机的电流速断保护原理接线图
a）两相电流差单继电器接线方式 b）两相两继电器接线方式

当灵敏度不能满足要求时，可以采用两相两继电器式不完全星形联结，如图10-2b所示；否则优先采用两相电流差单继电器式接线，如图10-2a所示。保护所用的电流互感器应尽量安装在靠近断路器侧，使电流速断保护不仅能反映电动机内部的相间短路，同时还能反映电动机与断路器之间连线上的相间短路。

电动机电流速断保护的动作电流可按下式计算：

$$I_{op,r} = \frac{K_{rel}K_{con}}{K_{TA}}I_{ss} \qquad (10-2)$$

式中，K_{rel}为可靠系数，对DL—10型继电器取1.4～1.6，对GL—10型继电器取1.8～2；K_{con}为接线系数，当采用不完全星形联结时取1，当采用两相电流差接线时取$\sqrt{3}$；I_{ss}为电动机的起动电流（周期分量）；K_{TA}为电流互感器的电流比。

保护装置的灵敏度系数校验：

$$K_{\text{s,min}} = \frac{I_{\text{K,min}}^{(2)}}{I_{\text{op}}} = \frac{0.87 I_{\text{K,min}}^{(3)}}{K_{\text{rel}} I_{\text{ss}}} \quad (10\text{-}3)$$

式中，$I_{\text{K,min}}^{(2)}$为系统最小运行方式下，电动机出口两相短路电流；I_{op}为电流速断保护一次动作电流。

2. 纵联差动保护

容量为2000kW以上的电动机，或虽然容量为2000kW以下，但具有六个引出线的重要电动机，用电流速断保护灵敏度不符合要求时，可装设作用于断路器跳闸的纵联差动保护作为相间短路的主保护。

电动机的纵联差动保护原理接线如图10-3所示，保护的动作原理是比较被保护电动机机端和中性点侧电流的相位和幅值。因此，在电动机中性点侧与靠近出口端断路器处应装设同型号、同电流比的两组电流互感器，两组电流互感器之间即为纵联差动保护的保护区，电流互感器二次侧采用循环电流法接线。由中性点不接地电网供电的电动机，其纵联差动保护一般采用两相式接线，接入继电器可用BCH-2型差动继电器或DL-11型电流继电器。前者，保护可瞬时作用于断路器跳闸；后者，为躲过电动机起动过程中暂态不平衡电流的影响，需利用出口中间继电器带0.1s的延时跳闸。

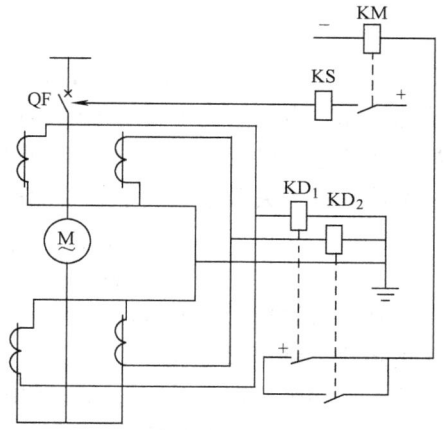

图10-3 电动机的纵联差动保护原理接线

考虑电流互感器二次回路断线时保护误动作，保护装置的动作电流可以按照躲过电动机额定电流来整定，即

$$I_{\text{op,r}} = K_{\text{rel}} \frac{I_{\text{NM}}}{K_{\text{TA}}} \quad (10\text{-}4)$$

式中，K_{rel}为可靠系数，当采用BCH-2型差动继电器时取1.3，当采用DL-11型电流继电器时取1.5~2；I_{NM}为电动机的额定电流；K_{TA}为电流互感器的电流比。

保护装置的灵敏系数按下式校验：

$$K_{\text{s,min}} = \frac{I_{\text{K,min}}^{(2)}}{K_{\text{TA}} I_{\text{op,r}}} \geqslant 2 \quad (10\text{-}5)$$

式中，$I_{\text{K,min}}^{(2)}$为最小运行方式下，电动机出口两相短路电流。

二、电动机的单相接地保护

电动机的单相接地保护的保护方式、保护的配置情况及保护动作结果不是一定的，与所在供电电网的状况有关。

小接地系统中的高压电动机，当电动机容量小于2000kW而接地电容电流大于10A，或容量为2000kW及以上而接地电容电流大于5A时，应装设接地保护，无延时地作用于断路器跳闸。

电动机的单相接地保护原理接线如图10-4所示。

图 10-4 中，TAN 为一环形导磁体的零序电流互感器，KA 为电流继电器，KM 为中间继电器，KS 为信号继电器。当正常运行及相间短路时，由于零序电流互感器一次侧三相电流的相量和为零，故铁心内磁通为零，零序电流互感器二次侧无感应电动势，因此电流继电器 KA 中无电流通过，保护不动作。当外部单相接地时，零序电流互感器将流过电动机本身对地的电容电流。保护装置的动作电流应大于电动机本身的电容电流，即

$$I_{\text{op,r}} = \frac{K_{\text{rel}}}{K_{\text{TA}}} 3I_{\text{oc,m,max}} \quad (10\text{-}6)$$

式中，K_{rel} 为可靠系数，取 4~5；$3I_{\text{oc,m,max}}$ 为外部发生单相接地故障，由电动机本身对地电容产生的流经保护装置的最大接地电容电流；K_{TA} 为电流互感器的电流比。

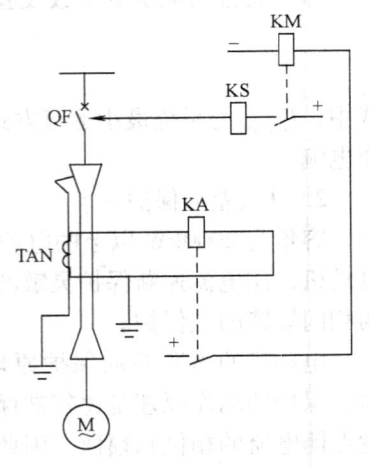

图 10-4 电动机的单相接地保护原理接线

保护装置的灵敏系数按下式校验：

$$K_{\text{s,min}} = \frac{3I_{\text{oc,min}}}{K_{\text{TA}} I_{\text{op,r}}} \geq 2 \quad (10\text{-}7)$$

式中，$3I_{\text{oc,min}}$ 为系统最小运行方式下，被保护设备上发生单相接地故障时，流过保护装置 TAN 的最小接地电容电流。

低压电动机所在的系统，由于其电源中性点一般都直接接地，电动机的接地保护通常由相间保护采用三相式接线兼作即可。但由于低压变压器的零序阻抗较大，单相接地短路电流较小，而相间保护的动作值较大，因此，兼作单相接地保护的灵敏度难以满足要求，可以考虑装设零序电流保护。零序电流保护的原理接线与图 10-4 相同，不同的是动作电流按躲过电动机起动和自起动的不平衡电流整定，由运行经验可知，取（10%~20%）I_{NM}，I_{NM} 为电动机的额定电流。在电动机单相接地时，灵敏系数不小于 1.5。

三、电动机的过负荷保护

由于生产过程的原因，对可能发生过负荷和起动条件恶劣的电动机，应装设过负荷保护。工作中不易过负荷的电动机不应装设过负荷保护。短时间内反复起停的电动机和小于 3kW 的电动机，一般不装设过负荷保护。

保护应根据负荷的特性带时限作用于断路器跳闸或信号装置。对于起动或自起动困难，需要防止起动或自起动时间过长的电动机，保护动作于断路器跳闸；对于能手动或自动消除过负荷、有值班人员监视的电动机，过负荷保护应作用于信号装置。对于不容易产生过负荷的电动机，可以采用电磁型电流继电器；对于容易产生过负荷的电动机，则应采用感应型电流继电器（DL-14 型）。感应型电流继电器瞬间动作元件作用于断路器跳闸，作为电动机相间短路的保护；继电器反时限元件可以根据拖动机械的特点，作用于信号装置、减负荷装置或断路器跳闸，作为电动机的过负荷保护。

3~6kV 高压电动机的过负荷保护通常和相间短路保护共用一个具有反时限特性的继电器。继电器的瞬动部分作为相间短路保护；继电器的反时限延时特性部分作为过负荷保护。

电动机过负荷保护的动作电流按躲过电动机额定电流整定，即

$$I_{\mathrm{op,r}} = \frac{K_{\mathrm{rel}}K_{\mathrm{con}}}{K_{\mathrm{re}}K_{\mathrm{TA}}}I_{\mathrm{NM}} \tag{10-8}$$

式中，K_{rel} 为可靠系数，作用于信号装置时，取 1.05，作用于减负荷装置时取 1.2；K_{con} 为接线系数；K_{re} 为返回系数，取 0.85；I_{NM} 为电动机的额定电流。

过负荷保护是通过提高保护动作时限来躲过电动机带负荷起动的，保护的动作时限应躲过电动机带负荷起动的时间，一般取 15~20s，有条件时，可实测带负荷起动的时间后再整定其动作时限。

380V 低压电动机的过负荷保护是这样构成的：当电动机的操作设备是由熔断器（或低压断路器）与电磁起动器（或接触器）串联组成时，可用装在起动器或接触器内的热耦作过负荷保护；当负荷电流长时间大于电动机额定电流的 120% 时，使电动机跳闸。当电动机的操作设备是低压断路器时，如需另行装设相间短路保护，可采用具有反时限特性的继电器，兼作过负荷保护；若不另行装设相间短路保护，可在一相上装设具有反时限特性的继电器，作为过负荷保护。保护的整定原则和高压电动机的过负荷保护相同。低压电动机的过负荷保护的动作时限，应大于电动机满负荷时在最低允许电压下的自起动时间。

第三节　电动机的欠电压保护

发电厂的用电系统 380V 和 3~6kV 母线一般都装设欠电压保护。这样，在母线电压降低或短时中断又恢复时，将一部分不重要的电动机，或按生产过程要求，不允许和不需要自起动的电动机从电网中切除，使供电母线有足够的电压，以保证重要电动机的自起动及加速电网电压的恢复。归纳起来，电动机的欠电压保护的作用主要如下：

（1）保证重要电动机的自起动。若供电网络中的电压下降，由于电动机的转矩与电压有关，使得所有异步电动机的转速均下降，同步电动机则可能失去同步。当系统中的电压恢复时，大量的电动机会自动起动，此时需要比额定电流大几倍的起动电流，延长电压恢复时间，从而延长自起动时间，情况严重时，可能自起动不成功。为保证重要的电动机能成功自起动，电动机欠电压保护动作时，会跳开一些不重要的电动机。

（2）使不允许或不需要自起动的电动机跳闸。根据生产工艺的要求，对不允许或不需要自起动的电动机应装欠电压保护，其动作电压整定为 $(0.4~0.5)U_{\mathrm{N}}$，动作时限整定为 0.5~1s。

（3）使因电源电压长时间消失而不允许自起动的重要电动机跳闸。根据生产过程和技术安全要求，在电源电压长时间消失后，不允许自起动的重要电动机应装设欠电压保护，其动作电压整定为 $(0.4~0.5)U_{\mathrm{N}}$，动作时限整定为 9s。

为实施电动机的欠电压保护，按其重要性将厂用电动机分为以下几类：

1. Ⅰ类

Ⅰ类是重要电动机。一旦停电，将造成发电厂出力下降甚至停电的电动机为重要电动机，如给水泵、引风机、凝结水泵和给粉机等电动机。在这类电动机上不装设欠电压保护，在母线电压恢复时应尽快让其自起动，但当这些重要电动机装设有备用设备自动投入装置

时，可装设欠电压保护，以 9~10s 的延时动作于断路器跳闸。

2. Ⅱ类

Ⅱ类是不重要的电动机。暂时停电不至于影响发电厂机、电、炉出力的电动机属于不重要电动机，如碎煤机、磨煤机、灰浆泵、软水泵等电动机。在这类电动机上装设有欠电压保护，在母线电压降低时，会首先被切除，保护的动作时限与电动机速断保护相配合，一般取 0.5s。

3. Ⅲ类

Ⅲ类电动机属于那些电压长时间消失时，由于生产过程或技术安全条件不允许自起动的重要电动机。这类电动机也要装设欠电压保护，动作电压一般整定为 $(0.4~0.5)U_N$，动作时限取 9~10s。

确定欠电压保护接线时，应考虑如下几点：

1) 当电压互感器一次侧或二次侧断线时，欠电压保护应发出断线信号，而不应误动作。

2) 当供电给电动机的厂用母线失去电压或电压降低到整定值时，即使在电压回路断线期间，保护也应正确动作。

3) 当电压互感器一次侧的隔离开关因误操作被断开时，保护不应误动作。

一、工作原理

3~6kV 高压厂用电动机欠电压保护的原理接线如图 10-5 所示。

KV_1 ~ KV_4 为欠电压继电器，WV_a、WV_b、WV_c 为电压小母线，欠电压继电器 KV_1 ~ KV_4 接于电压互感器二次测的小母线 WV_a、WV_b、WV_c 上。其中，KV_1、KV_2、KV_3 及 KT_1 构成不重要电动机的欠电压保护，以 0.5s 的延时动作于断路器跳闸，并兼作回路断线信号；KV_4 和 KT_2 构成重要电动机的欠电压保护，保护以 10s 的延时切除电源电压长时间消失后，不允许或不需要进行自起动的电动机。KV_1 和 KV_2 所接电压分别为 U_{ab}、U_{bc}，KV_3 和 KV_4 所接电压为 U_{ac}。熔断器 FU_4、FU_5 为 KV_3 和 KV_4 的专用熔断器，其额定电流比 FU_1 ~ FU_3 的额定电流大两级，因此在电压互感器二次回路故障时，FU_1 ~ FU_3 先熔断，从而保证 KV_3 和 KV_4 不会因二次回路断线失压而误动作。

当厂用母线电压消失或对称下降到 KV_1 ~ KV_3 的动作值时，KV_1 ~ KV_3 均动作，其常闭触点打开，常开触点闭合，通过 KM_1 的常闭触点起动时间继电器 KT_1，KT_1 经 0.5s 延时后其触点闭合，起动信号继电器 KS_1，发出欠电压保护跳闸信号，并将直流正电源加到跳闸小母线 WOF_1 上，把接至该母线上的不重要电动机全部切除。若供电母线的电压仍未恢复，当母线电压降到 KV_4 的动作值时，KV_4 动作，其常闭触点闭合，起动时间继电器 KT_2，经 10s 延时，KT_2 触点闭合，起动信号继电器 KS_2，发出欠电压保护跳闸信号，将直流正电源加到第二组跳闸小母线 WOF_2 上，把不参加自起动的重要电动机全部切除。

在电压回路一相断线时，KV_1 ~ KV_3 中与断线无关的两相动作，其常开触点闭合，点亮光字牌 HL_1，发出电压回路断线信号，通过电压继电器的常开触点起动 KM_1，KM_1 动作后，断开 KT_1、KT_2 的操作电源，将欠电压保护闭锁，可以防止欠电压保护因电压回路断线而误动作。电压回路两相、三相断线也是如此，但断线期间如果厂用母线真正失去电压或下降到整定值时，欠电压保护仍能正确动作。

当电压互感器一次侧隔离开关由于误操作被断开时，隔离开关在直流回路中的常开辅助

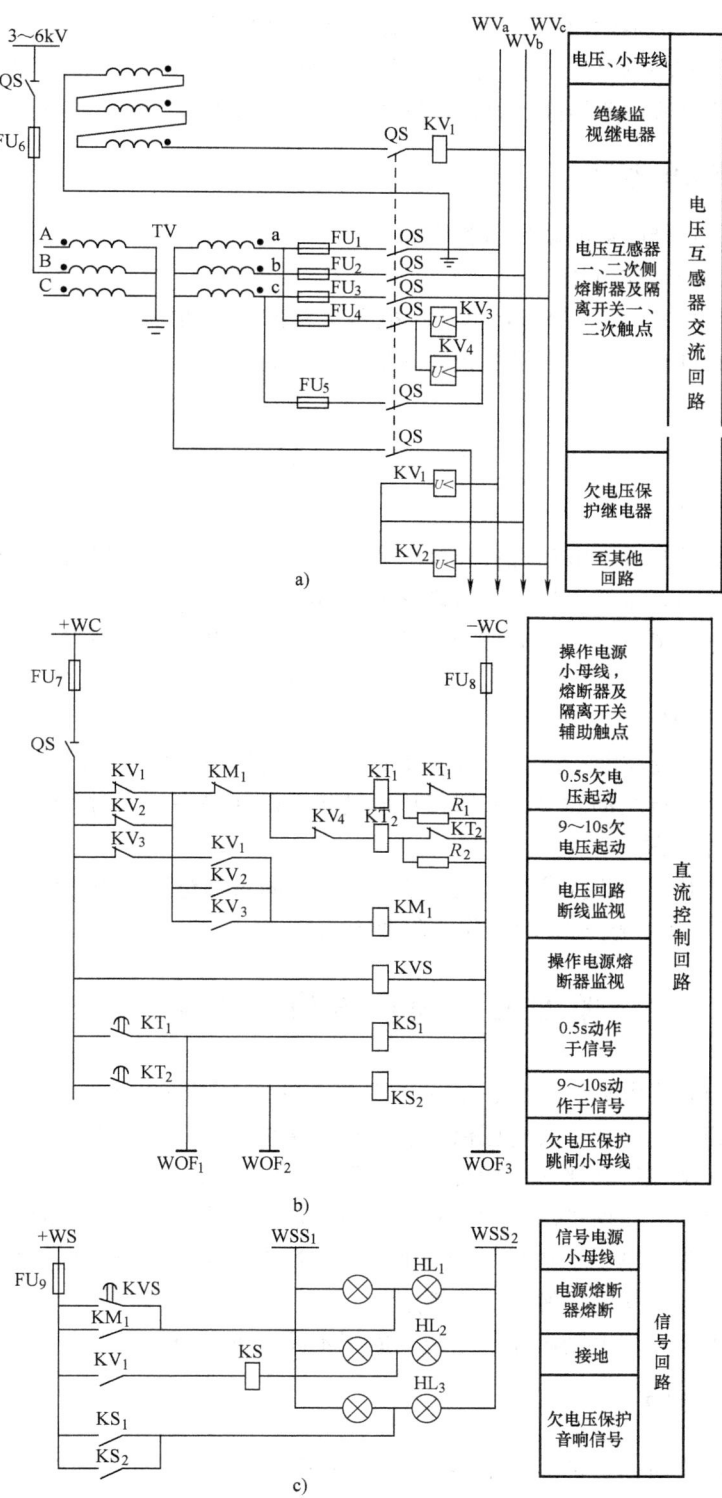

图 10-5 3～6kV 厂用电动机欠电压保护的原理接线
a) 交流回路 b) 直流回路 c) 信号回路

触点 QS 自动断开保护的操作电源，将保护的直流电源断开，以防止保护误动。同时，监视直流电源的继电器 BVS 失磁，其延时闭合的常开触点闭合，并点亮光字牌 HL_1，发出直流回路断线信号，若直流回路熔断器熔断，同样点亮光字牌 HL_1，给出相同的信号。

二、保护装置的整定

上述接线中，各继电器的动作值整定如下：

1. $KV_1 \sim KV_3$ 的动作电压

$KV_1 \sim KV_3$ 的动作电压按躲过最低运行电压及大容量电动机的起动电压来整定，一般为保证重要电动机的自起动，厂用母线允许的最低电压为 $(65\% \sim 70\%) U_N$，因此电压继电器的动作电压为

$$U_{op} = (65 \sim 70) \text{V}$$

2. KV_4 的动作电压

KV_4 的动作电压按保证电动机自起动的条件整定，即躲过电动机自起动时厂用母线的允许最低电压。在高温高压发电厂，可以取额定线电压的 45%；在中温中压发电厂，可以取额定线电压的 40%。在考虑可靠性系数和返回系数后，继电器的动作电压一般为

$$U_{op} = (40 \sim 50) \text{V}$$

3. KT_1 的动作时限

KT_1 的动作时限应与电动机速断保护及上一级后备保护相配合，但为保证重要电动机的自起动，加快和提高自起动效果，一般仅比电动机速断保护高一个时间级差，取 0.5s。

4. KT_2 的动作时限

KT_2 的动作时限按保证技术安全及工艺过程特点的条件整定，由于电网电压下降所持续的时间通常不超过 10s，故 KT_2 的动作时限取 10s。

第四节 同步电动机的保护

同步电动机与异步电动机一样，通常 1kV 及以上的同步电动机也应装设以下保护：相间短路保护、单相接地保护、欠电压保护、过负荷保护、非同步冲击保护、失步保护、失磁保护、相电流不平衡保护和堵转保护等。上述保护的构成及整定与异步电动机的保护类似。不同之处在于：第一，当保护动作时，除跳开断路器把同步电动机从电网中切除外，还应断开励磁开关进行灭磁；第二，当电网电压低于 $0.5 U_N$ 时，同步电动机的稳定运行可能被破坏，故欠电压保护的动作电压按 $0.5 U_N$ 整定。

下述几种保护与异步电动机保护的装设原则不同，下面分别说明。

一、过负荷保护

同步电动机过负荷保护的构成和异步电动机相同。保护的动作电流整定为额定电流的 1.4～1.5 倍，即

$$I_{op} = (1.4 \sim 1.5) I_{NM} \tag{10-9}$$

式中，I_{NM} 为同步电动机的额定电流。

保护延时动作于信号装置或断路器跳闸，其动作时限大于同步电动机的起动时间。

二、失步保护

同步电动机正常运行时，由于动态稳定或静态稳定被破坏而导致失步运行。导致失步运行主要有两种情况：一种是存在直流励磁时的失步（简称带励失步）；另一种是由于直流励磁中断或严重减少引起的失步（简称失磁失步）。

带励失步运行的主要问题是出现按转差频率脉振的同步振荡转矩（其最大幅值为最大同步转矩，即一般电动机产品样本上所提供的最大转矩倍数对应的值）。这个转矩的量值高达额定转矩的 1.5~3 倍。它使电动机绕组的端部和端部绑线、电动机的轴和联轴器等部位受到正负交变的扭矩的反复作用。扭矩作用时间过长，将在这些部位的材料中引起机械应力，影响其机械强度和使用寿命。

失磁失步运行的主要问题是引起转子绕组（特别是阻尼绕组）的过热、开焊甚至烧坏。根据电动机的热稳定极限，允许电动机无励磁运行的时间一般为 10min。

根据前述，带励失步和失磁失步都需要装设失步保护。失步保护通常按照下述原理构成：

1. 利用同步电动机失步时转子励磁回路中出现的交流分量

同步电动机正常运行时，转子励磁回路中仅有直流励磁电流，而当同步电动机失步后，不论是带励失步还是失磁失步，也不论同步电动机是采用直流机励磁还是采用晶闸管励磁，转子励磁回路中都会出现交流分量，因此利用这个交流分量，可以构成带励失步和失磁失步的失步保护。

2. 利用同步电动机失步时定子电流的增大

带励失步时，由于同步电动机的电动势和系统电源电动势间夹角 δ 的增大，使定子电流随着增大；失磁失步时，由于同步电动机需要从电网吸收无功功率来励磁，故定子电流也增大。因此，可以利用同步电动机的过负荷保护兼作失步保护，反映定子电流的增大而动作。

同步电动机失步运行时，其定子电流的数值取决于电动机的短路比、起动电流倍数、功率因数和负荷率。电动机的起动电流倍数和功率因数通常变化不大，因此考虑电动机的定子电流值时，主要考虑电动机的短路比和负荷率。电动机的短路比越大，电动机从系统吸收的无功功率越大，定子电流也越大。短路比大于 1 的电动机，对负荷率影响不大，这种电动机失步运行时，定子电流可达额定电流的 1.4 倍以上，因此电动机的过负荷短路比小于 1 时，对负荷率的影响就较大。负荷率较低时，定子电流就达不到额定电流的 1.4 倍，此时过负荷保护不能动作，因此不能利用过负荷保护兼作失步保护。

3. 利用同步电动机失步时定子电压和定子电流间相位角的变化

带励失步时，由于电动机定子电动势和系统电源电动势间夹角 δ 发生变化，故定子电压和定子电流间的相位角也随着变化。失磁失步时，电动机由正常运行时的发送无功功率变为吸收无功功率，故定子电压和定子电流间的相位角也会起变化。因此，利用定子电压和定子电流间相位角的变化，也可以构成失步保护。

失步保护应延时动作于励磁开关跳闸并作用于再同步控制回路。对于不能再同步或根据生产过程不需要再同步的电动机，保护动作时应作用于断路器和励磁开关跳闸。

三、非同步冲击保护

同步电动机在电源中断又重新恢复时，由于直流励磁仍存在，会像同步发电机非同步并入电网一样，受到巨大的非同步冲击电流和非同步冲击转矩。据理论分析，在同步电动机的定子电动势和系统电源电动势间的夹角为135°，转差率接近于零的最不利条件下合闸时，非同步冲击电流可能高达出口三相短路电流的1.8倍；非同步冲击转矩可能高达出口三相短路时冲击转矩的3倍以上。在这样大的冲击电流和冲击转矩作用下可能发生同步电动机绕组崩断、绝缘损伤、联轴器扭坏等后果，还可能进一步发展成为内部短路的严重事故。因此规程规定：大容量同步电动机当不允许非同步冲击时，应装设防止电源短时中断再恢复时造成非同步冲击的保护。

同步电动机在电源中断时，有功功率方向发生变化，因而可用逆功率继电器作为非同步冲击保护。同时，由于断电时转子转速在不断降低，反映在电动机机端电压上，是其频率在不断降低，因此也可以利用反映频率降低、频率下降速度的保护作为非同步冲击保护。

非同步冲击保护应确保在供电电源重新恢复之前动作，保护作用于励磁开关跳闸和再同步控制回路。这样，电源恢复时，由于电动机已灭磁，就不会遭受非同步冲击。同时，电动机在异步转矩作用下，转速上升，转差率减小，等到转差率达到允许转差率时，再给电动机励磁，使其在同步转矩的作用下，很快拉入同步。

对于不能再同步或根据生产过程不需要再同步的电动机，保护动作时应作用于断路器和励磁开关跳闸。

四、失磁保护

对于负荷变动大的同步电动机，当用反映定子过负荷的失步保护时，应增设失磁保护，保护带时限动作于断路器跳闸。

第五节　电力电容器的保护

为补充电力系统无功不足、改善电力系统的功率因数、改善电网质量并降低线路功率损耗，对于供电负荷较大、用户功率因数较低的变电所及工厂，广泛装设并联电容器组。

一、并联电容器组的故障及不正常工作方式

电容器的常见故障有渗油、漏油和箱壳膨胀等。一台电容器内部由许多电容单元经串、并联组成，当一个单元或几个单元击穿或损坏时，局部产生的热量会使箱壳膨胀，如不及时隔离，将逐步扩展，乃至形成极间短路导致箱壳爆裂事故。为防止上述事故发生，需要改进电容器制造工艺、提高产品质量、加强运行管理、改善电容器室通风条件和装设保护装置等。

并联电容器组的主要故障有单台电容器内部极间及其引出线的短路、电容器组中多台电容器故障、电容器组与断路器之间连线的短路故障、电容器组的单相接地故障等。

电容器组的不正常工作方式有工作母线电压升高；电容器组过负荷；电容器组失电压等。

二、并联电容器组的保护配置

针对上述并联电容器组可能出现的故障和异常运行方式,并联电容器组一般设置如下保护配置。

(一) 单台电容器内部极间及其引出线的短路保护

每台电力电容器内部都由许多电容元件串、并联组成,电容元件极板之间的绝缘介质如有薄弱环节,易发生过热、游离甚至局部击穿与短路。在电容元件击穿时,其浸渍剂将释放出大量气体,使电容器内部气体压力增高,轻者使箱壳漏油或膨胀,重者则引起爆炸。因此,电力电容器保护应能反映电容器内部的局部击穿与短路,并及时切除故障。对于单台电容器内部绝缘损坏而发生极间短路,通常采用的最简单有效的保护方式是对每台电容器分别装设专用的熔断器,其熔体的额定电流可以取电容器额定电流的 1.5~2 倍。这种保护结构简单、安装方便、灵敏度高,能迅速切除故障的电容器,既避免了断路器的频繁跳闸,保持了电容器组运行的连续性,又具有明显的动作标志,有助于及时发现故障电容器位置等优点。有的制造厂商已将熔断器装在电容器壳内,一个元件故障,由熔体熔断自动切除,不影响电容器的运行。缺点是躲过电容器充、放电涌流的能力较差,不适应自动化的要求等。

因此,对于单台电容器内部极间短路,为防止电容器箱壳爆炸,一般都装设外部熔断器;对于多台串、并联的电容器组,必须采用更加完善的继电保护方式。

(二) 并联电容器组中多台电容器故障的保护

并联电容器组中多台电容器故障包括电容器的内部故障和电容器之间连线上的故障。大电容量的并联电容器组一般由多台电容器串、并联组成。当一台电容器故障时,即由其专用的熔断器切除,因为电容器具有一定的过负荷能力,因此对整个电容器组的影响不大。但是当多台电容器因故障被切除后,即可能使没有出现故障继续运行的电容器严重过负荷或过电压。为此,必须采取相应的保护措施,否则会产生严重的后果。

多台电容器故障的保护方式与电容器组的接线方式有关。常用的有零序电压保护、零序电流保护、中性点不平衡保护、电桥差流保护、电压差动保护和三元件式横联差动保护等。

1. 零序电压保护

这种保护一般用在单Y联结的电容器组上。如图 10-6 所示,电压互感器的一次绕组兼作电容器组的放电回路,以防止母线失电压后再次送电时因剩余电荷造成电容器过电压。

当正常运行时,电容器组三相容抗相等,外加电压三相对称,互感器开口三角形绕组两端无输出电压;当电容器组中多台电容器发生故障时,电容器组的三相容抗发生较大变化,引起电容器组端电压改变,因而在开口三角形两端出现零序电压,此电压大于保护的动作电压时,保护装置动作,将整组电容器从母线上切除。采用单Y联结的电容器组零序电压保护一般带有 0.2~0.5s 的延时,其作用是躲过合闸时所产生的不平衡电压。

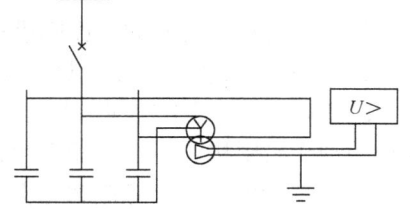

图 10-6 电容器组的零序电压保护

2. 中性点不平衡保护

对于双Y联结的电容器组,可采用中性点不平衡保护作为其多台电容器故障的保护。根据其构成方式不同,分为中性点不平衡电流保护(即横联差动保护)及中性点不平衡电压保护。

3. 零序电流保护

这种保护方式一般用在采用单△联结的小电容量电容器组中。保护的原理接线如图 10-7 所示。

当正常运行时,电容器组的三相容量相等,三相电流对称,流过保护的零序电流为零。

当电容器组中多台电容器发生故障时,故障相电流随之增大,三相电流不再对称,三相电流的相量和也不再为零,因而有零序电流流过保护装置,此电流达到保护装置的动作电流时,保护装置以不超过 0.5s 的延时动作,将整组电容器组切除。保护带上小延时的目的是为了躲过合闸涌流的影响。

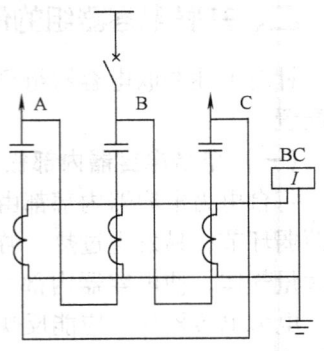

图 10-7 电容器组零序电流保护的原理接线

4. 电压差动保护

对于单Y联结,且每相为两组电容器串联组成的电容器组,可用电压差动保护。保护的原理接线如图 10-8 所示,图中只标出一相 TV 接线,其他两相相似。TV 的一次绕组同样可兼作电容器组的放电回路,二次绕组则接成电压差动式即反极性相串联。当正常运行时,$C_1 = C_2$,电压差为零;当电容器组 C_1 或 C_2 中有多台电容器损坏时,由于 C_1 和 C_2 容抗不等,两台 TV 一次绕组的分压不再相等,电压差动接线的二次绕组中出现电压差,当此电压差超过整定值时,保护动作。

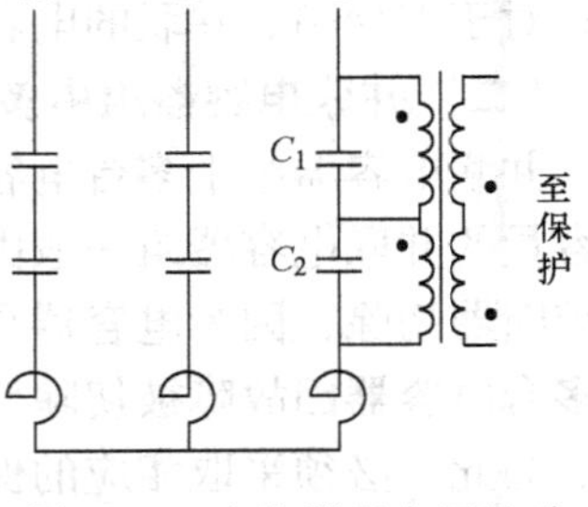

(三)电容器组与断路器之间连线的短路故障的保护

并联电容器组与断路器之间连线、电流互感器、放电电压互感器、串联电抗器等设备发生相间短路,或并联电容

图 10-8 电容器组电压差动保护的原理接线

器组内部故障但其保护拒动而发展成相间短路时,应装设带短时限的过电流保护,并兼作电容器组的过负荷保护。电容器组一般不装设电流速断保护,因为保护需考虑躲过电容器组的合闸涌流,即对外放电电流的影响,使保护效果不理想。

保护的动作电流按如下原则进行整定:

1)躲过电容器电容量允许 +10% 偏移而引起的电流增量。

2)躲过电容器组长期运行允许的最大工作电流,即躲过 1.3 倍的电容器组额定电流。

保护的动作时限按躲过电容器组的合闸涌流整定。由于电容器组合闸涌流的持续时间很短,一般在几毫秒内就可以降低到无害程度,故保护的动作时限通常取 0.3~0.5s。

(四)电容器组的单相接地故障的保护

电容器组一般情况下不考虑装设单相接地保护,是否要装设该保护与所在电网中性点运行方式及电容器组本身的安装方式有关。在中性点非直接接地系统中,当电容器组采用Y联结时,由于中性点非直接接地系统发生一相金属性接地时,其余两相的对地电压将上升为原来的 $\sqrt{3}$ 倍,并允许带故障运行 1~2h,为防止电容器组过电压,应使电容器组的外壳与地绝缘,故电容器组一般都单独或分组安装在与地绝缘的支架上。此时,由于电容器组回路不再是电网自然电容的组成部分，因而可不装设单相接地保护。

（五）工作母线电压升高的保护

电容器组的工作电压过高时，电容器内部的有功损耗和发热量会随之增大，不仅影响电容器的使用寿命，严重时还可能引起电容器击穿，为保护电容器在母线电压升高时不损坏，应装设母线过电压保护，且延时动作于信号装置或断路器跳闸。另外，在电容器组的断路器侧，还并联有一组避雷器用于吸收系统过电压时的冲击波，防止电容器在过电压下损坏。

（六）电容器组过负荷的保护

电容器组在工作时，本身并不容易过负荷。因为电容器长期运行允许的电流为 1.3 倍电容器的额定电流，对于电容量具有最大偏差的电容器，甚至可达 1.43 倍电容器额定电流。引起电容器过负荷的原因主要是系统过电压及存在谐波。因此，按照规定，在电容器组中装有反映母线电压升高的过电压保护及抑制谐波的串联电抗器，在电容器组中一般可不再装设过负荷保护。当系统中谐波的含量较高或通过实测电容器组回路的电流可能超过允许值时，才装设过负荷保护，并且动作于信号装置。为与电容器的过负荷能力相配合，保护宜采用反时限特性。

（七）电容器组失电压的保护

若电容器组所接的母线突然失电压，而此时电容器组仍然连接在系统中，在母线电压重新恢复时，可能会出现过电压使电容器组烧坏的情况，为保证电容器组的安全运行，在电容器组母线失电压时，应装设欠电压保护，将其从电网中切除。

保护的动作电压整定为躲过母线的最低电压，一般可以取

$$U_{op} = (0.5 \sim 0.6) U_N$$

对于保护的动作时限，应考虑以下两种情况：

1）为避免因母线上出现故障，造成电压降低而产生误动作，保护的动作时限应该大于母线上所连接的馈线短路保护的最大动作时限。

2）为保护电容器组安全，保护的动作时限不大于变电所电源侧线路保护与重合闸装置的动作时限之和。

（八）串联电抗器保护

在大容量并联电容器组回路中，都接有串联电抗器，其作用如下：

1）抑制电容器组对谐波，特别是 5 次谐波的放大作用，并基本上消除谐振现象。

2）限制电容器合闸涌流的倍数和频率，减小其对电容器组、开关设备等造成的危害。

3）在电容器内部短路时，减小系统提供的短路电流；在电容器组外部短路时，限制电容器组对故障点提供的助增电流。

4）限制操作过电压。在开断电容器组时，可能引起 LC 组成的回路谐振而产生操作过电压。尤其是如果断路器在开断过程中出现电弧重燃，将产生特别强烈的电磁振荡，出现很高的过电压。此外，在电容器组经变压器投入时，也可能因变压器电感与电容器电容形成谐振回路而产生过电压。

复习思考题

10-1 电动机运行中可能会出现哪些故障和不正常运行状态？

10-2　同步电动机和异步电动机的保护有哪些不同？
10-3　电动机装设欠电压保护的目的是什么？
10-4　电动机的单相接地保护用于什么情况，基本原理是什么？
10-5　同步电动机的失步保护按照什么原理构成？
10-6　电容器组的常见故障有哪些？为什么电容器组要装设过电压保护？

第十一章 输电线路的自动重合闸

第一节 概 述

一、自动重合闸的作用

电力系统的故障中，大多数是输电线路（尤其是架空线路）的故障，而且故障大多是暂时性的。如由雷电引起的绝缘子表面闪络、大风引起的短时碰线、鸟类以及树枝等掉落在导线上引起的短路等。当线路被继电保护装置迅速切除后，故障点的电弧即自行熄灭，绝缘强度也重新恢复，外界引起故障的物体被移开或因烧掉而消失。此时，如果把断开的线路断路器再合上，就能够恢复正常供电。因此，称这类故障是暂时性故障（或瞬时性故障）。除此之外，也有永久性故障，如由于线路倒杆、断线、绝缘子击穿或损坏等引起的故障，在线路被断开后，它们仍然是存在的。这时，即使再合上断路器，由于故障依然存在，线路还会被继电保护再次断开，不能恢复正常供电。

由于线路中的暂时性故障具有短时性，因此，当线路被断开后再进行一次重合以恢复供电，可显著提高供电的可靠性。重新合上断路器的工作可由人工手动操作，但手动操作较慢，停电时间较长，此时用户的电动机多数可能已经停转，这样重合闸的效果并不显著，对于高压和超高压线路可能会引起系统不稳定。为此，在电力系统中广泛采用自动重合闸装置（简称 AAR）代替人工手动，当断路器跳闸后，它能自动将断路器重新合闸。

自动重合闸的作用如下：

1）在输电线路发生暂时性故障时，可迅速恢复供电，从而大大提高供电的可靠性，对于单侧电源的单向线路，效果尤为显著。

2）对于双侧电源的高压输电线路，可以提高系统并列运行的稳定性，从而提高线路的输送容量。

3）可以纠正由于断路器或继电保护误动作引起的误跳闸。

4）在电网的设计与建设过程中，有些情况下由于考虑重合闸的作用，可以暂缓架设双回线路，以节约投资。

自动重合闸装置不能识别瞬时性故障和永久性故障，因此，在线路断开后，重新合闸不能保证成功。当重合于永久性故障时，电力系统将再次承受故障电流的冲击。短时间内连续两次切断短路电流会使断路器的工作条件变坏，特别是油断路器，在第一次跳闸时，电弧在油中燃烧，使油的绝缘强度降低，一般约降低为额定切断容量的 80% 左右。因而，在短路容量比较大的电力系统中上述不利条件往往限制了重合闸的使用。

据运行资料统计，自动重合闸的成功率达 60%～90%，而且重合闸装置本身的投资很低，经济效益很高，因而得到了广泛的应用。规程规定：1kV 及以上的架空线路或电缆与架空的混合线路上，只要装有断路器，一般应装设自动重合闸装置。此外，在为地区供电负荷的电力变压器上,以及发电厂和变电所的母线上,必要时也可以装设自动重合闸装置。

二、自动重合闸的基本要求及分类

(一) 自动重合闸的基本要求

1. 动作迅速

在满足故障点绝缘恢复及断路器消弧室和传动机构准备好再次动作所必需的时间条件下,自动重合闸装置应尽快发出重新合闸脉冲,以缩短停电时间,减轻停电给用户和系统带来的损失。在断路器跳开之后,自动重合闸一般延时 0.5~1s 后发出重合闸脉冲。

2. 可靠动作

在某些情况下,当利用保护装置来起动重合闸时,由于保护装置动作很快,可能使重合闸来不及起动,因此,必须采取措施,来保证重合闸装置的可靠动作。优先采用的是利用位置不对应原则来起动重合闸,即当控制开关在合闸位置而断路器实际在断开位置的情况下,使重合闸起动,这样可以保证在非正常操作情况下,重合闸装置不会起动。在下列情况下,自动重合闸装置不应动作。

1) 当运行人员手动操作或遥控操作使断路器跳闸时,不应自动重合。

2) 手动合闸于故障线路时,继电保护动作使断路器跳闸,这种故障一定是永久性故障,自动重合闸装置不应重合。

3) 当断路器处于不正常状态(如操动机构中使用的气压、液压降低等)而不允许实现重合闸时,应将自动重合闸装置闭锁。

3. 重合次数符合预先设定

自动重合闸装置的动作次数应符合预先的规定,如一次重合闸就应该只动作一次,当重合于永久性故障而跳闸后,就不应再动作;二次重合闸就只应重合两次,当两次重合失败后,就不再进行第三次重合。因为在永久性故障时,多次重合将使系统多次遭受故障电流冲击,还可能会使断路器损坏,扩大事故范围。

4. 动作后自动恢复

自动重合闸装置动作后应能自动恢复,为下次动作做准备。对于 10kV 及以下电压等级的线路,如有人值班时,也可以采用手动复归的方式。

5. 与继电保护相配合

自动重合闸装置应有可能在重合以前或重合以后加速继电保护的动作,以便更好地和继电保护相配合,加速故障的切除,提高供电的可靠性。

(二) 自动重合闸的分类

自动重合闸的种类很多,根据不同的方式,可以分为单相自动重合闸、三相自动重合闸和综合自动重合闸。

1. 单相自动重合闸

单相自动重合闸是指当输电线路发生单相接地故障时,保护动作只跳开故障相的断路器,重合闸时也只进行单相重合。如故障为瞬时性故障,则重合成功,恢复三相正常运行;如故障为永久性故障,而系统又不允许长期非全相运行,重合后,保护动作使三相断路器跳闸,不再进行重合。当采用单相自动重合闸时,如果发生相间短路,则三相断路器都跳闸,而且不进行三相重合;如因其他原因断开三相断路器,则不再进行重合。

2. 三相自动重合闸

三相自动重合闸是指在输、配电线路上发生任何类型的故障（无论是发生单相短路还是相间短路）时，继电保护装置均将线路三相断路器同时断开，然后起动自动重合闸，重新合上三相断路器。若故障是暂时性的，则重合闸成功；否则，继电保护装置将再次动作，跳开三相断路器。此时，是否再重合将视情况而定。目前，一般只允许重合闸动作一次，称为三相一次自动重合闸。特殊情况下，如无人值班的变电所的无遥控单回线、无备用电源的单回线及重要负荷供电线，断路器遮断容量允许时，可采用三相二次自动重合闸。

3. 综合自动重合闸

综合自动重合闸兼具有单相自动重合闸和三相自动重合闸的功能。即当线路中发生单相接地故障时，采用单相自动重合闸的方式工作，断开故障相，进行一次单相重合，若为永久性故障，则断开三相并不再自动重合；当线路中发生相间短路时，采用三相自动重合闸的方式工作，断开三相，进行一次三相重合，若为永久性故障，断开三相并不再自动重合。

综合自动重合闸经过转换开关的转换，一般有以下四种工作方式：单相自动重合闸、三相自动重合闸、综合自动重合闸和停用（线路上发生任何故障时，保护动作均断开三相，不再进行重合，此方式也叫直跳）。在110kV及以上的高压电力系统中，综合自动重合闸已得到广泛应用。

第二节　单侧电源线路的三相一次自动重合闸

一、单侧电源线路的三相一次自动重合闸

所谓三相一次自动重合闸方式，是指输电线路上发生单相接地、相间短路或三相短路时，继电保护均将线路的三相断路器一起断开，然后重合闸装置动作，将三相断路器重新合上的重合闸方式。若故障为瞬时性的，重合闸成功；若故障为永久性的，则继电保护再次动作，将三相断路器一起断开，且不再重合。

在我国电力系统中，三相一次自动重合闸方式使用非常广泛。目前，我国电力系统中重合闸装置有电磁型、晶体管型和集成电路型三种。它们的工作原理和组成部分完全相同，只是实施方法不同。

图11-1a所示为电磁型三相一次自动重合闸装置的展开图，由重合闸起动回路、重合闸时间元件、一次合闸脉冲元件及执行元件四部分组成。它是按控制开关与断路器位置不对应原理起动的具有后加速保护动作性能的三相一次自动重合闸装置，图中虚线框内为DH—2A型重合闸继电器内部接线，它由一个时间继电器KT、一个中间继电器KM、电容器C（电容器的充电时间一般为$10\sim15s$，具有充电慢、放电快的特点）、充电电阻R_4、放电电阻R_6及信号灯HL组成。控制开关SA是手动操作的控制开关，其触头的通断情况如图11-1b所示，其他各元件的名称和作用如下：

KCT是跳闸位置继电器，当断路器处于跳闸位置时，它通过断路器的辅助触点KCT_1起动AAR。

YO是合闸线圈，合闸线圈励磁时，使断路器合上，但当断路器处于断开位置时，由于KCT线圈电阻的限流作用，流过YO中的电流很小，此时YO不会动作去合断路器。

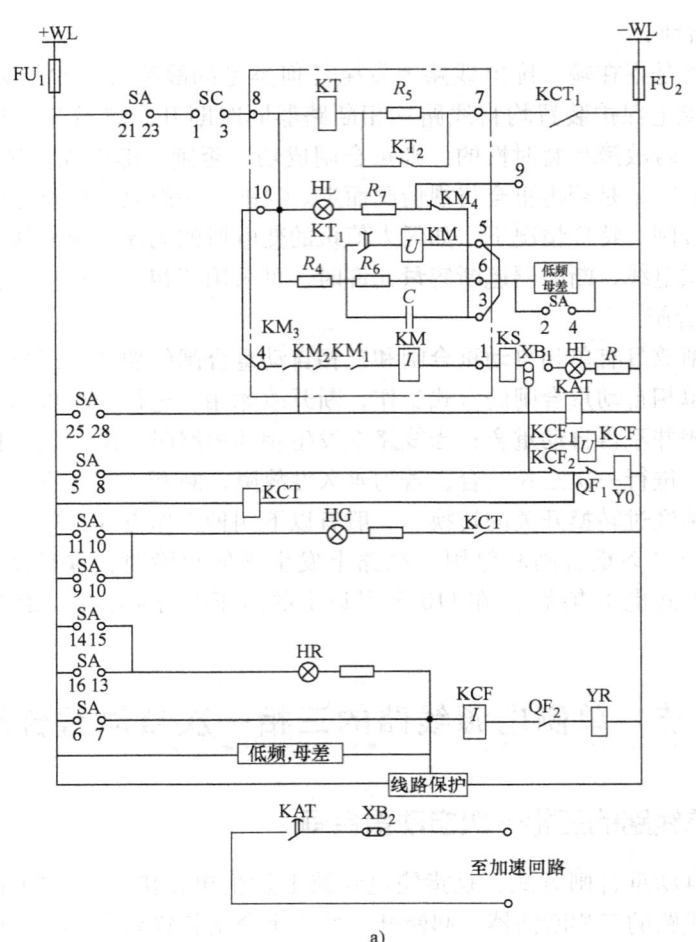

图 11-1 电磁型三相一次自动重合闸接线展开图
a) 电磁型三相一次自动重合闸装置的展开图　b) SA 触头的通断情况

SA 是断路器手动合、跳闸的控制开关，它有六个位置，向右转：预合、合闸、合闸完了；向左转：预跳、跳闸、跳闸完了。

SC 是转换开关，用以投入或退出 AAR 装置。

KCF 是防跳继电器，用于防止断路器多次重合于永久性故障，损坏断路器。

KAT 是加速保护动作的中间继电器，具有瞬时动作、延时返回的特点，保证手动合闸于故障线路或重合于故障线路时，快速切除故障。

下面分析这种自动重合闸装置的工作原理：

1）在输电线路处于正常运行状态时，断路器处于合闸位置，其触头 QF_1 打开，QF_2 闭合；跳闸位置继电器 KCT 线圈失电，常开触点 KCT_1 打开；控制开关 SA 处于合闸后位置，其触头 21—23 接通；SC 处于接通状态，触点 1—3 接通；电容器 C 经 R_4 充电，充电电压为 220V（或 110V）的直流操作电源电压；KM_4 闭合，信号灯 HL 点亮，表示 KM 触点及线圈完好，AAR 处于准备动作状态。

2）断路器因继电保护动作或其他原因跳闸时，断路器的触头 QF_1 闭合，QF_2 打开，此时，控制开关 SA 在合闸后的位置，断路器在跳闸位置，两者位置不对应。因 QF_1 闭合，跳闸位置继电器 KCT 线圈得电（正控制电源 +WL→KCT 线圈→QF_1→YO→负控制电源 -WL），常开辅助触点 KCT_1 闭合，起动重合闸时间继电器 KT，其常闭触点 KT_2 打开，电路中串入电阻 R_5，保证线圈 KT 的热稳定性，KT 的延时触点 KT_1 经过约 1s 的延时闭合，KT_1→KM 电压线圈→电容器 C→KT_1 构成回路，使 KM 电压线圈得电，从而使 KM 的辅助常开触点 KM_1、KM_2、KM_3 闭合，从而接通了断路器的合闸回路（正控制电源 +WL→SA 触点 21—23→ST 触点 1—3→8→10→KM_3→KM_2→KM_1→KM 电流线圈→KS 线圈→XB_1→KCF_2→QF_1→YO→负控制电源 -WL），合闸线圈 YO 励磁，使断路器重新合上，同时，重合闸动作的信号继电器 KS 励磁动作，发出重合闸动作信号。KM 电流线圈起自保持的作用，当电容器放电起动 KM 电压线圈后，可通过电流线圈的自保持作用使 KM 在合闸过程中一直处于动作状态，直到断路器可靠合闸。

如果线路上发生暂时性故障，则自动重合闸成功。合闸后，断路器的辅助常开触点 QF_2 闭合，常闭触点 QF_1 打开，断路器跳闸位置继电器 KCT 失电，触点 KCT_1 断开，时间继电器 KT 失电，触点 KT_1 打开，电容器 C 经 R_4 重新充电，经 10~15s 后充满，整个回路恢复到正常运行时的状态，准备好再次动作。

如果线路发生的是永久性故障，断路器合闸后，由于故障依然存在，继电保护动作就将再次将断路器跳开。此时，KCT 得电→KCT_1 闭合→KT 得电→KT_1 延时约 1s 闭合→电容器 C 经 KM 电压线圈放电，因电容器充电时间较短，其两端电压小于 KM 的起动电压，故断路器不能再次重合。由于触点 KT_1 闭合，电容器被短接而不能充电，电阻 R_4（约几兆欧）与 KM 电压线圈（约几千欧）串联，KM 电压线圈分配的电压远小于其动作电压，从而保证了 AAR 只动作一次。

3）用控制开关 SA 手动跳闸，将 SA 由合闸后位置转向预跳位置，SA 触点 2—4 闭合，电容器 C 经过 R_6 迅速放电，使电容器两端电压接近于零；SA 触点 21—23 断开，切断了 AAR 的正电源，使断路器不会合闸；同时，SA 触点 6—7 闭合，接通了断路器的跳闸线圈 YR，使断路器跳闸。

4）用控制开关 SA 手动合闸时，将 SA 由跳闸后的位置转向预合时，SA 触点 21—23 接通，2—4 断开，电容器 C 开始充电；触点 25—28 接通，起动加速继电器 KAT，为加速跳闸准备，触点 5—8 闭合，接通合闸线圈 YO（+WL→触点 5—8→KCF_2→QF_1→YO→-WL），使断路器合闸。如果合闸到永久性故障上，当手动合上断路器后，保护装置立即动作，经加速继电器 KAT 使断路器快速跳闸，由于电容器充电时间很短，不能起动 KM，断路器不会重合。

5）防止多次重合与重合闸闭锁回路。断路器中采用防跳继电器 KCF，以防止断路器多次重合于永久性故障。若线路中发生永久性故障时，且在第一次重合时出现 KM_1、KM_2、KM_3 触点黏住不能返回，若无防跳继电器，将形成断路器跳闸—合闸不断反复的"跳跃"现象。在断路器控制回路中串入防跳继电器 KCF，在断路器第一次跳闸的同时，起动了 KCF 的电流线圈，使 KCF 动作，但因 KCF 电压线圈没有自保持电压，断路器跳闸后，KCF 自动返回；在断路器第二次跳闸时，若 KM_1、KM_2、KM_3 触点黏住，KCF 电压线圈有自保持电压，使 KCF_1 闭合，KCF_2 断开，切断了 YO 的合闸回路，防止了断路器的再次重合闸，此时，KM_4 打开，使信号灯 HL 熄灭，给出重合闸故障信号。手动重合闸时，KCF 同样能防止断路器多次重合。

某些情况下断路器不允许重合，如母线保护装置动作、自动按频率减负荷装置动作、线路断路器跳闸后，此时不允许重合闸装置动作，应将 AAR 装置闭锁。可将母线保护动作触点或自动减负荷装置的出口辅助触点分别与 SA 的 2—4 触头并联，接通电容器 C 的放电回路，放掉其储存的电能，从而保证断路器跳闸后，无法再重合闸。

随着晶体管和集成电路技术的发展，晶体管型三相一次自动重合闸装置得到了广泛的应用。图 11-2 所示为晶体管型三相一次自动重合闸装置的原理接线图。它主要由起动元件、延时元件、一次合闸脉冲元件、执行元件和后记忆电路组成。由于篇幅限制，其工作原理不再赘述，读者可自行分析。

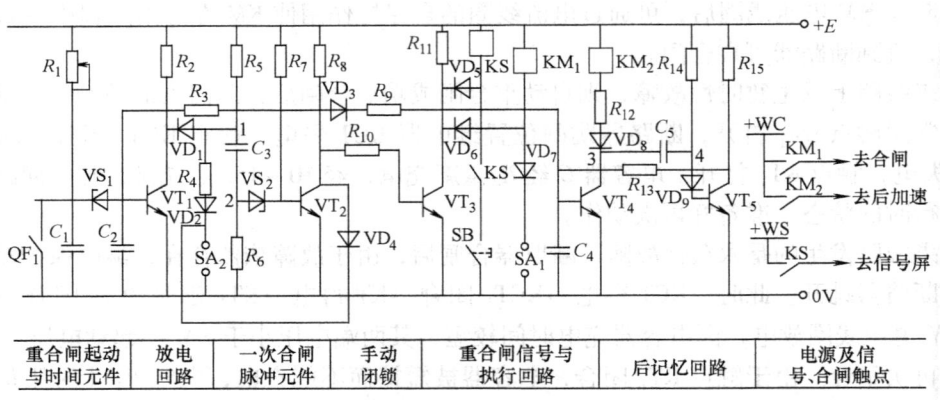

图 11-2　晶体管型三相一次自动重合闸装置的原理接线图

单侧电源线路自动重合闸的参数整定。

1. 自动重合闸装置的动作时限的整定

为保证自动重合闸装置功能的实现，应对其参数进行正确地整定。图 11-1 所示的自动重合闸装置，其参数主要是动作时限值的整定，即时间继电器 KT 的延时时间。从减少停电时间和减轻电动机自动起动的要求考虑，自动重合闸装置的动作时限越短越好。因为电源中断后，电动机的转速急剧下降，电动机被其负荷制动，当重合闸成功恢复供电以后，很多电动机要自起动，由于自起动电流很大，容易引起电网内电压的降低，造成自起动困难或拖延其恢复正常工作的时间，电源中断的时间越长，影响越严重。整定动作时限需主要考虑以下两方面：

（1）自动重合闸装置的动作时限必须大于故障点去游离的时间，以保证故障点绝缘强度可靠恢复。在断路器跳闸后,使故障点的电弧熄灭并使周围介质恢复绝缘强度是需要一定时间的,必须在这个时间以后进行合闸才有可能成功。在考虑绝缘强度恢复时,还必须计及负荷电动机向故障点反馈电流时绝缘强度恢复变慢的因素。另外,对单电源环状网络和平行线路来说,线路两侧的保护装置可能会以不同的时限切除故障,因而断电时间应从后跳闸的一侧断路器断开开始算起,因而在整定本侧重合闸时限时,应考虑本侧以最小的动作时限跳闸,对侧以最大的时限跳闸后有足够的断电时间来整定。

(2) 自动重合闸动作时,继电保护装置必须已经返回,且断路器的操作机构已经恢复到正常状态,做好重合闸准备。因此,自动重合闸的动作时限必须大于断路器及其操作机构准备好重合闸的时间。这个时间包括断路器触头周围介质绝缘强度的恢复及灭弧室充满油的时间,以及操作机构恢复到原状态准备好再次动作的时间。重合闸必须在这之后才能向断路器发出合闸脉冲,否则,有可能因重合在永久性故障上造成断路器爆炸。

一般情况下,断路器及其操作机构准备好重合闸的时间都大于故障点介质去游离的时间,因此,自动重合闸装置的动作时限 t_{AAR} 只需按照条件(2)考虑即可。

对于不对应起动方式:

$$t_{AAR} = t_{os} + t_s \tag{11-1}$$

对于继电保护起动方式:

$$t_{AAR} = t_{os} + t_{off} + t_s \tag{11-2}$$

式中,t_{os} 为操作机构准备好合闸的时间,对电磁操作机构取 0.3~0.5s;t_{off} 为断路器的跳闸时间;t_s 为储备时间,通常 t_s 取 0.3~0.4s。

对于 35kV 以下线路,当由上述条件计算出 t_{AAR} 小于 0.8s 时,一般取 t_{AAR} 为 0.8~1.0s。

2. 自动重合闸装置的复归时间的整定

自动重合闸装置动作时,继电保护装置一定已经可靠返回,同时断路器的操作机构已经恢复到正常状态。其复归时间即指自动重合闸装置的准备动作的时间,也就是指电容器 C 上两端电压从零充电到能使中间继电器 KM 动作的电压所需的时间。整定复归时间时应满足以下两个条件:

(1) 断路器重合到永久性故障时,即使以继电保护装置的最大时限切除故障,也不会引起断路器的多次重合。

(2) 必须保证断路器的切断能力恢复。当重合闸动作成功后,自动重合闸装置的复归时间不小于断路器恢复到再次动作所需的时间,一般自动重合闸的复归时间取 15~25s。

二、双侧电源线路的三相一次自动重合闸

(一) 双侧电源线路的重合闸特点

双侧电源线路是指两个或两个以上的电源间的联络线,这样两端有电源的线路上实现重合闸时,除满足前述的基本条件外,还应考虑双侧电源线路的特点:

1. 时间上的配合

当双侧电源线路发生故障时,线路两侧的继电保护装置可能以不同的时限断开两侧的断路器,如在近故障点一侧为第Ⅰ段动作,远故障点一侧为第Ⅱ段动作。为使重合闸成功,应使故障点有足够的去游离的时间。线路两侧断路器先后跳闸,只有在后跳闸的断路器断开后,故障点才能断电而去游离。因此,必须保证线路两侧的断路器均已跳闸,在故障点电弧

熄灭且绝缘强度恢复的条件下才能进行自动重合闸。

2. 同期的问题

当线路上发生故障，两侧断路器跳开后，线路两侧电源电动势之间的夹角摆开，有可能使两侧电源失去同步。因此，后合闸一侧的断路器在进行重合闸时，应考虑是否同期，以及是否允许非同期合闸的问题。因此，在双侧电源线路上，应根据电网的接线方式和具体运行情况，在单侧电源重合闸的基础上，采用检测待并两侧同步和待并对侧无压为重合条件。

(二) 双侧电源线路的重合闸分类

双侧电源线路的重合闸方式很多，按照是否检查同期，可分为以下两类：

1. 检查同期的重合闸

此类重合闸有检查无压和检查同期的三相一次重合闸、检查平行线路有电流的重合闸等。

2. 不检查同期的重合闸

此类重合闸有非同期重合闸、快速重合闸、解列重合闸及自重合闸。

(三) 双侧电源线路重合闸的主要方式

1. 三相快速自动重合闸

所谓三相快速自动重合闸，是指当输电线路上发生故障时，继电保护装置能很快使线路两侧断路器断开，并立即进行重合。快速重合闸具有快速的特点，从线路短路开始到重新合上，整个时间间隔在 0.5~0.6s 以内。在这样短的时间内，两侧电源电动势之间夹角摆动不大，不会危及系统的稳定性，由于重合的周期很短，断路器重合后，系统能很快拉入同步。所以，在 220kV 以上的线路中应用比较多，它是提高系统并列运行稳定性和供电可靠性的有效措施。

采用快速自动重合闸方式必须具备以下条件：

1) 线路两侧都装有能瞬时动作的保护整条线路的继电保护装置，如高频保护等。
2) 线路两侧必须装设可以进行快速重合闸的断路器，如快速低压断路器等。
3) 线路两侧断路器重新合闸时的两侧电动势的相位差不会导致系统稳定性被破坏。
4) 应用快速自动重合闸时需校验线路两侧断路器重新合闸瞬间所产生的冲击电流，要求通过电气设备的冲击电流周期分量不超过规定的允许值。

当两侧电源电动势的绝对值相等时，输电线路的冲击电流为

$$I = \frac{2E}{Z_\Sigma}\sin\frac{\delta}{2} \tag{11-3}$$

式中，δ 为两侧电动势可能摆开的最大角度，最严重时，$\delta=180°$；Z_Σ 为系统的总阻抗；E 为发电机的电动势，对于所有同步发电机，$E=1.05U_N$（U_N 为发电机的额定电压）。

按规定，式 (11-3) 计算得出的冲击电流不应超过以下规定的数值。

对于汽轮发电机，$I \leqslant \frac{0.65}{X_d''}I_N$；对于有纵横阻尼回路的水轮发电机

$I \leqslant \frac{0.6}{X_d''}I_N$；对于无阻尼回路或阻尼回路不全的水轮发电机

$I \leqslant \frac{0.6}{X_d'}I_N$；对于同步调相机

式中，$I \leq \dfrac{0.84}{X_\mathrm{d}''}I_\mathrm{N}$；对于电力变压器

$$I \leq \dfrac{100}{U_\mathrm{K}\%}I_\mathrm{N}。$$

式中，I 为通过发电机、变压器的最大冲击电流的周期分量；I_N 为各元件的额定电流；X_d'' 为发电机的纵轴次暂态电抗标幺值；X_d' 为发电机的纵轴暂态电抗标幺值；$U_\mathrm{K}\%$ 为电力变压器短路电压的百分值。

2. 三相非同期自动重合闸

三相非同期自动重合闸是指当输电线路发生故障时，两侧断路器跳闸后，不考虑线路两侧电源是否同步就进行自动重合闸的方式。在合闸的瞬间，两侧电源可能同步也可能不同步，非同期合闸后，系统将自动拉入同步。只有当线路上不具备快速重合闸的条件，且符合下列条件时，可采用非同期自动重合闸。

1）非同期重合闸时，通过发电机、变压器等元件的最大冲击电流不应超过规定的允许值。冲击电流的允许值与三相快速自动重合闸的规定值相同，在计算冲击电流值时，两侧电源电动势之间的夹角取 180°。

2）采用非同期合闸后，在两侧电源由非同步运行拉入同步运行的过程中，电力系统处于振荡状态。此时，系统中各点电压在不同范围内波动，对重要负荷的影响应较小，对继电保护的影响也必须采取措施躲过，否则可能引起继电保护的误动，如非同期重合过程中系统振荡可能引起电流、电压保护和距离保护误动作。

3）采用非同期合闸后，电力系统可以迅速恢复同步运行。

3. 检查同期的三相自动重合闸

当两侧电源的线路上，既没有条件采用三相快速自动重合闸，又不能采用非同期重合闸时，可以考虑采用检查同期的三相自动重合闸。这种重合闸方式的特点是对于双侧电源输电线路，两侧电源断路器断开后，其中一侧的断路器先合上，另一侧断路器在重合时，先检查线路两侧电源是否满足同期条件，条件符合时，才允许进行重合。这种重合闸方式不会产生很大的冲击电流，也不会引起系统振荡，合闸后系统也能很快地拉入同步。

（1）检查同期重合闸的工作原理。如图 11-3a 所示，这种重合闸方式是在单侧电源线路的三相一次自动重合闸的基础上增加附加条件来实现的，在线路两侧的断路器上，除装设单端电源线路自动重合闸 AAR 外，两侧还装有检查线路无压的欠电压继电器 KV（此电压继电器的整定值，通常取 $0.5U_\mathrm{N}$）和检查两侧电源同步的

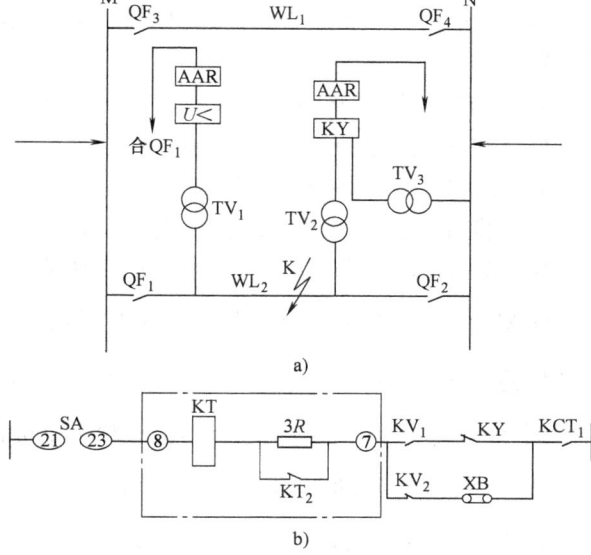

图 11-3 检查同期方式重合闸的原理接线图
a）重合闸方式原理图 b）起动回路

同步继电器 KY，并把 KV 和 KY 的触点串入重合闸时间元件的起动回路中。

当输电线路上发生故障时，两侧的断路器跳开，线路失去电压，M 侧的断路器 QF_1 在检查线路无电压后，首先进行重合。若为瞬时性故障，则 M 侧重合闸成功，N 侧在检查断路器 QF_2 两端电压满足同期条件后，进行重合闸，从而使线路恢复供电。若为永久性故障，M 侧重合不成功，该侧断路器将被继电保护再次动作跳闸，N 侧由于断路器 QF_2 被断开，线路无电压，N 侧母线仍然有电压，对于检查同步继电器 KY 来说，只有一侧有电压而不能动作，因此不会重合闸。

由此可见，M 侧的断路器 QF_1 如果重合不成功，就要连续两次切断短路电流，其工作条件比 N 侧断路器 QF_2 的工作条件恶劣，又由于 M 侧的断路器有可能误动，此时线路上有电压，M 侧不能实现重合来纠正断路器的误动作。为了解决这个问题，通常在线路两侧都装设欠电压继电器和同步继电器，两者触点并联工作，利用连接片定期切换其工作方式，使两侧继电器轮换使用每种方式，以使工作条件接近相同。在实际应用时，线路两侧的同步继电器可同时投入，而欠电压继电器不可同时投入，即线路一侧应投入同步继电器和欠电压继电器，而另一侧只投入同步继电器。

另外，在正常运行条件下，如由于某种原因使无压侧（M 侧）误跳闸时，将 M 侧的同步继电器也投入，此时由于线路上有电压，同步继电器仍然能工作，这样可以将误跳闸的断路器重新合闸。

检查同期方式重合闸的起动回路如图 11-3b 所示，当 XB 接通时，为检查无压工作方式。当线路故障时，两侧的断路器跳开，因线路无电压，欠电压继电器的触点 KV_2 闭合、KV_1 打开，跳闸位置继电器 KCT 动作，使触点 KCT_1 闭合，这样 KV_2—XB—KCT_1 构成检查无压的起动回路接通，起动时间继电器 KT，经过整定的时间，M 侧断路器可以重合闸。当 XB 断开时，为检查同期工作方式。此时由于 XB 断开，切断了检查线路无压的起动回路，此时线路和母线均有电压，触点 KV_1 闭合，KCT_1 闭合，当线路和母线电压同步或在一定的允许值范围内时，同步继电器 KY 的动断触点闭合起动重合闸的时间元件，经整定的时间后将断路器重新合上，恢复同步运行。

(2) 检查同步继电器的工作原理。同期检查由同步继电器来完成，检查两侧电源满足同步条件，实际就是检查两侧电源的电压差、频率差和相位差都在一定的允许范围内，才允许重合闸。若其中一个条件不满足时，则不允许重合闸。同步继电器的种类有很多，如电磁型、晶体管型等，其工作原理类似，下面以有触点的电磁型继电器为例来说明其工作原理，其内部接线如图 11-4 所示。它由铁心、两组线圈、反作用弹簧及触点等构成。两组线圈分别从母线侧的电压互感器和线路侧的电压互感器引入同名相电压 $\dot{U}_M$、$\dot{U}_N$。两组线圈在铁心中所产生的磁通方向相反，铁心中的总磁通 $\dot{\Phi}_\Sigma$ 反映了两个电压相量差 $\Delta\dot{U}$，如图 11-5 所示。$\Delta\dot{U}$ 的大小与两侧电源电压的相位、幅值和频率直接相关。

当 $\Delta\dot{U}=0$、$\dot{\Phi}_\Sigma=0$ 时，继电器触点闭合，允许重合闸继电器动作；当 $\Delta\dot{U}\neq 0$、$\dot{\Phi}_\Sigma\neq 0$ 时，总磁通 $\dot{\Phi}_\Sigma$ 产生的电磁力矩使重合闸继电器不能起动。

$\Delta\dot{U}$ 与相位的关系（频率关系）如下：

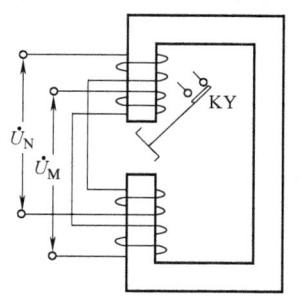

图 11-4 检查同步继电器的内部接线

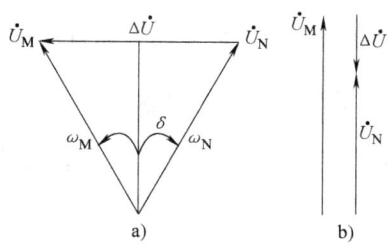

图 11-5 加于同步继电器上的电压 $\Delta\dot{U}$ 与幅值和相位 δ 的关系

a) $\dot{U}_M$ 和 $\dot{U}_N$ 幅值相同、相位不同的情况

b) $\dot{U}_M$ 和 $\dot{U}_N$ 相位相同、幅值不同的情况

当两侧电源电压幅值相同、相位不同时，如图 11-5a 所示，$\Delta\dot{U}\neq 0$、$\dot{\Phi}_\Sigma\neq 0$，则

$$|\Delta\dot{U}|=|\dot{U}_M-\dot{U}_N|=2U|\sin\frac{\delta}{2}|$$

$$\delta=\omega_s t=(\omega_M-\omega_N)t \tag{11-4}$$

式中，ω_M 为 M 侧电源电压的角频率；ω_N 为 N 侧电源电压的角频率；ω_s 为两侧电源电压的角频率之差；t 为时间；δ 为两侧电源电压间的相位差。

由式（11-4）可见，$|\Delta\dot{U}|$ 随 δ 的增大而增大，$\dot{\Phi}_\Sigma$ 的数值也随式（11-4）增大，则作用在继电器舌片上的电磁力矩加大，当 δ 增大到一定的数值后，在电磁力的作用下，继电器的动断触点被打开，将重合闸装置闭锁使之不能动作，要使继电器起动，δ 的整定范围为 $20°\sim 40°$，δ 一旦整定好后就不再变化。$\dot{U}_M$ 与 $\dot{U}_N$ 之间的角频率差 ω_s 越小，同步继电器 KY 的动断触点闭合的时间 t_{KY} 越长；反之，ω_s 越大，t_{KY} 越短。如果重合闸时间继电器 KT 的整定时间为 t_{KT}，则当 $t_{KY}>t_{KT}$ 时，时间继电器 KT 的延时触点才能达到整定时限闭合，使重合闸 AAR 动作；当 $t_{KY}<t_{KT}$ 时，在 KT 的延时触点闭合之前，重合闸回路便因 KY 触点打开而断开，KT 线圈失去电压，其延时触点中途返回，重合闸不能动作。

$\Delta\dot{U}$ 与幅值的关系如下：

由图 11-5b 可知，当 $\dot{U}_M$ 与 $\dot{U}_N$ 幅值不同时，即使两电压同相，$\Delta\dot{U}$ 的数值仍然较大，$\dot{\Phi}_\Sigma$ 的数值也较大，产生的电磁力矩会大于弹簧的反作用力矩，使 KY 的触点不能闭合。

因此，只有当两侧电压的幅值差、频率差和相位差三个条件都在一定的允许范围内时，同步继电器的动断触点才闭合。若三个条件中有一个不满足，KY 的动断触点都是断开的，重合闸继电器不能起动。

第三节 自动重合闸与继电保护的配合

在电力系统中，自动重合闸与继电保护的关系密切，两者的配合使用不仅可以简化保护装置，还可以加速切除故障，提高供电可靠性。自动重合闸装置与继电保护装置的配合方式有两种：自动重合闸前加速保护和自动重合闸后加速保护。

一、自动重合闸前加速保护

自动重合闸前加速保护简称"前加速"，多用于单侧电源供电的辐射形线路中。当线路上发生故障时，靠近电源侧的电流速断保护首先无选择性地瞬时跳闸，切除故障，然后借助自动重合闸来纠正这种无选择性的动作。若为暂时性故障，重合闸成功，线路恢复供电；若为永久性故障，保护将再次动作，这时保护装置按选择性切除故障。图11-6所示为AAR装置"前加速"保护动作原理说明图。

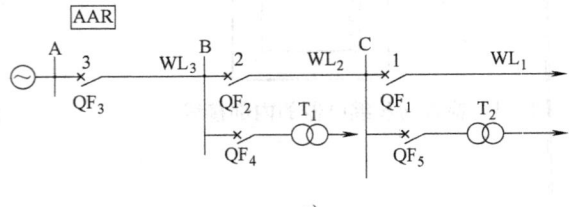

系统线路 WL_1、WL_2、WL_3 上各装设一套定时限过电流保护和电流速断保护，定时限过电流保护动作按阶梯时限原则整定，如图11-6b所示。这样，线路 WL_3 上定时限过电流保护的动作时限最长，并在靠近电源的线

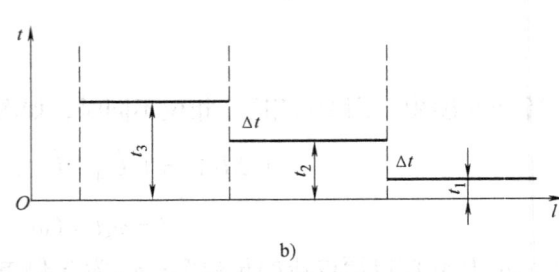

图11-6 自动重合闸前加速保护
a) 原理说明图 b) 各段过电流保护时限整定图

路 WL_3 上装设三相自动重合闸装置，其动作电流按躲过变压器低压侧短路的最大短路电流进行整定。

当线路 WL_1、WL_2、WL_3 上任意一点发生故障时，电流速断保护因不带延时，将瞬时断开电源侧断路器 QF_3，由自动重合闸装置自动将无选择性电流速断保护闭锁，使其退出运行，然后重起重合闸装置，将该断路器重新合上。若是瞬时性故障，则重合闸成功，供电恢复正常；若是永久性故障，则利用定时限过电流保护有选择性地切除故障。

采用"前加速"的优点如下：

1）能快速切除瞬时性故障。

2）使瞬时性故障不至发展成永久性故障，提高重合闸的成功率。

3）只需一套自动重合闸装置，设备少、接线简单、易于实现。

4）能保证发电厂和重要变电所的母线电压在0.6~0.7倍额定电压以上，从而保证厂用电和重要用户的电能质量。

采用"前加速"的缺点如下：

1）断路器 QF_3 的工作条件变坏，动作次数增多。

2）对于永久性故障，故障切除的时间较长。

3）若重合闸装置或断路器 QF_3 拒动，将扩大停电范围，甚至在最末一级线路上故障，也可能造成全部停电。

因此，自动重合闸前加速保护主要适用于35kV以下的发电厂、变电所引出的直配线路上，以便能快速切除故障，保护母线电压。

二、自动重合闸后加速保护

自动重合闸后加速保护简称"后加速",是指当输电线路发生第一次故障时,继电保护有选择性地动作,将故障切除,然后进行重合闸。若是暂时性故障,则重合闸成功,线路恢复供电;若是永久性故障,则加速故障线路的保护装置动作,进行无选择性地将故障切除。

"后加速"的原理说明图如图 11-7a 所示。实现自动重合闸后加速保护的方法是将加速继电器 KAT 的动合触点与电流保护的电流继电器 KA 的动合触点串联,如图 11-7b 所示。

当线路发生故障时,KA 动作,加速继电器 KAT 未动作,其动合触点打开。只有当按选择性原则动作的 KT 延时触点闭合后,才起动出口继电器 KCO,跳开相应线路的断路器,随后自动重合闸动作,重新合上断路器,同时也起动加速继电器 KAT,KAT 动作后,其动合触点闭合。这时若重合于永久性故障上,则 KA 再次动作,KAT 动合触点同时起动 KCO,使断路器再次跳闸,这样实现了自动重合闸后加速保护。

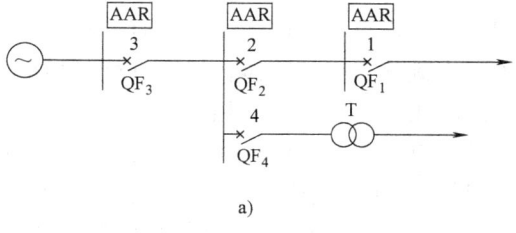

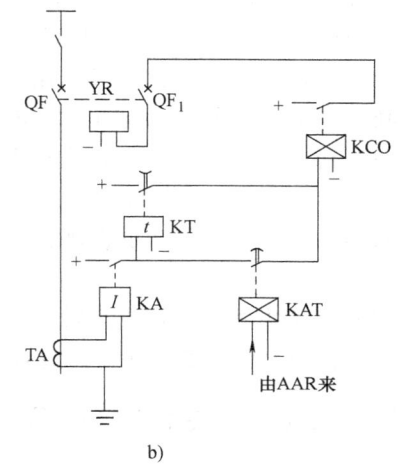

图 11-7 自动重合闸后加速保护
a) 原理说明图 b) 原理接线图

采用"后加速"的优点如下:

1)第一次保护装置动作于跳闸是有选择性的,不会扩大停电范围,尤其是在重要的高压电网中,一般不允许保护无选择性地动作,然后以重合的方式来纠正。

2)由于再次断开永久性故障的时间加快,有利于系统并联运行的稳定性,保证了永久性故障能瞬时切除,并仍然具有选择性。

采用"后加速"的缺点如下:

1)第一次切除故障可能带延时,影响了重合闸的效果。

2)每个断路器上都需要装设一套重合闸,与"前加速"相比更为复杂。

自动重合闸后加速保护只用了一个加速继电器,简单、可靠。目前,广泛应用于 35kV 及以上电压等级的电网中,应用范围不受电网结构的限制。

第四节 综合自动重合闸

一、综合自动重合闸的工作方式

在 220kV 及以上电压等级的大接地系统中,由于架空线路的线间距离较大,发生相间故障的几率较小,而发生单相接地故障的几率较大。在高压输电线路的故障中,绝大部分都是瞬时性单相接地故障。从滤波照片中还发现，在发生的相间故障中，相当一部分也是由单相接地故障发展而成的。因此，如果能在线路上装设可以分相操作的三个单相断路器，当发生单相接地故障时，只把故障相的断路器断开，然后重合闸，另外未发生故障的两相继续运行。这样，不但可以提高供电可靠性和系统并联运行的稳定性，还可以减少相间故障的发生，这种方式的重合闸叫单相自动重合闸。我国在220kV及以上的高压电力系统中，广泛应用了综合自动重合闸装置。它是由单相自动重合闸和三相自动重合闸综合在一起构成的，适用于中性点直接接地系统，同时具有单相重合闸和三相重合闸两种性能。在相间短路时，保护动作跳开三相断路器，然后进行三相重合闸；在单相接地短路时，保护和重合闸装置只断开故障相，然后进行单相重合闸。

综合重合闸的工作方式可由转换开关进行切换，一般可以实现以下几种重合闸方式：

（1）单相重合闸方式。线路上发生单相接地故障时，保护动作只跳开故障相的断路器，然后进行单相重合闸。若是瞬时性故障，则恢复供电；若是永久性故障，而系统又不允许长期非全相运行，则重合闸后，保护动作跳开三相断路器，不再进行重合。

（2）三相重合闸方式。不论输电线路上发生单相接地还是相间故障，均实行三相自动重合闸。当重合到永久性故障时，断开三相并不再进行重合。

（3）综合重合闸方式。若线路上发生单相接地故障，只跳开故障相，实行单相自动重合闸，当重合到永久性故障时，断开三相并不再进行重合；若线路上发生相间短路，跳开三相断路器，实行三相自动重合闸，当重合到永久性相间故障时，断开三相并不再进行自动重合。

（4）停用方式。又称为直跳方式。线路上发生任何形式的故障时，均断开三相不再进行自动重合闸，此方式也叫停电方式。

二、单相自动重合闸方式下的特殊问题

综合自动重合闸在单相自动重合闸工作方式下，在单相接地短路时，只跳开故障相，因此必须对故障相进行判断，从而确定跳开哪一相，需要设置接地故障判别元件和故障选相元件，还应考虑潜供电流对综合重合闸装置的影响，以及非全相运行对继电保护的影响。

（一）故障判别元件和选相元件

故障判别元件的作用是判别故障类型，当输电线路上发生故障时，用于判别故障是单相接地故障还是相间故障，以确定是单相跳闸还是三相跳闸。选相元件的作用是当故障类型确定后，还需要确定是哪一相故障，以便与继电保护装置配合，只跳开发生故障的那一相。

故障判别元件一般由零序电流继电器和零序电压继电器构成。线路发生相间短路时，接地故障判别元件不动作，继电保护起动三相跳闸回路使三相断路器跳闸。当线路发生接地短路时，出现零序分量，判别元件起动，判别出故障是单相接地故障还是两相接地故障，并由选相元件选出故障相后，决定是单相跳闸还是三相跳闸。

故障选相元件是实现单相自动重合闸的重要元件，当线路上发生接地短路故障时，选出故障相。常用的故障选相元件如下：

1. 相电流选相元件

在三相线路上各装设一个过电流继电器，其动作电流按大于最大负荷电流的原则进行整定，适用于装在线路的电源端，并仅在短路电流较大的情况下采用，对于长距离，重负荷线

路不能采用。它是根据相短路电流增大的原理而动作的。

2. 相电压选相元件

在三相线路上各装设一个欠电压继电器,其动作电压应小于正常运行以及非全相运行时可能出现的最低电压。这种选相元件适用于装设在小电源侧或单侧电源受电侧,在很短的线路上也可采用,但要检验其灵敏性,通常也只作为辅助选相元件。

3. 阻抗选相元件

用三个低阻抗继电器分别接于三个相电压和经过零序补偿的相电流上,保证继电器的测量阻抗与短路点到保护安装处之间的正序阻抗成正比。阻抗选相元件能明确地选择故障相,比前两种选相元件具有更高的选择性和灵敏性,因此它在复杂电网中得到了广泛的应用。阻抗选相元件可以选用全阻抗继电器、方向阻抗继电器或带偏移特性的阻抗继电器。目前多采用带有记忆作用的方向阻抗继电器。

4. 相电流差突变量选相元件

此种选相元件是利用在短路时,电气量发生突变这一特点构成的。近年来,在超高压网络中,该选相元件被用作综合重合闸的选相元件。微机型成套线路保护装置中均采用具有此类原理的选相元件。

继电保护、选相元件和判别元件的逻辑电路如图 11-8 所示。

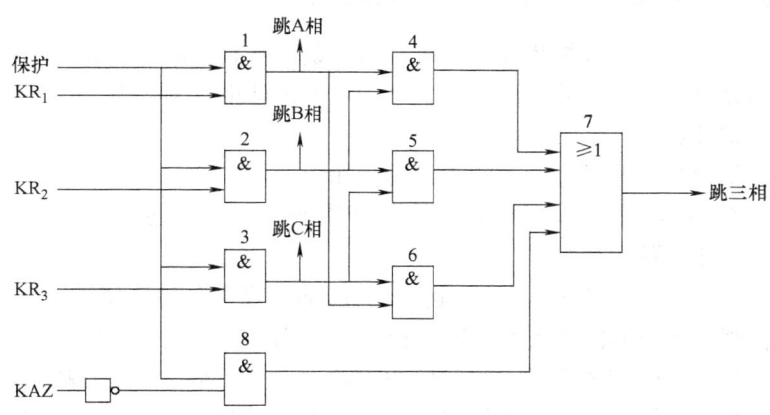

图 11-8 继电保护、选相元件和判别元件的逻辑电路

图 11-8 中,KR_1、KR_2、KR_3 为三个反映 A、B、C 单相接地短路的阻抗继电器,作为选相元件;零序电流继电器 KAZ 作为判别是否发生接地短路的判别元件。

当线路发生相间短路时,没有零序电流,判别元件 KAZ 不动作,继电保护通过与门 8 跳开三相断路器。当线路发生接地短路故障时,故障线路上有零序电流,判别元件 KAZ 动作,与门 1、2、3 中之一开放,跳开单相断路器,如果两个选相元件动作,则说明发生了两相短路,与门 4、5、6 中之一开放,保护将跳开三相断路器。

(二)潜供电流对综合重合闸的影响

所谓潜供电流是指当线路发生故障时,线路两侧的断路器跳闸后,由于非故障相与故障相之间存在电容与电感,此时短路电流虽已经被切除,但故障点弧光通道中仍有一定的电流通过,这个电流称为潜供电流。由于潜供电流的存在,短路时弧光通道中的去游离受到严重地阻碍,电弧不能很快熄灭,而自动重合闸只有在故障点电弧熄灭,且绝缘强度恢复后,才有可能成功。因此，单相重合闸的动作时间必须考虑潜供电流的影响。要保证单相重合闸有良好的效果，选择单相重合闸的动作时间一般都应比三相重合闸的动作时间长。

潜供电流的大小与线路的参数有关，线路电压越高、负荷电流越大、线路越长则潜供电流越大，对单相重合闸的影响越大，重合闸的动作时间越长。通常在220kV及以上的线路上，单相重合闸的动作时间要选择在0.6s以上。

（三）非全相运行状态对继电保护的影响

采用综合重合闸后，要求在单相接地故障时只断开故障相的断路器，这样在重合闸周期内出现了只有两相运行的非全相运行状态，使线路处于不对称运行状态，从而在线路中产生负序分量和零序分量的电压和电流。这些分量会对电力系统中的设备、继电保护和附近的通信设施产生影响，尤其是继电保护装置可能会误动作，应在单相重合闸时进行闭锁、或使保护的动作值躲过非全相运行、或使其动作时限大于单相重合闸周期等方式防止继电保护装置的误动作。

若单相重合闸不成功，根据实际需要，系统需要转入长期非全相运行时，还应考虑长期出现的负序电流对发电机的影响、长期出现的负序和零序电流对电网继电保护的影响以及零序电流对通信线路的干扰等问题。

三、综合重合闸装置的构成原则及其要求

在线路故障时，如果重合闸装置的构成不当、重合闸装置的选相元件选择不当、装置出现故障等都可能导致断路器拒动或误动。因此，正确设计重合闸装置，对发挥重合闸的作用具有相当重要的意义。

在设计综合重合闸装置时应考虑的主要问题如下：

（1）综合重合闸的工作方式。综合重合闸装置通过切换应能实现综合重合闸、三相重合闸、单相重合闸和直跳四种方式。

（2）综合重合闸的起动方式。综合重合闸的起动方式主要是采用不对应原则进行起动，即控制开关在合闸位置时断路器实际在断开位置，利用两者位置不对应的方式进行起动。但考虑到单相重合闸过程中需要进行一些保护的闭锁，逻辑回路中需要对故障相实现选相固定等，还应采用一个由保护起动的重合闸起动回路。因此，在综合重合闸的起动回路中，目前采用两种起动方式，其中以不对应起动方式为主，保护起动方式作为补充。

（3）综合重合闸与继电保护相配合。在设置综合重合闸的线路上，保护动作后一般要经过综合重合闸才能使断路器跳闸，考虑到非全相运行时，有些保护可能误动，必须采取措施进行闭锁。因此，为满足综合重合闸与各种保护之间的配合，一般设有五个保护端子，即M、N、P、Q、R端子。

1）M端子接非全相运行时可能误动作的保护，如距离保护Ⅰ、Ⅱ段和零序保护Ⅰ、Ⅱ段，在非全相运行中未采用其他措施时，应将它们闭锁。

2）N端子接非全相运行时本线路和相邻线路不会误动的保护，如相位差高频保护。

3）P端子接相邻线路非全相运行时会误动的保护。

4）Q端子接任何故障都必须切除三相并允许进行三相重合的保护，如进行重合闸的母线保护。

5）R端子接只要求直跳三相断路器，而不再进行重合闸的保护，如长延时的后备保护。

(4) 单相接地故障时，只跳故障相断路器，然后进行单相重合，如重合不成功，则跳开三相断路器，并不再进行重合。相间故障时，跳开三相断路器，并进行三相重合，如重合不成功，仍跳开三相断路器，并不再进行重合。

在构成综合重合闸装置时，除了应考虑上述情况以外，还要考虑选相元件拒动、高压断路器的性能等问题。

复习思考题

11-1 电力系统对自动重合闸装置的基本要求是什么？

11-2 电网中重合闸的配置原则是什么？

11-3 自动重合闸的基本类型有哪些？它们分别适用于什么网络？

11-4 试说明图 11-1 所示重合闸装置，当线路发生永久性故障时，是如何保证只重合一次的？

11-5 图 11-1 所示的重合闸装置是如何防止"跳跃"的？说明其防跳过程。

11-6 什么叫重合闸前加速保护、重合闸后加速保护？各有何优缺点？

11-7 什么叫自动重合闸的不对应起动原则？

11-8 快速自动重合闸为什么对电力系统稳定有利？

11-9 为什么双侧电源自动重合闸的无压检查侧还要增设检查同步继电器 KY？

11-10 什么叫潜供电流？对 AAR 的动作时间有何影响？

11-11 说明哪些情况下需要对自动重合闸装置闭锁。

11-12 说明综合自动重合闸中 M、N、P、Q、R 五个端子的作用。

附录

附表1 常用设备、文字符号

序号	名　　称	文字符号	序号	名　　称	文字符号
1	发电机	G	35	继电器	K
2	变压器	T	36	电流继电器	KA
3	电动机	M	37	电压继电器	KV
4	母线、线路	WB、WL	38	正序电流继电器	KAP
5	零序电流互感器	TAN	39	负序电流继电器	KAN
6	电容器	C	40	零序电流继电器	KAZ
7	电抗器	L	41	负序电压继电器	KVN
8	电流互感器	TA	42	零序电压继电器	KVZ
9	电压互感器	TV	43	功率方向继电器	KDR
10	断路器、隔离开关	QF、QS	44	中间继电器	KM
11	熔断器	FU	45	信号继电器	KS
12	负荷开关	QL	46	阻抗继电器	KI
13	灭磁开关	QFS	47	差动继电器	KD
14	合闸线圈	YO	48	极化继电器	KP
15	跳闸线圈	YR	49	时间继电器、温度继电器	KT
16	电阻器	R	50	干簧继电器	KRD
17	电抗变换器	UX	51	热继电器	KH
18	电流变换器	UA	52	冲击继电器	KSH
19	电压变换器	UV	53	起动继电器	KST
20	二极管	VD	54	出口继电器	KCO
21	连接片	XB	55	切换继电器	KCW
22	指示灯	HL	56	重动继电器	KCE
23	红灯、绿灯	HR、HG	57	闭锁继电器	KL
24	避雷器	F	58	频率器	KF
25	按钮	SB	59	防跳继电器	KFJ
26	控制开关	SA	60	加速继电器	KAC
27	电铃	HA	61	合闸位置继电器	KCP
28	整流器	UR	62	跳闸位置继电器	KCT
29	电铃、蜂鸣器	HA	63	零序功率方向继电器	KWD
30	信号回路电源小母线	WS	64	负序功率方向继电器	KWH
31	控制回路电源小母线	WC	65	重合闸继电器	KRC
32	闪光电源小母线	WF	66	停信继电器	KSS
33	预报信号小母线	WFS	67	收信继电器	KSR
34	复位与掉牌小母线	WR、WP	68	失磁继电器	KLM

附表2 常用系数符号

序号	名称	符号	序号	名称	符号
1	可靠性系数	K_{rel}	8	电压互感器电压比	K_{TV}
2	返回系数	K_{re}	9	非周期分量系数	K_{np}
3	最小灵敏系数	$K_{s \cdot min}$	10	配合系数	K_{co}
4	电动机自起动系数	K_{ss}	11	接线系数	K_w, K_{con}
5	分支系数	K_b	12	误差系数	K_{err}
6	同型系数	K_{st}	13	整定匝数相对误差系数	Δf_s
7	电流互感器电流比	K_{TA}	14	制动系数	K_{res}

附表3 常用下脚标文字符号

序号	名称	符号	序号	名称	符号
1	动作	op	21	故障前瞬间	[0]
2	整定	set	22	总和	Σ 或 tot
3	灵敏	sen	23	接线	con
4	额定	N	24	精确	ac
5	最大	max	25	保护	P
6	最小	min	26	接线或工作	W
7	输入	in	27	中性线或零序	0
8	输出	out	28	残余	rem
9	有功	a	29	短路	k
10	无功	r	30	不平衡	unb
11	负荷	L 或 Loa	31	非全相	unc
12	饱和	sat	32	系统或延时	s
13	返回	re	33	三相一次侧	A、B、C
14	制动	res	34	三相二次侧	a、b、c
15	可靠	rel	35	速断	qb
16	故障	f	36	热拖扣器	TR
17	非故障	unf	37	误差	err
18	差动	d	38	额相	ph
19	励磁	m	39	励磁涌流	exs
20	非周期	np	40	配合	co

附表4 DL—10系列电流继电器的技术数据

型号	整定范围/A	线圈串联		线圈并联		动作时间	返回系数	在第一整定电流时消耗的功率/V·A	触点数量		备注
		动作电流/A	长期热稳定电流/A	动作电流/A	长期热稳定电流/A				常开	常闭	
DL—11/0.2	0.05~0.2	0.05~0.1	0.3	0.1~0.2	0.6	在1.2倍整定值时,不大于0.15s;在3倍整定值时,不大于0.03s	0.8	0.1	1		触点断开容量:电压在220V以下,电流在2A以下时,在直流电路中为50W,在交流电路中为250V·A
DL—12/0.2										1	
DL—13/0.2									1	1	
DL—11/0.6	0.15~0.6	0.15~0.3	1	0.3~0.6	2			0.1	1		
DL—12/0.6										1	
DL—13/0.6									1	1	

(续)

型号	整定范围/A	线圈串联		线圈并联		动作时间	返回系数	在第一整定电流时消耗的功率/V·A	触点数量		备注
		动作电流/A	长期热稳定电流/A	动作电流/A	长期热稳定电流/A				常开	常闭	
DL—11/2	0.5~2	0.5~1	4	1~2	8	在1.2倍整定值时，不大于0.15s；在3倍整定值时，不大于0.03s	0.8	0.1	1		触点断开容量：电压在220V以下，电流在2A以下时，在直流电路中为50W，在交流电路中为250V·A
DL—12/2										1	
DL—13/2									1	1	
DL—11/6	1.5~6	1.5~3	10	3~6	20			0.1	1		
DL—12/6										1	
DL—13/6									1	1	
DL—11/10	2.5~10	2.5~5	10	5~10	20			0.15	1		
DL—12/10										1	
DL—13/10									1	1	
DL—11/20	5~20	5~10	15	10~20	30			0.25	1		
DL—12/20										1	
DL—13/20									1	1	
DL—11/50	12.5~50	12.5~25	20	25~50	40			1	1		
DL—12/50										1	
DL—13/50									1	1	
DL—11/100	25~100	25~50	20	50~100	40			2.5	1		
DL—12/100										1	
DL—13/100									1	1	
DL—11/200	50~200	50~100	20	100~200	40		0.7	10	1		
DL—12/200										1	
DL—13/200									1	1	

附表5　DL—20(30)系列电流继电器的技术数据

型号	线圈串联		线圈并联		最小整定值时功率消耗/V·A	触点数量		返回系数	动作时间	动作电流误差
	动作电流/A	长期允许电流/A	动作电流/A	长期允许电流/A		常开	常闭			
DL—21C	0.0125~0.025	0.08	0.025~0.05	0.16	0.4			不小于0.8	当1.2倍整定电流时，不大于0.15s，当3倍整定电流时，不大于0.03s	不大于6%
31	0.05~0.1	0.3	0.1~0.2	0.6	0.5	1				
DL—22C	0.15~0.3	1	0.3~0.6	2	0.5		1			
32	0.5~1	4	1~2	8	0.5	1	1			
DL—23C	1.5~3	6	3~6	20	0.5	1	1			
33	2.5~5	10	5~10	20	0.8	2				
DL—24C	5~10	15	10~20	30		2				
34	12.5~25	20	25~50	40		1	2			
DL—25C	25~50	20	50~100	40			2			
	50~100	20	100~200	40			2			

注：触点断开容量：当电压不大于250V、电流不大于2A时，在直流回路中为40W（DL—20系列）、50W（DL—30系列），在交流回路中为200V·A（DL—20系列）、250V·A（DL—30系列）。

附表6 GL—10系列电流继电器的技术数据

型号	额定电流/A	整定值		长期热稳定电流 I_N（%）	返回系数	动作电流时的功率消耗/V·A	触点数量		
		动作电流/A	10倍动作电流时的动作瞬间/s				常开	延时信号	强力桥式
GL—11/10 (21/10)	10	4,5,6,7,8,9,10	0.5,1,2,3,4	110	0.85	<15	1		
GL—11/5 (21/5)	5	2,2.5,3,3.5,4,4.5,5	0.5,1,2,3,4				1		
GL—12/10 (22/10)	10	4,5,6,7,8,9,10	2,4,8,12,16				1		
GL—12/5 (22/5)	5	2,2.5,3,3.5,4,4.5,5	2,4,8,12,16				1		
GL—13/10 (23/10)	10	4,5,6,7,8,9,10	2,3,4				1	1	
GL—13/5 (23/5)	5	2,2.5,3,3.5,4,4.5,5	2,3,4				1	1	
GL—14/10 (24/10)	10	4,5,6,7,8,9,10	8,12,16		0.8		1	1	
GL—14/5 (24/5)	5	2,2.5,3,3.5,4,4.5,5	8,12,16				1	1	
GL—15/10 (25/10)	10	4,5,6,7,8,9,10	0.5,1,2,3,4						1
GL—15/5 (25/5)	5	2,2.5,3,3.5,4,4.5,5	0.5,1,2,3,4						1
GL—16/10 (26/10)	10	4,5,6,7,8,9,10	8,12,16					1	1
GL—16/5 (26/5)	5	2,2.5,3,3.5,4,4.5,5	8,12,16					1	1

注：触点容量：常开触点在220V时接通直流或交流5A；常闭触点在220V时断开交流2A；信号触点在220V时断开直流0.2A，断开交流1A，强力桥式触点由电流互感器供电，电阻在3.5A时小于4.5Ω，则在小于150A时能将此跳闸线圈接通或分流断开。

附表7 DJ—100系列电压继电器的技术数据

型号	特性	整定范围/V	长期允许电压(V)		最小整定值时功率消耗/V·A	触点数量		返回系数	动作时间	备注
			线圈串联	线圈并联		常开	常闭			
DJ—111/60	过电压继电器	15~60	70	35	1	1		0.8	在1.2倍整定值时,不大于0.15s;在3倍整定值时不大于0.03s	触点断开容量：电压在220V以下,电流在2A以下时,在直流电路中为50W；在交流电路中为250V·A
DJ—111/200		50~200	220	110						
DJ—111/400		100~400	440	220						
DJ—131/60		15~60	70	35		1	1			
DJ—131/200		50~200	220	110						
DJ—131/400		100~400	440	220						
DJ—131/60C		15~60	220	110	1.5	1	1			
DJ—122/48	欠电压继电器	12~48	70	35	1		1	1.25	在0.5倍整定值时,不大于0.15s	
DJ—122/160		40~160	220	110						
DJ—122/320		80~320	440	220						
DJ—132/48		12~48	70	35	1	1	1			
DJ—132/160		40~160	220	110						
DJ—132/320		80~320	440	220						

附表8 DY系列电压继电器的技术数据

型号	特性	线圈串联		线圈并联		触点数量		最小整定值时功率消耗/V·A	动作时间
		动作电压/V	长期允许电压/V	动作电压/V	长期允许电压/V	常开	常闭		
DY—21C	过电压继电器	30~60	70	15~30	35	1		1	在1.2倍整定值时,不大于0.15s;在3倍整定值时不大于0.03s
DY—22C		100~200	220	50~100	110		1		
DY—23C		200~400	440	100~200	220	1	1		
DY—24C		30~60	220	15~30	110	2			
DY—31		30~60	70	15~30	35	1			
DY—32		100~200	220	50~100	110	1	1		
DY—33		200~400	440	100~200	220	2			
DY—34		30~60	220	15~30	110	1	2		
DY—27C	欠电压继电器	24~48	70	12~24	35	1			在0.5倍整定值时,不大于0.15s
DY—28C		80~160	220	40~80	110	1	1		
DY—29C		160~320	440	80~160	220	2			
DY—36		24~48	70	12~24	35	1	1		
DY—37		80~160	220	40~80	110	2			
DY—38		160~320	440	80~160	220	1	2		

注：型号字母中C表示该型继电器有附加电阻,可接成保证热稳定接线。

附表9 LY系列电压继电器的技术数据

型号	特性	线圈串联		线圈并联		触点数量		最小整定值时功率消耗/V·A	备注
		动作电压/V	长期允许电压/V	动作电压/V	长期允许电压/V	常开	常闭		
LY—1A	过电压继电器	6~12						10	过电压继电器的返回系数不小于0.8,欠电压继电器的返回系数不大于1.25
LY—21		100~200						1.5	
LY—22		80~160	220					1.5	
LY—31	欠电压继电器					1			
LY—32							1		
LY—33		30~60	220	15~30	110			1	
LY—34		80~160	220	40~80	110		1		
LY—35		160~320	440	80~160	220				
LY—36							2		
LY—37						2			

附表10 DS—110系列时间继电器的技术数据

型号	电流类别	时限整定范围/s	额定电压/V	触点规范			动作电压	触点断开容量
				常开	常闭	滑动		
DS—111	直流	0.1~0.3	24,48,110,220				0.7倍额定电压	电压在220V以下,电流在1A以下时,在直流电路中为100W
DS—112		0.25~3.5	24,48,110,220	2	1			
DS—113		0.5~9	24,48,110,220	2	1			
DS—115		0.25~3.5	24,48,110,220	2	1	1		
DS—116		0.5~9	24,48,110,220	2	1	1		
DS—111C		0.1~0.3	24,48,110,220					
DS—112C		0.25~3.5	24,48,110,220	2	1			
DS—113C		0.5~9	24,48,110,220	2	1			
DS—121	交流	0.1~0.3	100,110,127,220,380				0.85倍额定电压	
DS—122		0.25~3.5	100,110,127,220,380	2	1			
DS—123		0.5~9	100,110,127,220,380	2	1			
DS—125		0.25~3.5	100,110,127,220,380	2	1			
DS—126		0.5~9	100,110,127,220,380	2	1			

附表11 DZ—10系列中间继电器的技术数据

型号	直流额定电压/V	动作电压/V	触点数目		触点容量				
			常开	常闭	负荷特性	电压/V		最大断开电流/A	长期接通电流/A
						直流	交流		
DZ—15	220	154	2	2	无感	220		1	5
	110	77	2	2		110		5	
	48	33.6	2	2					
	24	16.8	2	2	有感	220		0.5	
	12	8.4	2	2		110		4	
DZ—17	220	154	4		无感	220		5	
	110	77	4			110		10	
	48	33.6	4						
	24	16.8	4						
	12	8.4	4						

附表12 DZB系列中间继电器的技术数据

型号	额定值		动作值		自保持值		触点数目	
	电压/V	电流/A	电压/V	电流/A	电压/V	电流/A	常开	常闭
DZB—115	220,110	1,2,4		不大于 1,2,4	0.7倍额定电压		2	2
DZB—127	220,110	1,2,4	0.7倍额定电压			0.8倍额定电流	4	—
DZB—138	220,110,48,24	1,2,4,8	0.7倍额定电压			0.65倍额定电流	3	1

注：触点容量与DZ—10相同。

附表13 信号继电器的技术数据

型号	额定电压/V	额定电流/A	动作电压（电流）不大于	功率消耗/W		触点断开容量	备注
				电压	电流		
DX—11 电压型	12 24 48 110 220		$0.6I_N$	2		$U \leq 220$ $I \leq 2A$ 时，直流为50W，交流为250V·A	
DX—11 电流型		0.1,0.015,0.025,0.05,0.075,0.1,0.15,0.25,0.5,0.75,1	I_N		0.3		
DX—21/1,21/2 22/1,22/2 23/1,23/2	48 110 220	0.01,0.015,0.04,0.08,0.2,0.5,1	$0.7U_N$ (I_N)	7	0.5	<110V、<0.2A时，直流为10W，纯阻性为30W	具有灯光信号
DX—31,32	12 24 48 110 220	0.01,0.015,0.025,0.04,0.05,0.075,0.08,0.1,0.15,0.2,0.25,0.5,1	$0.7U_N$ (I_N)	3	0.3	<220V时，直流为30W，交流为200V·A	具有掉牌信号
DXM—2A 电压型或电流型	24 48 110 220	0.01,0.015,0.025,0.05,0.075,0.08,0.1,0.15,0.25,0.5,1.2	$0.7U_N$ (I_N)	2	0.15	<220V、<0.2A时，直流为20W，纯阻性为30W	灯光信号电压释放
DXM—3	110 220	0.05,0.075	$0.7U_N$ (I_N)			<220V、<0.2A时，直流为20W，纯阻性为30W	

参考文献

[1] 刘学军. 继电保护原理 [M]. 2版. 北京：中国电力出版社，2007.
[2] 王瑞敏. 电力系统继电保护原理 [M]. 北京：农业出版社，2007.
[3] 李佑光，林东，等. 电力系统继电保护原理及新技术 [M]. 北京：科学出版社，2003.
[4] 李火元. 电力系统继电保护及自动装置 [M]. 北京：中国电力出版社，2004.
[5] 宋志明. 继电保护原理与应用 [M]. 北京：中国电力出版社，2007.
[6] 熊为群，陶然. 继电保护自动装置及二次回路 [M]. 2版. 北京：中国电力出版社，2006.
[7] 都洪基. 电力系统继电保护原理 [M]. 南京：东南大学出版社，2007.
[8] 李丽娇，齐云秋. 电力系统继电保护 [M]. 北京：中国电力出版社，2005.
[9] 陈德树，吴希再，等. 电力系统继电保护原理与运行 [M]. 北京：中国电力工业出版社，1981.
[10] 周德义. 继电保护及自动装置 [M]. 西安：西安交通大学出版社，1990.
[11] 李素芯. 电气运行人员技术问答：继电保护 [M]. 北京：中国电力出版社，1998.
[12] 贺家李，宋从矩. 电力系统继电保护原理 [M]. 2版. 北京：水利电力出版社，1985.
[13] 华中工业院. 电力系统继电保护原理与运行 [M]. 北京：水利电力出版社，1981.
[14] 马长贵. 电力系统继电保护 [M]. 北京：水利电力出版社，1987.
[15] 朱声石. 高压电网继电保护原理与技术 [M]. 北京：中国电力工业出版社，1981.
[16] 王梅义，蒙定中，等. 高压电网继电保护运行技术 [M]. 北京：水利电力出版社，1981.
[17] 洪佩孙，许正亚，等. 输电线路距离保护 [M]. 北京：水利电力出版社，1986.
[18] 贺家李，葛耀中. 超高压输电线路故障分析与继电保护 [M]. 北京：科学出版社，1987.
[19] 葛耀中. 高压输电线路高频保护 [M]. 北京：水利电力出版社，1987.
[20] 王延广. 电力系统元件保护原理 [M]. 北京：水利电力出版社，1986.
[21] 史世文. 大机组继电保护 [M]. 北京：水利电力出版社，1987.
[22] 尹项根，曾克娥. 电力系统继电保护原理与应用 [M]. 武汉：华中科技大学出版社，2003.
[23] 曾克娥. 电力系统继电保护技术 [M]. 北京：中国电力出版社，2007.
[24] 许建安. 电力系统继电保护 [M]. 北京：中国水利水电出版社，2004.
[25] 王维俭. 电力系统继电保护：上、下册 [M]. 北京：中国电力出版社，1996.
[26] 郑贵林，王丽娟. 现代继电保护概论 [M]. 武汉：华中科技大学出版社，2003.
[27] 陈继森. 电力系统继电保护 [M]. 北京：科学技术出版社，1989.
[28] 李宏任. 实用继电保护 [M]. 北京：机械工业出版社，2002.
[29] 王梅义. 电网继电保护应用 [M]. 北京：中国电力出版社，1999.
[30] 罗钰玲等. 电力系统微机继电保护. 北京：人民邮电出版社，2005.
[31] 张举. 微型机继电保护原理 [M]. 北京：中国水利水电出版社，2004.
[32] 陈德树. 计算机继电保护原理与技术 [M]. 北京：水利电力出版社，1992.
[33] 罗士萍. 微机保护实现原理及装置 [M]. 北京：中国电力出版社，2004.
[34] 许建安. 继电保护整定计算 [M]. 北京：中国水利水电出版社，2003.
[35] 王维俭. 电力主设备继电保护原理及应用 [M]. 北京：中国电力出版社，1996.
[36] 黄玉铮. 继电保护习题集 [M]. 北京：中国电力出版社，1993.
[37] 崔家佩，孟庆炎，等. 电力系统继电保护与安全自动装置整定计算 [M]. 北京：中国电力出版社，1997.
[38] 国家电力调度通信中心. 电力系统继电保护规定汇编 [M]. 2版. 北京：中国电力出版社，2000.
[39] 杨新民，杨携琳. 电力系统微机保护培训教材 [M]. 北京：中国电力出版社，2000.